学术研究丛书

主　　编：田　丰　李旭明
执行主编：叶金宝　郭秀文

环境史：
从人与自然的关系叙述历史

2017年·北京

图书在版编目(CIP)数据

环境史:从人与自然的关系叙述历史/田丰,李旭明主编.—北京:商务印书馆,2011(2017.5 重印)
(学术研究丛书)
ISBN 978-7-100-07533-6

Ⅰ.①环… Ⅱ.①田…②李… Ⅲ.①环境—历史—研究—世界 Ⅳ.① X-091

中国版本图书馆 CIP 数据核字(2010)第 234204 号

权利保留,侵权必究。

环境史:从人与自然的关系叙述历史
主编:田 丰 李旭明
执行主编:叶金宝 郭秀文

商 务 印 书 馆 出 版
(北京王府井大街36号 邮政编码 100710)
商 务 印 书 馆 发 行
三河市尚艺印装有限公司印刷
ISBN 978-7-100-07533-6

2011年6月第1版	开本 880×1230 1/32
2017年5月北京第2次印刷	印张 14 3/4

定价:32.00元

目录

序　王利华 001

第一部分　环境史研究的理论与方法

生态环境史的学术界域与学科定位　王利华 015

从环境的历史到环境史
　　——关于环境史研究的一种认识　梅雪芹 030

环境史的三个维度　J.唐纳德·休斯/文　梅雪芹/译 056

关于环境史研究意义的思考　梅雪芹 071

伊恩·西蒙斯的大尺度环境通史研究
　　——研究内容、方法、特点与启示　贾珺 083

海洋亚洲：环境史研究的新开拓　包茂红 102

拉丁美洲环境史研究　包茂红 126

岛屿太平洋环境史研究概述　王玉 139

法国环境史三题：评《环境史资料》　崇明 155

公共史与环境史　格非 173

试论从环境史的视角诠释高技术战争
　　——研究价值与史料特点　贾珺 184

环境史领域的疾病研究及其意义　毛利霞 196

第二部分 环境史视阈下的中华文明

生态环境对文明盛衰的影响　罗炳良 …… 215

气候变迁与中华文明　王嘉川 …… 227

环境意识与中国古代文明的可持续发展　李传印　陈得媛 …… 238

历史时期的森林利用与文明的推移变迁　李莉 …… 249

先秦时期的森林资源与生态环境　樊宝敏 …… 259

自然灾害成因的多重性与人类家园的安全性
　　——以中国生态环境史为中心的思考　王培华 …… 271

略论汉代边关文明的代价　高凯　张丽霞　高翔 …… 285

元明清对华北水利认识的发展变化
　　——以对畿辅水土性质的争论为中心　王培华 …… 304

明清时期东北地区生态环境演化初探　李莉　梁明武 …… 322

明清时期西北地区荒漠化的形成机制研究　杨红伟 …… 332

明清粤东山区的矿产开发与生态环境变迁　衷海燕 …… 344

清代中后期云南山区农业生态探析　周琼　李梅 …… 359

第三部分　环境史视阈下的世界文明

资本主义与近代以来的全球生态环境　俞金尧 381

能源帝国：化石燃料与1580年以来的地缘政治　约翰·R.麦克尼尔/文　格 非/译 409

瑙鲁资源环境危机成因再探讨　费 晟 426

日本大气污染问题的演变及其教训
　——对固定污染发生源治理的历史省察　傅喆　寺西俊一/文　傅喆/译 441

序

环境史研究"异军突起",是千年之交史学发展的一件大事。作为历史学门类下一种新学术,环境史研究迅速兴起的大背景,首先是20世纪中叶以来日益加剧的全球环境生态危机。因此,它从一开始就是基于强烈的现实关怀,而非仅为学术而学术。

第二次世界大战结束以来,科学技术、经济社会高速发展,工业化、城市化与全球化进程迅速推进,在波澜壮阔的现代化追求中,人类文明以空前的速率全面提升。然而与此同时,森林破坏、土地荒漠化、物种锐减、环境污染、气候恶化……众多环境生态问题不断暴露,不断戕坏我们的家园,造成愈来愈频繁而且剧烈的灾难;工业文明高度依赖的自然资源特别是煤、石油等不可再生资源短缺问题日益凸显,这些都对人类安全和经济持续发展构成了日益严峻的挑战。1962年,现代环境保护主义思想先驱蕾切尔·卡逊出版《寂静的春天》,痛陈大量使用DDT等杀虫剂所造成的"失乐园"之殇,对滥用现代科技的恶果提出了严重警告;1972年,罗马俱乐部发表题为《增长的极限》的著名报告,以科学方法全面论述工业—资本主义主导的"传统发展模式"之不可持续性和经济增长存在极限。此后，绿色、环保运动风起云涌，迅速席卷全球，渗透到政治、经济、社会生活、国际关系和思想文化的各个领域。面对日益严峻的全球生态危机，为了给濒临坍塌的文明大厦寻找医治解救的良方，人类第一次全面反省自己环境思想和行为，思想学术界更是对以往藐视自然价值的"人类中心主义"、疯狂掠夺资源以追逐市场利润的资本主义制度，以及科技工具之滥用和迷信展开深刻的反思与批判，形成了空前广阔而强劲的绿色、环保思想浪潮。

在这个巨大浪潮中，历史学家自然无法置身事外和沉默不语。他们以自己的方式表达对人类现实难题和未来命运的深层关切，表现出积极的社会服务精神。就在罗马俱乐部的科学家们进行他们卓越研究的同时，一位名叫纳什的美国历史学教授于1970年首度开设了环境史课程，并于《增长的极限》发表的同年正式提出了"环境史"这一概念[1]，成为这个新史学领域在西方的肇端。

最近40年来，环境史研究在西方发达国家发展迅速，如今已然独立成"学"，大批学者介入这一研究。以美国为首的西方学者不仅研究本国、本地区的环境史，而且关注亚洲、非洲和南美的环境史[2]，甚至探讨极地、海洋的环境史，相关研究日益具有全球视野，成果蔚为大观。其中有多位学者致力于中国环境史研究，出版了多部论著。许多著名大学设立了专门机构，开设了专业课程并培养博士生；不

---

[1] R. Nash, "American Environmental History: A New Teaching Frontier", Pacific Historical Review, vol.41, no.3 (Aug, 1972), p.363.
[2] 具体情形，可参阅：J. R. MCNEILL, *Observation on the Nature and Culture of Environmental History*, History and Theory, Theme Issue 42 (December 2003), pp.5-43。

少国家还成立了环境史学会,编辑出版了专门期刊。近10年来的一系列重大国际学术会议证明:环境史研究快速进入了国际历史科学主流。在2000年奥斯陆召开的第19届国际历史科学大会上,"环境史的新进展"首次被列为一个分组讨论问题;到了2005年悉尼第20届国际历史科学大会上,"历史上的人和自然"(Humankind and Nature in History)则成为会议的第一个主题,与会学者专门讨论了"生态史:新理论和新方法"(Eco-history: New Theories and Approaches)、"自然灾害及其应对"(Natural Disasters and How They have Been Dealt With)和"自然科学、历史和人类想象"(Natural Sciences, History and the Image of Humankind)等三个重要方面的问题[1]。基于环境史在全球迅速发展的形势,第一次世界环境史学大会(1st World Congress of Environmental History, WCEH 2009)亦于2009年8月在丹麦哥本哈根召开[2],来自45个国家和地区的560多位学者,以"地方生计与全球挑战:理解人类与环境的相互作用"为主题,展开了广泛的探讨和交流。

中国学人开始关注和探讨环境历史问题,同样缘于全社会对日益严峻的环境资源形势的普遍忧虑与关切。在他们的课题立项申请、研究报告和论著中,为当代环境保护事业和经济可持续发展提供历史借

---

[1] 关于这次会议的详细报道,可参见姜芃等:《第20届国际历史科学大会纪实》,《史学理论研究》2005年第4期;王晴佳:《文明比较、区域研究和全球化——第20届国际历史科学大会所见之史学研究新潮》,《山东社会科学》,2006年第1期。
[2] 关于这次会议的情况,可参阅《南开学报》(哲学社会科学版)2010年第1期所刊发的系列评述,王利华:《全球学术版图上的中国环境史研究——第一届世界环境史大会之后的几点思考》、梅雪芹、毛达:《应对"地方生计和全球挑战"的学术盛会——第一届世界环境史大会记述与展望》、包茂红:《国际环境史研究的新动向——第一届世界环境史大会俯瞰》。

鉴和参考意见，非常自然地成为说明研究目标和意义的习惯话语。这说明：中国环境史研究同样从一开始就具有强烈的现实针对性和积极的现实服务意识。

客观地说，中国学者明确打出"环境史"这个学术旗帜是最近10年中的事情，直到1999年"环境史"才作为一个专门史学术语正式被介绍到我国[1]。但历史地理学、考古学、农林生物史和气象史等领域有关环境历史问题的研究早已开始，今天被视作"环境史"的不少问题甚至早在20世纪前期就陆续有成果发表，有些至今仍被奉为经典，例如竺可桢的气候史、史念海的黄土高原变迁、侯仁之的沙漠变迁研究等；20世纪八九十年代，有不少学术期刊陆续刊载了相关专题论文，并有一批专门著作出版，其时，围绕区域开发（包括山区、平原和边地）、农牧变化与环境变迁的关系，气候、动植物种和河湖变迁等问题，相继形成了若干集中的关注点；关于历史上的环境保护思想与政策也推出了多部专著。这些都反映了中国学者对当代环境恶化和可持续发展问题的高度关切。随着国外环境史论著陆续被引入，中国学者进一步拓宽了视野，开始思考如何采用这个新的学术思路推进中国环境史学研究。2005年8月，来自8个国家和地区的近百位学者在南开大学聚会，讨论环境与社会的历史互动关系，建构中国环境史学科体系被正式提上了日程，从此之后，环境史学术聚会接连召开，课题立项骤增，论著成批涌现，学科建构的配套工作亦相继展开，多所高校成立了环境史研究机构、设置研究生培养专业（方向），此外课程、教

---

[1] 曾华璧：《论环境史研究的源起、意义与迷思：以美国的论著为例之探讨》，《台大历史学报》第23期（1999）。

材和网站建设等等亦陆续开始,环境史研究迅速成为新的学术热点[1]。

毫无疑问,环境史研究迅速成为学术热点,除了研究者自身的努力外,还有赖于多方面的扶助和支持。这里,我要带着诚挚的敬意,特别指出一个非常重要的事实,这就是:众家重要学术期刊对环境史的特殊关注。它们的编辑出版者,具有卓越的学术远见和强烈的责任感,没有嫌弃这一新生学术的稚嫩,而是抱着极大热情积极支持和精心呵护,不断划出十分珍贵的版面发表相关论文,有多家杂志甚至竞相开辟了"环境史研究"专栏,定期推出最新成果,有计划地组织专题讨论,一时间成为史学领域中的一道亮丽景观。在学界对环境史尚存疑惑、误解的情况下,他们为这个学术资历尚浅、业绩考核压力大的年轻研究群体专门搭建了考绩制度所承认的成果展示和学术交流平台,弥补了目前难以申办环境史专门刊物的缺憾,解决了相关成果发表的困难,这对于中国环境史学的兴起,特别是其研究队伍的成长,具有非常重要的意义。《学术研究》正是这些成绩卓著、令人敬佩的期刊中之一员。自 2006 年以来,该刊的专栏先后发表了约 30 多篇环境史论文,在推动中国环境史研究起步方面,功不可没。

呈献于读者面前的这本书,就是这些论文的选集,它凝集了研究者和编辑者的心血与愿望,承载着世纪之交的一段学术史,记录了中国环境史蹒跚起步的足迹。蒙编者不弃,问序于我,故斗胆就拜读诸位同仁宏论后所产生的感想赘言几句,以期抛砖引玉。

首先,中国环境史研究进一步发展需进行更有系统的学术设计。

---

[1] 《光明日报》理论部、《学术月刊》编辑部联合发布"2006 年度中国十大学术热点"评选结果,列有"环境史研究异军突起";2007 年的十大学术热点中又列有"对'生态文明'的多元解读",包括环境史的相关研究。

本书题为《环境史：从人与自然的关系叙述历史》，标明了环境史的学术归属和性质：它是历史学的一部分，是一种新的历史叙述方式和角度，重点是历史上人与自然的关系。这恰当地凝练了此前学人关于环境史学科属性、研究对象和主题目标的讨论成果。编者将所收录的论文分别划入"环境史研究的理论与方法"、"环境史视阈下的中华文明"和"环境史视阈下的世界历史"三个部分之中，看似笼统、拘谨，其实很恰当，既与本书内容相符，亦与目前研究状况相符，今后研究工作仍不外乎这三大板块。只是，我们尚需加强环境史的学理探讨，以便进行更加合理、更加系统化的学术设计。

由于环境史是伴随着当代绿色环保运动而兴起的，从一开始就具有强烈的现实针对性，因此自然而然地让人感觉具有"应用史学"或"公共史学"的某些性质。然而，正如美国著名环境史家沃斯特所说："环境史是……基于道德目的而产生的，背后带有强烈的政治义务，但随着它的成熟，也成为一种学术事业，不是任何简单的或单一的道德或政治项目日程所推动的。它的基本目标已转变为加深我们对这样一些问题认识，即人类在时间过程中如何影响了他们的自然环境，反过来如何受到了环境的影响，以及产生了什么样的后果。"经过几十年的探索，中外历史学者所理解的环境史，内涵和外延都在发生变化，大家逐渐认识到：环境史研究的目的，不仅仅是甚至主要不再是为解决当代环境问题提供具体对策——尽管了解这些问题的来龙去脉是环境史研究的题中之义，并且环境史家有时的确能够给政府和公众提出一些有价值的意见和建议。它的主要责任是透过时间的纵深，系统梳理人与自然关系变化的轨迹并揭示其规律，帮助人们反省以往在认识自然和与自然交往之中所发生的偏差，更加理性、周全地应对环境问题，而避免"头疼医头，脚疼医脚"。

环境史的初期研究主要考察对构成"环境"的那些主要自然因素（例如气候、土地、森林、动物、水资源……）的变迁，并且经常得出令人沮丧的结论：在人类活动的作用下，生态环境不断退化甚至恶化。这样的结论固然具有一定根据，却很偏颇，令人对社会经济发展的历史合理性产生深度怀疑，对人类文明的前景产生消极悲观的情绪。如果我们超越简单的批判和责难，将人类系统和自然系统及其相互关系进行全面的历史观察，则将清楚地看到：历史上的生态环境并非人们所想象的那样只有山明水秀、林草蓊郁和鸟语花香，而是同时存在着毒虫、猛兽、瘴疠……各种自然威胁；人类在任何一个时代都曾面临这样或那样的环境困扰；当代所面临的环境生态困局，并非一夜之间陡然形成的，也不能完全归咎于工业化、资本主义，而是在人与自然交往的漫长历程中"积渐所至"。如今人们感到忧心的不少环境生态问题，比如植被破坏、水土流失、荒漠化、物种减少、生物入侵、气候和地质灾害等，早在农业时代就已发生，其中有些属于自然运动的一部分，不能都简单地归咎于人类活动。环境史研究需要透过时间的纵深，回到历史的情境，客观地考察人与自然关系的实际过程和情态。只有这样，才能更加深刻、理性地认识当代生态问题的本质，并重新认识人类的历史；只有这样，才不致陷入消极的历史宿命论，而是以积极的态度去调整人类行为，摆正人在大自然中的位置。

如此一来，环境史研究就不能始终局限于考察构成"环境"的那些自然因素的变迁，仅仅针对气候、土地、森林、动物、水资源……等等结构性要素设计几组问题作专题性探讨，而是要从历史观念到技术操作都进行一套系统的设计，构建出比较完整的学理架构、思想方法乃至概念术语。应当说，在这方面，西方学者早于我们开展工作。像美国学者沃斯特（Donald Worster）、休斯（J. Donald Hughes）等人，不仅身体力行地做了精彩的实证研究，而且不断求索环境史的理论方法，对环境史研究的对象、范围、方法和目标做了不少理论阐述。相比而言，我们的探讨则相当薄弱。正如本书所反映的，近年来，有一批从事外国史研究的中青年学者积极介绍国外成果，增进我们对境外相关研究的了解，为建构中国环境史学提供了"他山之石"。不过，西方学者的思想理论，乃是基于其自身的学术传统和环境现实，我们应当学习却不能完全照搬。学人需要根据本国实际和史学传统，提出"中国的"环境史命题，创建"中国的"理论方法体系，以便更好地向世界提供"中国的"环境历史经验。总之，中国环境史学进一步发展，需进行更加系统的学理探索和学术设计，因为拥有比较成熟的理论、方法和概念体系，乃是环境史研究成为一门独立学术的必要条件之一。

其次，研究中国环境史，既需充分继承前人成果，亦需努力摆脱前人窠臼，别开生面，自成体系。如前所言，虽然中国环境史研究起步较晚，但农林生物史、历史地理学等领域的学者早已做了大量相关探索，成果非常丰富。我们今天所开展的许多课题，包括本书第二部分所涉及的那些论题，其实早就开始讨论。当我们怀着新的学术企图，树起了环境史这面旗帜，就必须在充分学习、继承前人成果的基础上，分梳环境史与上述学科相关研究之异同，努力转换视角，开拓新思路和新论题，更新论证方法和表述方式。只有这样，才能显出环境史的专业性和特殊价值，而避免造成"头上安头，床上架床"的误解。个人认为：今后研究，一方面需要增强生命意识，树立生态系统观念、关注生态历史过程和强化生态关系分析；另一方面尚需大力开拓新的课题,特别是加强环境与社会、文化、政治等方面的有机结合,积极切入传统史学所关注的重要问题,同时大力开展海洋、工业、城市和近现代环境史研究。

尽管目前中国环境史研究仍处于初步阶段,还存在着诸多困难和迷惑,但我们对它的前景持有非常乐观的态度,因为在中国开展这一研究具有不少得天独厚的条件。中国幅员辽阔,环境复杂多样,不同区域差异显著,演变过程各不相同,呈现出繁复众多的生态历史面貌,世界上很少有国家能与之相比;中国民族众多,文化多元一体,既具统一性又具多样性,不同民族和地区在利用资源、适应环境方面形成了多种模式和传统,地域差异和时代差异错杂交叠,拥有众多生动地反映人与自然关系的历史样例;中华文明历史绵长,拥有数千年不曾中断的文献记录和越来越丰富的考古资料,相关历史信息资源贮量巨大,其它任何国家都不能望其项背;作为世界上人口最多的发展中国家,中国正处于经济起飞的历史阶段,在发展与保护之间存在着极其尖锐的矛盾,问题之复杂恐亦超过所有其他国家,不仅直接关乎本国经济增长和社会进步,而且影响整个世界,这是发展中国环境史研究的强大动力。在这个新兴史学领域,中国学者有条件、有能力与西方平等对话,乃至走在世界前列。

其三,树立全球史观,从全球文明历史的大视野中思考人与自然的关系。文明是生态进化和社会进化的共同结果,从最广泛的生态学意义上说,它是地球生态系统的衍生物。世界各地的生态环境千差万别,不同国家、民族针对各自环境形成了不同的适应模式和文化传统,这是人类文明多元发展的主要基础。但是,无论从历史还是现实来看,人类社会与自然环境关系之演变皆具有毋庸置疑的整体性和共同性。诚然，作为世界东方的一个特殊地理单元，中国东南有海洋限隔，西北有高山大漠阻挡，自然地理和生态环境自成一统，古老华夏文明因而独立演进和绵延发展。然而中国自然—经济—社会系统从来并非完全封闭和与外隔绝，即便是在人迹杳渺、人类活动微弱的远古时代，因大气环流、动物迁徙等等自然运动，中国与周边乃至更广泛的区域，亦存在着千丝万缕的生态联系。文明诞生以后，人类远程活动交往不断频繁，不同区域之间的生态联系不断密切，大航海时代特别是工业革命以来，更不断融成了一体。在一系列重大历史脉动中，不同区域、民族始终彼此互动、互相影响，其背后则伴随着一系列生态变迁：或是重大社会变动的推手——如气候变迁影响游牧民族活动，引发农耕—游牧两大世界规模宏大的冲突，从而显著改变亚欧大陆的历史进程；或是人类活动的后果——如迁徙、贸易、战争、外交、宗教等等人类活动，促进动植物种交流、细菌病毒传播和资源利用方式与技术的传播，并造成了生态环境的连锁响应。明代以后美洲作物的传播推广对中国人口和生态环境的影响即是一个明显实例。最近百余年来，伴随着全球经济一体化进程，环境风险亦日益走向一体化，许多环境生态问题不再专属某个地区、国家和民族，地球上的每个角落都是息息相关，中国环境历史变化更加无法摆脱外部世界的影响。

因此，中国学者开展环境史研究，固应立足于本国，亦需放开视野，研究了解世界。只有从文明与自然协同演化的全球过程中，从多元文明—环境关系模式及其演化过程的联系与对比中，才能理解人与自然关系的多样性和复杂性，从而准确地揭示中国环境历史的特殊性。这需要朝着两个方向大力开拓：一是将中国环境史放到全球文明史进程中加以思考；二是加强外国环境史研究，为认识本国环境史问题提供外部参照。值得高兴的是：近年来，中国学人除了积极译介海外环境史理论方法之外，正在逐步开展对外国环境史的研究，已经推出了不少高水平成果，相信今后还将不断有更多优秀论著问世。

编者将中外环境史研究成果汇入同一论集，固然是基于刊载文章的实际情况，但显然亦包含了引导中外环境史比较、会通研究之意图，这是非常值得赞赏的，本书亦因此成为我国内地所出版的第一部中外并重的环境史学论集。

王利华
2010年冬于南开大学

第一部分

环境史研究的理论与方法

生态环境史的学术界域与学科定位

王利华

(南开大学中国社会史研究中心暨历史学院教授、博士生导师)

近年来，中国学者对生态环境史产生了愈来愈浓厚的研究兴趣。然而，除了几位从事外国史研究的学者之外，很少有人就环境史的学术体系和理论建构问题进行专门讨论。究竟什么是环境史？它是否应当成为历史学中的一种"专门之学"，它的研究对象和研究目标到底是什么？应当如何对它进行学科定位？这些基本问题必须认真地加以深入讨论。只有对它们作出了明确的回答并形成相当程度的共识，中国生态环境史研究才有可能稳步走上健康的发展道路。

本文试就有关问题提出几点初步想法，供大家批评讨论。

一、环境史：我们的新界定

自美国学者纳什发表《美国环境史：一个新的教学领域》以来，西方学者曾提出过多种"环境史"定义。[1] 诸家论说的角度各有不同，

---

[1] 有关方面的情况，可参阅包茂红：《环境史：历史、理论和方法》(《史学理论研究》2000年第4期)和高国荣：《美国环境史学研究综述》(《中华文史网》2004年9月22日发布)、《什么是环境史》(《郑州大学学报》2005年第1期)等文的介绍。

对环境史的界定存在不少分歧，但也形成了若干重要共识，最主要有两点：其一，环境史研究历史上人类社会与所处生态环境之间的双向互动关系；其二，环境史是一种跨学科研究。[1]然而，单凭这两点共识，无法为环境史研究划定界域，亦不能指明环境史与其他同样关注人类社会与生态环境历史关系的学科（特别是历史地理学）之间的区别。[2]

任何一个学科都拥有专门的研究对象和范围，这是它成为"专门之学"的重要前提。只有明确了它的特定界域及其与其他学科之间的区别，环境史才能取得一个新史学分支的独立地位。近几十年来，曾有不少西方学者试图对环境史研究的对象和课题进行梳理归纳，基本趋势是对环境史的理解越来越宽泛，涉及的领域和问题越来越多。为了便于操作，一些学者试图将众多问题划分成若干层次或"问题组"，从而对环境史的对象和范围作出界定。但是，随着相关研究的发展，这些界定不断被打破。[3]这一方面说明研究者的视野日益开阔，另一方面也说明采用罗列的方式无法为环境史圈定领地。环境史是一个极具开放性的领域，它所探讨的许多问题在若干相邻学科中同样受到重视，存在着许多重叠和交叉的内容。因此，我们不能指望通过开列一份问题清单来界定环境史的对象和范围，无论这份清单多长，都不足以标明环境史的独特性质和学科地位。

那么，应当如何界定环境史的对象和范围，从而对它作出一个既

---

[1] 例如美国环境史学会所作的定义是："环境史是关于历史上人类与自然世界相互作用的跨学科研究，它试图理解自然如何给人类活动提供可能和设限，人们怎样改变其所栖居的生态系统，以及关于非人类世界的不同文化观念如何深刻地塑造各种信仰、价值观、经济、政治和文化。"

[2] 关于这一点，高国荣在《什么是环境史》一文已经提及。不过，笔者认为，最困难的是明确其与历史地理学之间的界限和区别。

[3] 西方学者的看法，请参阅包茂红：《环境史：历史、理论和方法》。

能涵盖环境史的丰富内容，又能与其他相邻学科明确区分的定义？我们认为：应当引进某种合适的概念。这个概念必须既具有开放性和包容性，又具有比较明确的边界。"人类生态系统"就是这样一种概念。

"人类生态系统"（Human Ecological System），是人类学和生态学的交叉学科——人类生态学和生态人类学的核心概念。虽然西方人类学家很早就采用生态系统的观点研究人类社会聚落特别是城市，但首先将人类社会和生态环境纳入一个完整研究框架的却是美国社会学家邓肯（Duncan, O. D.）。邓肯将人类社会与生态环境共同构成的生态系统视为一种"生态复合体"（Ecological Complex），其中包括人口（Population）、组织（Organization）、环境（Environment）和技术（Technology）四大变量（简称 POET），强调它们之间互赖共生、相互影响和彼此作用的关系；[1] 中国生态学家马世骏则于 1984 年提出了社会—经济—自然复合生态系统理论；[2] 其后，王如松等一批生态学家在此基础上对"人类生态系统"的概念、结构、功能和动力机制进行了大量论述，人类学者则将其引入生态人类学和人类生态学研究，并对它的特征、分类、研究方法等作了系统讨论。[3]

根据生态学和人类学家的观点，"人类生态系统"是以人的行为为主导、自然环境为依托、资源流动为命脉、社会体制为经纬的自然—社会—经济复合生态系统，其基本结构可分解为三个圈层：核心圈层是人，包括人的组织、文化和技术，即人类社会；第二圈层是人类直

---

[1] Duncan, Otis Dudley (1959), Cultural, behavioral and ecological perspective in the study of social organization, *American Sociological Review*, 25, pp.132-146.
[2] 参见马世骏：《社会—经济—自然复合生态系统》，《生态学报》1984 年第 1 期。
[3] 例如周鸿编著：《人类生态学》（教材，高等教育出版社 2002 年版）第 7 章，对"人类生态系统"进行了专门系统的论述。

接赖以生存的生态基础,由生物环境、物理环境和人工环境构成,为系统的内部介质;最外一个圈层是生态库,可看做是地球生物圈,包括所有当前可供利用和沉积、贮备着的资源,是人类社会的外部支持系统。

人类生态系统除具备普通自然生态系统的物质循环、能量流动和信息传递三大功能外,还有另外一种特殊功能,即由人类社会劳动,包括具体劳动和抽象劳动创造的产品的价值流,所有功能都通过系统的生产、消费、流通、调控和还原五个环节表现出来。在这类系统中,人既是自然生态亚系统的一部分,又是经济亚系统和社会亚系统的主角。整个系统的动力学机制来源于自然和社会两种作用力,其中社会力的源泉有三:一是经济杠杆——金融;二是社会杠杆——管理;三是精神杠杆——文化。经济杠杆刺激竞争,社会杠杆诱导共生,而精神杠杆孕育自生,三者相辅相成构成社会系统的原动力,并和自然力即各种形式的太阳能耦合在一起,构成人类生态系统持续演替的关键,偏废其中任何一方都可能会破坏系统的自组织能力,导致生态系统失衡。[1]

上述"人类生态系统"概念,跨越人类社会与自然环境之上,将物理、化学、生物、人口、组织、技术、经济、文化……众多方面和因素纳入一个整体思想框架之中,将它们视为由众多要素共同构成的多层次、多功能的"复合体",既重视它的结构,更重视它的功能,而且特别强调它们之间的相互关联、彼此影响和协同作用。

引进"人类生态系统"概念,有助于对环境史进行系统的学术建构,不仅可以帮助我们明确环境史的研究界域,而且更能体现其"自

---

[1] 上述关于"人类生态系统"的表述,采自郑寒等:《试论人类生态系统概念在近年生态人类学研究中的应用》,云南大学人类学系编:《生态—环境人类学通讯》(创刊号)。

然进入历史，人类回归自然"的旨趣。[1] 环境史家可从不同的角度和层面入手，讨论难以计数的问题，比如既可从某个特定时代、地域入手，亦可从经济、社会、文化的某个侧面入手，森林植被、野生动物、河流湖泊、气候、土地、污染、人口、饮食、疾病、灾害、社会组织、制度规范、宗教信仰、文学艺术、性别、观念乃至政治事件、战争动乱……凡是人类与环境彼此发生过历史关联的方面和问题，都可以设题立项进行探讨，最终目标是认识"人类生态系统"的形成和演变。

引进和采用"人类生态系统"概念，自然含有设限划界的意图。但必须指出的是，"人类生态系统"是一个历史动态的概念。在漫长的人类历史进程中，社会由简单到复杂、由狭小到庞大、由彼此隔离到高度整合，与生态环境的关系不断发生变动，在不同时间、空间和社会条件下，"环境"的构成因素存在诸多差异和变化：有些自然因素虽然自古即已存在，但并非一开始就与人类发生了关联；有些自然因素虽然很早就与人类发生了联系，但密切的程度则前后变化很大；还有的自然因素对某个区域或社会影响很大，对另一区域或社会影响则相对较小。更重要的是，在人类活动的作用下，自然环境不断人工化，人类根据自身需要不断营造出新的"人工环境"（比如村落、城市）。这些差异和变化，决定了环境史研究对象的动态性和不确定性，某种自然因素、现象或事物是否应当纳入研究范围，取决于它是否与人类活动发生了历史关系，是否对人类产生了实际影响。只有当它与人类活动（物质活动和精神活动）发生了关联、成为社会发展的一种功能要素时，才能进入环境史学者的观察视野。

---

[1] 李根蟠先生用"人类回归自然，自然进入历史"来概括环境史的意义和旨趣，十分精练准确。

"人类生态系统"不仅是一个研究对象,更是一种思想框架。由于它是一个极其庞大的"复合体",问题错综复杂,每位环境史学者都只能根据自己的兴趣和专业选择合适的路径,探讨相关的问题:既可侧重自然层面的问题,从人类社会演进的历史脉络中理解自然环境变迁的历史;亦可侧重社会层面的问题,以人类活动的基本层面为起点探讨环境制约、影响和参与下的社会变迁;[1] 但总体的目标应是考察和认识人类生态系统的整体演变。因此,环境史家必须真正领会和充分掌握生态学的理论真谛——系统整体观以及系统构成要素和层面广泛联系、相互作用、彼此反馈的思想。在具体研究中,不仅要探讨人类生态系统中的某个要素或者具体方面(这方面相对容易下手,因此现有的成果较多),更要重视对系统结构和功能的考察和分析。人类生态系统中的任何一个因素都不是孤立的,而是与其他因素相互联系和彼此作用的,任何局部性改变都有可能引起连锁反应,甚至导致整个系统发生结构性的变迁。对不同时代和地域人类生态系统的结构和功能进行考察,从时空经纬中把握它们的历史变化,正是揭示人类与环境双向互动关系的关键。[2] 另一方面,尽管环境史家游弋于"天人之际"的广阔空间,似乎可以享受比以往史家更大的思想自由,但也不能毫无目标地进行冥想神思,其思想旅行的空间不应过分偏离人类与环境相互作用的界面,以人类为主导的人与环境的双向互动关系,自始至

---

[1] 笔者曾提出:环境史研究与社会史研究相结合,可有两种侧重不同的取径,一是生态社会史,二是社会生态史。见拙文:《中国生态史学的思想框架和研究理路》,《南开学报》2006年第2期。

[2] 目前这方面的研究显然比较薄弱,比如关于历史上气候、森林、动物、水土资源、疾病等方面的研究成果已有很多,但它们与社会系统诸要素之间如何相互作用、彼此反馈进而引发或促进系统变迁,则仍有待进一步深入。

终都是环境史研究的关注焦点和叙事主线。[1]

总之,"人类生态系统"概念,可使我们明确这样的学术思想,即:人类社会及其所依托的生态环境是一个多层次、多单元和不断运动变化的复合系统,围绕这个系统的产生、存续和发展,对不同层次和单元进行结构、功能分析,从历史纵深之处认识诸因素间彼此作用、协同演变的动态过程和动力机制,揭示人类社会与生态环境相互作用、彼此反馈的历史规律,乃是环境史区别于其他学科的独特学术目标。

基于上述思想,我们也许可以对"环境史"作出如下的新定义:环境史运用现代生态学思想理论、并借鉴多学科方法处理史料,考察一定时空条件下人类生态系统产生、成长和演变的过程。它将人类社会和自然环境视为一个互相依存的动态整体,致力于揭示两者之间双向互动(彼此作用、互相反馈)和协同演变的历史关系和动力机制。[2]

---

[1] 关于这两点,国外环境史家已经有过一些表述。例如伊懋可教授指出:"环境史被更精确地定义为,透过历史时间来研究特定的人类系统与其他自然系统间的界面。""这些关系大多数,虽非全部,是人类与自然的某一部分间双向的互动。"[见刘翠溶、伊懋可:《积渐所至:中国环境史论文集》(上),伊懋可所作的"导论"];伍斯特(Donald Worster,或译作沃斯特)虽然认为环境史研究大致以上三个层次进行,探索三大团的问题:即自然本身在过去如何被组织起来以及如何作用,社会经济与环境间之互动,在个人与群体中形成的对于自然的观念、伦理、法律、神话及其他意义结构。但他强调:环境史其实要探索的是一个整体。Donald Worster, "Doing Environmental History", in Donald Worster (ed.), *The Ends of the Earth: Perspectives on Modern Environmental History*, Cambridge and New York: Cambridge University Press, 1988, p.293 (兹据刘翠溶:《中国环境史研究刍议》,《南开学报》2006年第2期)。

[2] 高国荣在《什么是环境史》一文中也表达了相似的观点,他指出:"大致也可以说,对环境史学而言,它研究的是历史上各个特定的、不同时空条件下的人类生态系统,其中人是主体,相对于人而言,自然就构成人类生态系统中的环境。"

二、环境史的学科定位

迄今为止，没有一个学科像环境史这样强烈地表达系统构建人类与自然历史关系图式的意向，也没有一个历史分支学科具备环境史这样广泛的开放性和包容性。人类与环境的双向互动是在极其广阔的时空、领域和层面展开的，环境历史问题与众多学科有着或疏或密的牵连。正如许多学者已经指出的那样：环境史家需要站在众多学科的交汇之处开展工作，以宽广的胸怀和谦逊的态度，尊重、吸收和整合其他学科的研究成果。在一份由环境史学者整理的论著目录索引中，论著的作者远不只是环境史家，他们很可能是历史地理学家、农史学家、生物史家、人类学家、地质史家、考古学家、社会史家……

如上所言，自环境史诞生以来，人们对它的定义日益宽泛，反映出研究者的视野在不断拓展。与此相应的是：见于环境史论著索引中的论题越来越庞杂，学者个人的研究则越来越专门和具体，反映这一研究日益朝着多向度和专业化发展。这并不是一件坏事，从一定意义上说是件好事，建造环境史学术大厦毕竟需从"砖瓦"做起。但这也令人产生了不少疑惑：环境史家考察人口、土地、森林、动物、气候、污染、疾病、区域等不同方面的具体问题，与人口史、农林史、动物史、气候史、疾病史、历史地理学的研究相比有什么特别之处？环境史与其他学科是一种什么样的关系？环境史是否能够确立一种专门之学的独立地位？

针对中国环境史研究的目前状况，好心的旁观者也许会提出如下几点警告。

（一）环境史不能成为无所不装的大箩筐或胡乱堆放的杂货铺（此前人们对文化史和社会史曾提出过这样的批评），它必须拥有特定的界域和领地，形成自己的一套学术话语和逻辑架构，否则就没有独立存在的意义。

（二）环境史应标明不同于其他学科的学术主题、任务和目标，明确不同于农林史、历史地理学、人口史、医疗史、气候史研究的特殊职责。只有这样，环境史家才能选择和设计出恰当的课题，开展具有独特意义的工作。否则，环境史只是重复其他学科的相关研究，或者只是这些学科"边角末料"的杂烩，单独树起"环境史"的旗帜就纯属多此一举。

（三）环境史家不能企图包揽环境历史上的所有问题，而应当有所为、有所不为。有些工作需通过多学科合作来完成，有些则需完全交给其他学科的专家来做。只有这样，环境史家才能较少地受制于各种过于专业的问题，并避免陷入"只见树木不见森林"的困境。

就中国环境史的研究现状来看，环境史仍是历史地理学、农业史、考古学等学科的外向延伸，尚未确立作为一种"专门之学"不可替代的独立地位，研究对象、范围和目标仍都不甚明确。究其原因，主要由于它同若干学科存在不少相似乃至重叠之处，包括运用同样的史料、探讨同样的问题，明确地将它们判分开来，存在着诸多实际的困难。然而，要想将环境史发展成为一种"专门之学"，就必须明确区分它与另外一些学科的不同之处。

追溯一下环境史的学术渊源和根基，也许会有所帮助。

根据英国环境史学者 J. Oosthoek 的意见，西方环境史的学术渊源和学科基础主要是生态学、地理学、考古学和人类学，生态学和跨学科方法后来成为环境史的两个重要特点。他谈道，20 世纪初，地理学家强调自然环境对人类社会发展的影响，年鉴学派首先采用自然环境影响文明的历史观念，描述塑造人类历史的长期地理发展。"在现代环境史中，生态学观念用于分析过去的环境，地理学则用于探讨地球表面的持续变迁"。[1] 人类学之所以影响环境史，乃因它较早关注生态条件之于生存方式的影响，将生态学应用于对人类文化的考察研究，20 世纪前期产生了文化生态学，而后又有人类生态学和生态人类学，在自然研究与社会研究之间架起了思想的桥梁；考古学之所以成为环境史的学术渊源之一，则因它很早就关注人类童年时代的生存环境，后来产生了环境考古学这个新的学科分支。

中国环境史的学术渊源，与西方的情况大体相似而略有区别。依笔者陋见，中国环境史与考古学、历史地理学和农业史的渊源甚深，在正式打出"环境史"的旗帜之前，这几个领域的学者最早关注和探讨历史上的环境问题。[2] 人类学家和民族学家重视探讨环境对民族经济和文化的影响，但此前它们对中国环境史研究尚未产生显著影响。

这样一来，只要我们区分了环境史与上述学科的不同之处，即可明确它的学术主题、任务和目标，亦可明确它作为一种新史学的特殊意义和学科定位。

环境史与现代生态学和人类学之间的界限不难分辨，因为后两个学科均以现存事实为研究对象，环境史则重点考察历史纵深的问题。环境史与考古学也容易区分：考古学主要依靠发掘出土的实物资料，重在考察远古人类生活与环境的关系，环境史则无论是资料来源还是时空范围，都比环境考古学研究要广泛得多；农业作为中国传统社会

---

[1] Jan. Oosthoek, *What is Environmental History*？摘自 http://www.eh-resources.org/environmental_history.html.
[2] 有关方面的情况,拙文《中国生态史学的思想框架和研究理路》已作了简要介绍,可以参阅。

经济的主体，与生态环境之间的相互作用和影响至深至广，有大量课题值得深入探究，农史学者重视考察历史生态环境是很自然的，但他们的立足点是农业本身而不是生态环境，更不是整个人类生态系统。

最麻烦的是环境史与历史地理学的关系。历史地理学家将考察历史上的人地关系及其演变作为自己的主要职责，不仅气候、土壤、河湖、森林、动物……被视为历史地理环境的重要结构性要素，人口、产业、聚落、社会风俗乃至思想观念等亦逐渐成为他们考察的对象。在历史地理学家看来，自人类诞生以后，自然环境和人类社会之间始终存在着密切的关系，研究这些关系及其变化，是历史地理学的重要任务之一。回顾学术史，我们可以发现：地理学强调人类社会与地理环境的相互影响至少有100年的历史，"地理决定论"和"文化决定论"的大论战几番兴息，虽未最终决出胜负，但围绕地理环境与人类社会的关系这个论题所开展的大量实证研究却取得了丰富的成果，其中不少成果在今天被理所当然地视为"环境史"。一个心怀创立环境史学科宏愿的人，只要稍微浏览一下现有的环境史研究综述和论著索引，肯定会感到有些沮丧：眼下在中国环境史研究方面较有成就的学者，大多出身于历史地理学，目前被归类为"环境史"的很多研究课题，是由历史地理学者率先提出并开展研究的，中国环境史的学术空间似乎已被历史地理学抢先占领了。那么，中国环境史学者能否找到自己的专属"领地"？安身立命之处何在？

当代学术发展的主要特点之一，是学科林立和不同学科互相交叉、彼此渗透。这给学科判分与定位造成了很大困难，环境史与历史地理学界线不清只是其中的一个实例。不过，学科判分不能仅仅根据研究对象，还应当对它们的理论基础和学术目标进行比较。环境史与历史地理学虽然在研究对象上存在着很大的重叠面,但两者的理论基础显然不同:环境史的理论基础是生态学,因此它又被称为"生态史";[1]历史地理学的理论基础则是地理学。两者的研究路径和学术目标也存在差异:基于生态学理论的生态环境史,将人类及其周围环境视为一个复杂的生命系统即"人类生态系统",考察这个生命系统的历史结构、历史功能及其时代演变,主要着眼于人类的基本生存需要,特别是生命系统的延续与保护,探讨不同系统要素尤其是人类因素与自然因素之间的历史关系,揭示系统演化的历史动力机制;历史地理学虽然强调人地关系,但其主要着眼点是历史上各种自然与社会现象的"空间布列",着重"地景"和"外观"的时空描述和分析。

以"人类生态系统"为研究对象的环境史是历史学的一个新分支,这个新分支与以往的历史学有着很大的差别。在过去的几千年中,历史学是一门"人类独尊"的学问,人类以外的存在没有受到应有的尊重和关注,这不仅使得"其他物种的故事"几近空白,"人类的故事"亦因此变得残缺不全。为了自己族类的生息和发展,人类从诞生之日起就不断与周围环境打交道,其间发生了许许多多的动人故事,但这些故事在以往的历史叙述中一直模糊不清。新兴的环境史,就是要重

---

[1] 在此,笔者要特别强调自己一贯的观点:从这种新史学的学术目标和理论基础来说,"生态史"的叫法更加合理,本文亦是以这个观点为基础展开论述。笔者认为:"环境史"不仅仍然明显保留着"人类"与"自然"二元分离的思想痕迹,并且在字面上很容易被人误解成一种仅以人类社会之外的自然事物为研究对象的学术。但由于"环境史"已经成为学界更习惯使用的一个词语,本文只好姑且从众。值得注意的是,2005 年在悉尼召开的第 20 届世界历史科学大会,将"历史上的人和自然"(Humankind and Nature in History)列为会议的第一个主题,其中第一个重要专题是"生态史:新理论和新方法"(Ecohistory: New Theories and Approaches)。其采用"Eco-history"而不是"Environmental history"一词,笔者认为是非常正确的。

点讲述人类与环境打交道的故事，以使"人类的故事"变得更加完整。总之，环境史与以往历史学的一个明显不同之处，乃在于它不仅讲述"人类的故事"，地球上与人类活动发生过关联的其他事物，亦实实在在地进入故事叙述，是即李根蟠先生所谓的"自然进入历史"。

但"自然进入历史"并不意味着要用"自然"来取代"人类"在历史中的位置。在"人类生态系统"这个概念中，人类及其行为（包括方式和结果）仍被置于主导地位——"环境"是通过"人"来界定的，它包括人类的生存空间以及其中与人类相互影响、彼此作用的各种事物；人的创造物和经人改造加工过的自然事物也是环境的一部分。由于人口增长、科技进步和社会发展，人类的劳动实践能力不断增强，历史上人类与环境互相影响、彼此作用的深度、广度和强度都处于持续变化之中，构成人类环境的空间范围不断扩大，影响人类的环境因素不断增多；另一方面，由于人类活动结果不断累积，环境的人工化色彩不断增强，人工环境不断替代纯自然环境。因此，"环境"乃是一个历时性概念，其外延是逐渐扩展的。[1]

这就是说，环境史学视野中的"环境"，并不等同于"自然"，更不是以往史学家所理解的（几乎静止不变的）"自然背景"或"地理背景"；环境史亦不同于仅以非人类事物为研究对象的"自然史"（比如植物史、动物史、气候史、地球史等）。早先的中国环境史曾一度明显偏重于讲述非人类事物的故事，人则隐身在后，竟使一些人产生了是否应将环境史归属于历史学的疑问，这是早期环境史研究的偏颇所致。

以往的"历史"是人类挥袖独舞，反映了人类的褊狭和自大，环

---

[1] 梅雪芹教授在 2005 年 8 月南开大学"中国历史上的环境与社会国际学术讨论会"上所提交的《从"帝王将相"到"平民百姓"——"人"及其活动在环境史中的体现》一文，已经相当清晰地表达了这个观点，此处只是在她的基础上作进一步申论。

境史力图加以匡正,但绝不能走向另一极端。如果无视人类的主体地位,甚至将人类排除在外,历史将失去它的灵魂。我们强调:"环境史"中不能没有"人",它还要继续讲述甚至仍然主要讲述"人类的故事",只是环境史家讲述历史,采用了与以往显然不同的立场和方式。在环境史所讲述的"人类的故事"中,人被重新进行定位。环境史家只是特别提醒人们不要忘记自己的生物属性——人首先是一种生物,然后才是官僚、公务员、工人、农民、科学家或者其他什么。

诚然,人类拥有高度发达的文化,具有其他生物所没有的文化属性,这使得人类具有凌驾于其他所有生物之上的超强能力,甚至成功地摆脱了自然因素的许多束缚。但是,穿衣服的猴子永远是猴子,不可能脱除他的生物属性。正是这种永不磨灭的生物属性,决定人类虽然不断增加文化能力以适应、利用和改造生存环境,但自始至终都必须依存于环境,同其他生物一样受气候、土壤、光照、山川以及各种生物的影响和制约,只是所受影响和制约的程度和方式发生了变化。环境史在充分肯定人类文化属性的同时,以人的生物属性和生命活动为起点来讲述"人类的故事",人类社会发展被视为地球生物圈中生命演化和生态变迁的一部分,即"人类回归自然"。

因此,环境史既不仅仅是人的历史,也不仅仅是非人类事物的历史,而是以人类为主导、由人类及其生存环境中的众多事物(因素)共同塑造的历史。尽管环境史学者的个人研究可以侧重于"自然"或"社会"的任一方面,但以"人类生态系统"为研究对象的环境史作为一个学科,则应将"自然"和"社会"视为彼此依存和互相作用的统一整体。很显然,这样的历史,无论就学术指向、理论方法、话语体系,还是就编纂叙事方式来说,都不仅仅是一种专门史,更不仅仅是一些零散的研究课题，它是人类认识历史的一种新思维和新范式。

环境史在很大程度上有别于（超越了）以往的历史学：它似乎打破了"历史是人的历史"这个史学"公理"，或者说这个"公理"并不能统摄（至少不能完全统摄）环境史。环境史家力图超越"自然"与"人类（社会、文化）"二元分离的传统思维模式，从一个更高的层面和一个全新的视角，重新审视人类的全部历史，将人类及其所处环境视为互相依存的动态整体——人类生态系统，着重探讨系统内部众多因素相互作用、彼此影响、协同演进的历史关系、过程和动力机制。因此，尽管根据现行的学科分类习惯，环境史不妨列入"专门史"一栏，但它给整个历史学所带来的影响可能会远远超过一般的专门史。由于它将以往历史学很少关注的"自然"纳入了自己的实证研究范围，大大拓宽了人类的历史认识视野。

在这里，我们需要特别指出：早在100多年前，马克思就曾多次强调人类和自然之间的辩证统一关系，强调自然史与人类史的密切关联和相互制约，辩证唯物论的历史解释体系中其实已经具备了不少关于社会与环境双向互动、彼此作用的历史观念，非常值得珍视和发挥。十分可惜的是，这些思想观念曾长期被严重地忽视或者概念化、抽象化了。新兴的环境史研究不能忽视马克思的这些富于历史洞见的先觉思想，而应当积极努力地学习、继承和发挥，并用以指导环境史研究的具体实践。[1]

原载《学术研究》2006年第9期

---

[1] 关于马克思主义对环境史研究的指导意义，可参阅梅雪芹：《马克思主义环境史学论纲》，《史学月刊》2004年第3期；李根蟠：《环境史视野与经济史研究——以农史为中心的思考》，《南开学报》2006年第2期。

从环境的历史到环境史[1]
——关于环境史研究的一种认识

梅雪芹

（北京师范大学历史学院教授）

环境史历经 30 余年的发展，在国际史学界已形成研究气候。一个显著的例证是，2005 年夏季在澳大利亚的悉尼召开的第 20 届国际历史科学大会已将"历史上的人和自然"列为一大主题。[2] 由于"欧风美雨"的侵袭，近年来，环境史研究也开始成为中国史学界的一个热点，一时间，众多著述和课题研究都冠上了环境史、生态史或生态环境史的名称，大有你追我赶之势头，因而取得了令人瞩目的成就。[3] 不过，当此热闹之际，对于史学工作者来说，要从事环境史研究，还必须努力思索"形而上的道"，而不能满足于琢磨"形而下的器"。这就是说，对什么是环境史、如何研究环境史等问题，我们自己要有比较

---

[1] 本文为国家社会科学基金资助项目（编号为 02BSS009）成果。
[2] 李世安：《世界历史理论研究的新突破——第 20 届国际历史科学大会简介》，《世界历史》2005 年第 6 期。
[3] 关于中国生态环境史研究的发展情况，参见王利华：《中国生态史学的思想框架和研究理路》，《南开学报》（哲学社会科学版）2006 年第 2 期；佳宏伟：《近十年来生态环境变迁史研究综述》，《史学月刊》2004 年第 6 期；张国旺：《近年来中国环境史研究综述》，《中国史研究动态》2003 年第 3 期；王子今：《中国生态史学的进步及其意义——以秦汉生态史研究为中心的考察》，《历史研究》2003 年第 1 期。

冷静、清醒的看法。[1]故而作此文章，谈谈自己对环境史研究的一种认识，以便对何所为、何所不为、为何而为等问题做到心中有数，并使自己的研究更自觉、更具有积极意义。

一、从环境的历史到环境史

刘家和先生曾说，作研究要讲定义，首先要把定义弄清楚；认识一个事物，说"是什么"，不难，还要认识"不是什么"，而要搞清楚"是什么而不是什么"，不那么容易；看问题时，只有看到是什么又不是什么，才能认识事情的本质。如何看到既是什么又不是什么呢？只有比较；要掌握本质定义，就必须比较。[2]受这一见解启发，笔者进而联想到柯林武德的一句话："一门科学与另一门之不同，在于它要把另一类不同的事物弄明白。"[3]顺此思考，从本文的论题着眼，我们不禁要问，环境史要弄明白的"另一类不同的事物"是什么？对这一问题的思考和研究，也需要从比较的角度来进行。这里，笔者借用霍布斯

---

[1] 当然，国外、国内前辈学者和同人在这方面已有不少的建树。20世纪90年代之前，国外许多环境史研究者就什么是环境史下过种种定义；近几年，国内学者在这方面也有自己的说法或表述。但对于环境史研究的发展来说，已有的理论思考还是不够的，还留有许多思考的空间和余地。国外学者正在积极地开展这方面的工作。2003年12月的《历史与理论》(History and Theory) 有一组文章探讨了环境史的性质。2005年9月剑桥大学历史学和经济学中心的斯维尔卡·索林和保罗·沃迪在网上发布了一篇《环境史之问题的问题——关于这一领域及其目的的再阐释》(Sverker Sörlin & Paul Warde, *The Problem of the Problem of Environmental History: Re-reading of the Field and Its Purpose*)。看过这些文章之后，笔者觉得仍有很多问题需要我们深入地思考。
[2] 2005年10月10日下午，刘家和先生在北京师范大学历史系（现为历史学院）世界近代专业研究生作了题为"比较研究与世界历史"的讲座，阐述了这一思想。
[3] 〔英〕柯林武德著、何兆武译：《历史的观念》，商务印书馆1997年版，第37页。

鲍姆的"从社会史到社会的历史"的提法,[1] 反其道而用之,提出"从环境的历史到环境史"这一命题,试图通过比较环境的历史和环境史,来理解环境史与环境的历史的区别,[2] 以把握环境史研究的内在限度和认识特征。当然,我们并不追求,也不可能追求绝对的明晰性和精确性。

笔者认为,环境史要弄明白的"另一类不同的事物",即是关于环境的各种研究,这大体上包括三类:(1)作为自然史研究领域的环境的历史,侧重于研究自然环境自身的演变过程;(2)作为"社会的历史"之研究范围的环境的历史,主要将环境视为人类活动的背景与可资利用的资源来对待;(3)作为人与自然之关系研究领域的环境史,致力于以自然环境、人工环境和社会环境三者结合的宏观视野,来研究人及其社会与自然环境相互作用的历程。

在第一类研究中,研究对象主要是自然发展过程(natural history[3]),

---

[1] 〔英〕埃里克·霍布斯鲍姆著,马俊亚、郭英剑译:《史学家:历史神话的终结者》,上海人民出版社 2002 年版,第 79—105 页。

[2] 环境史,在英文中既可表达为 History of Environment,也可表达为 Environmental History。为区别起见,在中文语境中,笔者将 History of Environment 和 Environmental History 分别表述为"环境的历史"和"环境史"。不过,这并不是为区分而区分。从"环境的历史"(History of Environment)一词的结构来看,这里的中心词是 environment,of 是介词,表示所属关系,of 前的 history 是支持或从属于 environment 的,指的是"对自然现象等的系统阐述"。所以该短语的主要信息是 environment。从"环境史"(Environmental History)一词的结构来说,这里的中心词是 history,environmental 是形容词,规定、限制 history 的范围,environmental 是为 history 服务的。该短语的主要信息是 history,而这里的 history "牵涉到人的活动,更确切地说,牵涉到那些与社会有关的活动"(〔丹麦〕赫尔奇·克拉夫著、任定成译:《科学史学导论》,北京大学出版社 2005 年版,第 22 页)。从对上述两个语词的结构分析中,我们认识到,关于环境的历史和环境史,各自的侧重点是不一样的,前者重在环境,后者重在历史。

[3] 这个词的另一译法是博物学,而 natural historian 则可译为博物学家。

这指的是地球生态环境以及一切环境要素的发展、沿革、来历；对其研究则涉及以环境和环境要素为考察对象的自然科学范畴内的众多学科，包括气象学、地理学、生物学、环境科学等等。这一类研究在中外学术界开始得比较早，其研究旨趣，重点在于考察气候环境的变化、森林和草原的变迁、动植物的迁徙、地理区域的历史沿革等等。[1] 而在很长时间内，这些研究所涉及的自然环境，主要属于马克思所批评的那种"被抽象地孤立地理解的、被固定为与人分离的自然界，对人说来也是无"的自然界。[2]

在第二类研究中，"社会的历史"（the history of society）研究涉及以人类社会及其内部构成要素为研究对象和单位的社会科学诸学科，它们与环境要素及其历史也表现出复杂的关联性。其中，经济学、政治学、社会学、人类学等各门具体学科首先都直接和间接地与人及其社会环境相关，人和人类社会是它们分析问题、构建理论体系的重要维度和基石。但是，从霍布斯鲍姆的分析来看，"人类赖以生存的社会背景不能与人类生存的其他方面分割开来……只要不是昙花一现，这些方面也就无法从人们借以谋生的途径以及人类的物质环境中分割出来"[3]。所以，这类研究也涉及自然环境。不过，在这里，自然环境只是人及其社会存在、发展的基础，是人征服和索取的对象，是供养人的经济资源。因此，社会科学侧重于将环境视为资源而加以研究，它所涉及的社会资本的分配、社会资源的利用、社会利益的调节、社会观念的塑造等，都与经济资源密不可分。

---

[1] 譬如史念海、曹尔琴、朱士光：《黄土高原森林与草原的变迁》，陕西人民出版社1985年版。
[2] 《马克思恩格斯全集》第42卷，人民出版社1979年版。
[3] 〔英〕埃里克·霍布斯鲍姆著，马俊亚、郭英剑译：《史学家：历史神话的终结者》，第84页。

在第三类研究中，当然也离不开对自然环境的研究以及对人类社会的考察，但它是以人及其社会与自然环境互动的进程为研究对象的，因此与前两类研究既有密切的联系，更有明显的区别，这是我们正在从事的环境史研究。

从世界范围看，作为一门学术性专业和一种群体性学术活动的环境史研究，大体到20世纪70年代才兴起，是一个正处于发展中的开放的新领域。到80年代，中国史学界开始关注这一前沿性研究。尤其是近十几年来，中国的史学工作者在继承学界前辈有关"环境的历史"以及关于"地理与文明"或地理环境与社会历史发展之研究成果的基础上，把这类研究进一步提升到环境史这一新的发展趋势上来，试图走一条中国史学家的创新道路，从而在有关的具体研究以及理论与方法的思考上出现了可喜的势头。

那么，什么是环境史？这一问题已有多种答案。换句话说，中外学者已给环境史下了诸多定义。这里，我们择其要者而析之。

1970年，R.纳什在"美国环境史"课程中提出："环境史将涉及人类与其整个栖息地的历史联系。这一定义……超越了人类维度，而包含了一切生命，并且从根本上说，它包括环境本身。"[1] 沃斯特认为，环境史研究"自然在人类生活中的地位和作用"，主要目的是为了加深我们对历史上人类与自然关系的理解，即在时间长河中人类如何受到自然环境的影响；反过来，人类又如何影响自然环境，并产生了什

---

[1] Nash, R., "American environmental history: a new teaching frontier", *Pacific Historical Review*, 1972 (3), p.363.

么结果。他还提出了关于环境史的三层次分析模式。[1] 斯坦伯格认为，环境史要"探求人类与自然之间的相互关系，即自然世界如何限制和形成过去，人类怎样影响环境，而这些环境变化反过来又如何限制人们的可行选择"。[2] 麦克尼尔认为，环境史是"关于人类与自然的其余部分之间相互关系的历史"。[3] 在中国学者当中，包茂红先生[4]、高国荣先生[5] 对环境史的界定都很有特色，值得重视。此外，笔者对什么是环境史也曾作过分析。[6]

从这些界定中，我们可以抽象出环境史的本质定义和研究对象。概而言之，环境史虽然与环境的历史有着密切的联系，甚至有某种相似性，但它既不是作为自然史研究领域的环境的历史，也不是作为"社会的历史"之研究范围的环境的历史，而是人与自然环境的关系史。因此，它所要研究的，不单单是自然环境的变迁或人类社会的变化。环境史研究要紧紧围绕"人及其社会与自然环境的关系史"来展开，不仅要具体地、历史地研究人与自然环境之间错综复杂的关系，而且要深入认识和揭示这一关系背后的人与人之间历史的、现实的关联与矛盾。所以，环境史研究必然将自然和社会的历史勾连起来，这是不难理解的。

当我们具体地考察人与自然的关系时就会发现，由于自然环境的系

---

[1] Worster, Donald, "Appendix: Doing Environmental History", In Donald Worster (ed.), *The Ends of the Earth: Perspectiveson Modern Environmental History*, Cambridge: Cambridge University Press, 1989, pp.292-293.
[2] Steinberg, Ted, "Downto Earth: Nature, Agency, and Powerin History", *American Historical Review*, 2002 (107), p.352.
[3] McNeill, J. R., "Observations on the Nature and Culture of Environmental History", *History and Theory: Studies in the Philosophy of History*, 2003 (4), p.6.
[4] 包茂红：《环境史：历史、理论与方法》，《史学理论研究》2000 年第 4 期。
[5] 高国荣：《什么是环境史？》，《郑州大学学报》2005 年第 1 期。
[6] 梅雪芹：《环境史学与环境问题》，人民出版社 2004 年版，第 46 页。

统性、联系性和封闭性,当某一社会主体为了自身的利益而从事生产和生活活动,并对自然物施加一定的影响时,其活动的结果并非仅限于这一主体与自然物之间,而总会牵涉到他人,对其产生或利或弊的影响。这样的事例在历史和现实中比比皆是。所以,人们通过自然物的中介会形成一种社会关系。换句话说,人与自然的关系反映着人与人或人与社会的关系,反之亦然。这正如有的学者所指出的:"环境变化始终是社会关系的变化……要巩固一套特定的社会关系,一种办法就是承担起一个生态项目,而该项目需要再生产那套社会关系以维持自身的存在。"[1]

由此可以说,虽然环境史研究的范围可以是非常广阔的,而且可以采取不同的路径来接近它,但无论如何,它不能孤立地研究自然史或社会的历史,也就是说,它不能孤立地认识人与自然的矛盾或人与人和人与社会的矛盾,而只有从这几组矛盾的相互联结中才能求得对历史运动的合理解释,否则,我们就不能很好地理解"为什么工业垃圾毒害了这些社区而不是那些社区"这样的问题。所以,环境史的研究对象其实是以人的实践为纽带而建立的人—自然—社会三维因素交织的立体结构,因而具有自身的内在逻辑和认识特征。

二、环境史研究的内在逻辑和认识特征

要明晰环境史研究的内在逻辑和认识特征,还需要我们进一步辨析它与上述第一、第二类研究的区别。笔者认为,环境史研究与第一

---

[1] 〔美〕大卫·哈维:《环保的本质和环境运转的动力》,〔美〕弗雷德里克·杰姆逊、三好将夫编,马丁译:《全球化的文化》,南京大学出版社2002年版,第288页。

类研究的区别，可以从很多方面理解，但关键之点，在于它们各自对人的认识上。

在第一类研究中，作为自然之子的人，主要是类的概念，而不是具体时空下的群体或个体。这里的"人"可以去掉年龄、性别、种族、时空等具体要素，而由普遍的一般特征所构成，因而是抽象的人。经过这种抽象所确定和揭示的人的本质性，适用于古往今来存在过的一切人。这种"人"，在茫茫自然中与其他物种一起，同自然界进行着物质、能量、信息的输入、输出与转化，以维持其动态平衡。如果稍加留意，我们就会看到，当这类研究涉及人的活动及其影响时，所用语词大多是"人为的选择"、"人类活动对天然植被的破坏"等等，从而淡化了相关问题的社会性。这样，如果我们想要进一步从这类研究和分析中，追问天然植被到底被谁破坏、为什么而被破坏、破坏之后具体影响如何等问题，就可能因有关研究的语焉不详，不得而知了。

与此相联系，这类研究所涉及的时间，往往是宏观的地质时间或地理时间，而不是人类所能体验的中观与微观的社会时间和个人时间。在那样的时间表上，成千上万年只不过弹指一挥间，50 年、100 年甚至可以忽略不计。

比较而言，环境史中的"人"，不仅仅是抽象的类，或生物学意义上的人，因而不仅仅是已经完成或定型了的物种；环境史中的"人"是在历史与现实之中具体存在并有着种种差异的人，[1] 譬如性别、能力、身份、地位、观念、情感、欲求等方面的差异，这势必导致不同

---

[1] 关于环境史对人的存在的认识及其意义，笔者有专文论述，该文刊登于《世界历史》2006 年第 6 期。

时期不同阶层和群体影响环境的程度各异,所关注的环境问题有别,耐受环境问题的能力不同。所以,在环境史研究中,必须注意考察同样面对环境的"人",因历史、文化等差异而表现的种种不同,必须深入分析和研究各色人等面对自然而形成的不同关系、不同阶层和群体作用于环境的差异性以及由此产生的矛盾等。因此,当环境史研究者将芸芸众生纳于笔端,认识所有的人都作用于环境,而谈"人类"、"人为"之时,就需要进一步追问,到底是"何人所为"?他们为何而为?他们为之差异如何?

这样,环境史研究在对人与自然互动关系的认识和理论建构中,既与自然科学的认识存在着共相,又会反映出殊相。[1]而就人类与自然环境互动研究的历史取向而言,我们更需要重视它与自然科学知识和理论的殊相。

正如有的学者所指出的:"自然科学知识的内容主要地并不反映人类是以什么方式,用什么手段或者能达到什么样的效率去进行改造自然,它是反映自然事物本身的属性和自然过程本身的行为。它所回答的是自然现象'是什么'、'为什么'。"[2]而关于自然科学的研究特征,怀特海的思想也值得我们重视。怀特海的著作贯穿着一个核心思想,即"科学只研究自然界各部分间的关系,而不考虑这些'实有'的终极内在性质是什么。关系(relation)自身的实在性并不依赖于关系对象(relater)自身的实在性"[3]。其所以如此,主要是由于"自然的历

---

[1] 亚里士多德在《诗学》卷9中,声称诗人与史家所谓"真正区别",乃是"诗者,意在表现共相,历史则意在殊相"。对亚氏的这一具体论断笔者并不苟同,但认为可以将其"共相"、"殊相"概念援引至自然科学与历史学关于"人"、"人与自然的关系"的认识之中。
[2] 王维:《人·自然·可持续发展》,首都师范大学出版社1999年版,第171页。
[3] 陈奎德:《怀特海哲学演化概论》,上海人民出版社1988年版,第24页。

史,就其本身来说,是没有意识的。它仅仅是一种现象罢了"[1]。这就是说,以环境和环境要素为考察对象的自然科学,旨在描述自然现象,指陈自然事实,揭示人与自然的外在的客观联系。这样我们就不难理解,当自然科学家在认识沙尘暴问题时,会写出诸如《沙尘暴,地球不可或缺的部分》、《沙尘暴的杰作:黄土高原》、《沙尘暴:抵抗全球变暖的幕后英雄》、《被媒体"妖魔化"的"沙尘暴"》等文章,依据环境化学、海洋生态学、大气物理学等自然科学领域的最新研究成果,为世人"一步步勾勒出沙尘暴的另一副面孔",即"生命万物的忠实朋友、改善环境的可靠帮手";认为对人类而言,"其实,沙尘暴也是大自然的一种恩赐","作为自然规律,沙尘暴不但不是现代社会独有的,而且无法根治,大的气候趋势不可违背"。[2]

对于这类文章就沙尘暴"另一面的积极作用"所作的近乎讴歌式的叙述,人文社会科学界的绝大多数学者恐怕都难以完全苟同。虽然我们也认同,沙尘暴既不是天使,也不是魔鬼;它同洪水、地震和火山喷发一样,是大自然万物消长中的一环,但是,我们并不能满足于这样的答案。我们不仅不能只当它是"自然循环中的一个环节",因而抱着无动于衷的态度,而且不能止步于"人类的活动加剧了沙尘暴"这样的判断。我们还需要进一步探索:是谁的活动加剧了沙尘暴?是什么活动加剧了沙尘暴?在沙尘暴的加剧中谁的、什么样的活动应负更大的责任?……这就是说,在认识和研究"沙尘暴是天灾还是人祸"这种问题时,人文社会科学工作者应该有自己的问题意识与研究取

---

[1] 〔德〕卡尔·雅斯贝斯:《论历史的意义》,张文杰编:《历史的话语:现代西方历史哲学译文集》,广西师范大学出版社 2002 年版,第 54 页。
[2] 《中国国家地理》2003 年第 4 期。

向,[1] 而他们的思考与分析,当然是人们认识自然灾害和环境问题并予以对策性研究时不可或缺的。

同样,环境史与第二类研究的区别,也可以从很多方面去把握。而它们之间最大的区别,笔者认为表现在各自对"自然"的认识上。如前所述,在第二类研究中,自然环境主要是作为人类征服和索取的对象、作为供养人及其社会的经济资源而存在的;并且很长时期以来,人们还认为自然界的这种资源是无限的,取之不竭,用之不尽。现在,人们已认识到,自然界对于人类的经济性资源价值,从静态与动态的两方面来看是有限的;静态方面是指其既定的储量有限,动态方面是指其再生的能力有限。[2] 此外,自然界对于人类不仅仅具有经济性的资源价值,而且具有其他方面的价值,譬如艺术价值、科学研究价值、医疗价值、生态价值等。

如果说,上述认识还停留在自然的外在价值或使用价值上,那么,对自然之内在价值或自然的权利的倡导,越来越成为这个时代的强音。这种音调是人类在其理性和自然感性的共同催促下,对人类生存的偏颇行为所发出的调整信号,梭罗、缪尔、利奥波德、卡逊……无数先贤往圣的言与行,是这种信号的强烈显现。[3] 如今,关于人与自然关系的新范式,即新有机论的自然观或生态自然观的意义日益为人们所

---

[1] 夏明方先生在《中国灾害史研究的非人文化倾向》(《史学月刊》2004 年第 3 期)一文中就有关问题作了精辟的分析。另外,沃斯特在《尘暴:1930 年代的美国南部大平原》(三联书店 2003 年版)一书中倡导的环境问题的历史研究取向也值得重视和借鉴。

[2] 刘湘溶:《人与自然的道德对话——环境伦理学的进展与反思》,湖南师范大学出版社 2004 年版,第 104 页。

[3] 关于这方面的思想主张,可参见唐纳德·沃斯特的《自然的经济体系:生态思想史》(商务印书馆 1999 年版)、霍尔姆·罗尔斯顿的《环境伦理学:大自然的价值及人对大自然的义务》(中国社会科学出版社 2000 年版)、罗德里克·纳什的《大自然的权利——环境伦理学史》(青岛出版社 1999 年版)以及曾建平的《自然之思:西方生态伦理思想探究》(中国社会科学出版社 2004 年版)等著作。

认识，这体现着文明与道德的进步。

我们知道，环境史的一个理论基础和分析工具是生态学，它秉承了其生态自然观。正因为如此，无论环境史研究领域的学者对环境史有多么不同的理解，"他们却具备同一个特点：他们都在竭力将自然纳入历史之中，或者说，是要还自然在历史中应有的地位"[1]。所以，克罗农认识到："人类并非创造历史的唯一演员，其他生物、大自然发展进程等都与人一样具有创造历史的能力。如果在撰写历史时忽略了这些能力，写出来的肯定是令人遗憾的不完整的历史"[2]；斯莫特[3]则借用强调自然物之内在特性的英国诗人霍普金斯（Gerard Manley Hopkins，1844—1889）的诗句咏叹和吁请：

一旦湿地和荒野缺失，世界将会怎样？
让它们留下吧，
哦，让它们留下吧，荒野和湿地；
但愿杂草和荒野永存。[4]

这些著述和论说使我们了解到，环境史研究者不仅深刻地意识到自然是历史中的活跃因素，是影响人类文明发展的强大力量，而且他

---

[1] 侯文蕙：《环境史和环境史研究的生态学意识》，《世界历史》2004 年第 3 期。
[2] Cronon, William, "The Uses of Environmental History", *Environmental History Review*, 1993(3), p.18.
[3] 〔英〕斯莫特（T. C. Smout，1993— ），苏格兰历史学家，主要研究经济史、社会史和环境史。
[4] Smout, T. C., *Nature Contested: Environmental History in Scotland and Northern England since* 1600, Edinburgh: Edinburgh University Press, 2000.

们在字里行间还渗透着对自然的人文情感和道德关怀；[1] 他们对杂草之生命力的赞叹、对荒野之美的呼唤，无疑是由来已久的对自然有机家园之爱与冥想的生态伦理意识的现代表现。

当然，笔者认为，环境史对自然的认识不能停留在这一步；历史学视阈下的人与自然关系的研究，要求我们也要像关注"人"的差异一样，关注客观存在的"自然"因人的认识和认识的目的以及情感、理念和欲求等不同，而具有的主观差异性。唯其如此，我们才能明白，为什么忧郁的小王子在说到夜空中的星星时，会清楚地描述这样的现象：虽然所有这些星星都不声不响，但是"人们眼里的星星是不一样的。对旅行的人来说，星星是向导。对其他人来说，它们不过是些小小的亮光。对那些学者来说，它们是有待研究的问题。对我遇到的商人来说，它们是金子"。[2]

综上所述，可见，环境史并不单单研究自然的历史或环境的变迁，不抽象地对待作用于自然环境的人；环境史也不同于"社会的历史"那样看待环境，它不仅认识到了大自然的万千气象，将自然环境看成影响历史的能动因素，而且秉承了尊重自然、敬畏自然的生态伦理观念。环境史不同于第一类研究的人观和不同于第二类研究的自然观，在决定了我们将紧紧围绕"人与自然的关系史"来研究人与自然相互影响的历程时，会以一种独具特色的人与自然互动的视角来重新解释历史和人事，由此我们可以领悟环境史研究的"不能"与"能"，并把

---

[1]〔美〕唐纳德·沃斯特的《尘暴：1930年代的美国南部大平原》（三联书店2003年版）一书在这方面表现突出，侯文蕙在《〈尘暴〉及其对环境史研究的贡献》（《史学月刊》2004年第3期）一文中对此进行了分析。
[2]〔法〕圣艾克絮佩里著、黄旭颖译：《小王子》，江苏教育出版社2005年版，第82页。

握它的内在逻辑和历史认识特征。

诚然，作为多学科交叉产物的环境史，应该批判地借鉴第一类、第二类研究成果，但史学工作者要清醒地认识到，其实不需要我们作那样的研究，因为作这类研究的人自有他们的专长；其实我们也作不了、更遑论作好那样的研究，因为我们充其量也不过是知道"将生物学提升到自然科学所获得的精确水平这场运动中，划时代的里程碑是克里克（Crick）与沃森（Watson）1953年提出的DNA（脱氧核糖核酸）的双螺旋体结构模型"，[1] 我们不可能亲自提出DNA的双螺旋体结构模型。而在涉及环境问题时，我们要认识到，虽然存在着相对于所有人的一般的环境问题，如全球性的大气污染问题等，但在现实生活中，对生活在不同的政治、经济、文化和地理条件下的人们来说，他们尤为关注的，可能是与自身生存息息相关而又各不相同的环境问题。所以，在全球的环境保护实践中实际存在着"富裕的环保主义和生存的环保主义"、"提高生活质量的环保主义和生活的环保主义"的对立；[2] 也就是说，对于发达国家的一些人群来说，环境保护可能是如何提高生活质量的问题，而对于发展中国家的一些人群来说，环境保护则首先是生存问题。国际社会如此，在一国内部亦如此。同样，在现实生活中，并不存在绝对一致的对自然环境的抽象理解。人们对自然的理解不仅存在着历史的差异，而且存在着空间和文化的差异。

基于上述认识，我们就能领悟到，无论在环境史的实证研究中还

---

[1]〔美〕威廉·麦克尼尔：《历史与科学世界观》，张文杰编：《历史的话语：现代西方历史哲学译文集》，第389页。
[2]〔西班牙〕琼·马丁内斯—阿里埃：《环境正义》（地区与全球），〔美〕弗雷德里克·杰姆逊、三好将夫编：《全球化的文化》，第278—279页。

是在环境史的理论建构中,我们都不能用抽象的"类"主体概念掩盖现实世界中与环境相互作用的主体的多样性,以抽象的自然概念遮蔽现实世界中不同主体对环境的不同理解和诉求,用抽象的人与自然之关系的观念代替现实世界中人与自然互动的不同方式。

那么,我们能够做的、也可以做好的又是什么呢?

我们要特别指出,环境史是一门历史学科,它同样"有真实的按年月排列的时间作为衡量它的尺度之一",这决定了我们不仅关注人与自然之关系发生、发展和变革的机理、规律或者说一般可能性,而且更为关注实际上究竟发生了什么,"如果我们不这样做……我们就不是历史学家"[1]。不仅如此,我们还应该记住人类活动相对于自然变迁的不同特性。如果说自然史没有意识、仅仅是一种现象的话,那么,由于人类历史不仅是物质运动的历史,而且也是精神运动的历程,"人类的活动无不渗透着人们的思想。与自然科学不同,历史学必须对过去的思想进行反思,否则就不可能理解历史。历史学家关心的不是一般意义上的事实,而是具有思想的行为"[2]。

由此观之,环境史研究能够也应该深入全部的文明史之中,探寻各种各样的行为主体在与变化多端的自然环境打交道时所引发和遗存的各种问题,并力求理解各色人等面对自然之物的相同或不同行为背后的思想。譬如,比较今天和历史上人们对待动物的态度,我们会有一种物是人非、判然有别的感觉。历史学家告诉我们,大体在1900年的时候,"动物是毫无权利的,除了人以外,食肉动物都被视为应该被

---

[1] 〔英〕埃里克·霍布斯鲍姆著,马俊亚、郭英剑译:《史学家:历史神话的终结者》,第89、90页。
[2] 张文杰编:《历史的话语:现代西方历史哲学译文集》,第7页。

消灭的'有害禽兽'"[1]。我们也知道，在汉语成语中，禽兽不如、豺狼虎豹、狼狈为奸、蛇蝎心肠，诸如此类的比喻和形容，莫不将意识发达却又钩心斗角的人际关系比附到本能的动物身上。而今，人类关怀及于动物的权利主张与实践，却日益受到世人的关注并改变着他们的生活方式。[2] 由此我们不能不思考这样的问题：在不同的时间里，人们对待动物的态度为什么迥然有别？人们及于动物的不同态度对动物和人自身以及生态环境的影响有何不同？人应当如何对待非人动物？肉食为什么在今天竟成了"一大道德问题"？

值得注意的是，在具体研究中，我们更需要用立体思维代替线性思维，在强调过去、现在、未来三者之间连续性的同时，认识到历史的运动绝不是直线推进，而是迂回曲折有时甚至是严重倒退的，环境退化和环境问题就是一种体现。此外，环境史研究不应将人与自然相互作用这样一个极具社会现实性的问题，局限在一般规律或道德形式上认识和探讨的层面，而要保持对具体的历史和现实问题的敏感，把握具体的、活生生的人们对于人与自然的紧张关系的缓解以及环境危机的解决等问题的不同见解。

于是，我们就要坦承，环境史对人与自然之关系的认识和研究，是某种"人类中心"的立场，这是它毋庸讳言的认识特征。从实然的角度说，人与自然的关系是多层次、多方面的，而对于"人与自然关系的伦理评价和伦理规范"的研究，被称为生态伦理学或环境伦理学。20 世纪 70 年代以来，推动着生态伦理学进步与成熟的一个重要主题，

---

[1] 〔美〕理查德·W.布利特等著、陈祖洲等译：《20 世纪史》，江苏人民出版社 2001 年版，第 579 页。
[2] 〔英〕彼得·辛格著，孟祥森、钱永祥译：《动物解放》，光明日报出版社 1999 年版。

是关于"人类中心论"和"非人类中心论"的争论。对于如何评价这一争论或如何开展这一争论,杨通进先生作了深入的分析,其见解颇具启发意义。他指出,要分清争论和言说的层次,因为人们一般在三种不同的意义上使用着"人类中心论"一词。一种是认识论意义上的,人所提出的任何一种环境道德,都是人根据自己而非其他生命的思考而得出的,都是属人的道德;一种是生物学意义上的,人是生物,他必然要维护自己的生存和发展,囿于生物逻辑的限制,狮子以狮子为中心,人也以人为中心;一种是价值论意义上的,其核心观念是:人的利益是道德原则的唯一相关因素;人是唯一的道德顾客,只有人才有资格获得道德关怀;人是唯一具有内在价值的存在物,其他存在物都只具有工具价值。杨先生对人类中心论的分析,使我们认识到,应该反对的是价值论意义上的"人类中心论",而不能反对认识论意义上的"人类中心论",更反对不了生物学意义上的"人类中心论"。[1]

环境史研究的"人类中心"立场,同样是从认识论角度而言的。其含义是说,环境史研究需要以人的活动为中心,着重探讨和认识具有主观能动性的人类及其活动对自然环境的复杂的、深远的影响,所以它其实针对的还是人事(human affair)。不仅如此,环境史研究也反对价值论意义上的"人类中心论",而倡导人们树立尊重自然、敬畏生命的生态伦理观,所以它其实是在对人说人事,而非"对牛弹琴"。此其一。

其二,环境史研究的"人类中心"立场,也是由现实的世情和国情所致。人们已认识到,导致目前生态或环境危机的主要原因,"不是

---

[1] 杨通进:《人类中心论与环境伦理学》,《中国人民大学学报》1998年第6期。

人们只把人类的利益当作行为的最高准则,而是大多数人、大多数民族都没有真正把人类的利益当作其行为的指针。许多人还深陷在个人利己主义、集团利己主义的泥潭中……许多民族和国家……还在奉行'生态帝国主义'和'环境殖民主义'的政策……因此,人类目前所面临的窘境,主要不是太以人类为中心,而是还没有真正以全人类的利益为中心。"[1] 就此而言,环境史研究只有以人类为中心,深入、具体地研究历史和现实之中人与自然环境相互作用的不同方式及其结果,才能认清环境问题的来龙去脉,抓住环境问题的核心和实质。

这样,我们从事环境史研究,在理论上既要知晓自然环境是什么,它如何变迁,也要认识人在自然环境中的地位、自然环境对人的意义、人对自然环境的影响以及由此牵涉的社会关系。而在实证研究中,我们既要明确"物"的基础地位和权利,不能"见人不见物",又不能倒过来贬低甚至忽略人的地位和作用,以致"见物不见人"。

三、环境史的兴起是时代和社会现实的产物与要求

在中外史学界,人们已认识到,环境史的兴起,不但开辟了历史研究的新领域,而且带来了历史解释的新思维。[2] 对诸如此类的论断,

---

[1] 杨通进:《人类中心论与环境伦理学》,《中国人民大学学报》1998年第6期。
[2] 奥康纳认为,继政治史、经济史、社会／文化史之后,环境史已成为西方历史编纂学的最新类型(〔美〕詹姆斯·奥康纳:《自然的理由——生态学马克思主义研究》,第84页);沃斯特称环境史为21世纪的"新史学"(唐纳德·沃斯特:《为什么我们需要环境史》,《世界历史》2004年第3期);麦乐西则主张环境史"是一种思维方式,是从更广阔的、人与环境关系的视野来研究历史的工具,是观察我们社会的引人入胜的基本视窗"(包茂红:《马丁·麦乐西与美国城市环境史研究》,《中国历史地理论丛》2004年第4辑)。

笔者或赞同之,或欣赏之,不过更主张"不要将环境史当成什么专门之学,而首先要将它视为一种整体的通识的观念,以此来重新考察人类文明史"[1]。笔者还认为,对于环境史的新意,必须置于史学史的范畴内才能更好地理解。[2] 这里所要思考的一个问题则是,当人类历史发展到 20 世纪中后期即现代科技革命蓬勃开展之时,为什么有一批历史学家不仅"总是不断重复土地被占领、被开采、被耗竭的凄凉的故事",而且力主以人与自然互动的独特视角来重新解释历史和人事,以致他们的做法越来越为学界所关注呢?

德国哲学家卡尔·洛维特说过:"能够从根本上产生历史解释的最重要的要素,就是对历史行动所带来的灾难和不幸的体验。"[3] 循此思路,可以认为,环境史于 20 世纪末期在世界史学界的兴起,归根到底,也是当代人对于"历史行动所带来的灾难和不幸的体验"的结果,是时代和社会现实的产物和要求。

首先,是自然界报复和人类反省的产物。

其实,人们很早就注意到了人类生产、生活活动给自然界造成的不良影响,马克思和恩格斯在 19 世纪就极其敏锐地看到了资本主义发展和城市化所带来的环境问题。譬如,恩格斯在《英国工人阶级的状况》中,对工人住所与工作场地的环境状况、河流污染、空气污染等问题有大量的描述。[4] 此外,在科学技术和生产力快速发展,人类改

---

[1] 梅雪芹:《关于环境史研究的意义及其他——给一位研究生朋友的信》,学术批评网 http://www.1acriticism1com12006 年 6 月 13 日。
[2] 梅雪芹:《环境史学的历史批判思想》,《郑州大学学报》2005 年第 1 期。
[3] 〔德〕卡尔·洛维特著,李秋零、田薇译:《世界历史与救赎历史:历史哲学的神学前提》,三联书店 2002 年版,第 6 页。
[4] 恩格斯:《英国工人阶级的状况》,人民出版社 1956 年版。

造自然界取得一定成果的时候，恩格斯及时告诫人们警惕"自然界的报复"。恩格斯还通过对当时已出现的环境问题的分析，指出这些环境问题出现的原因，是只看到"在取得劳动的最近的、最直接的有益效果"，却忽视了"那些只是在以后才显现出来的，由于逐渐的重复和积累才发生作用的进一步结果"[1]。因此，人类的活动必须尊重自然规律，不能超出自然环境允许的限度，否则就会如马克思引用他人的话所说的，"不以伟大的自然规律为依据的人类计划，只会带来灾难"。[2]

现实的情境不幸证实了马克思、恩格斯的前瞻性认识。[3]随着科学技术和生产力的发展，人们日益忽视了环境承载力的有限性，为了眼前的经济利益而不顾环境后果。结果，到20世纪六七十年代，当西方国家经济和物质文化空前繁荣之时，对大自然的污染和破坏却不断加深，人们实则生活在一个缺乏安全、危机四伏的环境之中。在这种氛围下，西方学者纷纷深刻地反省他们赖以生存和时时享受的工业文明以及工业文明对待自然的态度。未来学家托夫勒在回顾工业革命的历程及其后果时，有一段令人触目惊心的描述。[4]汤因比和池田大作发表的意见则更加明确和尖锐。他们认为，现在我们所面临的根本灾难是"人灾"，是由于"人类反叛自然界"而产生的，因此，十分紧迫的任务是：要求科学家以及现代所有的人，"无论如何要从自己生命的

---

[1]《马克思恩格斯选集》，人民出版社1995年版，第383、385页。
[2]《马克思恩格斯全集》第31卷，人民出版社1972年版，第251页。
[3] 关于马克思主义经典作家的生态思想或环境思想，参见〔美〕约翰·贝拉米·福斯特著，刘仁生、肖峰译：《马克思的生态学——唯物主义与自然》，高等教育出版社2006年版；广州市环境保护宣传教育中心编：《马克思恩格斯论环境》，中国环境科学出版社2003年版。
[4]〔美〕阿尔温·托夫勒著、朱志焱等译：《第三次浪潮》，三联书店1983年版，第175—176页。

内部改变对自然的态度";必须克服"人类中心"的虚假观念,重提自然所具有的尊严性问题;必须改变威逼自然的态度,重新恢复人类以前对自然的"崇敬"和"体贴"。[1] 所以,汤因比在晚年(1973)撰写《人类与大地母亲》时,用了四章的篇幅专门谈论自然现象之谜和生物圈,特别强调人类对生物圈的影响,以展示人类与其生存环境的相互关联。

学者们的反思无疑反映出人类在遭受"自然界的报复"之后的反省。人类不能不反身自问:曾几何时还被当成征服对象的自然为什么会"报复"人类,用各种灾难提醒我们它依然存在?自然界对人类的"报复"是如何具体地、历史地体现的?为什么会出现一个"打败了自然但却灵魂空虚的机械世纪"?为什么塞尔日·莫斯科维奇会肯定"自然问题"将是 21 世纪的"世纪问题"?[2]……在这样的反省中,历史学家是不能缺场的。严酷的现实迫使我们不仅要清醒地认识"自然界的报复"的严重性,而且要具体研究相关问题的缘由及其包含的经验教训。

第二,是资源有限和人类忧虑的产物。

在国际学界,自 20 世纪 70 年代石油危机之后,"地球上的资源无穷无尽"的感觉渐渐消失,[3] 取而代之的则是地球资源有限论和人类对有限资源的忧虑。这样的忧虑不仅没被指责为"杞人忧天",反而被

---

[1] 〔英〕阿·汤因比、池田大作:《展望二十一世纪——汤因比与池田大作对话录》,国际文化出版公司 1985 年版,第 38—39、379—382、392、428—430 页。
[2] 〔法〕塞尔日·莫斯科维奇著,庄晨燕、邱寅晨译:《还自然之魅:对生态运动的思考》,三联书店 2005 年版。
[3] 〔美〕欧文·拉兹洛著,黄觉、闵家胤译:《人类的内在限度:对当今的价值、文化和政治异端的反思》,社会科学文献出版社 2004 年版,第 17 页。

视为"20世纪人类文明的头等重要的发展,是20世纪现代科学的最大贡献"[1],这不能不说是人类认识的一大进步。而在人类对地球存在极限的认识过程中,1968年4月成立的罗马俱乐部的研究及其报告,起到了振聋发聩的作用。1972年,该俱乐部的第一份报告《增长的极限》发表,在西方世界陶醉于高增长、高消费的"黄金时代"时,清醒地提出了"全球性问题":1.人口问题;2.工业化的资金问题;3.粮食问题;4.不可再生的资源问题;5.环境污染问题(生态平衡问题)。[2]今天,人们已认识到,罗马俱乐部所倡导的地球的资源存量有限和环境容量有限的新观念,实质上是一种现代经济增长已临近自然生态极限的理论。它在全世界产生了巨大而深远的影响,动摇了地球的资源与环境无限的传统观念,为人类认识地球资源的有限性开辟了道路。

那么,什么是资源?不同时代、不同文化中人们的资源观念有什么差异?资源的匮乏是如何引起的?人口、资源和环境的关系经历了怎样的历史发展?科学家们为什么忧虑?等等,或者如《增长的极限》所提出来的:"这个地球可以供养多少人?在什么财富水平上供养?能供养多久?"[3]对诸如此类问题的认识和回答,显然都离不开长时段的、动态的历史考察。

第三,是人类的生态觉悟和道德进步的要求。

20世纪以来,在大战破坏、经济危机、社会危机的刺激下,人们

---

[1] 刘思华:《生态本位论——在国际生态环境建设与可持续发展研讨会上的主题报告》,《生态经济通讯》2001年第7期。
[2] 〔美〕丹尼斯·L.米都斯等著、李宝恒译:《增长的极限——罗马俱乐部关于人类困境的研究报告》,四川人民出版社1984年版("译序",第5页)。
[3] 同上,第45页。

"往往怀疑、而且事实上高度怀疑现代社会是进步的这种信仰"[1]，并日益意识到全球经济的一体化和人类命运的趋同化。到 20 世纪 60 年代后期，西方国家掀起反公害运动，喊出了"还我阳光"、"还我蓝天"、"还我清水"的强烈抗议之声；一些发展中国家也以不同形式投入环境保护运动，形成了一股国际性环保潮流。1972 年以联合国"人类环境会议"发表的《人类环境宣言》为标志，全球环境保护运动形成了高潮。它揭开了人类开展生态革命并创建生态文明的序幕，被认为是人类的生态觉悟。到 1992 年联合国召开环境与发展大会——里约峰会，正式否定工业革命以来的那种"高生产、高消费、高污染"的传统发展模式，这标志着世界环境保护工作迈上了新的征程。

里约会议表明，人类对环境问题的认识有了飞跃。"在过去的 100 年中，在科学、信仰体系和全球政治的议程中，环境问题已由无足轻重转而成为人们关注的中心。"[2] 由于当代的环境问题将地球上的芸芸众生紧密地联系在一起，彼此休戚与共，人们因此认识到，环境问题绝不是哪一个民族、哪一个国家的内政，而是全人类共同的忧患。不仅如此，人们对自然环境的认识也发生了质的转变。"人是自然的一部分，而非凌驾于自然之上的主宰者。这种观念是 20 世纪与 19 世纪相比人们对自然环境认识的最重要的变化。"[3] 于是，环保概念像 19 世纪的"发展"概念一样，在 20 世纪末的人们的思想观念中占据了重要地

---

[1]〔英〕詹姆斯·塔利著、梅雪芹等译：《语境中的洛克》，华东师范大学出版社 2005 年版，第 244 页。
[2]〔美〕理查德·W. 布利特等著、陈祖洲等译：《20 世纪史》，第 596 页。
[3] 同上，第 597 页。

位。这些观念的诞生,是人类道德进步的具体体现。

那么,到 20 世纪,人对自然的认识和态度——人的自然观为什么会发生重大转变?在不同的历史时期人的自然观为什么存在着差异?历史上,人对自然的认识和态度的变化对人的世界观、价值观和文化精神产生了什么样的影响?在 19 世纪为什么"进步"、"发展"观会居于主流地位?而在 20 世纪末"环境保护"、"可持续发展"的观念却日益凸现?对这些问题的思考与回答,同样要求历史学家发挥自己的作用。

第四,是"人类与自然的和解以及人类本身的和解"的要求。

"人类与自然的和解以及人类本身的和解"是恩格斯的用语。1843 年 9 月底到 1844 年 1 月恩格斯在写作《国民经济学批判大纲》时,高度概括出"我们这个世纪面临的大转变,即人类与自然的和解以及人类本身的和解"[1]的历史任务。"人类与自然的和解"指的是人同自然的关系,人类面对的环境问题是这一关系趋于紧张的反映;"人类本身的和解"指的是人与人之间的关系,即社会关系。而两个"和解"之间的关系,是互相制约、相辅相成的,因为"人们对自然界的狭隘的关系制约着他们之间的狭隘的关系,而他们之间的狭隘的关系又制约着他们对自然界的狭隘的关系"[2]。

从这一认识出发来看待人与自然的矛盾,认识环境问题产生的原因,就会看到,环境问题的产生,根源在于人类生产和生活方式的不合理以及人与人的关系的不和谐。人类对自然施加的影响,其实都是通过具体的社会主体完成的,但这一影响所造成的破坏和污染环境的

---

[1] 《马克思恩格斯全集》第 3 卷,人民出版社 2002 年版,第 449 页。
[2] 《马克思恩格斯选集》第 1 卷,人民出版社 1995 年版,第 35 页。

后果，可能要其他社会成员来承担。因此，人与自然和谐发展的真正实现只能伴之以人与人之间的社会关系的改变才有可能。换一个说法就是："人对自然生态的控制实质上是人对人自己的人文生态的控制。因此要保持生态环境的协调，首先必须从人类的根本利益出发，调整人们的社会关系，改善人文生态。"[1]这就是说，只有把环境问题纳入社会问题的总体框架之中，才能更好地予以解决。

那么，人与自然的本质关系是什么？到底如何认识人与自然的关系？人与自然的关系经历了怎样的历史变迁？人与自然的矛盾在历史上是如何显现、发展和缓解的？为什么"人类与自然的和解"需要伴之以"人类本身的和解"？今天对这一系列问题的解读，都必然要求在自然—人—社会相互联系、相互作用的整体视野中来进行。

由上可见，及至20世纪中晚期，历史发展本身带来了关系到人类自身的整个地球生态环境的"生死之忧"——一种带有全局性，且最为基本而又十分复杂的生态环境问题或环境危机。如何认识这样的问题？如何对待这样的问题？这必然要求以上下求索、通古今之变为己任的史学家，"以当代人们所关心的重大事情为出发点，去重新思考过去的某些重要方面"[2]。这实质上不只是对人与自然关系的反省，而且也是对过去的和现有的世界秩序、对人在世界中的地位以及对人的一贯行为之合理性的深刻反省。史学家由此认识到，必须从根本上重新定义"我们所构想的人类事务"[3]，必须重视"自下而上"地"再

---

[1] 陈华兴、李明华：《论可持续发展的自然限度及其超越》，《自然辩证法研究》1997年第10期。

[2] 〔法〕伊曼纽尔·勒鲁瓦·拉迪里著，杨豫等译：《历史学家的思想和方法》，上海人民出版社2002年版，第28页。

[3] 〔美〕唐纳德·沃斯特：《为什么我们需要环境史》，《世界历史》2004年第3期，第6页。

现"历史；并且还认为，仅仅探索到社会下层还不够，"还必须再向下深入，一直深入到地球当中去"。[1] 于是，出现了以考察人与自然之互动关系的变迁为己任的环境史研究及其日益深广的局面。

今天，我们可以毫不含糊地说，环境史将在 21 世纪史学中占据越来越重要的地位。而对于史学工作者，尤其是青年史学工作者而言，我们不妨套用霍布斯鲍姆的一句话说，环境史已经成为——还将继续是——"一个非常理想的实验室"[2]。环境史研究不仅具有重要的理论价值，而且具有明确的实践意义。从理论价值来看，环境史不仅已成为历史研究的重要生长点，而且还会成为一种新的史学理论，它将在历史本体论、历史认识论和史学方法论等方面凸显自身的特色。从实践意义来看，今天，不论在世界还是在中国，生态破坏和环境污染等问题仍然是最紧迫的问题，这种现实也使得我们必须加强环境史研究。而这一研究，将通过系统总结人与自然关系历史发展过程中的经验教训，对认识和解决环境问题作出其特殊贡献。笔者认为，环境史研究可以成为人们理解环境问题的一条路径，解构有关环境问题之不当论调的一种方法，以及增强环境意识的一个渠道。这样，当有人借口说，生态环境破坏是人类为增长必须付出的代价，从而表现出不屑的冷漠时，人们就可以反问道：归根到底这种代价由谁来承受？

原载《学术研究》2006 年第 9 期

---

[1] *The Ends of the Earth: Perspectiveson Modern Environmental History*, p.289.
[2] 〔英〕埃里克·霍布斯鲍姆著，马俊亚、郭英剑译：《史学家：历史神话的终结者》，第 100 页。

环境史的三个维度[1]

〔美〕J. 唐纳德·休斯／文　梅雪芹／译

(J. 唐纳德·休斯，美国丹佛大学约翰·埃文斯历史学杰出教授，环境史的开创者之一；梅雪芹，北京师范大学历史学院教授）

飞行在美国大平原的上空，你碰巧靠窗而坐，俯瞰风景，会看到清一色的方块、半方块、1/4方块图案，由道路、田地和住宅小区组成（图1），[2] 十分引人注目。这些图案代表着6英里一边的小镇、方圆1平方英里（640英亩）的牧场以及每份160英亩的1/4地段，由联邦土地勘测局在当时还是公共的土地上设计而成，始于1785年。这也是1862年《宅地法》的构架，它规定，将公地转让给在这片土地上定居和耕作的公民。这一图案显示了针对自然环境的理论主张的用途。这个例子中的理论主张正好是说，公民之于土地的恰当关系是拥有土地并加以耕作；此外，既然该共和国的所有公民一律平等，那么，分配给每个人的土地在规模上也就相等。我之所以提它，是因为它是一个有关自然理论之影响的引人入胜的鲜明事例。

---

[1] 该文原刊于《环境与历史》2008年第3期 [*Environment and History*, vol. 14, no. 3 (White Horse Press, August 2008), pp. 319-330]。文章经作者授权翻译发表，翻译工作在北京师范大学历史学院博士生陈黎黎同学协助下完成。

[2] 见 J. Donald Hughes, *What is Environmental History?* Cambridge: Polity Press, 2006, p. 43, 图7。（中译本《什么是环境史》，梅雪芹译，北京大学出版社2008年版。——译者注）

图 1　美国大平原局部鸟瞰图

无独有偶。意大利的部分地区至今仍保留着罗马百人团的土地分配方式，这是将军们创建的，他们以土地赠品奖赏忠实的幸免于死的军团士兵：每个军团士兵 100 犹格（*jugera*），1 犹格（*jugerum*）指的是一个农民用一组耕牛在一天内所能耕作的土地数。古代中国有所谓井田制这一传统的土地分配法，它将一块方方正正的土地分成大小相等的九小块，外围的八块中，一户农家分一块，中间那一块则是八户农家耕作的公有地，其收成用于赋税。

当然，一旦僵硬的理论实际应用于一片景观，其效用就令人怀疑。任意划分的方块并未考虑泉水、溪流以及生产率和方位之变化等基本要素。当边疆跨越 19 世纪美国版图而向西移动时，情况逐渐明朗，那就是，在雨水比较丰沛的北美高草原，160 英亩对一个农场而言可能足够了，但是在草儿低矮的平原，同样的面积可能招致作物歉收和饥饿；不幸的是，在这里"雨随犁至"的谚语原来是不正确的。

一般而言，哲学、经济学和政治科学领域的同人间或会指责历史学家不重视理论。环境史家未曾避免这种责难，有时理应如此。为人瞩目的例外也是有的，譬如卡罗琳·麦茜特写了《生态革命的理论结构》（1989），马德哈夫·加吉尔和拉马昌德拉·古哈写了《一种生态史理论》（1992），詹姆斯·奥康纳写了《环境史是什么？环境史为什么？》。[1] 大概最常被引用的表述是，唐纳德·沃斯特在其《从事环境史》（1988）中对环境史家所从事的研究路线的三层描述。[2] 沃斯特说，环境史所进行的研究有三个层面：第一层是试图理解自然及其变化；第二层是考察人类经济和社会组织及其对环境的影响；第三层是研究人类关于环境的方方面面的思想、感受和直觉的表达。沃斯特具有领先于上述作者的优势，其原则主张经受了时间和应用的考验。然而必须认识到，在他的文章中的这一部分，他是在作一种描述，而不是建构一种理论。

这里，我不打算作出如同沃斯特所提供的那种包罗万象的定义；

---

[1] Carolyn Merchant, "The Theoretical Structure of Ecological Revolutions", *Environmental Review*, 11, 4 (Winter 1987): pp. 265-274; 也可见 Carolyn Merchant, *Ecological Revolutions: Nature, Gender, and Science in New England* (Chapel Hill: University of North Carolina Press, 1989). Madhav Gadgil and Ramachandra Guha, "A Theory of Ecological History", *This Fissured Land: An Ecological History of India* (Berkeley and Los Angeles: University of California Press, 1992) 的第一部分, pp. 9-68。James O'Connor, "What is Environmental History? Why Environmental History?" 收录于 *Natural Causes: Essays in Ecological Marxism*, ed. James O'Connor (New York and London: The Guilford Press, 1998), pp. 48-70。

[2] Donald Worster, "Appendix: Doing Environmental History", 收录于 *The Ends of the Earth: Perspectives on Modern Environmental History*, ed. Donald Worster (Cambridge: Cambridge University Press, 1988), pp. 289-307。2007 年 7 月在阿姆斯特丹举行的欧洲环境史学会会议上，沃斯特在听了我对这篇文章的部分内容的介绍以后，不那么正式地跟我谈到，环境史所需要的主要不是理论，而是驾驭证据以建构一种精确叙述的更好的方法。这个观点很合适，我认为它是一枚宝贵硬币的另一面。两者我们都可以使用；理论和方法可以相互补充。

我急于添加的，是我所认同的一种合适的框架。我的确认为，环境史家应当多多探讨我们学科的理论蕴涵，本文的目的之一即是鼓励诸多理论观点之间以理性的方式展开更普遍的对话，我相信这将会巩固我们的领域。然而，我的意图并不是要阐明一种环境史理论结构，只不过是想探讨三个维度，它们可能会以初步的方式帮助设计此种结构。我完全意识到还有其他可以探讨的维度，我期望向那些有志于此的同行学习。我在这里尝试性地进行思考，以期其只言片语可以在同行中开启兴味盎然的讨论。

简单地说，我将考虑的三个维度中每一个维度都是两术语间的一个统一体。像亚里士多德一样，在每个例子中我都主张，需要的东西是靠统一体的某个点，而不是任何的一端。第一个维度与这一领域的主题有关，是文化—自然统一体。第二个维度与方法有关，将沿着历史和科学之间的统一体展开。第三个即最后一个维度涉及范围，不是把时间和空间看做定义中的对立面，而是认为它们在其中相得益彰。

一、第一个维度：自然和文化

我打算探究的环境史理论的第一个维度是，其主题同时包括自然和文化。简而言之，它规定，一项研究除非既考虑人类社会中的变化，又考虑它们与之接触的自然界中各方面的变化，并将两方面的变化联系起来，否则就不能称为环境史。这两方面变化的关系，几乎在每一个事例中都是一种相互影响的关系。环境当中人类引起的变化，事实上总是在文化状态中回荡并产生变化。在这个意义上，一门不包含这两个术语的历史便不能称之为环境史。这一论断对许多在环境史这一历史学科分支里从事研究的人来说，似乎可能是不言而喻的，对许多历史地理学家来说也是如此。但少数人另有主张，包括后面段落中所提到的那些。

为阐明这一原则，我想介绍一幅位于耕地与沙漠接壤之边缘的埃及某个乡村的景观图（图2）。辽阔的撒哈拉沙漠的一部分位居风景的上端，向远处延伸开去。紧挨其下的是一座近来用黏土砖建造的白色村庄。在近处的一侧是被灌溉的田地，栽种了棉花、小麦和其他作物。接近景观的底部，有一片广泛分布的椰枣林坐落田间。我们在这幅图画中看到的，是古埃及人所称的红土地与黑土地的交会处，前者是暴风之神塞特（Set）的干旱而漫无尽头的国度，后者是植物和耕作之神奥西理斯（Osiris）所钟爱的沃土。这是一处可以由环境史加以解释的景观，

图2 埃及：耕地与沙漠接壤的地方

但只有自然史和文化史均作为术语被包含在其定义之内，才可以做到。

我有一些同行，譬如 A.T. 格罗夫（A.T.Grove）和奥利弗·拉克姆（Oliver Rackham），他们主张环境史仅仅是环境的历史。这是因为他们所界定的环境只包括气候、地质情况、地貌，而不包含生物，即使植物也不是环境要素。[1] 他们强调，一门包含生物的历史应当被称为生态史。然而，即便是转换了术语，他们也更愿意集中关注景观的变化，而不是社会的、经济的变化，或其他的文化变化。因此，在我们眼前的这幅埃及图片里，他们将会集中考察沙漠，注意某地的长期的地质与气候记录；这一地带先前拥有充沛的降水，并遭受了水蚀。与最近一次冰期结束相关联的气候变化改变了风的类型，到距今约 5000 年的时期形成了某种与现今情况并非不同的自然情势。毫无疑问，这些观察大有用处；更毋庸置疑的是，为帮助重构过去，环境史家需要了解它们，但环境史家始终必须将人类历史和人为变化置于叙述的中心。

不管怎样，让我们暂且审视一下光谱的另一端。很有可能将我们眼前的景象看成是现代埃及政治—经济史的一个图解，即作为 1952 年革命之后所发生的事件的一部分。加麦尔·阿卜杜勒·纳赛尔（Gamal Abdel Nasser）成为埃及的总统，他决定使新阿拉伯共和国成为一个工业化的、世俗化的自给自足的社会，可以在全球市场经济中保持力量。为做到这一点，他把在阿斯旺修建大坝视为第一要务，以便为工业化发电、防洪，并为灌溉供水。这将会保障全年的粮食和出口经济作物

---

[1] A. T. Grove and Oliver Rackham, *The Nature of Mediterranean Europe：An Ecological History* (New Haven：Yale University Press, 2001), pp. 45, 376. 他们不得不诉诸独特的措辞，如"与自然环境的相互作用和与动植物的相互作用"(p. 14)，并坚持用"景观史"和"生态史"术语来代替"环境史"。

的复种，使耕作扩展到原先的沙漠地区成为可能，正如我们图像中的那个地方。这全都真实，并且对环境史家的工作来说，通晓它们是一个必要的前提，但是仅仅注意到这个故事的政治含义和严格的经济内容，给我们提供不了一种环境—历史叙述的深度和视角。

精通上述两方面的内容，将它们联系并结合起来，是环境史家的工作，但更重要的是，要考虑它们每一方究竟遗漏了什么，尤其是根据相互的因果关系有可能从两者中遗漏的内容。这里，我将简要地问一些问题，以提出环境史家在这种景观中可能会考察的几类议题。为什么那座村庄占据了播种地和沙漠之间的一片狭长土地？富饶的土地不允许建筑物侵占是不是农民的意愿？用于盖房的砖块所需的黏土从何而来？人们可能会注意到，按惯例它来自尼罗河所沉积的淤泥，而现在，阿斯旺大坝阻止了淤泥到达下埃及。新近灌溉的荒漠土有多肥沃？它是否需要大量施用工业肥料以保持产量？土壤生态系统及组成它的各种生命的状态如何？有多少土地用以为迅速增长的埃及人口生产粮食？又有多少种植着棉花和其他出口作物？在大坝建立之后埃及又一次成为一个食物净进口国。像血吸虫病这样与农业相关之疾病的比率是多少？这片土地是否像埃及灌溉土地中的大部分一样遭受了盐碱化？

我的目的并不是给出个案研究，而只是想表明，在任何一个环境—历史项目中，对包括文化和自然在内的问题的考察是很重要的。一些人可能会争辩说，用这些术语来进行探讨，会使环境史成为一项以人类为中心的事业。当然是这样，但绝不能无视生态的影响，以及其他各种生命与环境本身的价值。

二、第二个维度：历史的、科学的方法

环境史的第二个维度与方法论有关，并且源自前一个论点。它涉及一个事实，即环境史家兼用历史和科学二者的工具，因此试图跨越C.P.斯诺所称的现代学术界的两种文化之间的鸿沟。[1] 一方面，作为历史学家，环境史家在其工作中必须坚持和贯彻历史的方法，找出所有可资利用的文字资料，对它们进行里里外外的考证，并仔细地加以解释。像所有的历史学家一样，我们必须与同人一道通过学科的检验。但是，为了理解环境——我们自己所选择的标题中的另一个术语，我们必须熟练地掌握自然科学的语言，并能够利用科学就我们选择研究的历史领域所能教给我们的东西。正如斯诺所言，不理解文化分野的两个方面会导致我们不恰当地解释过去，错误地判断现在，并放弃我们对未来的希望。[2]

作为需要环境史家将科学方法连同历史方法一起使用的一个例子，我提供一幅复活节岛图片，近代波利尼西亚人也称之为拉帕·努伊（Rapa Nui），拥有巨大的被称为茅伊（moai）的火山石人形雕像，矗立在一片光秃秃之地。明确地说，它是阿胡·同加里基（Ahu Tongariki）；在那里15个茅伊排成一行，背朝大海（图3）。[3] 复活节岛个案已成为有关某种社会的教科书范例的重要对象，该社会由于森林滥伐和人口过剩而毁坏了自身的资源基础，并正式崩溃，结果只剩

---

[1] C. P. Snow, *The Two Cultures and the Scientific Revolution* (Cambridge：Cambridge University Press, 1959). （中译本《两种文化》，纪树立译，三联书店1994年版；陈克艰、秦小虎译，上海科学技术出版社2003年版。——译者注）

[2] *Ibid.*, p. 60.

[3] 见 J. Donald Hughes, *What is Environmental History*? p. 82, 图 14。

图3 复活节岛的阿胡·同加里基

下小部分人口,岛屿的大部分则沦为废墟。像克莱夫·庞廷的《绿色世界史》和贾雷德·戴蒙德的《崩溃》等全球环境史著作都包含了这个故事。在这些书里,对这个故事的讲述给人的印象更加深刻。[1] 一位环境史学家怎样才能作出一个可行的解释,它会相对真实地与欧洲发现时代前后复活节岛上所发生的事情相一致?

为我们所用的文字史料只有这样一些:有发现者的描述,包括航海日志。1722年4月5日,荷兰海军上将雅各布·罗格汶(Jacob

---

[1] Clive Ponting, *A Green History of the World* (New York: St. Martins Press, 1992), pp. 1–7(中译本《绿色世界史:环境与伟大文明的衰落》,王毅、张学广译,上海人民出版社2002年版。——译者注);Jared Diamond, *Collapse: How Societies Choose to Fail or Succeed* (New York: Viking, 2005), pp.79–119(中译本《崩溃:社会如何选择成败兴亡》,江滢、叶臻译,上海译文出版社2008年版。——译者注)。John Flenley and Paul Bahn 的《复活节岛的奥秘》(*The Enigmas of Easter Island*, Oxford: Oxford University Press, 2003)提供了关于处理大量证据的一种可靠而令人信服的方式及其解释。

Roggeveen）发现并命名了这座岛，描述它非常缺少树木，拥有小部分人口以及许多直立的大雕像。其他探险者，包括英国的詹姆斯·库克（James Cook）船长之后来访过。还有19世纪的传教士和20世纪的人类学家的作品。这些资料显示，到19世纪中期岛民们推倒了所有仍然竖立的雕像。如今那些乃由欧洲人、美国人和日本人在20世纪重新竖立起来的。当我们转向欧洲人发现之前的至关重要的时期，传统的历史方法给予我们的少之又少。复活节岛有本地的书面语，但在19世纪中期当其大部分人口受奴役并被运离此岛时，阅读它所需的知识失传，今天它仍未被解读。口述传统提供的线索固然有趣，但支离破碎。仅仅依赖这些资料，是无法解释其生态灾难的；当然没有它们，剩下的证据也不能被整合成一种历史解释。

科学为这一解释提供了很多必要的证据。在这里，考古学家对于古代史学者的许多工作，是极其有用的帮手。碳-14测年法表明，人类首次占领该岛始于公元600年到800年间。在该岛的几个地区，深沟里露出了一层压得很紧的棕榈树根部铸型化石，这种树类似于智利酒椰子（Jubaea chilensis），而火山岩中存有棕榈树干的铸型化石。在洞穴里还发现了这种棕榈树的小果实藏品，它们很像椰子。其中大部分都有被沟鼠啃咬的痕迹，这些鼠是波利尼西亚移民带进来的。还有其他许多树种的证据。花粉分析显示，直到距今约500年那里还有森林。所有这一切表明，在一座森林相当茂密的岛屿上，树木在人类占领时期被砍伐殆尽。居住遗址表明，在公元1500年的时候，农业活动几乎遍及岛屿各处。更晚近的建筑物包括用石头做轮廓线的种植坑，以及用来保护植物免受风害的石制覆盖物；当树木被砍伐后风对植物的影响将会更甚。显然，在复活节岛的环境史中，历史资料著作和科学绝妙地互为补充。

无论是在编年时期还是在地理区域所构成的特定研究领域，那些研究生态系统、生物多样性、气候、生物引种、疾病、大气化学以及其他许多变化因素的科学技术，显然对环境史学家很有用。生态科学尤其是这样。环境史在一定程度上产生了一种认知，即生态科学对理解人类物种的历史有着重要意义。其中一层含义是，人类文明不可能将其自身置于自然法则之外，即使那些拥有先进的技术文化的文明也做不到这一点。生态学将人类物种置于生命网络之中，仰赖它而活命、生存。你不能否认科学素养在原则上对于环境史的重要性；完全撇开显而易见的实际困难来说，这为环境史学家如何准备并不断训练指明了方向。

三、第三个维度：时间和空间上的范围

我将探讨的环境史的第三个维度是指时空范围的维度。我急需补充的是，我并不认为只有三个维度。其实，将空间和时间二者囊括进来，我已表明至少还存在第四个维度。我所考虑的是，环境史在本质和定义上意味着一种非常广阔的视角，包括全球意义上的环境，以及从起源延伸到现在甚至危险地凝视着模糊不清的未来的历史在内。

首先，让我们看看时间。我的论点是，环境史领域考察人类历史中的每一个时间段，包括史前、古代、中世纪和近现代。虽然个人研究可能会以较短的时期作为其分析框架，但环境史事业范围所受的限定，仅仅是对人类社会与自然环境之互动的考虑，而不是对所存在的任何特定的互动模式，或任何特定的环境认知方式，或当时的互动程度的考虑。如果表达不清的话，我特别反对常见的一种看法，即，由

于变化的速度以及新近而存的环境意识，环境史应专注于或几乎专注于现代世界。古代和中世纪时期在环境史中同样值得仔细研究；或许绝大部分人类—环境关系模式以及使之展现的制度起源于这些时期，并朝着其现代的表现方式演进。

我在这里所用的图片反映的是约旦广阔的古代农业梯田制度的一部分，靠近纳巴泰王朝的佩特拉古城（图4）。虽然放眼望去那里还有一个小规模的居民点，但是它们现在几乎完全被放弃；依稀可辨的是稀疏的树木和果园以及零星的行人和家畜，除此之外，似乎便是一片贫瘠和寂寥。这些梯田建于一个非常繁荣的时期，以便防止土壤被侵蚀，并听任陡峭的山坡上种植作物。正如这片景观本身所书写的那样，这里上演的是一部人类文明在其诞生之初的一块土地上兴衰的故事，并且它是人类与环境相互作用调节下的一种兴衰。在这里，可追溯一部崎岖的文明之路的故事，这是由于森林滥伐、侵蚀和农业衰竭等环

图4　佩特拉古城附近被弃置的梯田

境问题造成的。仅在这一片景观里，就有几英里用笨重的石头小心翼翼地垒起来的梯田堤坝。为建造它们花些劳力被认为是值得的，从经济上并根据人类所需的卡路里来看是合理的，因为它们通过防止陡坡上的侵蚀而使粮食生产成为可能。在那时，较高海拔上的森林抵挡了季节性降雨带来的下坡水流，并自那时尚存的泉水和当地溪流提供了可靠的水源。但是，为附近城市的建设和燃料供应而持续不断地砍伐树木，并在裸露的高地上放牧山羊和绵羊，毫无疑问对森林以及仰赖它们的水源造成了永久的破坏，因此，那里的山冈现在干枯了，梯田几乎寸草不生。这样一幅景象既是环境史的一个重要阶段，也是一部警世故事，它提醒历史学家要拓宽他们对比较遥远的过去的认知。

对环境史来说，时间上适用的东西在空间上也适用。这就是说，不论我们可能怎样决定划分出具体的研究范围，就我们的学科而言，整个地球都是我们的研究对象。也许，其范围甚至超越了地球，因为太阳辐射的能量与月球引发的潮汐也是重要的环境影响因素。就像每一个现代历史时刻都与长期形成的过去相联系一样，每一个地方或地区都存在于生态圈的环境之中，历史学家们忽视这一事实就要自担风险。甚至书写单座花园的环境史都需要辨别它在这颗星球上的位置。就实践而言，因为研究和写作必须有个暂停，至少到下一本著作为止，所以每项研究都必须以有限的空间和特定的时段为基础。但从理论上说，依其本性，严肃的环境史必须认识到与一个更大的无所不包的系统的诸多联系。

四、结论

我呈现的最后这张图片是现代那不勒斯海湾图（图5）。海军舰艇在港口探出头来,一座中世纪的城堡占了一处土地,郊区蔓延到维苏威火山山坡上。应用我所简单介绍的三个维度,对于这个地方的环境史有什么可以说的呢?

首先,看看文化和自然。很明显,土地和海洋相互作用有助于这座城市的形成,它在海湾这里是一个经济上能独立发展的活跃的中心。至少自罗马时代以来,它一直是海军总部所在。当地的文化已适应了海平面的变化。这里有古罗马的神殿,其支柱矗立在海水之中;显然,建造的时候它们位于干燥的土地上,但水位和贝壳表明,在某些时候或时期,水甚至比现在还要高。这是由于活跃的地质情况引起当地海拔的变化而造成的,这提出了第二个维度。

其次,看看历史和科学。众所周知,公元79年维苏威火山爆发,毁灭了那不勒斯湾沿岸的几座城市,包括庞贝(Pompeii)和赫库兰尼姆(Herculaneum),随之丧失了大量的生命。以历史为例,我们有小

图5 现代的那不勒斯海湾

普林尼在当时的记录，他真正见证了火山爆发并对它作了描述。科学可以证明，这里曾有许多次其他的火山爆发和地震；这一地区的土地因其来源于火山灰而肥沃；并且维苏威火山仍然很活跃。例如，它在第二次世界大战期间爆发过。然而，人们继续在临近它的下方建造居所，好像一点也不危险。这里或许有可与全球变暖的现今威胁相比较之处，这提出了第三个维度。

最后，看看时间和空间。很明显，对这幅现代景致的完整理解在很大程度上有赖于知晓造就它的古代和中世纪的历史。而那不勒斯，经由其与地中海连在一起的海湾而与世界的海洋相连，经由大气而与地球上其他各处相连，因此确实不可能孤立地加以考虑。

我们看过的 5 幅图像描绘了地球上的 5 个地区：北美大平原、非洲尼罗河流域、南美西面太平洋上的复活节岛、西亚约旦的贫瘠地以及地中海欧洲地区的那不勒斯。它们代表着全球范围环境史的样本。

我们仅略微谈及三个维度，即那些影响并分化着环境史家的突出的理论问题中的三个。当然，还有其他许多理论问题，如专业化，作为人为原因的对立面而出现的环境决定论，衰败主义叙述的准确性和恰当性，在哪种程度上我们对自然的认知仅仅是一种社会建构，在过去的历史时期中追溯环境史观念是否只是现在主义，政治—经济解释可在其中应用的方式，以及在哪种程度上环境史的分析服务于环境主义者的鼓吹。关于这些问题的争论似乎不可能减少；相反，类似的问题很可能会继续出现。我主张，以理性的方式展开多种理论观点之间有力的对话，会深化我们的分析，并巩固我们的领域。

原载《学术研究》2009 年第 6 期

关于环境史研究意义的思考[1]

梅雪芹

（北京师范大学历史学院教授）

在多年的环境史研究和教学实践中，无论是自己的思考，还是同学们的询问，都涉及环境史研究的意义问题。关于这一问题，笔者有些心得体会，并通过多种方式，与学生们作过或深或浅的交流。这里，将近年来的一些想法以及研究工作中的一些思考总结出来，以飨读者。

关于环境史研究的意义，当然可以从多种角度去思考和表述，对于不同的受众来说尤其应该如此。对于从事环境史学习和研究的历史学专业的同学来说，笔者重点强调的是，从推动历史学发展的角度来理解环境史研究的意义。具体而言，是从历史研究对象、历史认识以及研究方法等方面加以把握。

一

我们知道，史学界已有人认识到，环境史的一个突出的贡献，是使

---

[1] 本文为教育部人文社会科学重点研究基地基金资助项目成果，项目名称为"环境史研究与20世纪中国史学"，批准号为06JJD770004。

史学家的注意力转移到时下关注的引起全球变化的环境问题上来，这些问题包括：全球变暖，气候类型的变动，大气污染及对臭氧层的破坏，森林与矿物燃料等自然资源的损耗，核辐射的危险，世界范围的森林滥伐，物种灭绝及其他的对生物多样性的威胁，外来物种向远离其起源地的生态系统的入侵，垃圾处理及其他城市环境问题，河流与海洋的污染，荒野的消失及宜人场所的丧失，武装冲突所造成的环境影响，等等。[1]上述认识，显然是从历史研究对象的角度对环境史研究意义的一种阐发。简言之，环境史研究大大拓宽了史学的范围，其中一个方面，如上所示，即史学家已经将长期以来受到忽视的环境问题或环境灾害纳入史学的范畴，加强了这方面的研究。这也是对人类历史内容之认识的一个很有意义的突破。关于这个方面，笔者曾结合洛维特的《世界历史与救赎历史：历史哲学的神学前提》中的一个观点，[2]谈过自己的感受和想法。

洛维特在书的"绪论"中说道："无论是异教，还是基督教，都不相信那种现代幻想，即历史是一种不断进步的发展，这种发展以逐步解除的方式解决恶和苦难的问题。"[3]针对洛维特的这一说法，笔者不敢肯定异教或基督教是不是"都不相信那种现代幻想"，但笔者认同，世界历史进程的确催生了这样一种现代思维现象，即历史在进步，时代在发展；其中一个衡量标尺，是"我们这一代"比上一代活得更好，而活得更好的体现，则可能是物质的占有量更多，精神的自由度更大。并且，如果将这种"历史不断进步的发展"认识，全然说成是

---

[1] Hughes, J. Donald, *What is Environmental History?* Cambridge, UK: Polity Press, 2006, p.2.
[2] 〔德〕卡尔·洛维特著，李秋玲、田薇译：《世界历史与救赎历史：历史哲学的神学前提》，三联书店 2002 年版。
[3] 同上，第 7 页。

一种"现代幻想",肯定会惹来众多的非议,因为对很多人来说,他们无须用什么深奥的道理,只要列举凭经验就能感知并触摸的诸多事例,就可以指证洛维特的"现代幻想说"的虚妄。

然而,愚见以为,洛维特的上述说法是有着深刻的道理的,因为,时下的环境史研究几乎可以证明的,不是"现代幻想说"的虚妄,而是"那种现代幻想"的虚妄。换言之,环境史研究在一定程度上已表明,"历史是一种不断进步的发展,这种发展以逐步解除的方式解决恶和苦难的问题"确乎是一种现代幻想,因为它可以通过并已通过一个个实证研究,无情地向人们揭示,人类在维系自身存在的同时,很可能打破了神圣的自然秩序,或者说切断了伟大的"存在之链"(The Chain of Being)。这样,不管他如何抗争,到头来未必能逃脱"弑父娶母"的悲惨命运。所以,我们很不情愿地看到,在人类文明史,尤其是近代以来以"现代化"为发展方向的历史进程中,有多少生命、多少存在成为了现代化进程的祭品。可以说,人类在"以逐步解除的方式解决恶和苦难的问题"的同时,也在"自毁长城"——制造了更多、更深的苦难与恶;其中最为深重的,可能莫过于人类自己制造的核弹有可能将人类文明及其赖以支撑的大地炸得粉碎。如今,"生存还是毁灭",的确成了问题。并且,今天人类的生死之忧,并非只是像哈姆雷特那样对"人"的生生死死这一个体问题的忧虑,而是对生养人类的大地母亲及其养育的无数生命之存亡的整体问题的思索。因为,如果不讳疾忌医的话,我们就应该坦承,人类文明的发展其实包含着重重悖论。在一定意义上,人类为生存所需,可能有意无意地破坏了"存在之链"。创造即毁灭。人类为改善衣食住行所创造的哪一项物质成就,不是以其他存在的被消耗或死亡为代价的?譬如水泥路面的建造。人们在发明坚固耐久的材料,用它来构筑平整光洁的路面时，也阻塞了地下水源的涵养，干涸了地上、地下生物的生命之泉；更何况，这样的材料可能还是以挖空、炸碎山体而取得的。

的确，环境史家所研究的各类环境问题，是一个事关包括人类自身的整个地球的"生死之忧"的大问题。由此，笔者认为，即使环境史研究停留在这一层面，也足以体现它存在的价值，因为它已惊醒一度沉睡在"发展"、"进步"之春秋大梦中的人类。在人们当下所制定的应对环境问题的各种措施中，不能说没有环境史学家所贡献的智慧。关于这一点，美国环境史学家沃斯特在《我们为什么需要环境史》一文中作了精辟入理的分析，[1] 其看法颇具代表性。

当然，环境史研究肯定不能也不应停留在为人类文明大唱挽歌的层面，毕竟，人类所拥有的理性"又是一个最坦诚的监督者，会对人类生存的偏颇行为发出调整的信号"[2]。其实，理性在"对人类生存的偏颇行为发出调整的信号"时，也不能不受"自然感性"的感召，所以，我们断不能将它们两者割裂开来。实际上，人类也正是在其理性和自然感性的共同催促下，一次又一次地发出要求人类自身调整的强烈信号的。梭罗、缪尔、利奥波德、卡逊……无数先贤往圣的言与行，正是他们在面对人类偏颇行为时所发出的这样的信号。我们既然有志于环境史研究，就不仅要学会倾听和接收这样的信号，而且还要以我们自己的方式来宣扬这类榜样的力量。

从这个方面来说，纳什在《大自然的权利——环境伦理学史》一

---

[1] 〔美〕唐纳德·沃斯特著、侯深译：《我们为什么需要环境史》，《世界历史》2004 年第 3 期。
[2] 周春生：《悲剧精神与欧洲思想文化史论》，上海人民出版社 1999 年版，第 431 页。

书中，[1]已经为我们勾勒了如何把握这种"信号"的清晰线索。笔者近几年在这一领域也有所探寻，并拟定了系统研究的计划。目前，已从政府立法和民间环保两大层面着手，指导研究生共同研究。在政府立法方面，已指导同学研究过英国1876年的《河流防污法》和1906年针对空气污染的《碱业法》（制碱业在19世纪中叶以来一直被英国人视为污染空气的大户）。[2]在民间环保方面，我们目前关注的主要是发达国家的相关内容。譬如：关于美国，有同学研究了以缪尔为首的自然保护主义者和以平肖为代表的资源保护主义者之间的交锋。[3]关于英国，有同学研究了"国民托管组织"（The National Trust for Places of Historic Interest or Natural Beauty）的环境保护行动，[4]有同学梳理了"皇家鸟类保护协会"（The Royal Society for Protection of Birds）兴起和发展的历史，并分析了其活动的意义和影响，[5]还有同学正在研究和总结"皇家防止虐待动物协会"（The Royal Society for the Prevention of Cruelty to Animals）的历史和成就。关于日本，有一位同学从环境社会史的角度研究日本新潟水俣病问题，探讨水俣病患者与同情他们的人士的维权行为。为此，他去日本留学一年，除了收集文字资料，

---

[1] 〔美〕罗德里克·弗雷泽·纳什著、杨通进译：《大自然的权利——环境伦理学史》，青岛出版社1999年版。
[2] 郭俊：《1876年英国〈河流防污法〉的特征与成因探究》，北京师范大学历史系世界史专业2004届硕士学位论文；张一帅：《科学知识的运用和利益博弈的结晶——1906年英国〈碱业法〉探究》，北京师范大学历史系世界史专业2005届硕士学位论文。
[3] 胡群英：《资源保护与自然保护的首度交锋——1901—1913年美国人关于修建赫its赫奇大坝的争论》，《世界历史》2006年第3期。
[4] 宋俊美：《为国民永久保护——论1895—1939年英国国民托管组织的环境保护行动》，北京师范大学历史系世界史专业2006届硕士学位论文。
[5] 魏杰：《英国皇家爱鸟协会的兴起、发展及其意义》，北京师范大学历史系历史学专业2007届学士学位论文。

还做了必要的调研工作,从而将一个普通的日本匠人——旗野秀人在35年里积极支持水俣病患者并倡导地域再生的言行呈现出来。他在毕业论文中,花了一节的篇幅记录了他对旗野秀人的采访。从中可以看出,在一些日本人眼中的这位"怪人"在帮助那些面对死亡和痛苦的患者时,以他自己的人性之美,呼唤着人们对人与自然之爱的追求。[1]

2006年,我们编写了《和平之景——人类社会环境问题与环境保护》一书,[2]该书分三大部分,主要梳理了20世纪人类社会存在的环境问题和环境灾害,人们面对环境问题所作的反思,以及各方面力量针对环境问题所采取的行动。这项工作的开展,从两个方面增进了我们的认识。一方面,我们从学科层面认识到了环境史可以拓展和深化的历史内容,以及未来研究的发展方向。我们认为,环境史在开辟新的研究领域,譬如物质环境史的同时,还可以与政治史、社会史、思想史、军事史等相结合,从而发展出环境政治史、环境社会史、环境思想史、军事环境史等众多的次分支领域。并且,我们已对其中某些领域及相关的问题进行了初步的探讨。[3]另一方面,我们在思想层面领悟到环境史研究可以揭示出人类所具有的深刻的悲剧精神。自近代以来这种悲剧精神的某种体现,在于哈姆雷特式的形而上沉思始终在与克劳狄斯式的冷静计算相较量。虽然后者可能一时占上风,其至仍在变本加厉,但是,我们同样可以看到,在人类文明史中,对真实的、有机的"家园"之爱和冥想,一直不

---

[1] 陈祥:《从日本安田町反公害运动的新模式看地域再生的内涵与意义》,北京师范大学历史系世界史专业2006届硕士学位论文。
[2] 梅雪芹主编:《和平之景——人类社会环境问题与环境保护》,南京出版社2006年版。
[3] 贾珺:《高技术条件下的人类、战争与环境》,《史学月刊》2006年第1期;刘向阳:《环境政治史理论初探》,《学术研究》2006年第9期;刘向阳:《从环境政治史的视野看20世纪中期英国的空气污染治理》,北京师范大学历史系世界史专业2007届硕士学位论文。

曾中断；对自然之内在价值的倡导似乎越来越成为这个时代的强音。[1]

以上是从历史研究对象的层面来谈环境史研究的意义的。对此，我们还可以补充说，就历史研究领域和主题的扩大，以及重新探讨与解释众多的历史事件和历史现象而言，譬如，重新探讨19世纪英国的霍乱，[2] 重新解释近代欧洲国家的殖民活动[3] 等，环境史无疑具有重大的推动作用。

二

那么，从历史认识论层面，我们又如何把握环境史研究的意义呢？对于这一问题，笔者在《世界近现代史基本理论和专题》研究生课程教学中，讲过"环境史：作为一种反思的史学理论"这一专题。在此笔者想同大家一同思考这样的问题，当史学工作者受到当代环境问题和环境保护运动的影响，而着手研究环境史时，他们看待历史的视角有什么变化？他们对史学作出了什么样的新的思考？为此，笔者从认识对象、认识主体和认识中介三个方面进行了分析，并且突出强调，当我们说环境史学工作者从人与自然互动的角度来认识历史运动，意识到人与环境的关系自古以来在每一个时期都具有塑造历史的作用时，我们还要进一步追问并深入研究，环境史到底应如何认识人、认识自然、认识人与自然的关系？

---

[1] 关于这方面的内容，见梅雪芹主编《和平之景——人类社会环境问题与环境保护》第二部分 "忧虑中的沉思"，南京出版社2006年版。
[2] 毛利霞：《霍乱只是穷人的疾病吗？——在环境史视角下对19世纪英国霍乱的再探讨》，北京师范大学历史系世界史专业2006届硕士学位论文。
[3] 〔美〕艾尔弗雷德·W. 克罗斯比著，许友民、许学征译：《生态扩张主义：欧洲900—1900年的生态扩张》，辽宁教育出版社2001年版。

关于环境史对人的存在的认识及其意义，笔者曾作过专门的分析。[1] 目前笔者正在思考和研究的是环境史对自然、对人与自然之关系的认识和书写问题。对前一个问题，中国社会科学院世界历史研究所的高国荣先生在其博士论文《20世纪90年代以前美国环境史研究》中有一章专门谈及，而且谈得比较透彻。笔者认为，环境史研究者在思考这个问题时，除了要充分揭示各时期各文明（包括各学科）中的人们关于自然的"实然"认识外，还应该进一步挖掘他们针对人类自己、约束人类自己而赋予自然的"应然"蕴涵。在这方面，生态哲学、环境伦理学无疑是我们从中汲取思想养分的宝库。其中，尊重自然、敬畏生命、大地伦理学、生态学、自然价值论、动物解放论、动物权利论等学说或主张，对于我们如何认识和定位环境史的自然观，可能会很有启发。在笔者看来，生态价值或自然价值本身，不是一个有待证明的问题，而是一种信仰，既然是信仰，信以为真即可。谁都能感觉到，人类能存活到今天，全仰赖着大自然的恩泽；迄今，人类也只能从大地母亲那里获得滋养的乳汁，这是个不争的事实。但饶有兴味的是，自然之先在的权利和价值作为不争的事实为何在今天非得经过论证，还要大力倡导不可呢？这倒是值得研究的问题，而纳什在其著作中已为我们勾勒了这一研究的线索。

关于人与自然的关系，笔者在教学中从物质、能量和信息之交换的角度进行了论述，现在看来，我们的认识停留在这一步是很不够的。固然，环境史研究作为多学科交叉的产物，必然要借鉴其他学科尤其

---

[1] 梅雪芹:《论环境史关于人的存在的认识及其意义》,《世界历史》2006年第6期。

是自然科学所提供的数据资料，[1] 乃至范畴和思想，但是它肯定不应满足于对有关事实的陈述和对外在关系的认识。我们不要将环境史局限于专门之学，而要首先将其主张的人与自然互动的核心理念视为一种通识观念，以重新考察人类的历史运动，从而如上文所述，对许多历史现象作出新的解释。其次，还要将环境史的人与自然互动理念内化为一种情感。这样，在涉及人与自然之关系问题时，虽然我们已看到，古人早有"天人交相胜"的论述，其中既有交相利的一面，也有交相害的一面，但是我们仍然主张，人与自然之间存在内在的生命关联，人应该践行对自然的无条件之爱，而这种爱是不需要论证和计算的。为此，也需要我们通过研究将历史上本来存在的这类爱与美的言行揭示出来，使其中的思想智慧融入今天的生态文明建设之中。

三

还有，从历史方法论的角度，我们也可以认识和分析环境史研究的意义。对此，笔者从治史原则、叙述模式与具体方法等方面，谈过环境史应有的特色及其推动史学发展的重大意义。譬如，关于环境史的治史原则，笔者的看法是"上下左右"，这是从环境史的研

---

[1] 〔英〕休斯在《什么是环境史？》中写道："关于环境对人类历史之影响的研究包括这样一些主题，譬如：气候和天气、海平面的变化、疾病、野火、火山活动、洪水、动植物的分布和迁徙，以及其他在起因上通常被视为非人为、至少主要部分不是人力所致的变化。通常，环境史学家在研究这些因素的影响时必须依靠科学家的报告作为背景资料，而地理学家或其他科学家在探讨他们的工作的含义时，实际上常常也成了环境史学家。"（J. Donald Hughes, *What is Environmental History*? Cambridge, UK: Polity Press, 2006, pp. 4-5）

究对象出发，并结合传统史学和新史学的原则而生发出来的。具体而言，"上下左右"是对环境史的研究对象，即人与自然的关系史的形象概括。其中，"上下"主要有两层含义：一是社会中的上层、下层，一是自然中的天上、地下；"左右"主要指人周围的动、植物和其他环境要素。而对"上下左右"的有机联系及其历史变迁的认识和研究，因将社会的历史和自然的历史勾连起来，从而与传统史学和新史学相比，可能会更全面、更准确地反映或揭示历史的存在。这样，环境史凸显的"上下左右"的原则，即是对传统史学的英雄史观和新史学的"自下而上"原则的继承和发展。在这里，"继承"可以从人及其社会的角度来认识，"发展"可以从自然的角度来理解。关于环境史的叙述模式，笔者的表述是"天地人生"，这是对环境史叙述的立体抽象。其含义是，环境史的叙述，包含了天、地、人、生物等各种要素，人们通过讲述这些要素之间因相互影响、分合交错而演绎的各种故事，构建了一种立体网络状的历史画面。[1] 至于环境史研究的具体方法，尤其是跨学科研究，已有不少学者作了论述，[2] 这里不再赘述。

---

[1] 关于这一点，可参考沃斯特《尘暴》中的叙述和克罗斯比《生态扩张主义》中的叙述（唐纳德·沃斯特著，侯文蕙译：《尘暴：1930年代的美国南部大平原》，三联书店2003年版；艾尔弗雷德·W. 克罗斯比著，许友民、许学征译：《生态扩张主义：欧洲900—1900年的生态扩张》，辽宁教育出版社2001年版）。另可参见拙文《环境史：一种新的历史叙述》，《历史教学问题》2007年第3期。

[2] 如包茂红：《环境史：历史、理论与方法》，《史学理论研究》2000年第4期；侯文蕙：《环境史和环境史研究的生态学意识》，《世界历史》2004年第3期；高国荣：《环境史学与跨学科研究》，《世界历史》2005年第5期；李根蟠：《环境史视野与经济史研究——以农史为中心的思考》，《南开学报》（哲学社会科学版）2006年第2期。

四

综上所述，关于环境史研究的意义问题，我们可以从诸多方面加以把握。对于笔者个人来说，从事环境史研究也是自己摆脱环境无意识、增强环境意识的环境启蒙过程。这确实是实情，因为在这之前，笔者从没考虑过自然的意义这类带有哲思的问题，即使对自然有些认识，那也只是人人在与自然打交道时都必然会有的那种朴素的直观的想法。现在，笔者这方面的认识多少有些升华，对自然的爱、对弱者的关怀已内化为自己的心性气质，而且在日常生活中也能够较好地遵循生态学的理念，俭朴、节制已成为一种自觉意识。这样，笔者从事环境史研究也就能做到更自觉、更积极；不盲从、不懈怠。

如果笔者不研究环境史，就产生不了上述各方面的认识；换个角度说，笔者以前所学习和研究的历史，并没有教给笔者上述那些可能更为这个时代所需要的史学智慧。此外，对于环境史研究的社会功用或现实意义，笔者曾用三句话来概括，这就是：环境史研究是认识环境问题的一条路径，是解构有关环境问题之不当论调的一种方法，是增强环境意识的一个措施。而且，为了将这种认识运用到对现实环境问题的理解之中，笔者还于2007年4月申报了北京市哲学社会科学规划"百人工程"项目，倚重"北京地球村环境文化中心"的两位朋友，计划对北京市危险生活垃圾的现状展开调查，并从废物流的角度加以分析。我们期望，通过关键问题和关键角度，从一个方面切实深入地把握北京市城市生活垃圾分类回收和处理的状况及存在的问题，以便对危险生活垃圾的收集、处置和管理提出具体的建议,并为北京市城市生活垃圾的管理,特别是分类回收体系的建设提供决策依据。这一调查计划已得到有关部门的批准,并已按计划进行。可以说,这项调查工作的开展,正是环境问题研究者和环境教育宣传者接触现实、了解现实问题的一种方式,也是环境史研究的现实意义的一种体现。

原载《学术研究》2007年第8期

伊恩·西蒙斯的大尺度环境通史研究[1]
——研究内容、方法、特点与启示

贾 珺

（北京师范大学历史学博士后流动站研究人员）

在英国环境史学界，地理学家是一支不可忽视的力量，其研究视角和方法也给历史学家以启示。其中达勒姆大学（Durham University）地理系的退休教授伊恩·西蒙斯（Ian Simmons）不仅是著名的地理学家，也是一位高产的环境史学家。[2] 但我国学界鲜见对其学术生涯进行全面研究。

西蒙斯1935年出生于伦敦东区的一个工人家庭，先后获得伦敦大学学院哲学博士学位（University College London，1962）、达勒姆大学文学博士学位（1981）和阿伯丁大学荣誉理学博士学位（University of

---

[1] 本文为教育部人文社会科学重点研究基地基金资助项目成果，项目名称为"环境史研究与20世纪中国史学"，批准号为06JJD770004。
[2] 其主要的环境史著作有：I.G. Simmons, *Changing the Face of the Earth: Culture, Environment, History*, Oxford: Blackwell, 1989 (2nd, 1996); *Environmental History: A Concise Introduction*, Oxford: Blackwell, 1993; *Interpreting Nature: Cultural Constructions of the Environment*, New York: Routledge, 1993; *The Moorlands of England and Wales: An Environmental History* 8000 BC to AD 2000, Edinburgh: Edinburgh University Press, 2003; *An Environmental History of Great Britain: From 10,000 Years ago to the Present*, Edinburgh: Edinburgh University Press, 2001; *Global Environmental History: 10,000 BC-AD 2000*, Edinburgh: Edinburgh University Press, 2008。

Aberdeen，2003）。他长期从事地理学、生态学和生物地理学的教研工作，从 20 世纪 90 年代起开始研究环境史。与历史学家相比，其认识论及方法论有着明显的自然科学特色——时间上溯至中石器时代，空间重地域而非政区。英国环境史家 T.C. 斯莫特（T.C.Smout）认为，"西蒙斯对史前人地关系的研究振聋发聩"[1]。美国环境史家 J.D. 休斯（J.D.Hughes）则高度评价西蒙斯的《环境史概说》体现的研究方法及特点，认为它给"想从历史地理学且不是美国人的历史地理学中寻找方法的人"提供了另一类研究路数。[2] 而从研究内容的时空特征看，西蒙斯环境史研究的主要成果是不同尺度的环境通史，这里仅对其大尺度的环境通史研究（全球环境通史）加以探讨。[3]

一、主要代表著作

西蒙斯的全球环境通史代表作有三部，即《改变地球的面貌：文化、环境与历史》、《环境史概说》和《全球环境史：公元前 10000 年到公元 2000 年》。第一部是西蒙斯在环境史领域的最早尝试，1989 年初版，1996 年第二版。第二部出版于 1993 年，被翻译成法、德、日等多种语言，是反映其环境史研究方法特点的重要文本。第三部是其刚

---

[1] Smout, T.C., "Review of I.G. Simmons, *The Moorlands of England and Wales: An Environmental History 8000 BC to AD 2000*". Environmental History, 2004, vol.9, no.3, p.543.
[2] Hughes, J.D., *What is Environmental History*, London: Polity Press, 2006, p.115.
[3] 我们可用地理学关于地域范围的概念——尺度（scale）——来划分西蒙斯的研究内容：一类是大尺度的，等同于全球环境史；一类是中小尺度的，接近但不同于国别环境史或区域环境史。对后者的探讨详见中国社会科学院研究生院 2008 届博士论文《英国地理学家伊恩·西蒙斯的环境史研究——内容、方法与启示》。

刚出版的力作，从写作大纲上看，原有的单向视角已经有所变化。由于笔者还未见到第三部著作的全书，这里主要介绍第一、二部。

（一）《改变地球的面貌：文化、环境与历史》

全书共分七章。第一章是总述。首先回顾了西方、特别是地理学家对人地关系的二元论，同时认为西方之外的思想家虽然提出了与之相反的认识（如道家的"清静"、"无为"），但人们在砍伐森林等实践活动上与西方并没有太多不同。其次分析了生态学在研究人地互动关系上的优势。第二到第六章是西蒙斯进行的分期研究。西蒙斯把生态系统和能量流动作为全书主线，用处于主导地位的能量形式为文明分期——与"体能"、"火"、"畜力"、"风与水"、"化石燃料与核能"相对应的，分别是"远古人类及其环境"、"新猎人"、"农业及其影响"、"实业家"和"核时代"五章。每章都主要探讨了生态系统在各能源技术阶段的变化，并通过例证揭示了日益巨大和复杂的能量流动，展现了地球面貌由此在每阶段、各方面所发生的变化。当然，西蒙斯仍旧把全部注意力集中在人的作用上，探讨了人们"无意识改造"带来的"环境影响"，和"有意识改造"带来的"环境管理"的过程及后果。[1]第七章是结论，在此，西蒙斯对自己的主要观点进行了梳理。

从研究内容来看，西蒙斯对广度的追求超过了在具体问题上的深度追求，是对人类影响自然之历程的整体回顾，而且基本视角和方法都来自生态学——这两点在当时的地理学界都是少见的。具体来说，其研究内容和观点有以下几个方面。

---

[1] 分别为：incidental transformation & environmental impact；desired changes & environmental management。

1. 生态学研究人地关系的必要性与可能性。

> 思想和历史知识，不能使当前的研究深入化，因为它们没有给探讨人对环境的影响提供合适的载体……人与自然的二元论思想，同样不能使当前的研究深入化，因为它不能为探讨人类改变环境的历史提供合适的框架。在以自然科学为基础的方法论中，生态学及其诸多系统模型是最适合研究这一问题的，特别是需要在时间的长河中探讨这一关系的时候。[1]

西蒙斯认为，生态系统这一概念有两个优点，可以用于解决上述问题。首先，它不受空间、范围、层次规模的影响，可以很好地嵌入各种研究对象中。其次，它能表达 8 个内容及特点：能量流动、营养流动、生产力、人口机制、演替、多样性、稳定性和改变程度。其中至少有 5 个可以量化，且除"改变程度"外，有 7 个要素可以通用于对"自然系统"和"人影响到的系统"的分析和评估。[2] 因此，生态学不仅需要用于人地关系研究，而且也可以凭借其精确性、系统性及动态性特点，提供另一视野下的人地关系审视。

2. 生态系统在各能源技术阶段的变化。西蒙斯把生态系统和能量流动作为全书的主线，对"远古人类及其环境"、"新猎人"、"农业及其影响"、"实业家"和"核时代"进行了分期审视。在每一阶段，都对能源技术的发展（有时还包括其在时空中的扩张与延续）、能量流动

---

[1] Simmons, I.G., *Changing the Face of the Earth: Culture, Environment, History*, Oxford: Blackwell, 1989, pp.8-9.
[2] *Ibid.*, Table 1.1, p.11.

的过程及特点加以细致介绍，最后还对各能源技术阶段的人口、资源与环境之关系分别加以总结。

通过对人类获取能源的方式以及其后各种能量流动过程的审视，西蒙斯展现了各能源技术阶段的生态系统特点及其变化，并且在人口、资源、改变方式等方面进行了对比：

> 原始人对环境的影响仅在后期的频繁火烧，或对某种动物的大规模猎杀。……尽管如此，其对环境的改造能力是存在且不容忽视的。[1]

> 狩猎采集时期的早期人类，人口密度一直很低，大规模改变自然的活动不大可能发生。人们在满足直接需求外，还有了储备资源的要求……以不多的人口和有限的工具对环境进行了改造，带来短暂而非持久的压力。[2]

> 农业时代人口激增，大量土地用于农垦。林地生态因木材需求而被改变，海洋生态也开始受到影响。……[3]

> 工业时代，人口经历了爆炸式增长，各种原因造成水土流失加重，发达国家与欠发达国家在能量与物质消耗上的差距拉开，经济增长完全以能源为中心，人们开始寻找太阳能、潮汐能等替代能源。[4]

> 核时代，人类开始有意识地控制人口的增长速度，人口、资

---

[1] Simmons, I.G., *Changing the Face of the Earth：Culture，Environment，History*, p.42.
[2] *Ibid.*, pp.84-85.
[3] *Ibid.*, pp.193-194.
[4] *Ibid.*, pp.334-343.

源需求等呈指数级增长的时代可能会结束,政治领域有了对环境事务的深刻认识和先见之明。但除非地球毁于核战争,否则其未来的道路究竟是什么样子将很难预测。[1]

3. 现实需要改变,但又难以改变。西蒙斯认为,人类社会的发展方式和当代对荒野的保护方式,都有加以改变的必要,但种种原因使得改变起来困难重重、举步维艰。因此他用希罗多德的话以示感慨:"人间最悲惨的事莫过于:知道如此多的事,却在行动上无能为力。"[2]

一方面,西蒙斯强调人类社会的发展必然带来环境的变化,但变化本来应该是创造性而不是破坏性的;如果想使环境在今后免遭技术的破坏,那么不仅需要技术自身的更新,同时人们长期以来形成的、利用技术的方式,以及他们所代表的文化,都需要进行更新。另一方面,他指出荒野对人类的真正价值在于其生态学意义。他认为,诞生于荒野中的新生命,有可能成为整个地球生物化学循环(biogeochemical cycle)的主宰,这是为了我们的目的而对其采取的最佳方式;而大多数工业文明极为重视荒野的价值,人们看中那里的休闲娱乐价值和电视机中自然景色所带来的美感,这种(错误)认识并不容易去除。[3]

这一总结实际上也提出了这一研究的意义以及非常艰巨的任务。西蒙斯并没有给出答案,是需要读者自身体会并思考的。

---

[1] Simmons, I.G., *Changing the Face of the Earth*: *Culture*, *Environment*, *History*, pp.375-377.
[2] *Ibid.*, p.378.
[3] *Ibid.*, pp.395-396.

（二）《环境史概说》

全书共分五章。第一章对人与环境间的关系进行了纵向梳理，人类历史被分为五个阶段：狩猎采集与早期农业、大河文明、农业帝国、大西洋—工业时代、太平洋—全球时代。[1] 有三条主线贯穿于其中：人类的社会生产、休闲娱乐、武装冲突（从农业帝国开始）与环境有怎样的关系。每条主线都有很好的连续性，其中的信息量之大使人目不暇接，但并没有伤害到主线的清晰。而且恰恰相反，每条主线如果单独拿出来，完全可以成为一篇专题论文。第二到第四章从生态学层面、由抽象到具体地探讨了人类经济体和政治体对环境的影响：既归纳了"人类社会改变自然世界的方式"，又探讨了"表面上的自然和真正的自然"，还从林地、草原、海滨、大洋等不同生态系统入手，探讨了"荒野的人类化"。第五章则从物质层面转向精神层面，探讨了文化特性对人们自然观的塑造，分析了不同文化中"荒野"概念的表述及其异同，以及荒野与当前的生态意识和休闲活动等人们精神需求间的关系。不仅如此，西蒙斯还将文化属性、社会现实对人们自然观的影响置于历史长河之中，勾勒出了自然观的变化轨迹。

总的来说，《环境史概说》的研究内容主要包括五个方面：不同阶段、不同形式的物质生产在人与环境关系中的作用；休闲娱乐活动的变化在人与环境关系中的作用；政治单位在人与环境关系中的作用；历史长河中的自然观；武装冲突在人与环境关系中的作用。这五个方

---

[1] 即 Hunting-gathering and early agriculture, Riverine civilization, Agricultural empires, the Atlantic-industrial era, the Pacific-global era。这里使用"文明"是为了符合我国学界的习惯，因为西蒙斯在书中很少使用"civilization"，绝大多数情况下使用的是我们通常译作"文化"的"culture"。

面也是西蒙斯之前在地理学研究中就已关注的内容，相比之下，其对武装冲突与环境之关系的研究有了进一步深化。

《改变地球的面貌：文化、环境与历史》曾对战后局部战争特别是越战落叶剂问题有所探讨。在《环境史概说》中，西蒙斯分别论述了前工业时代的战争和工业化时代的战争对生态环境的影响，并揭示了战争与环境间张力不断增强的趋势。西蒙斯评价前工业时代的战争时认为，尽管前工业时代的战争有时具有很大的破坏性，但通常也只能对生态环境产生短暂的影响，并很快湮没在历史的长河中：

> 希腊和苏格兰的森林都曾被点燃，以防止它们掩护敌军；罗马击败迦太基后，给土地撒上了盐，井里也投了毒；据公元2世纪的希腊历史学家记载，大批条顿战俘在意大利的马萨被杀，那里其后几年都获得了农业大丰收……尽管战争是破坏性的，但主要痕迹只能在原来提供武器和盔甲的炼铁场、鼓风炉那里找到，也许还可以在战死将士的冤魂那里找到。[1]

工业化战争的能量流动巨大，对生态环境的影响也远超之前的战争。在讲述"一战"期间的堑壕战时，西蒙斯不像历史学家那样分析各方伤亡数字的真伪、探讨战略战术的成败，或是总结工业化战争的后勤供给特点；不像哲学家那样分析战争对文明的践踏、反思战争对生命的摧残，或是追溯战争的根源；也不像作家或媒体人那样，进行血淋淋的文字描述或是直观、夸张的影像再现。西蒙斯选取的角度很

---

[1] Simmons, I.G., *Environmental History: A Concise Introduction*, Oxford: Blackwell, 1993, p.28.

特别，但对他来说又很自然——他从能量流动的角度，向人们生动地展示了工业化战争机器的强大和残暴：

> 堑壕战的前沿阵地是高能生态系统，物质和能量快速地转化为噪音和热量。战场景观变成了充满泥塘的沼泽地带——这种变化对人、马、跳蚤和老鼠来说没有太多不同。……看上去从战争之中受益的，是传播疟疾的蚊子和大食腐肉的老虎：前者可以在泥塘中繁殖，后者可以噬咬死者的尸骨。[1]

西蒙斯对这一问题的关注一直持续至今。他在与笔者的通信中强调："在任何文明和历史时期，人类族群间的战争似乎已成为固有行为特征，而且总有个文雅的英文单词存在——'附带损害'。在这种语境下，我们通常只考虑到儿童等非战斗人员，其实更需要考虑人以外的内容：植物、动物、土壤、水和战前准备、战时使用、战后清理的各种资源。换句话说，环境对于战争而言就像件织物，既很精密又容易破损。"

二、主要研究特点

西蒙斯既不同于注重空间分析、重构地理剖面的历史地理学家，也不同于审视景观变迁、注重景观美学价值的景观史家，还不同于分析城乡环境污染、关注民众生命健康的社会史家。……其研究有着自身鲜明的特点，其中最为突出的有三方面，即研究路径、客体肖像特

---

[1] Simmons, I.G., *Environmental History: A Concise Introduction*, pp.45-46.

征，以及由二者共同塑造的长时段环境史分期标准。

（一）环境史的研究路径

地理学普遍重视空间，即便是历史地理学也将任务定格在复原过去的地理环境，不再对地理环境中生存发展的人类社会有深入的探讨。历史学家研究环境史，注重审视人与环境的互动历程；同时，立足点始终在人类社会，对人与环境之关系的探讨也从不忽略人们之间产生于环境、最终又影响环境的复杂关系。

从西蒙斯的环境史研究来看，他与地理学家和历史学家的研究路径都有所不同。他把环境史看做跨学科领域，而不是构筑起疆界的学科，因而从生态学视角，运用生态学理论与方法，对历史上的人与环境间的互动关系进行整体审视。他不像地理学家那样，仅仅告诉读者那里"是什么"或"有什么"，而是从人与环境间的能量流动与物质循环过程中解释"为什么"。

但是这一解释也只局限在人与环境之间，历史学家所展现的、人与人在环境中发生又进而影响环境的关系，在西蒙斯的著作中并没有体现出来。正因如此，西蒙斯不止一次在书中强调自己不会提供药方，不愿预言未来，而只给出建立在模型基础上的种种"选择"。笔者认为西蒙斯误读了历史学的功能，事实上，历史学的"预言"不是说明天会出现什么，而是在历史经验的基础上，告诫人们为了更好的明天而不去做什么。

研究路径的不同，势必影响到研究的特点和结论。其中最明显的在于"人"与"环境"——也即研究客体——在其著述中的肖像特征。

（二）"人"与"环境"的肖像特征

在西蒙斯的环境史著述中，"人"是一个整体，其个体的特点及其相互关系很少被探讨。除了研究路径的根本原因，还有两方面直接原因：首先，其研究对象普遍具有长时段、大区域的特点，而"人"个体的弱小和生命的短暂，很难有机会登台演出；其次，生态学理论与方法把人类社会看成一个生态系统，注意宏观探讨其与生态系统间的能量流动和物质循环，但忽视了人类社会内部的复杂联系。

（三）分期断代标准的"随意性"

西蒙斯对环境史的理解，以及对研究路径的选择，直接影响着其对环境通史的分期标准。我们看到，历史学家常用的政治—文化标准，或生产力—生产关系标准，在西蒙斯那里都是次要的，且通常只用作副标题；而且我们在其不同环境通史著述中也找不到"完全一致"的文明分期：每次都差不多但又都不一样，这通常为历史学家所难以理解和接受。因此，分期断代标准的"随意性"需要进行深入分析。表1是对其五部环境史著述历史分期的对比。

为表述方便，我们在这里用字母代替相关书名。

我们首先审视 A、B、E 三部全球环境史著作的分期。大体说来，三者的分期是一致的，只是细化程度不同。从接近度来看，B 和 E 的分期除了前者对狩猎采集阶段有进一步细化外，基本一致，只不过 E 的划分更接近于学界通用的模式，而 B 的表述则混合了经济模式和能源模式，有些随意。相比之下，A 的划分最为详细，而且对"工业时代"和"全球时代"还有平行的中心地域描述。

表1 西蒙斯环境史著述的文明史分期特点

著述	A	B	C	D	E
地域	全球	全球	欧洲	英国本土	全球
文明史分期	狩猎采集	原始人类	狩猎采集	狩猎采集	狩猎采集
	早期农业	进步的猎手			
	大河文明	农业经济	农业经济	农业经济	农业经济
	农业帝国				
	大西洋—工业时代	实业家	工业经济	工业经济	工业世界
	太平洋—全球时代	核时代	后工业时代		后工业时代
备注	无	无	辅助区域划分*	无	无

说明：* 在文明史分期的基础上，将欧洲分为五个区域：斯堪的纳维亚、俄国和东欧、阿尔卑斯与欧洲山地、西欧、地中海，在地图上分别划出区域并分别标以 A、B、C、D、E。

A.《环境史概说》
B.《改变地球的面貌》
C.《关于欧洲环境史》[1]
D.《英格兰和威尔士的高沼地》[2]
E.《全球环境史》

再来看 C、D 两个中小尺度区域环境史著作的分期。我们发现，二者基本相同，C 涉及欧洲范围，在工业时代进行了分割，同时又按照自然地理原则，将欧洲分为五个区域，在文章的探讨中经常将文明—区域因素整合到一起。

比较上述两组之后，我们不难发现其分期有如下特点：首先，分期细致度与研究尺度成反比——在大尺度的区域环境史研究中，分期更加细致；中尺度其次；小尺度的则最简单。之所以如此，是因为前

---

[1] Simmons, I.G., "Towards an Environmental History of Europe", *An Historical Geography of Europe*, Oxford: Clarendon, 1998, pp.336-340.

[2] Simmons, I.G., *The Moorlands of England and Wales: An Environmental History 8000 BC to AD 2000*, Edinburgh: Edinburgh University Press, 2003.

者必须去适应世界各国的情况。其次,分期的标准是居于主导地位的能源使用模式。再次,分期的细化标准在于人类对环境的不同影响程度。从这三个特点来看,我们会发现《环境史概说》中的"分期"更像是"分类"。尤其是农业的"拉长",充分体现其地域因素至上的原则——其匹配的是世界各国,而非一国或几国的全部历史进程。这样,大河文明与农业帝国近600年的重合也就不难理解,西蒙斯在《一万年来的英国环境史》中所提出的观点也易被历史学家所接受:

> 英国通史常被划分为"史前"、"罗马时期"、"盎格鲁—撒克逊时期"、"中世纪"、"都铎王朝"、"斯图亚特王朝"……它们与环境史并不相关……政治事件并不能为环境时代划界。[1]

当然,这里并不存在对错,毕竟西蒙斯著述的特点是符合其研究路径的。问题的关键在于,我们应当如何借鉴其有益的经验,以弥补自身的不足,从而更全面地审视和理解环境史。

三、启示

成功的跨学科研究,不仅需要在知识结构上的多元,更需要研究方法的多元,以及多学科知识和方法能够因地制宜、合理地用于相关研究。总之,其目的是立足自身学科、取长补短、提高水平。对于历史学家来说,研究环境史势必要跨越学科疆界,而西蒙斯所带来的启

---

[1] Simmons, I.G., *An Environmental History of Great Britain*: *from 10,000 years ago to the present*, Edinburgh: Edinburgh University Press, 2001, pp.11-12.

示有着不容忽视的价值。

（一）地理学和生态学是研究环境史所必需的学科

地理学是一门古老的学科，曾被称为"科学之母"。传统上，地理学在描述不同地区及居民间的情况时，就与历史学密切联系；在确定地球的大小和地区的位置时，就和天文学、哲学有密切联系。[1] 20世纪80年代以来，人文社会学科间乃至与自然科学间的交叉与融合日盛；进入21世纪，这一势头不减。2003年，英国地理学家艾伦·贝克尔（Alan Baker）出版了讨论史地学科关系的著作，副标题非常醒目："跨越其分野"[2]。

对历史学家来说，时间和空间是历史事件发生和发展的舞台，缺乏对空间的审视与认知，也就人为切断了演员——历史的创造者——与舞台的联系。由此获得的历史认识，即便没有完全背离客观的历史事实，也至少失于片面，难以对历史事实有积极和能动的反映。要从事环境史研究，探讨人类与其环境间持续的、互动的历史关系，地理知识则不仅为历史学家所必需，而且毫无疑问是多多益善的。

相对于地理学来说，历史学家对生态学的了解更少。这除了学科疆界的阻隔，还在于战后以来，生态学的理论建构和主要学说发生了很大变化。面对这一情况，历史学家不仅需要对生态学的研究对象、基本理论和研究方法有整体的和历史的认识，还应对人类生态学、景观生态学等分支学科有深入的理解。这不仅因为二者是人文地理学与生态学的交叉领域，可以为探讨人地关系提供新的视角和方法；更重

---

[1] *The New Encyclopoedia Britannica*, Encyclopaedia Britannica, Inc., 2002, vol.5, p.190.
[2] Alan Baker, *Geography and History: Bridging the Divide*, Cambridge: Cambridge University Press, 2003.

要的意义在于,历史学家可以从生态学家、地理学家的跨学科研究实践及理论阐述中,对跨学科研究的基本理论问题展开思考,并结合自身学科优势,通过实践与理论的相互促进来提升研究水平。

(二)史料多元化的同时需要注意可用性

西蒙斯进行环境史研究时所用的史料来自四个方面,即:田野调查,通过地理学、地质学及生态学知识,经实验室研究而获取的"硬"史料;其他自然科学家进行的相关研究,使用的基本数据和得出的结论;学者凭视觉感知、通过摄像器材拍摄的图片;学者凭视觉感知、通过文字描述的内容。

如此多的史料来源,与其环境史研究中的对象的时空特点,以及其自身的知识结构密不可分:"硬"史料的获取,显然是由其研究史前文化对环境的影响决定的,其专业知识也允许采用这样的方法;其对自然科学家研究成果的使用,是由于无法亲自进行田野调查;使用各种图片是因为要展现高地、湖泊、河流等研究对象的概貌;文字内容则主要涉及文化、思想、事件的过程、影响的方式及程度、作者的感受等等。可见,西蒙斯对史料的获取途径、整理和分析方式的选择,综合考虑了研究对象和自身知识结构。这样既可以扩大史料来源,又可以保证对史料的有效利用。

历史学家所擅长获取和分析的史料,基本局限于各类文本形式的"软"史料。不过这并不意味着历史学家只能放弃环境史研究。因为从研究客体的时空属性来看,只要有足够的、与之相关的、能被历史学家理解的文献资料,那么历史学家就可以通过史料分析再现历史。美国环境史家麦克尼尔(J.R.McNeill)曾指出,中国学者可利用国内大量的文献资料研究环境史:"在非洲、大洋洲、美洲以及亚洲的大部分,除了最晚近的时期以外,对其他时期有兴趣的历史学家们必须依赖考古学家、气候学家、地质学家、地质形态学家等等之工作",若要用文字记录来重建环境史,那只有中国的"历史学家可扮演较重要的角色"。[1]

不过,这并不适用于对史前时代的研究,而且对研究者的天文学知识、历史地图知识和沿革地理知识有较高的要求——当然,这是可以通过学习加以弥补的,但个人的毅力和研究条件都很重要;同时,在具备这样的知识结构之前,最好考虑与相关专家合作研究的可能性。

(三) 历史学家应该处理好"通"与"专"的关系

对于历史学家而言,环境史研究的客体超出了人类范畴,是在进行着能量流动和物质循环的复杂系统,这不仅在知识结构上构成挑战,也在研究方法上形成压力。因此,A.W. 克罗斯比 (A.W. Crosby) 指出:"环境史家必须成为通才,因为环境变化很少能以天、星期甚至年来计算,而且通常需要以区域或者大洲为单位才能认识。"[2]

历史学家如果没有接受过相关学科的通识训练,或者没有主动地丰富自身的知识结构,往往难以满足环境史研究对"通才"的需求。但是学科结构的多元化,并不意味着必须抛弃自身学科已有的理论和方法。可以说,西蒙斯是环境史研究领域的通才,不过他首先是有40多年学术经历的地理学家。虽然他在大多数环境史著述中,都运用了

---

[1] 〔美〕约翰·麦克尼尔:《由世界透视中国环境史》,刘翠溶、伊懋可:《积渐所至:中国环境史论文集》,台北:"中央研究院"经济研究所1995年版,第53—54页。
[2] Crosby, A.W., "The Past and Present of Environmental History", *The American Historical Review*, 1995, vol. 100, no. 4, p.1181.

生态学理论和能量流动等观点,但选择问题、划分空间、分析运用材料又都依靠过硬的地理学素养。此外,对他来说,生态学、文学和哲学内容,并非裹在著述之外标榜"跨学科"的华丽包装,而是与其地理学视角、环境史取向融为一体的。并且,其著作表现出的诗歌的浪漫和哲学的抽象,也没有取代地理学的精确和他对现实的关怀。

由此不难看出,"通"与"专"是彼此不可偏废的:"通"而不"专"失于散乱,"专"而不"通"则失于狭隘。历史学家在环境史研究中应当处理好二者的关系。

(四)研究中应处理好"树木"与"森林"的关系

西蒙斯的环境史著述,给人最直接的感觉就是"人"在环境中若隐若现。具体地说,他把"人"当作一个整体,没有对个体的特点及其关系进行探讨;或者换个说法,在其著作中,我们只见到了茂密的森林,但看不见林中的树木类型、大小和间距。尽管这是其研究目的和视野决定的,不能苛求。但是需要明确的是,如何处理"树木"与"森林"的关系,在我们的环境史研究中仍是非常重要的。

只见树木不见森林,或者只见森林不见树木,都会使研究结果的全面性、科学性受到影响。相对于地理学家,历史学家很可能走向另一个极端,即注重描述和分析各要素间的内在和外部联系,但缺少对整个生态系统的整体把握,陷入只见树木不见森林的境地。

(五)提高文学水平有助于增强学术著作的可读性

"思"与"诗"的结合,是古今中外的历史学家曾尝试和探讨过的。法国史家马克·布洛赫(Marc Bloch)曾高度评价"诗意"在史著中的重要性:"不要让历史学失去诗意,我们也要注意一种倾向,如我所察觉到的,某些人一听到历史要具有诗意便惶惑不安,如果有人认为历史诉诸情感会有损于理智,那真是太荒唐了。"[1]

在西蒙斯的环境史著述中,幽默的评论和引用的优美诗句并不少见,且总能恰如其分地融入上下文之中。这不但没有影响其研究的科学性,反而以文学之美为其学术著作增色不少。良好的可读性成了激发读者兴趣的一大要素。可以说,可读性与学术创新一样,关系到学术的发展。提高文学水平、在保证科学性的基础上赋予著作较高的可读性,不仅有助于读者理解作者思想,也有助于扩大环境史研究在社会上的影响,增加民众的认同,以获得进一步发展。在这方面,西蒙斯的环境史著述也树立了榜样。

(六)学术研究的发展离不开客观条件的支持

多元化的学术氛围、人性化的体制保障和专业化的学术出版机构,是西蒙斯在教学和研究道路上取得双丰收的客观条件。

1. 学术氛围的多元化。西蒙斯在早期的人类生态学和生物地理学研究中,都没有使用过自然地理学常用的数量分析等方法,而只是在讲历史故事;后来的环境史研究也一直是以生态学视角进行的。这既是学术多元化的体现,也是以宽容、和谐的学术多元化氛围为前提的。他曾感恩地回顾:"我曾在布里斯托尔大学工作,彼得·哈盖特教授(Peter Haggett)鼓励我走自己的路,这在当时倾向数量分析的地理系

---

[1] 〔法〕马克·布洛赫著,张和声、程郁译:《为历史学辩护》,中国人民大学出版社2006年版,第5页。

是一大特权。"[1]

2. 人性化的体制保障。这主要体现在两个方面：一个是充足的科研基金支持，不仅使他能在美国、加拿大和日本访学，感受异国文化和学术风格，同时也有足够的经费从事田野调查和相关研究；另一个是英国高校的学术休假制度，"《改变地球的面貌》最终完稿且能早于正常情况一到两年出版，凭借的是达勒姆大学为期一年的学术休假"[2]。

3. 专业化的出版机构。西蒙斯环境史著作的出版方主要有布莱克威尔（Blackwell）、劳特利奇（Routledge）和爱丁堡大学出版社（Edinburgh University Press），其中布莱克威尔和爱丁堡大学出版社是英国环境史出版物的两大主要提供者。[3] 这些出版社不仅支持学者创新，而且常能提出有价值的"命题作文"，其体现的市场与学界的良好互动，促进了双方事业的共同发展。

这些启示，来自笔者对西蒙斯的跨学科研究实践的回顾与思考，其对历史学家的意义，也只有在借鉴启示、取长补短进行环境史研究时，才会有更直观和深切的体会。同样，更多本应在此进行的理论探讨，就目前的情况来说还不成熟：毕竟西蒙斯的学术生涯还未结束，而且学者的经验往往使"后半程"的风光更美好；而笔者的学术功力尚浅，对环境史的认识还有待进一步提高。因此这里所呈现的，仅仅是对西蒙斯环境史研究的阶段性审视。

原载《学术研究》2008 年第 12 期

---

[1] Simmons, I.G., *Changing the Face of the Earth*: *Culture, Environment, History*, Preface vii.
[2] *Ibid.*
[3] 还有白马出版社（White Horse Press）、苏格兰文化出版社（Scottish Cultural Press）和剑桥大学出版社（Cambridge University Press）。

海洋亚洲：环境史研究的新开拓

包茂红

（北京大学历史系副教授）

"海洋亚洲"（Maritime Asia）是在国际历史学界使用频率比较高的一个概念，日本学者尤其喜欢使用。在这一概念背后，蕴涵着不同的历史认识观。即使在日本国内，也存在着由川胜平太和滨下武志等提出的不同的"海洋亚洲"概念。本文大体上同意滨下先生的概念，并试图为海洋亚洲研究领域增添一个新的环境史的维度。需要说明的是，本文只是希望倡导和帮助建立海洋亚洲的环境史研究新领域，而不是要描述出海洋亚洲环境史的准确面貌。不过，通过转换思考的视角和提出海洋亚洲环境史的大体研究线索，可以为思考海洋亚洲的未来提供一些独特的启示。

一、中国和日本的海洋亚洲研究

传统的历史学大多只注重研究陆地上人类的活动。环境史兴起后，历史学研究被推进到了陆地上人与环境的其他部分之间的关系，尽管也取得了很大进展，但海洋仍然游离在绝大多数历史学家的视野之外。

大约在20世纪80年代以后，世界各国有远见的学者相继把目光投向了海洋，历史学研究开始从陆地走向海洋。

中国研究环太平洋历史发展和海洋史的代表是由北京大学历史系何芳川教授领导的亚太区域史项目和厦门大学历史系杨国桢教授领导的中国海洋史课题组。何教授在1985年突破以陆地上的民族国家为历史研究的基本单位的束缚，开始研究亚太区域史，相继出版了《崛起的太平洋》和《太平洋贸易网500年》等著作。我们现在尚不能确定这种转向是否受到了布罗代尔关于地中海研究和查杜利关于印度洋研究的影响，[1] 但他的研究确实与前面两位的研究有异曲同工之妙，那就是注重对海上交通和贸易及其对当地文明影响的研究。1990年代初，杨国桢教授开始带领他的博士生探讨中国海洋社会经济史，希冀形成中国的海洋史学，相继出版了《海洋与中国》和《海洋中国与世界》两套系列丛书。按照杨教授的设想，第一套丛书（8本）主要探讨了中国海洋观、海港城市、渔业经济和渔民社会、海上市场、海外移民的演变发展等。第二套丛书（12本）除了继续深化前面的研究领域之外，还相继开拓出海洋社会史、海洋灾害史、海洋文化史、航海技术史等研究领域，把中国海洋史研究推向了新高度。

日本学者在海洋史研究方面也进行了相当深入和颇具理论意义的探索。因为，第一，日本具有特殊的地理位置。群岛国家的特性使之

---

[1] 〔法〕费尔南·布罗代尔在1949年出版了《菲利普二世时代的地中海和地中海世界》，其中文版在1998年由商务印书馆出版。N. K. Chaudhuri, *Trade and civilization in the Indian Ocean: An Economic history from the rise of Islam to 1750*, Cambridge University Press, 1985.

特别重视对海洋史的研究，但这个研究并不是一成不变的，而是经历了从"岛国"到"海洋国家"这样的认识转变过程。较早反映这一转变的是高坂正尧出版的《海洋国家日本的构想》一书。1998年，日本政府的智囊机构"日本国际论坛"启动了为期4年的项目——"海洋国家日本：其文明和战略"研讨会。其中，1999年度共举行了4次研讨，其成果汇编成论文集《21世纪日本的大战略——从岛国走向海洋国家》。第二，日本在明治维新之后一直存在着国家归属感的问题。日本到底是亚洲国家还是欧洲国家？它在世界历史发展过程中发挥了什么作用？在认识世界历史的过程中，东亚经历了一个复杂的过程。在殖民主义和西方现代性主导的年代，东亚被西方人认为是被动的"他者"，东亚学者也有意无意地接受了这种说法。但是，在第二次世界大战后，随着东亚的崛起，特别是日本的第二次腾飞，东亚学者开始尝试突破"西方中心论"的藩篱，开创多元化的世界历史认识和编撰的新局面。日本人类学家梅棹忠夫提出了最具影响力的"文明的生态史观"。[1] 梅棹认为，日本和西欧一样具有良好的生态条件，在欧亚大陆发展农业文明以及出现农业与游牧民族的周期性冲突的时候，日本的森林生态基础得以保护。但当大陆生态环境遭到破坏、历史出现大转折的时候，日本与西欧则平行发展，因此，日本的现代化不是西方现代文明传播的结果，也与中国文化没有什么关系，是在江户时代的锁国条件下自己孕育出来的。梅棹1957年发表的《文明的生态史观序说》一文被《中央公论》在1964年列为"创造战后日本的代表性论文"而重新发表。《文明的生态史观》单行本出版后，多次再版。

---

[1] 〔日〕梅棹忠夫：《文明的生态史观序说》，《中央公论》二月号1957年，东京：中公丛书1967年版。

"文明的生态史观"被誉为是"给予迄今为止的世界史理论以冲击的崭新的世界史理论",是"战后提出的关于世界史理论的最重要的模式之一"。[1] 该理论在日本社会引起了巨大反响,对后辈学者产生了深刻影响。

川胜平太在承认梅棹从环境角度对日本文明的世界历史意义进行解释的合理性的同时,认为他的理论仍然是陆地历史观,需要从全球史的视角进行调整。川胜认为,原有的世界史是以陆地为基础的欧洲中心论思想,但自从宇航员登月成功以后,我们可以形成从月球观察地球的全球史。转换观察视角后,就会发现在我们生存的地球上70%的表面被水覆盖,其余30%的陆地充其量只能被看成是汪洋中的一些群岛。现代文明并不是在西方内部自发兴起的,而是东洋文化通过海洋亚洲的海路传到西方促成了现代文明的产生。因此,海洋亚洲是现代文明产生的温床。在日本现代文明建立的过程中,海洋亚洲比西方发挥了更为决定性的作用。总之,在西方和日本发生的现代文明都是在应对海洋亚洲的影响过程中形成的,这就是"文明的海洋史观"。[2] 川胜并没有就此止步,作为小渊惠三内阁的高级顾问,他进一步提出了"海洋连邦论",勾画出了"21世纪日本国土的构想"。[3] 这一理论虽然在日本有很大市场,但也引起了周边国家学者的口诛笔伐,因为这个理论和构想透露出来的是"日本文明优越论"和"大东亚共荣

---

[1] 谷泰:《对世界史理论的挑战》,《梅棹忠夫著作集》第5卷,东京:中央公论社1990年版。
[2] 2003年11月17—18日,川胜平太先生在北京大学"解读日本"系列讲座上以"全球经济史与近代日本文明"为题,比较详细地阐述了自己关于近代文明孕育于海洋亚洲的观点。参看川胜平太:《文明的海洋史观》,中公丛书1997年版。
[3] 〔日〕川胜平太:《海洋连邦论》,PHP研究所2001年;《文明的海洋史观》,东京:中公丛书1997年版。

圈"的气息。

与川胜平太的提法一样,滨下武志也使用海洋亚洲的概念,但是,他提出这个概念的学术路径以及对其内涵和外延的界定与川胜大不相同。滨下出于对"冲击与回应"理论和以民族国家为基本分析单位的传统历史解释模式的怀疑,提出了要从亚洲区域内部的国际秩序和地域经济圈来理解亚洲近代史的新理论。这一理论对我们重新认识世界历史的发展以及亚洲在其中的地位提供了独特的视角。他的"从亚洲进行的思考"是东亚自主意识在世界历史认识中的反映,在世界历史学界独树一帜。[1]贡德·弗兰克就是在滨下研究的基础上提出了关于世界如何进入近代的新解释。[2]滨下在研究朝贡贸易体系与亚洲近代经济圈的时候,很自然也要涉及东亚贸易网络的问题。研究贸易网络有两种思路:一是把它看成是以大陆为中心的贸易关系的附庸或延伸,另一种是从海洋来看亚洲。滨下采用了后一种思路,提出了自己的"海洋亚洲"的概念。这不仅有利于突破以民族国家为基本研究单位的束缚,而且为我们从整体上完整认识亚洲提供了新的可能性。海洋亚洲指沿欧亚大陆东海岸、从鄂霍次克海到塔斯曼海的广大地区。把它连成一个整体的主要纽带是建立在海洋通道上的贸易网络。[3]与川胜把中国看成是与海洋亚洲对立的大陆亚洲的代表不同,滨下的海洋亚洲不但包括日本等海洋国家,也包括中国等滨海国家。在滨下的思想体

---

[1] 〔日〕滨下武志著,朱荫贵、欧阳菲译:《近代中国的国际契机:朝贡贸易体系与近代亚洲经济圈》,中国社会科学出版社1999年版。

[2] 〔德〕贡德·弗兰克著,刘北成译:《白银资本:重视经济全球化中的东方》,中央编译出版社2000年版。

[3] 〔美〕乔万尼·阿里吉、滨下武志、马克·塞尔登主编,马援译:《东亚的复兴:以500年、150年和50年为视角》,社会科学文献出版社2006年版,第20—60页。

系中，中国和日本都在作为整体的海洋亚洲中各得其所。虽然滨下并没有指出他的理论对于认识东亚的现实和未来有何意义，但是，我们从他的历史智慧中可以获得一种历史与现实交会的感觉，可以对东亚的复兴和亚洲在世界历史上的作用进行理性的分析和预测。

中日两国富有远见的学者不约而同地将研究视野转向海洋，这不是偶然的，也不只是他们要寻找新的研究领域的学术冲动所致，战后东亚经济的崛起是促使这个转变发生的最主要动力。而东亚经济主要是通过海洋来发展的，即使是传统上被简单化地认为是大陆国家的中国，它的经济起飞也是从东南沿海地区开始的。但是，海洋是个与陆地大不相同的生态系统，前所未有的频繁的人类活动必然引起海洋生态的巨大变化。研究海洋亚洲就不能不研究它的环境史。但是，中日学者都尚未进行深入探讨。海洋只是被当成人类文明发生的另一个舞台或海洋经济发展的基础来对待，人并没有被看成是海洋生态系统甚至更大的全球生态系统的一部分，原因大概在于学者们的知识结构缺陷。接受传统历史学训练的学者无力解读环境资料，更难改变业已形成的传统历史思维。没有进行深入研究并不代表他们没有意识到这个问题的重要性。三年前，滨下先生在北京大学历史系召开的"延续与断裂：从古希腊到现代世界"国际研讨会上提出，在研究历史时，不但要有国家视野和全球视野，还要有区域视野。区域史研究要超越民族国家的束缚，要发现新的课题，尤其是海洋问题和环境问题。何芳川教授不但意识到了海洋环境史的重要性，还在更广的范围、从基本理论上进行了初步探索，发表了《环境保护与人文关怀》一文。[1] 杨

---

[1] 可参见《何芳川教授史学论文集》，北京大学出版社 2007 年版。

国桢先生在推进中国海洋史研究的时候，也呼吁要研究海洋环境，并作出了非常可贵的初步尝试，出版了《东溟水土：东南中国的海洋环境与经济开发》。不过，对海洋环境的初步研究仍然局限在海洋社会经济史的范围内，海洋环境史还没有被作为主体来认识。

不过，原来的环境史研究也不注重对海洋环境的研究，只是到了最近，海洋才成为环境史研究的新领域。促使环境史学家关注海洋的是海洋生态学家，他们在研究海洋生态变化时发现和积累了大量数据资料。但和保护生物学家一样，海洋生态学家也不能对占其中99%以上的、可以上溯到1500年的资料进行历史分析，因此他们呼吁要建立一个得到广泛支持的海洋环境史学科。[1] 率先对此作出回应并进行海洋环境史探索的当数北欧的环境史学家，其代表人物是丹麦历史学家Peter Holm。他曾任欧洲环境史学会的主席，主要研究自中世纪以来的、北海和波罗的海环境变迁以及丹麦的渔业发展。但是，由于他的大部分研究成果都是用丹麦语发表，加之他注重实证研究，所以并没有发展出海洋环境史的新范式，或者说没有能够推动海洋环境史的迅速发展。1999年秋天，丹麦、英国和美国的大学相互合作，设立了"海洋动物数量变化史研究项目"，旨在"通过使用把历史学和生态学熔为一炉的方法来改进我们对生态系统长时段演进的理解，尤其要关注人的影响，进而建立起培养海洋环境史学家和海洋历史生态学家的制度框架"。[2] 随着该项目的顺利推进，海洋环境史研究得到了越来越多的学者的关注。

---

[1] W. Jeffrey Bolster, "Opportunities in Marine Environmental History", *Environmental History*, Vol.11, no. 3, July 2006.
[2] 该项目已经出版的中期成果是：David J. Starkey, Poul Holm and Michaela Barnard, eds., *Oceans Past: Management Insights from the History of Marine Animal Populations*, Earthscan Research Editions, 2007.

随着海洋环境危机的加深,可以预见,海洋环境史研究将会有更大的发展。但是,与对大西洋、地中海、波罗的海等海域的环境史研究相比,东亚海域的环境史研究尚未得到应有的重视。

二、海洋亚洲环境史的主要内容

如前所述,海洋亚洲环境史并不是一个成熟的研究领域,但是,这并不意味着就没有相关的学术研究成果。相反,关于这一范围的不同部分的研究为我们建构这一研究领域提供了基础。

海洋亚洲研究和环境史研究都是新兴的研究领域,要找出把海洋亚洲环境史连成一个整体的相互关联的因素,需要采用历史学分期和分类研究的方法。从纵向来看,海洋亚洲环境史大致上可以分为三个阶段:第一阶段是1500年以前。海洋亚洲形成了以中国为中心的朝贡贸易体系,海洋环境的利用和海洋环境文化的交流在郑和远航时达到了高峰。第二阶段是1500年到第二次世界大战结束和殖民地半殖民地获得独立。在这一时期的前期,亚洲以外的力量主导了海洋环境的利用;但在后期,日本的崛起给海洋亚洲环境打上了深刻的日本烙印。第三阶段是独立之后。海洋亚洲的崛起对海洋环境造成了巨大的冲击,同时海洋环境保护运动开始启动。从横向扩展来看,海洋环境史主要研究四个方面的问题:一是历史上海洋环境的变迁;二是海洋环境与经济发展的关系史;三是海洋环境与国内和国际政治的关系史;四是历史上海洋环境文化的演变。

要谈1500年以前的海洋亚洲的环境变迁,就不得不把关注的目光投向地质年代。在四大冰川和间冰期,太平洋水位发生超过100米的升降，中国沿海地区沧海变桑田。这不但有利于人类的进化，也有利于人类的迁徙。在距今1.8万年前后，海平面下降150米，黄海完全干涸成陆地。朝鲜海峡和对马海峡干枯，把日本列岛和大陆连接起来。大量陆生动物和中华先民的细石器文化传到了日本。但在距今6000年前后，气候转暖，发生"黄骅海侵"，尽管中日之间不再有陆桥相连，但先民已经发明了航海技术。[1]海洋亚洲处于欧亚大陆板块和太平洋板块交汇之地，地质状况极不稳定，多火山和地震。板块漂移和火山活动在这里形成了许多岛屿和群岛。星罗棋布的岛屿为古人航海提供了良好的条件。同时，火山灰和来自欧亚大陆主要河流的冲积物给这一海域带来了丰富的营养物质，进而形成了许多大渔场，这是古代近海渔业发展的基础。造山运动的巨大压力也改变了物质的化学构造，在这一地区形成了丰富的矿藏，为近代采矿业的发展奠定了物质基础。[2]另一个地质活动是厄尔尼诺或南方涛动现象。周期性出现但又难以预测其强度的、活动在赤道太平洋地区的这种气候现象会造成大陆地区和海岛地区截然不同的气候异动。

　　环境禀赋对海洋亚洲古代的经济政治发展和文化交流提供了有利条件。东亚大陆地区，尤其是在黄河和长江中下游地区形成了以锄耕和犁耕为代表的高度发达的农业文明（黄河流域是粟作农业，长江流域是稻作农业），并在此基础上形成了高度中央集权的专制体制。中国海洋民族充分利用了海洋提供的营养源。在分布广泛的贝丘文化遗址中，经常可以发现蚶、牡蛎、蛤蜊等20多种海洋软体动物，海贝不但成为先

---

[1] 李惠生：《中国海洋文化传统与东亚文明》，载曲金良主编：《中国海洋文化研究》（第4—5合卷），海洋出版社2005年版，第18—19页。

[2] J. R. McNeill ed., *Environmental history in the Pacific World*, Ashgate, 2001.

民喜爱的饰品，还是中国货币史上最早的"硬通货"之一。相反，在海岛地区，直到殖民主义东来之前，很多地方仍然处于刀耕火种的生产力发展阶段，难以形成庞大的中央集权国家。[1] 不过，海洋地质环境并不仅仅制造差异，它还给不同区域之间的交流提供了海通大道。早在远古时代，中国东南沿海地区就形成了滨海民族夷和越。距今 5000 年以前，莱夷人就制造了独木舟。在距今 4000 年前，他们就会制造大木船，利用洋流远航至朝鲜半岛和日本，给他们带去了龙山文化的成果。同北方的夷一样，南方的越人在河姆渡时期就会造船。到春秋战国之交，越人已能建造大型戈船和楼船，不但可以北上日本，还可以经过台湾地区深入南洋，把中华文化传播到菲律宾、马来半岛和印度尼西亚群岛。[2] 此后，这些地区的航船不仅会劈刺往来游弋，还会航行至中国。这些民族在进行捕鱼等生产活动的同时，也开始进行海上贸易。中国国内的华夷秩序也随着海上联系的增多而逐渐扩展到整个海洋亚洲地区。中国的丝绸、瓷器、茶叶、耕作技术、制度文化等经海路向朝鲜、日本和南洋诸国传播，同时朝鲜的金、银、铜等金属，牛黄、人参等药品，马、狗、海豹皮等物，以及日本的折扇、水晶制品、香盒等精美手工艺品也输入中国。明朝建国不久，倭寇开始横行，严重影响了中国与日本和朝鲜的朝贡贸易。但是，中国和南洋的贸易因郑和航海而进入一个鼎盛时期。

1500 年左右发生的世界三大航海活动改变了海洋亚洲环境史的内容。这一区域不再是和平之海，而是西方殖民主义者掠夺、剥削的平台。原来形成的华夷秩序逐渐被条约体系所取代，在一定限度内利用

---

[1] Anthony Reid, "Human and Forests in Pre-Colonial South Asia", *Environment and History*, vol.1, no.1, 1995.
[2] 何芳川主编：《太平洋贸易网 500 年》，河南人民出版社 1998 年版。

海洋资源的经济逐渐被过度向海洋索取的经济所取代。日本崛起以后，为了形成自己的霸权，企图独霸整个海洋亚洲，进而控制整个太平洋，成为世界的霸主。而在前一时期主导海洋亚洲秩序的中国却沦为了任人宰割的鱼肉。

尽管季风洋流依旧，但大风帆、蒸汽机等装备的现代舰船和现代航海知识武装的海军在原有的海洋亚洲贸易网络基础上，用资本把地球上的每一个角落都纳入了世界资本主义体系。各国的沿海港口都变成了殖民主义国家输出商品和掠取原料的集散地。为了满足世界市场的需求，中国沿海地区出现过度种植和过量开垦的情况，生态遭受严重破坏。[1] 东南亚地区香料、稻米的大量种植，不但没有满足当地人的生活需要，而且过度的单一种植损坏了当地业已形成的生态平衡。[2]

在麦哲伦环球航行之后，海洋亚洲出现了大规模的物种和病菌。来自世界其他地区的物种和疾病经过葡萄牙人和西班牙人从印度洋和太平洋两个方向传入海洋亚洲。梅毒最早出现于1494年的意大利战争期间，1498年由达·伽马的水手带到印度，1505年传到中国和日本。腺鼠疫随着殖民扩张传入香港地区和云南之后，迅速向北方和南方传播。厦门和福州于1894年和1901年分别被传染，并经水路进入内地，1899年流传到满洲通商口岸牛庄。霍乱也在英缅战争中被英军带到缅甸，然后从曼谷到广州，进入中国内地，或传至宁波，进入清帝国

---

[1] Robert B. Marks, "Commercialization without capitalism: Processes of environmental change in South China, 1550-1850", *Environmental History*, vol.1, no.1, 1996.

[2] Peter Boomgaard, David Henley, Manon Osseweijer eds., *Muddied waters: Historical and contemporary perspectives on management of forests and fisheries*, 2005; Peter Boomgaard, Freek Colombijn, David Henley eds., *Explorations in the environmental history of Indonesia*, 1997.

内陆，1821年传到北京；进而越过长城，横扫蒙古，最后达到莫斯科。从1820—1932年，中国共经历了46次霍乱。外来流行病肆虐，使中国、日本的人口发展在17、18世纪几乎停滞。[1] 与此同时，外来物种的到来不但改变了海洋亚洲的景观，还改变了亚洲人的饮食结构。玉米的故乡是墨西哥和秘鲁。哥伦布从古巴带回欧洲，后传至东南亚，16世纪中期经缅甸传入云南，经南洋群岛传入福建等沿海地区。到清朝乾嘉年间，玉米开始大面积在中国播种。甘薯原产南美热带地区，明万历二十年（1592）从吕宋（菲律宾）引种福建，万历八年从安南（越南）引入广东，然后从这些地区向内地推广。这两种作物的引进改变了中国的粮食生产布局和食物结构，半干旱地区粮食产量增加，绝大多数劳动者北以玉米为主，南以番薯为生。花生和辣椒的传入促进了中国的烹调发展。烟草来自美洲，哥伦布1492年从古巴带回欧洲，明万历年间（1573—1620）从吕宋、越南传入闽广；明崇祯十年（1637）从日本经朝鲜传入中国东北。[2] 不过，疾病和物种的传播并不是单向的，而是双向互动的。来自中国的柳橙及柑橘属水果引入欧洲，可以帮助治疗航海中的坏血病。19世纪末，蒸汽铁甲船广泛应用于海洋亚洲航线，压仓水的使用也就意味着各港口之间会进行频繁的海洋生物交流，形成了所谓"港口生物区系"。它有时会破坏渔业，有时还会引发赤潮。

在资本主义时代，海洋资源成为各国争夺的重要对象。日本在明治维新之后，远洋捕鱼能力大大增强，加之近海渔业资源逐渐减少，

---

[1] 刘翠溶、伊懋可主编：《积渐所止：中国环境史论文集》，"中央研究院"经济研究所1995年版。
[2] 黄邦和等主编：《通向现代世界的500年：哥伦布以来东西两半球汇合的世界影响》，北京大学出版社1994年版。

于是在1920年代闯入中国黄海和东海海域，尤其是在舟山渔场捕鱼，引起中日1924—1932年的捕鱼之争。中国政府援引国际海洋法，在保护国民捕鱼权的同时宣示自己的海洋国土主权。但是，由于过度捕捞引发了严重的渔场退化，3英里限制严重妨碍了中国渔民的捕鱼权。更何况由于技术先进，日本捕鱼船在舟山渔场退化后已经转向了南海。[1]这说明，在殖民主义和帝国主义的强权时代，有限的国际海洋法并不能保证弱国的海洋主权和经济安全。对渔业资源的争夺不但是经济扩张主义的表现，同时也是对领土主权的侵犯。

对矿产资源的开发造成了非常严重的环境污染。这方面的典型是日本的足尾铜矿污染。足尾铜矿位于群马县境内，从1600年开始开发，1871年民营后，产量大增，1884年达2886吨，占全国铜产量的26%。随着产量的增加，环境污染和破坏也大幅增加。足尾铜矿石大约含有30%—40%的硫黄，精炼时产生大量二氧化硫和重金属粉尘。其中的微量元素砷、镉、锌、铅等会对人和其他生物产生各种危害。二氧化硫会造成矿山周围树叶漂白，树木枯死。加上炼铜需燃料，乱砍滥伐导致森林消失，水土难以保持，岩石裸露，河水混浊，鱼类大批死亡。即使1973年足尾铜矿被关闭，但污染的影响仍在继续。[2]类似事件在海洋亚洲的其他国家也都有发生。

在日本推行"大东亚共荣圈"政策的时候，它从中国、朝鲜半岛和南洋各国获取了大量物资，但送给他们的是"三光政策"和细菌战。

---

[1] Micah Mascolino, *Sino-Japanese fishing dispute, 1924-1932: Environmental change and territorial sovereignty in international perspective*, Paper Prepared for the Internationalization of China Conference, Beijing, June 18-20, 2004.

[2] 〔日〕宇井纯:《公害原论》，东京：亚纪书房1988年版。

日本侵入朝鲜后，首先进行土地、森林、矿产资源的调查，然后颁布和实施《朝鲜矿业令》、《朝鲜渔业令》、《森林法》以及《大米增产计划》。所有这些都是为了掠夺朝鲜的资源，支撑日本的畸形工业化，特别是军需工业。[1] 在中国，日本的一切经济活动都是以保障军需资源为出发点，最大限度地利用中国的资源。除了重点开发日本缺乏的煤、铁、油页岩、菱镁矿等矿产外，还运走了大量大豆、高粱、面粉等粮食，棉线、丝绸等纺织品和建筑材料。[2] 在东南亚，日本感兴趣的仅仅是石油、镍、锡、矾土等矿产物资。由于海洋亚洲的经济被日本纳入了战时经济的轨道，致使当地生产完全是为了殖民统治的需要，发生了多起饥荒，天花、霍乱、腺鼠疫、鼠疫也重新开始流行。[3]

和古代相比，近代的海洋亚洲环境史呈现出不同特点。一是海洋资源被当成商品和财富大量开发利用，尤其是渔业和矿业资源。二是为了争夺资源不惜进行战争。三是外海洋亚洲的力量和物种在一定程度上改变了本地区的景观和资源构成。海洋亚洲的环境被前所未有地改变了。

"二战"以后，海洋亚洲的环境史进入了一个新阶段。海洋环境发生了巨大变化，海洋对经济的贡献急剧增加，海洋资源的纠纷日益严重，海洋环境保护的合作更显重要。

在海洋亚洲经济起飞的过程中，海洋环境的贡献越来越大。大致可以从四个方面来衡量：一是海洋自然资源开发的实物产量占同类产品全国总产量的比重；二是海洋开发产值在国民收入中的比重；三是海洋开发的就业人数及其在总就业人数中的比重；四是对外经济联系对海

---

[1] 〔韩〕姜万吉：《韩国现代史》，中国社会科学文献出版社 1997 年版，第 104—155 页。
[2] 居之芬、张利民：《日本在华北经济统制掠夺史》，天津古籍出版社 1997 年版。
[3] 〔英〕D. G. E. 霍尔：《东南亚史》，商务印书馆 1982 年版，第 920—935 页。

洋的依赖程度。海洋亚洲国家和地区比较多，大致可以分为两类：一类是完全的海岛国家，以日本为典型；另一类是海陆并举的国家，以中国为典型。日本全国人口和产业的50%以上分布在海岸带地区的小平原上。日本人饮食中一个主要动物蛋白质来源是海产品。日本的贸易主要靠它最现代化的远洋船队来完成，还建立了世界性的运输网络。日本经济对海上贸易的依存度超过90%。日本陆地资源贫乏，经济建设所需资源主要靠进口和从海洋获得。早在1980年，海洋产值就占到日本国民总产值的2.8%，如果加上原料和产品一半以上靠海洋运输的临海产业的产值，海洋产值就占到国民总产值的10.6%以上，海洋开发对劳动就业的贡献为9.8%。[1]中国是一个海洋大国，拥有约1.8万公里的海岸线，6500多个500平方米以上的大小岛屿和大约300万平方公里的管辖海域。根据《2006年中国海洋经济统计公报》，中国海洋生产总值达20958亿元，占同期国内生产总值的10.01%，比2005年增长13.97%，高出同期国民经济增长速度3.3个百分点。全国涉海就业人员达2960.3万人，比上年增加180万个就业岗位。海洋还是中国对外贸易特别是石油等重要战略资源进口的主要通道。2003年，中国对外贸易总额达8512亿美元，占GDP的60%，原油进口高达9112万吨，占总消费量的36%，其中的90%以上依赖海上运输。这充分说明，随着中国对外开放的不断深入发展，海洋在中国经济中占的比重越来越大。

海洋亚洲国家对海上资源越来越重视，自然也存在许多争议，影响比较大的有中日东海油气资源争议和南中国海油气之争。20世纪60年代以来，东海南部发现蕴藏丰富的石油资源。1982年《联合国

---

[1] 杨金森、高之国编著：《亚太地区的海洋政策》，海洋出版社1990年版，第145—165页。

海洋法公约》颁布后，中日双方在东海海域专属经济区和大陆架划界问题上的矛盾与分歧日渐突出。日本主张适用等距离中间线以及距离标准；中方则主张适用大陆架自然延伸原则。随着中国在东海开采油气田的成功，中日间围绕东海能源开发和划界问题的争端骤然升温。2004年，日本舆论惊呼中国正在开采的"春晓"天然油气田群会像吸管一样，把原属日本的油气资源吸走挖空。于是，中日双方自2004年10月25日开始就东海油气田开发问题进行谈判。到2008年，经过7轮司长级磋商，中日双方都认为，最好的选择是搁置争议，共同开发，但两国在如何界定可能进行的共同开发的海域方面分歧依旧，南中国海的油气资源之争更为复杂。在南沙群岛的南部区域，马来西亚从1970年代开始就深入中国断续国界线范围内进行大规模油气资源勘探和开发。在南沙群岛的东部，菲律宾也深入中国海域进行大规模油气开采。在南沙群岛西部，越南划分了上百个油气招标区进行合作开发。目前，南沙海域已经发现含油气构造200多个和油气田180个，越南、菲律宾、马来西亚、新加坡等周边国家都在南海开采石油，已经钻井1000多口，年采石油量超过5000万吨，其中马来西亚的开采量最多。越南近几年来还不断同美国、俄罗斯、法国、英国、德国等国家签订勘探开采石油、天然气的合同，大有使南沙问题国际化的趋势。[1]

---

[1] 请参看下列著作：Dalchoong Kim, Choon-ho Park (eds.), *Exploring maritime cooperation in Northeast Asia：Possibility and Prospects*, Institute of East and West Studies, Yonsei University, 1993. Choon- ho Park, *East Asia and the law of the Sea*, Seoul National University Press, 1983. Sam Bateman & Stephen Bates (eds.), *Calming the waters：Initiatives for Asia- Pacific maritime cooperation*, Strategic and defense studies centre, Canberra, 1996. Sam Bateman (ed.), *Maritime cooperation in the Asia-Pacific region：Current situation and prospects*, Australian National University, Canberra, 1999。

海洋亚洲还存在着非常严重的海洋领土争端。从北到南相继有：日本和俄国的北方四岛问题；日本和韩国的独岛（竹岛）之争以及"日本海"正名之争；中日钓鱼岛之争；中国和菲律宾、越南、马来西亚、印度尼西亚在南海的领土之争；泰国、越南、柬埔寨、马来西亚在泰国湾的争端；印度尼西亚和澳大利亚在阿拉弗拉海的争端等。[1] 这些争端都是很复杂的问题，因为不但涉及主权，还隐含着巨大的资源利益之争。但是，南海各方鉴于共同的利益，在2002年达成了《南海各方行为宣言》，承诺根据公认的国际法原则，包括1982年《联合国海洋法公约》，以和平方式解决领土和管辖权争议，而不诉诸武力或以武力相威胁。根据这些原则，中国和越南之间成功地划定了北部湾的边界，并签署了渔业协定。北部湾划界是中越双方适应新的海洋法秩序，公平解决海洋划界的成功实践。

在海洋开发越来越深入的同时，海洋污染和生态破坏也越来越严重。来自陆地的废水等造成近海的富营养化，形成赤潮。1993年，中国近海发生了19次赤潮，2006年增加到93次。从河流带入海洋的淤积物威胁着海洋生物的安全。频繁的海上运输和大规模的海上养殖也带来了大量的外来物种，破坏着亚洲海洋的生态系统和生物多样性。更为可怕的是海上石油泄漏。据说，东亚海域最严重的问题就是海洋运输和近海石油开发引起的石油污染。而油膜覆盖最厚的除了石油运输沿线之外，就是泰国湾和南中国海的越南一侧。另外，围海造田和

---

[1] 请参看下列著作：张耀光：《中国海洋政治地理学：海洋地缘政治与海疆地理格局的时空演变》，科学出版社2004年版。北京泛亚太经济研究所编：《海洋中国：文明重心东移与国家利益空间》，中国国际广播出版社1997年版。George Kent and Mark J. Valencia (eds.), *Marine Policy in Southeast Asia*, University of California Press, 1985. Robert L.Friedheim, Haruhiro Fukui (eds.), *Japan and the New Ocean Regime*, Westview Press, 1984.

从海滩、海底采沙也大大强化了对海底自然环境的破坏和对海岸的侵蚀，导致部分海滨浴场、海港、养殖设施遭到破坏，沿岸农田和居民区受到威胁。

海洋亚洲的环境问题不但引起本区域内各国的重视，也引起了国际环境保护组织的重视。联合国环境规划署自 1974 年建立以来就一直致力于建设地区性的国际海洋保护合作体系，仅涉及海洋亚洲海域的就有"东亚海行动计划"、"南太平洋行动计划"、"西北太平洋行动计划"等。"西北太平洋行动计划"保护的海域是日本海和黄海，参加的国家有中国、日本、韩国和俄罗斯。自 1994 年设立该计划以来，先后召开了多次政府间会议和专家研讨会，希望能建成共同的海洋环境数据库，交流各国海洋法研究成果，设立海洋环境监测计划。1981 年，东盟五国启动了"东亚海洋和沿海地区保护和开发行动计划"，并颁布了"东盟环境马尼拉宣言"，开始进行海洋环境评价（包括资料收集、技术人员培训、海洋环境退化原因分析等）和管理（包括管理人员培训和能力建设、联合环保执法、环境友好型管理等）。随着政治外交形势的好转，联合国环境规划署在这个计划中又接纳了韩国、中国、澳大利亚、柬埔寨和越南，并推出了 1994 年版的东亚海行动计划，把关注重点从先前的石油污染转向了包括海洋生物多样性、气候变化等方面的生态系统状况，强调在科学研究基础上对海洋环境进行综合管理，进而促成海洋环境的可持续发展。2000 年，联合国环境规划署在东亚海行动计划取得成功的基础上，和全球环境基金合作共同推出了"南中国海计划"。该计划是多边政府间合作项目，旨在改变南中国海环境退化的趋势，希望保护海草、红树林、珊瑚礁、湿地和鱼类，防止来自陆地的各种污染。同时，联合国环境规划署把参与国扩大到 14 国，开始实施建立"东亚海域环境管理伙伴关系计划",重点探索跨行政管理边界的海洋区域环境的综合管理方法,并于 2003 年 12 月在马来西亚召开的第一次东亚海大会和部长论坛上通过并签署了《东亚海可持续发展战略》。[1] 2006 年 12 月 12 日,第二次东亚海大会及部长会议在中国海南省海口市举行,签署了《实施东亚海可持续发展战略合作伙伴宣言》(即《海口伙伴关系宣言》)。如同这次大会的主题"共同的海洋,共同的人类,共同的愿景"所昭示的,海洋亚洲环境问题作为本地区共同的问题必须通过合作来解决。

从当代海洋亚洲环境史的发展可以看出,海洋亚洲国家对海洋国土资源前所未有地重视,产生了许多争议和冲突,但是都能在遵守《联合国海洋法公约》的前提下把冲突控制在可以进行和平谈判的范围内,这就为共同利用和最终和平解决打下了基础。另外,随着东亚经济的迅速崛起,海洋亚洲环境呈现出全方位退化的趋势,要达到保护环境和可持续利用的目标就必须进行合作,就必须形成开放的区域主义,这才是生活在同一区域的人们应该追求的共同愿景。

三、海洋亚洲环境史的启示

尽管前述内容只是对海洋亚洲环境史勾画出了一个基本轮廓,但是因为转换了观察海洋亚洲的视角,我们大致上从中可以得出一些新的启示。

---

[1] Sulan Chen, *Instrumental and induced cooperation: Environmental politics in the South China Sea*, Dissertation submitted to the Faculty of the Graduate School of the University of Maryland, 2005.

第一，环境是一个有机联系的整体，人为地把亚洲分为大陆亚洲和海洋亚洲是不合适的。环境科学和生态学的思维不同于自启蒙运动以来主宰历史学的现代思维。历史学思维在很大程度上强调理性、进步、二元论、还原论、机械论，认为历史总是在人的理性的作用下不断向高级发展的，对立的因素通过机械的作用促成历史事件的发生，前面的变化总是成为之后发生变化的原因和动力。这种因果关系看似相当严谨，实际上在很大程度上简化了纷繁复杂的历史真相。川胜平太的研究就是这种历史思维的结果。他从日本后来独特的发展追溯到它独特的地理位置，并与地球上的海陆分布结合，提出海洋国家和海洋亚洲的观点；再利用二分法把海洋亚洲与大陆亚洲对立起来，进而提出建立海洋亚洲联邦，以孤立和排斥中国。滨下先生的"海洋亚洲"概念是从整体出发提出来的，与从环境史角度来看亚洲特别是东亚有许多共通之处。也正因为如此，从他的海洋亚洲概念出发，他自然会提出研究海洋亚洲环境的设想。环境是由不同生境组成的，各生境之间的关系并不是简单的机械联系，而是有机联系，其相互作用会产生"蝴蝶效应"。另外，环境质量的好坏也不是由最好的生境或各生境的平均值来决定，而是由最差的那一部分决定，这就是"木桶效应"。[1]就海洋环境而言，它的质量不光取决于人类在海洋活动造成的损害，还取决于陆地的人类活动和陆源的污染。即使是海洋经济活动也完全是与大陆经济活动整合在一起的。把海洋与大陆截然分开，从环境整体性来看是错误的。

传统的历史思维认为中国是大陆国家，是面向内陆的。其实，这

---

[1] 参看《环境史与历史新思维：包茂红教授访谈》，《首都师范大学学报》（哲学社会科学版）2007年第5期。

种看法并不全面。如前所述，中华先民早在先秦时代就已经在海边和海上活动，发展出自己的海洋文化，并向周边国家和地区传播。后来，随着对海洋认识的加深，中华民族以海为田，从事海外贸易，甚至移民海外。当然，这些地域性的海洋意识由于强大的中央集权体制并没有成为主流或官方意识，[1]但据此就否定中国的海洋特性肯定是不对的。建立在这种历史思维之上的政策建言也是大有疑问的。川胜的"海洋连邦论"对日本并不是一个好的选择。与"大陆亚洲"对抗不仅不利于日本的长远发展，也影响本地区的和平稳定。只有把所谓"大陆亚洲"与海洋亚洲整合起来思考，才能有效解决现在出现的一系列诸如环境污染、海底资源争端等非传统安全问题。只有陆海和合才能实现互利共赢。

第二，在目前政治历史纠纷严重的情况下，海洋环境合作是最容易突破的领域。中日之间虽然存在着历史认识问题、政冷经热现象、日本军事化和国家关系正常化等复杂问题，但是，环境问题相对来说是比较中性的，又是带有整体性和根本性的问题。例如，东亚海域的污染因为大气环流和洋流的作用，会对处在这个海域的所有国家产生影响，民族国家的海上疆域并不能阻止污染的跨界移动。另外，陆上的污染也会越过海洋传到海上国家。从中亚起源的沙尘在中国境内加强后会飘向日本。海上的污染也会通过食物链传到陆上，给食用者造成危害。但是，由于这些问题大多不是政治直接作用的结果，是不易政治化的、比较纯粹的但直接危害人类生命安全的问题，因此，解决

---

[1] 周振鹤：《以农为本与以海为田的矛盾：中国古代主流大陆意识与非主流海洋意识的冲突》，载苏纪兰主编：《郑和下西洋的回顾与思考》，科学出版社2006年版，第89—104页。

起来不但快速而且相对比较容易。[1] 不过，环境问题又不是绝对的技术问题，它的解决也会产生连锁效应。因为环境治理不但需要政府付出努力，也需要公众广泛有效的参与；不但需要行政积极干预，也需要发挥市场的作用；不但需要所在国付出努力，也需要国际社会给予积极帮助和协作。因此，率先解决海洋环境问题必然会造成海洋亚洲的共同进步，为其他问题，如最为敏感的领土之争的解决创造良好条件；反过来，敏感问题的解决一定会加快区域海洋环境问题的改善。

第三，推动有效的海洋环境合作一定会促成海洋亚洲各方的共赢。尽管在"联合国海洋法公约"签署之后，部分海域具有了民族国家国土和主权的性质，但是，从环境史的视角来看，海洋是人类共同的海洋，它的未来也是人类共同的愿景。既然海洋具有公共财富的性质，如果沿海各国仅仅从自己的一己私利出发加以利用，必然会重演"公地的悲剧"并产生"零和效应"，这是任何一方都不愿意看到的结果。唯有各方从共同利益出发，综合考虑，采取彼此互相照应的措施，才能保持海洋环境的健康稳定。为争夺环境资源进行战争更是不可取的，海洋亚洲环境史已经提供了这方面的教训。但是，保护并不意味着不利用海洋资源。海洋亚洲是全球经济发展最为强劲的地区，对海洋资源的利用力度也在不断提升，海洋资源争端不但数量增多，强度也在危险地升高。在这种严峻的形势下，如果从海洋环境史的视角来看，"搁置争议，共同开发"不失为一个明智的选择。如果能够达成这样的共识，就能破除在思考亚洲未来时只注重某个民族国家的利益，而忽视区域和全球环境系统整体利益的狭隘性，进而有利于形成既兼顾国

---

[1] 参看包茂红：《东北亚区域环境问题与环境合作》，《环日本海研究年报》（日本）2003 年第 10 号。

家、区域和全球利益,又兼顾人的需求和生态系统平衡的负责任的国家战略。只有这样,有争议的海域才能成为和平之海、友谊之海。但是,共同开发并不意味着竭泽而渔,开发必须保持在可持续和最适宜的限度(Sustainable yield, Optimum yield)之内,而不是不顾海洋环境的承载力竞相追求产量的最大化(Maximum economic yield)。[1] 只有这样,海洋亚洲才能在连续保持快速经济增长的同时实现和谐共赢,创造出既能保护海洋亚洲环境又能实现亚洲复兴的可持续的新型文明。这种东亚文明一定能在世界文明转型的过程中率先提供新的范式,东亚的复兴也就因此而具有了新文明的世界历史意义。[2]

第四,海洋亚洲的和谐是这一区域所有国家和学者共同的愿望,实现这一构想需要学术界做出更多的努力。海洋环境史研究是一个新兴的但非常重要的研究领域,它的开拓和发展需要所有国家对此感兴趣的学者共同努力,需要把各自的优势发挥出来,形成合力。在这一方面,东北亚国家的学者已经开始行动了。在日本学术振兴会亚洲研究教育事业事务局资助下,日本的学习院大学联合韩国的庆北大学和中国的复旦大学共同研究"东亚海文明的历史与环境"。三国学者综合历史、考古、地理资料和卫星图像处理、海洋科学、气象学等的资料和方法,共同研究历史上东亚海文明和环境的互动关系,尤其是长江和黄河的变迁对东亚海文明的影响。[3] 这个项目的持续时间是 2005 年到 2010 年。该项目研究虽然已经取得了一定成果,但其规模和影响比

---

[1] Arthur F. McEvoy, "Towards an interactive theory of Nature and culture: Ecology, production, and cognition in the California fishing industry", *Environmental Review*, vol.15, no. 2, 1987.

[2] 参看包茂红:《东北亚环境文化的交流与建设》,《亚太研究论丛》2007 年第 4 辑。

[3] 参看该研究项目的网站:http://www- cc.gakushuin.ac.jp/~asia- off/aisatsu/aisatsu_cn.html。

较有限。应该说，日本、中国、韩国和东盟国家各有优势，也都各有自己的局限。如果海洋亚洲各国的相关学者能够团结起来，共同组建一个区域性的研究学会，就可以动员国际学术力量，整合国际学术资源，全面推进海洋亚洲环境史的研究，在环境史向海洋拓展中迎头赶上，并为海洋亚洲在国际环境史研究中赢得一席之地。海洋亚洲环境史研究的持续推进，不但可以帮助化解海洋亚洲遇到的资源领土争端，还必然为建设和谐繁荣的海洋亚洲提供新的动力。环境史的批判和警世功能也会在促进海洋亚洲的持续发展中得到发挥。

原载《学术研究》2008 年第 6 期

拉丁美洲环境史研究[1]

包茂红

（北京大学历史系副教授）

在国际历史学和社会科学界，拉丁美洲不但是一支重要的力量，而且贡献了像依附论这样具有深远影响的理论成果。在环境史领域，拉丁美洲虽然是后来者，但也努力作出了具有鲜明区域特点的研究。巴拿马环境史学家吉勒莫·卡斯特罗·赫雷纳曾经指出，拉丁美洲存在两种环境史，分别是"拉丁美洲环境史"（Latin American environmental history）和"拉丁美洲的环境史"（environmental history of Latin America）。前者指来自拉丁美洲的学者按照自己的文化传统研究的本地区的环境史，后者指不论什么文化背景，也不管来自哪个地区的学者对拉丁美洲环境史的研究。[2] 显然，赫雷纳更多的是从认识论角度强调视角和立场的不同。这样的区分当然具有重要意义，但对中国读者而言，从写作这样一篇史学史的文章来说，本文更愿意包容

---

[1] 本文是国家社科基金项目"人与环境关系的新认识：环境史学史"（批准号：05BSS001）的中期成果。

[2] See Guilermo Castro Herrera, "Environmental history (made) in Latin America", http://www.h-net.org/~environ/historiography/latinam.htm.

所有的关于拉丁美洲环境史的研究。

拉丁美洲具有丰富的环境史资源，但它的环境史研究并没有像美国那样起源于1970年代初，相反，从发达国家开始的国际环境主义运动不但没有在拉美激起应有的回应，反而还遭到正处于发展狂热阶段的拉美政治家和知识分子的嘲笑。不过，这种情况随着20世纪80年代的经济危机的发展而迅速得到改变。拉丁美洲陷入几近绝望的悲观主义和对未来的不确定中，国内外的各种力量开始反思发展带来的环境影响，探讨拉美发展的前景。拉丁美洲环境史研究就是在这种大背景下启动的。推动研究拉丁美洲环境史的力量主要来自两个方面，分别是国际发展组织的关注和学者们自己的探索。

就国际组织的关注来说，最重要的是联合国拉丁美洲经济委员会（ECLAC）。它邀请社会学家N.格里古和经济学家O.桑克尔在1980年编辑出版了《拉丁美洲发展与环境论文集》，其中包括N.格里古和J.莫雷诺合写的论文《拉美生态史导论》。[1]它从整个地区的视角对拉美环境史作了概要性的论述，并提出了未来的研究设想。这篇文章的发表标志着拉美环境史研究正式起航。国际组织之所以关注拉丁美洲的环境问题，主要有两个原因：一是像联合国拉美经济委员会和美洲开发银行（IDB）都关注拉美的发展中断问题，其中不可避免要涉及环境问题，不过，它们都是从结构而不是历时性方面关注环境问题。尽管如此，它们对环境问题的关注必然诱导那些需要从这些机构得到研究经费的学者和研究中心对环境史感兴趣。

---

[1] See Gligo, Nicolo, y Morello, Jorge, "Notas sobre la historia ecológica de América Latina", en *Estilos de Desarrolloy Medio Ambiente en América Latina*, selección de O. Sunkely N. Gligo, Fondo de Cultura Económica, El Trimestre Económico, no. 36, 2t., 1980, México.

二是拉美内部缺乏从历史角度研究环境问题的重要文化需要。在当时，人们熟知的是先贤们把自然看成是可以为建设民族国家而开发的资源的价值观。这就客观上给外来组织不自觉地推进环境史研究提供了空间。这个原因也导致了拉美环境史研究在兴起时缺乏具有本地区特点的概念和理论。

拉美环境史研究的兴起除了国际组织的推动之外，更重要的是学者们在研究拉美历史、人类学、地理学和生物学等的过程中不得不探索环境史。可能很多人会认为，拉美环境史研究的兴起最初一定受到了离它最近的美国学者的影响，其实不然。这一方面的典型是曾经写出名著《羊灾：墨西哥征服的环境影响》的艾丽诺·G.K.麦维尔。《羊灾》是在她的博士论文基础上修订而成的。她论文的最初选题是研究西班牙殖民主义在入侵后的几十年对当地市场体制的冲击，但当她在西班牙搜集和分析有关当地人社会和移民对生产形成的限制的档案资料的时候，她被大量的关于殖民化过程中环境变化的资料所吸引，于是她把研究的重点转向环境问题。当她被告知她研究的正是已经存在的环境史时，她惊诧莫名。[1] 随着越来越多的专业历史学家开始自觉进行环境史研究，拉美环境史研究中缺乏自己的概念和分析框架的不正常状况很快就会得到改变。

1997年，赫雷纳在桑克尔的环境概念的基础上，从拉美研究注重体系和结构的学术文化特点出发，提出了自己关于拉美环境史

---

[1] 麦维尔女士生前是加拿大约克大学历史系副教授，不幸于2006年3月10日因患癌症去世。这里使用的材料是她在2003年2月11日接受本人访谈时的回答。由于她当时身体状况已经恶化，访谈并没有完成。这里特别引用该次访谈的内容以表对这位才华横溢、热情似火的学者的纪念。

研究的理论构想。桑克尔认为，环境就是"自然的生物物理范围和此后人为的改变以及这些改变在空间上的扩散"。赫雷纳认为，拉美环境史就是"研究拉美在实施一系列发展模式时人对自然生物物理过程的改变"。它应该注重对三个方面的研究，分别是自然、社会和生产以及这三者之间的相互作用。文化作为从结构方面对世界进行的伦理想象，内化于这三个过程中。拉美环境史研究从时间上看，必须注重历史分期，既要反映不同历史时期的内在特点，还要反映这些时期的变迁和连续性。从空间上看，它不但要注重对民族国家环境史的微观研究，还要注意对拉美地区的中观研究和对世界资本主义体系环境史的宏观研究。因此，赫雷纳的拉美环境史构想也可以看成是历史—环境体系取向的。不过，需要说明的是，这个注重体系的环境史不是从北大西洋工业化国家的视角来观察，而是从拉美发展中国家的角度来认识的，是以拉美为主体的世界体系环境史。[1]

在赫雷纳看来，拉美环境史具有以下几个地区特点。第一，拉美资本主义发展的根本特点就是"掠夺经济"（raubwirtschaft）及其对自然资源的"毁灭性利用"（destructive use）。第二，这种掠夺经济逐渐发展成一种普遍的、外资垄断统治下的、为了满足北大西洋社会的各种需求的与自然的关系模式。第三，与非洲和亚洲不同，在拉美社会与自然的关系中，早在19世纪初就形成了大地产寡头政治势力，他们利用自己具有商业价值的资源和未开发的土地来换取海外的资金和技术。第四，拉美的非资本主义因素在1850年代遭到

---

[1] Guillermo Castro Herrera, "The environmental crisis and the task of history in Latin America", *Environment and History*, 3 (1997), pp.3-6.

暴力打击而赤贫化，并没有形成西方社会常见的中小资本家。第五，在此生产和社会基础之上，对待自然的问题变成了文明与野蛮的冲突，其中隐含的是进步的意识形态。第六，在拉美人与自然关系中，一直是由寡头精英代表的"帝国式"态度一花独放，看不到在北美和西欧同时存在的那种"阿卡狄亚"式态度。第七，拉美社会与自然关系的调整和重组只能通过政治及其极端形式暴力来完成。赫雷纳从理论出发总结的这些特点有些在实证研究中得到了证实，有些则得到了必要的修正。

在拉美环境史研究中，下面几个方面得到了更多的重视，出现了一些引人注目的成果。资源开采及其环境破坏史是最先得到研究的领域。在森林滥伐研究中，瓦伦·迪安出版了两部著作。第一部从环境史的视野探讨了巴西在世界橡胶种植史上的兴衰。[1] 第二部研究了巴西大西洋沿岸热带森林消失的过程，着重分析了从1.2万年前狩猎采集者进入森林到1990年代工业化发展的各个不同阶段人类生产活动对森林产生的影响，其中还包括开发者和保护者在对待这片森林上的不同态度和争论。所以，这一著作不仅仅是热带森林史，同时也是从环境史视角对巴西历史的再认识。[2] 迪安还提出了关于工业化与内陆腹地森林的关系的"木材假设"，即20世纪前半期圣保罗的工业化是建立在木材燃料和木炭基础上的。这一观点曾经得到广泛关注，不过，在最近受到了后辈学者的强烈质疑，认为

---

[1] Warren Dean, *Brazil and the struggle for rubber: A study in environmental history*, Cambridge University Press, 1987.

[2] Warren Dean, *With Broadax and Firebrand: The destruction of Brazilian Atlantic forest*, University of California Press, 1995.

他不但低估了工业中消耗的化石燃料的数量,其估算来自森林的潜在燃料供应的方法也是错误的。在此基础上,学者提出了修正,强调圣保罗的工业化是建立在三种能源供应基础上的,分别是来自不同生态区的生物燃料、化石燃料和水电。[1]迪安的核心观点即森林滥伐是人类活动的必然结果也受到了巴西学者的质疑。肖恩·米勒认为,并非是人类的目光短浅和寄生性造成了对森林毫无节制的剥削和毁灭,相反,根本原因在于人类的差劲的利用(poor utilization)和过分利用(overutilisation),这无疑阻碍了对森林的有效利用(productiveuse)。西班牙和葡萄牙的森林政策并不像迪安所说,是限制当地人进入森林的利用性保护,而是制约了负责任的木材工业发展和鼓励对森林进行糟糕利用的政策。[2]

拉美的采矿业主要包括秘鲁的银矿、智利的铜矿、巴西的金矿和委内瑞拉等国的石油开采等,它不但在拉美历史上发挥了重要作用,而且对周围环境造成了严重影响。对拉美采矿业与环境的关系史归纳最完整的应是伊丽莎白·多尔在2000年发表的论文《环境与社会:拉美采矿业中的长期趋势》。[3]在这篇论文中,多尔把拉美采矿业的发展分为6个阶段,即哥伦布到来之前的美洲、征服时期(1492—1570年)、殖民国家主导时期(1570—1820年)、新殖民时期、资本主义现代化时期以及外债危机时期。从拉美矿业和环境关系的历史发展来看,

---

[1] Christian Brannstrom, "Was Brazilian industrialization fuelled by wood? Evaluating the Wood Hypothesis, 1900-1960", *Environment and History*, 11 (2005), pp.395-430.

[2] Shawn William Miller, *Fruitless Trees: Portuguese Conservation and Brazil's Colonial Timber*, Stanford University Press, 2000.

[3] Elizabeth Dore, "Environment and Society: Long-term Trends in Latin American Mining", *Environment and History*, 6 (2000).

资本的扩张摧毁了生态的可持续性，但当环境退化制约了利润增长的时候，资本就有可能采取措施来消除这种障碍。在发达国家，往往是中产阶级为了自己的生存质量而发起了现代环境主义运动，但在拉美，工人并没有成为这样一支力量。所以，资本主义发展有可能激起工人要求提高生活质量的斗争，但改善工人的生存条件并不是资本主义的固有特性。

外来物种的输入和"新欧洲"的形成也是拉美环境史研究的重要领域。美国世界环境史学家阿尔弗雷德·克罗斯比在这一方面进行了开拓性的探索，他在1986年出版了《生态扩张主义》。在这本书中，他认为，欧洲殖民者是用"生态旅行箱"征服了美洲，通过一系列的从人口到物种的替代，在与欧洲气候条件相近的世界其他地区制造出"新欧洲"。[1] 欧洲人带到拉美的疾病如天花、流感、斑疹伤寒、麻疹、腮腺炎等流行病对印第安人造成了致命打击，在很大程度上造成了印第安人口的毁灭性减少。欧洲人带到拉美的动物如猪、牛、山羊、绵羊和马在这块处女地上疯狂繁殖，不但新增了畜牧业并改变了拉美传统的农业结构，还引起了牧场主和农场主为争夺土地而形成的社会冲突。欧洲人带来的植物如柑橘、香蕉、葡萄、苹果、小麦、甘蔗、咖啡等不但改变了拉美人的饮食习惯和营养构成，还改变了拉美的土地利用方式，形成了对拉美土壤和森林环境产生极大影响的种植园经济。欧洲殖民者用自己的生物武器彻底改造了拉美的景观和经济社会。约翰·麦克尼尔在克罗斯比研究的基础上继续前进，把疾病与地缘政治联系起来，既拓宽了研究范围，又深化了研究主题。

---

[1] Alfred W. Crosby, *Ecological Imperialism: The Biological Expansion of Europe, 900-1900*, Cambridge University Press, 1986.

拉美环境史研究中的另一个重要领域是土著民族与国家的环境关系。这一方面的代表作是克里斯蒂安·布兰斯特罗姆的《领地、商品和知识》。在出口商品的带动下，民族国家要突破原有的环境局限，就要不断向土著的传统领地推进，攫取他们传统的自然资源使用权。当然，这个进程是由国家、当地精英和外资合作完成的。这种出口商品种植面积的扩大不仅让土著失去了自己安身立命的空间，还进一步取代了他们的环境文化，当地土著社会在生态上完全被边缘化。这种取代是在一系列科学机构的帮助下，打着促进科学进步的旗号完成的。在19世纪后期出口繁荣之时，从出口所得中拿钱支持成立的许多科研机构尽管主要关注公共卫生和农业技术改进，但也引进了外来技术和外来的有机论。外来的以技术为中心的知识由于它即时的实用性而大行其道，在殖民和外资权力作用下对当地知识形成歧视和贬损，认为当地土著的农业知识不但落后，效率低，还造成水土流失等环境破坏。这种论调得到了一些考古学和地质学研究结论的证明，如对墨西哥米乔阿肯的湖中心沉积物的研究表明，早在西班牙殖民者到来之前，当地就发生了严重的土壤侵蚀。不过，在环境主义运动兴起后，与此相反的观点也提出来了，认为土著的农业知识对我们的未来具有良好的示范效应，土著先辈留下的足迹或者可以变成我们建设未来的蓝图，或者可以帮助我们在保证土著农业体系的可持续性和现代农业的高生产率之间达到平衡。其实，不同认识背后隐藏的是技术中心论和生态中心论的区别。技术中心论认为，人类社会通过科技的发展能够解决环境问题，人为改造的环境并不是疏离或退化环境，而是创造或形成了新环境、新生态体系和新的混合景观；相反，生态中心论认为，人类是内在于自然中的一员，在当前情况下人类是生态系统中一个寄生的物种，自然体系为人类提供了行为和社会组织应该效仿的典范，科技并不是万能的。

尽管拉美的环境史研究主要是由外部组织启动的，但是在它的发展过程中，尤其是在1990年代，拉美环境主义运动的历史受到了学者的重视，出版了一些著作，逐渐改变了拉美环境主义不发展的陈旧印象。代表性著作有兰尼·西蒙尼亚的《捍卫美洲虎的领地：墨西哥自然保护史》[1]和何塞·奥古斯特·帕杜阿的《毁灭之风：1786—1888年间奴隶制巴西的政治思潮与环境批评》。[2]西蒙尼亚的著作是这一领域的开拓之作，帕杜阿的著作则是扛鼎之作。帕杜阿不但把巴西的环境主义思潮追溯到了独立初期，还有力地改变了一些环境史学家先前对巴西历史的片面认识。他通过分析50多位思想家在1786—1888年发表的政治文本，发现巴西环境主义思想的根源分别是欧洲启蒙思想、重农经济思想和林奈的"自然的经济"思想，赴欧洲留学的知识分子把这些思想传回到巴西，并与巴西当时的政治和社会现实相结合，发展出进步、科学和政治取向的、独特的人与自然关系思想，认为持续的毁林和水土流失并不是"进步的代价"，相反正是"落后的代价"。同时认为独立后对自然资源的浪费和破坏是殖民时代遗留的技术和社会实践的必然结果，巴西如果要捍卫自己社会生存和进步的自然基础

---

[1] Lane Simonian, *Defending the Land of the Jaguar: A History of Conservation in Mexico*, University of Texas Press, 1995.

[2] See Jose Augusto Padua, "Annihilating natural productions: Nature's economy, Colonial crisis and the origins of Brazilian political environmentalism (1786-1810)", *Environment and History*, 6 (2000), pp.255-287. José Augusto Pádua, *Um Sopro de Destruição: Pensamento Político e Crítica Ambiental No Brasil Escravista, 1786-1888[A Destructive Wind: Political Thought and Environmental Criticism in Slave Brazil, 1786-1888]*, Rio de Janeiro: Jorge Zahar, 2002.

的话，就必须迅速采用能够克服环境破坏的现代化的政策。由此可见，帕杜阿发现了长期被忽略的、巴西社会中存在的另一种建立在独特的人与自然关系价值观基础上的社会理想的传统，尽管它是政治的、以人为中心的和实用的。

为了进一步促进拉美环境史研究的迅速发展，环境史学家还在 2004 年正式成立了拉丁美洲和加勒比海地区环境史学会（The Latin American and Caribbean Society of Environmental History，SOLCHA），总部设在巴拿马，第一任主席是吉勒莫·卡斯特罗·赫雷纳教授。该学会的宗旨是促进对拉美历史上自然进程和社会进程的关系的研究。[1] 至今已经举办了四次国际学术讨论会，第一次是由美洲学家大会于 2003 年 7 月 14—18 日在智利的圣地亚哥召开的"美洲环境史会议"，研讨的内容包括：对自然资源的剥削行为，农业和农业生态系统，工业发展和大气、水和土壤污染，环境社会冲突，人类活动和景观变化，城市发展和环境问题，环境话语、环境思想和环境政治，美洲环境史的进展和视角等。除了讨论学术问题之外，该次会议还寻求建立环境史学家之间的永久联系、对话和合作机制。换句话说，就是想建立自己的组织。[2] 第二次美洲环境史国际会议于 2004 年 10 月 25—27 日在古巴的哈瓦那召开，来自欧洲和美洲的环境史学家不但交流了自己的最新研究成果，还一起见证了 SOLCHA 的成立。第三次拉美和加勒比海地区环境史国际会议于 2006 年 4 月 6—8 日在"母国"西班牙的卡莫

---

[1] 该学会的网址是：http://www.csulb.edu/projects/laeh/html/solcha.html. 还可参看 Reinaldo Funes Monzote 在 *Global Environment. A Journal of History and Natural and Social Sciences*, no. 1, 2008 上发表的访谈文章 "The Latin American and Caribbean Society of Environmental History"。

[2] 本次会议的网址是：www.historiaecologica.cl。

纳召开，100多位代表发表了论文，并参加了学会命名的讨论。之所以最后决定使用"拉丁美洲和加勒比海地区环境史学会"这个名称，关键在于以美国为基地的 American Society for Environmental History 实际上只是北美环境史学家的组织，也主要研究美国环境史。另外简单地从地理意义上使用"拉美"一词并不能反映这一地区文化的多样性，拉美大陆是拉丁文化传统，但加勒比海岛屿是另一个传统，尤其是古巴。第四次拉美和加勒比海地区环境史国际会议于2008年5月28—30日在巴西的米纳斯·杰雷斯大学举行，讨论的主题包括：环境史、环境政治和环境管理：历史在构建未来中的作用，环境史的理论和方法：跨学科的视角，历史地理学，海洋、海岸和淡水生态系统的历史，环境史教学和环境教育，拉美城市环境史，拉美和加勒比海地区的环境主义运动和环境主义思想，环境风险和自然灾害。[1] 从第一次和第四次会议讨论议题的变化来看，拉美环境史研究的范围不断扩大，学科的自主意识不断加强，视角更加多元。这些变化不但实实在在地表现在研究成果目录中，[2] 还表现为出版了第一部虽然简明但比较完整的地区环境史著作，即肖恩·米勒的《拉丁美洲环境史》，这本书可以说是目前拉丁美洲环境史研究的集大成之作。作者以可持续性概念为核心，检视了从印第安文明到当前大规模城市化的人类营造自己热带家园的历史，提出拉丁美洲历史不应该仅仅是人类史，还应该是让自

---

[1] 本次会议的网址是：www.fafich.ufmg.br/solcha。
[2] 参看 Lise Sedrez 编辑的"拉丁美洲环境史在线书目"（Online bibliography on environmental history of Latin America），网址是 http://www.stanford.edu/group/LAEH/。还可参看 Shawn William Miller, *An Environmental History of Latin America*（Cambridge University Press, 2007）书后的参考书目。

然和文化这两个相互影响和形塑的因素都进入核心位置的环境史。[1]克罗斯比充分肯定了这本书的里程碑式意义，认为："今后的拉美环境史研究应该从参考这本书开始。"我们尚不能断定拉美环境史研究已经进入成熟阶段，但可以肯定的是，经过20多年的发展，它已经跃上了一个新的台阶。

尽管拉美环境史研究已经取得了巨大成就，但仍然存在一些明显的问题。第一，拉丁美洲环境史研究存在严重的当下主义（presentism or recentism）倾向。从美国《环境史》近10年和《历史地理杂志》近20年发表的拉美环境史论文来看，绝大部分是关于20世纪及其紧邻19世纪的。应该说，在环境史初创阶段，对当下的关注肯定有助其发展，[2]但是，当它发展到一定阶段后，如果这种情况不能及时得到改变，就会制约环境史研究的进一步发展。第二，拉美环境史研究在强调本地区特点的同时也应该注意它与其他地区环境史的共性。确实，大西洋南部环境史和北部的有很大不同，其特殊性应该受到特别重视，尤其是对多年受殖民主义和新殖民主义影响的拉丁美洲而言，但是，因此而忽视它与北方的一致性就有矫枉过正之嫌。寻找拉美环境史与其他地区环境史的共性不但是必要的，也仍有许多工作可做。第三，拉美环境史注重研究与掠夺经济和环境政治相关的题目，相对忽视了城市环境史。尽管拉美在殖民时代和独立后的很长时间盛行大地产，但是它的城市化进程也在不断加快，由此产生的环境问题也是值得重

---

[1] Shawn William Miller, *An Environmental History of Latin America*, Cambridge University Press, 2007, pp.2-7.

[2] See Warren Dean, "The tasks of Latin American environmental history", in Harold K. Steen, Richard P. Tucker eds., *Changing Tropical Forests: Historical Perspectives on Today's Challenges in Central and South America*, The Forest Historical Society, 1992, pp.5-13.

视的研究课题。如果能在这一方面取得突破，不但能给拉美环境史研究增添新的维度，甚至能够改变目前只重视与出口经济相关的环境问题的简单趋向。拉美环境史研究需要均衡发展。

原载《学术研究》2009 年第 6 期

岛屿太平洋环境史研究概述[1]

王 玉

（北京大学历史系研究生）

一、岛屿环境史研究的兴起

著名环境史学家麦克尼尔在2001年出版的《太平洋世界环境史》论文集中曾用"正在形成中的领域"来形容当前的太平洋环境史研究，他指出："当前，太平洋区域环境史其实并没有真正形成。"[2]尽管其所谓"太平洋区域"是指包含东亚、澳洲、北美等更为广阔的区域，但仅就小范围的岛屿太平洋区域来说，能将环境史研究与日益勃兴的太平洋区域研究相结合的岛屿太平洋环境史尚在草创之中。

尽管相关研究尚未完全形成，但近现代相关考古学、博物学、历史学、人类学、自然科学等领域成就辉煌，这为岛屿太平洋环境史研究提供了重要的知识基础。早在16世纪中期，伴随着太平洋航海探险

---

[1] 在此使用"岛屿太平洋"（Island Pacific）这一概念，主要希望强调区域联系性。由于本文主要探讨太平洋区域中波利尼西亚群岛，包括海洋（Pacific Ocean）与岛屿（Pacific Iislands）间联系相关的环境史研究，故此借用著名环境史学家约翰·麦克尼尔在《老鼠与人——岛屿太平洋环境史概要》中提出的"岛屿太平洋"环境史的说法。

[2] McNeill, J.R., *Environmental History in the Pacific World*, Ashgate Publishing, 2001, p.8.

的进行，欧洲人急需了解神秘瑰丽的太平洋岛屿区域。于是，早期的船长日记、探险家游记便成了西方人有关岛屿太平洋历史的最早记载。18世纪，卢梭所谓的"高尚的野蛮"（noble savage），[1] 直接影响了西方人对热带岛屿的认识，并逐渐演化为《东方学》中所揭示的：18世纪末19世纪初，欧洲对太平洋岛屿进行统治和改造的"殖民话语"。19世纪末20世纪初，随着全球资本主义体系的形成，欧洲在太平洋地区为帝国主义霸权与商品市场展开激烈争夺，殖民帝国纷纷在太平洋岛屿上建立自己的海外殖民地，并推广单一种植园等生产方式。同时，西方学者亦大多从"他者"角度认识和编撰岛屿太平洋的历史。"二战"后，相关研究有了新进展。特别是20世纪90年代末，伴随着环境史研究的兴起，岛屿太平洋历史研究出现了反话语霸权、反权力的后殖民、后现代倾向。一方面，西方著名环境史学家们，通过环境史研究视角考察当地人与自然互动的历史关系，更加尊重岛屿环境因素影响下文化和历史发展的特性，尽可能还原当地历史演变过程的连续性，并将"岛屿区域"放在全球范围内考察其间的复杂联系。另一方面，本土研究如雨后春笋般大量涌现，夏威夷、斐济等地纷纷建立起"波利尼西亚文化研究中心"以及"太平洋学术研究中心"等学术机构。本土学者纷纷成长起来，对欧洲殖民统治之下的历史认识、"进步观念"和"发展战略"进行深刻反思；并以原住民视角重新审视历史上岛民与岛屿自然环境之间的互动关系，逐渐认识到岛屿特殊的地理、气候条件，在塑造岛国历史中所扮演的至关重要的角色。通过艰辛努力，本土学者们的研究既发出了岛国历史"自己的声音"，又从更加整体、有机的角度，将西方传统

---

[1] Alexander, H.Bolyanatz, *Pacific Romanticism*: *Tahiti and the European Imagination*, Westport Connecticut Press, London, 2004, p.5.

上的"他者"研究,扩展为联系复杂的岛屿太平洋环境史。

值得注意的是,20世纪七八十年代,仍被西方人看做"人间天堂"、"世外桃源"的岛屿区域,并没有出现与西方相似的大规模环保运动。这也在一定程度上导致岛屿环境史研究对发展战略反思有待深入,相关研究对社会"环境不公正"等现象关注不够充分等问题。

二、岛屿环境史研究的相关成果

(一)"他者研究"的转变

20世纪90年代后,殖民主义的影响在世界范围内日渐衰微,历史学自身也出现了新转向。与之相应,岛屿太平洋环境史研究显示出了较强的"后殖民"和"后现代"以及反权力的倾向。西方学者的相关研究不再带有浓厚的"他者研究"倾向,而尽可能客观分析岛屿当地人、地之间的历史关系。转变后的西方环境史学家们主要关注中观综合研究,当地著民、殖民者与自然环境之间三维互动的关系,其研究主题大致包含:欧洲殖民的生态影响、"生态旅行箱"与物种灭绝、太平洋战争与核武器试验等。

1. 中观综合研究。美国著名环境史学家约翰·麦克尼尔的论文,应该是相关研究中最为成熟和重要的著作之一。2001年,约翰·麦克尼尔编辑了《太平洋世界环境史——太平洋世界土地、人与太平洋历史 1500—1900》论文集,[1] 其中麦克尼尔自己撰写的《老鼠与人——岛屿太平洋环境史概要》[2] 应算是有关太平洋岛屿环境史开创

---

[1] McNeill, J.R., *Environmental History in the Pacific World*.
[2] *Ibid.*, p.69.

性的中观区域综合研究成果。该文探讨了从史前时代至今，岛屿太平洋地区人与自然互动的历史关系。作者将太平洋岛屿环境史分为4个时期，而分期标准已不再是重要的政治事件，而是将人与环境互动的历史关系发生重要转折的时刻作为分期节点。文章从中观角度对岛屿太平洋区域以及"大历史"（包括人类史前时代）环境史进行的鸟瞰式的研究视角，以及独具匠心的分期，为进一步深入研究搭建了很好的分析框架。该文应算是既有的岛屿太平洋环境史研究中里程碑式的文章。

除此之外，西方学者关于岛屿太平洋环境史的综合性研究亦多见于综合性世界环境史研究著作中。由于岛屿太平洋环境史研究是以"区域"为单位的历史研究，其"中观区域性研究视角"势必有别于传统的以民族国家为基本分析单位的历史研究。而星罗密布的岛屿好似珍珠，将太平洋区域乃至整个世界有效地整合在一起，强调了区域间的联系性，诸如阿尔弗雷德·克罗斯比的《生态帝国主义》、唐纳德·休斯的《世界环境史：人类在生命共同体中不断变化的角色》等。[1] 克莱夫·庞廷的《绿色世界史——环境与伟大文明的衰落》则开篇就借用孤悬在太平洋偏远的复活节岛生态崩裂作为微缩的生态文明，使人们认识到资源环境有限的承载力与人类生活方式之间的矛盾。贾雷德·戴蒙德的《枪炮、病菌与钢铁——人类社会的命运》描述了波利尼西亚人在太平洋岛屿地区的散居历史。[2] 理查德·格罗夫的《绿色帝国主义》

---

[1] Hughes, J. Donald, *An environmental History of the World*, Rout ledge, London and New York, 2001, pp.93-97.
[2] 参见〔英〕克莱夫·庞廷著，王毅、张学广译《绿色世界史——环境与伟大文明的衰落》，上海人民出版社 2002 年版，第 1—9、193—195 页；〔美〕贾雷德·戴蒙德：《枪炮、病菌与钢铁——人类社会的命运》，上海译文出版社 2000 年版，第 373—396 页。

第七章"全球环保主义的开端：专业科学、大洋洲岛屿与东印度公司，1768—1838年"，探讨了伴随着欧洲的殖民主义带到太平洋岛国的不同环境认识，以及专业科学带动下所谓的环保主义思想在岛屿太平洋地区的形成。[1]尽管上述著作涉及岛屿太平洋部分各有千秋，但相关研究往往不是研究重点所在。因此，这些研究大都浅尝辄止，并没能有效展现岛屿间的联系或是将岛屿环境史整合入区域或全球范围环境史研究当中。

2. 欧洲殖民的生态影响。1760年代欧洲殖民者来到太平洋诸岛，就像1490年代他们到达大西洋美洲一样。[2]欧洲殖民者所带来的牲畜、细菌、杂草的"生态旅行箱"以及先进的资本主义经济模式等，都对岛屿当地的生态系统产生了深刻影响。

杰勒德·沃德的《太平洋岛屿中的人——太平洋岛屿地理变迁评论》（1972）[3]是由独立后本土学者进行有关殖民时代（1521年后）岛屿区域人地关系的研究，展现了与世隔绝的岛屿居民在资本主义全球贸易市场影响下的劳动力流动、殖民者在岛屿上建立种植园和矿业对环境的影响以及太平洋岛屿城市化问题。约翰·弗兰雷的《法属波利尼西亚塔西提岛Vaihiria湖流域环境史》[4]是一篇发表在生物地理学杂

---

[1] Grove, Richard H., *Green Environmentalism: Colonial Expansion, Tropical Island Eden's and the Origins of Environmentalism* 1600-1860, Cambridge University Press, 1996, pp.309-375.

[2] McNeill, J.R., *Environmental History in the Pacific World*, p.312.

[3] Lawton, Graham H., "Man in the Pacific Islands: Essays on Geographical Change in the Pacific Islands", *Geographical Review*, 1974（4）, pp.303-305.

[4] Parkes, Annette, Teller, James T.Flenley, John R., "Environmental History of the Lake Vaihiria Drainage Basin, Tahiti, French Polynesia", *Journal of Biogeography*, 1992（7）, pp.431-447.

志上命名为"环境史"(Environmental History)的学术文章,作者通过大量湖水淤泥中的花粉与硅藻的记录,分析了近五六百年间该湖泊流域的人、地关系变化,印证了18世纪晚期欧洲殖民者到来之前塔西提沿海地区定居人口的下降。然而,不足之处在于文章除结论外几乎全是数据运算与图表分析,给非专业读者的阅读造成一定的障碍,也使文章缺乏历史学基本的"叙述"特质。

3. "生态旅行箱"与物种灭绝。阿尔弗雷德·克罗斯比曾在其《哥伦布的交换》、《生态扩张主义》中提到欧洲殖民者在拓殖时携带的"生态旅行箱",即人口、动植物及细菌微生物对新欧洲地区的入侵与替代。有关欧洲殖民者给岛屿当地带来的土壤侵蚀、森林滥伐、物种灭绝乃至由此带来的岛屿生态文明的消亡,在前文提及的世界环境史的有关章节中都作了充分而又生动的论述。但岛屿环境史研究据此得出了不同认识。《早期波利尼西亚人的定居对亨德森岛屿陆地蜗牛的影响》[1]一文,以及米伯格与汤米的《天真的鸟类与高尚的野蛮:人类造成的岛屿鸟类史前灭绝回顾》,[2] 解释了前殖民时期岛屿原住民不可持续的资源利用方式导致的生态破坏和物种灭绝,而这种岛屿生物圈的破坏反之也影响了人类社会的发展,使大量岛屿不再适合人类的生存。这些研究促使我们认识到物种灭绝与生物替代早在波利尼西亚人"主宰"的"前殖民时期"就已发生。

4. 太平洋战争与核武器试验。太平洋岛屿地区不可避免地成为太

---

[1] Preece, RC., "Impact of Early Polynesian Occupation on the Land Snail Fauna of Henderson Island", *Philosophical Transactions*:*Biological Science*, 1998 (3), pp.347-368.

[2] Per Miberg, Tommy Tyrberg, "Naïve Birds and noble savages-a review of man- caused Prehistoric Extinctions of Island Birds", *Ecography*, Copenhagen, 1993, pp.229-250.

平洋战争的"核心舞台",而"二战"则极大地促进了孤立岛屿间的联系与往来,曾处于世界"边缘"的太平洋岛屿成了战争重要的中转地和军需产品的生产地。J.A.班尼特对太平洋战争背景下岛屿人地关系的历史变化及战争给岛屿带来的环境影响进行了深入的研究。在《战争、危急事件与环境:斐济 1939—1946 年》[1] 中他指出,在战争的危机状态下,斐济成了美军以及新西兰军队重要的军需补给地,而驻扎外来人口的迅猛增长,给岛屿有限的自然资源带来了沉重压力。尽管以斐济为代表的太平洋岛屿并没有直接经受战火的涂炭,但是它们并没有逃脱战争带来的景观变迁、森林滥伐与环境退化。

"二战"后,岛屿太平洋为美国、英国和法国提供了适宜的核试验场所。1963 年,法国将它在非洲撒哈拉沙漠地区的核试验基地转移到其太平洋海外省。一夜间,塔西提和帕皮提人放弃渔业及传统耕作生产方式,并在萌芽中的核试验工业中成为薪酬劳动力。[2] 然而,相关研究大都集中在宗主国与殖民地的政治关系上,未能从环境史视角进行深入探讨。[3] 本·德雷斯与玛丽·德雷斯合著的《穆鲁罗亚:我们的殖民炸弹——法属殖民地的核武器殖民史》[4] 是一部法语著作,该书描述了 1956 年法国在其太平洋海外省进行核试验至今的历史。作者指出,在 1966—1974 年 8 年中核武器实验给当地的自然环境造成了极大的污染,使得拥

---

[1] Bennett, Judith A., "War, Emergency and the Environment: Fiji, 1939-1946", *Environment and History*, 2001 (7).

[2] Craig, Robert D., King, Frank P., *The Historical Dictionary of Oceania*, Greenwood Press, 1981, p.95.

[3] Shepard, Krench III., McNeill, J R., Merchant, *Encyclopedia of Environmental History*, New York, 2004, p.954.

[4] Bengt et Marie-Thérèse Danielsson, Moruroa, *Notre Bombe Coloniale: Histoire de la Colonisation Nucléaire de la Polynésie Françise*, L'Harmattan, 1993.

有大量法国移民的塔西提岛成了该区域最后的"环境难民营"。

（二）"本土研究"的崛起

与西方学者的转向相比，更令人振奋的是本土研究逐渐成为太平洋岛屿研究的"主力军"，其研究大致分为两部分：一部分学者关注殖民拓殖之前的"史前时代"，从而揭示出环境在塑造波利尼西亚历史文化中不可替代的重要性及历史发展的连续性；另一部分研究主要关注"二战"后岛屿的"发展问题"。

1. 展现岛屿历史的连续性。20世纪90年代后本土研究异军突起，挣脱西方话语霸权反思西方学者对岛屿地区的历史认识，从人地关系的角度切入揭示岛屿历史发展的连续性。其中，帕特里克·克里克和特里·亨特编辑的《太平洋岛屿历史生态学》应算是探讨前殖民时期太平洋岛屿人地关系较早、也较重要的论文集。编者继承了布罗代尔"长时段"的视角，特别关注"人类在岛屿生态系统变迁中所扮演的角色"。[1] 该论文集很好地展示了有关太平洋岛屿人与自然"能动性"概念的理解与认识，缺憾是过分依赖人类学实地考察的资料，忽略了其他学科可供研究的资料以及跨学科的合作。

除此之外，本土学者的研究主题还包括：气候变迁与人类社会发展、波利尼西亚人的移民定居、原住民的环境观念，以及欧洲人到来之前的农业集约化等。

气候变迁。南太平洋大学地理系教授帕特里克·努恩是本土学者中的杰出代表。早在1990年，努恩就已发表《太平洋群岛近来的环境变

---

[1] Patrick Kirch, Terry Hunt, *Historical Ecology in the Pacific Islands*, New Haven Conn: Yale Universty Press, 1997, pp.164, 285.

迁》[1]一文，讨论了地理学的全新世，以及历史学距今150年间的太平洋岛屿地区人与自然的互动关系。1999年，他又出版了《太平洋盆地的环境变迁》一书，应该算是本土学者中研究太平洋区域环境史较早、也较为成熟的著作。全书叙述了从前寒武纪到全新世"长时段"间，该区域中气候变化、海平面升降、周期性的干旱对于人类生活的影响。作者认为应该把人类因素与自然因素的互动关系还原到"长时段"的历史中去加以认识。最后，作者亦指出该领域中有待进一步研究的主题。[2]

2001年，努恩发表了《公元1300年前后太平洋岛屿人类与自然关系》[3]一文，利用地理学的资料展现了不同时期内高低岛屿、沿海低地岛屿与潟湖暗礁三种不同自然环境下气候变化对人类社会的影响。2003年，努恩发表的《太平洋岛屿的自然—社会互动》[4]一文，将前殖民时期的"1300年事件"作为分界点，展现了气候变化在塑造岛屿社会历史文化中的重要作用。他指出，人类在岛屿环境史中并没能发挥改造自然的"能动作用"，反而常常成为极端自然灾害或是环境变迁的受害者，移民者给自然带来一种"岛屿生态系统的边缘割裂"。文末指出："人类在太平洋岛屿历史发展过程中具有能动控制作用的说法只是一种自大的发展话语而已。"而岛屿发展中国家往往为了追求经济增长而忽略环境代价。

---

[1] Nunn, Patrick D., "Recent Environmental Changes on Pacific Islands", *The Geographical Journal*, 1999 (6).

[2] Nunn, Patrick D., *Environmental Change in the Pacific Basin*, John & Sons Ltd., Wiley, 1999, pp.308-310.

[3] Nunn, Patrick D., "Human- Environment Relationships in the Pacific Islands around A.D.1300", *Environment and History*, 2001 (7), pp.3-22.

[4] Nunn, Patrick D., "Nature- Society Interactions in the Pacific Islands", *Geografiska Annaler*, 2003.

移民定居。霍金斯·赫尔曼的《南太平洋岛屿共同体定居模式的环境与文化影响》[1] 一文，主要探讨了"大波利尼西亚"文化圈内——新西兰南部岛屿、复活节岛以及皮特克恩岛群岛——是如何在资源耗竭下出现了人口衰退甚至是灭绝的悲惨命运的。文章指出：人类文明由环境产生，但不当的文明发展方向又会造成环境破坏，从而限制文明的持续发展。因此，未来的决策者应该在政治决策和文化宣传中充分考虑环境破坏所扮演的角色。阿斯勒·安德森在《偏远大洋洲的动物界崩溃、景观变迁与定居历史》[2] 中指出，史前时代波利尼西亚人的散居定居模式与南太平洋东、西两侧不同的自然环境条件相结合，导致了太平洋"东部"地区如物种灭绝、森林滥伐、土壤侵蚀等"人类中心"的环境危机。杰里弗·欧文在《太平洋地区史前开发与定居》[3] 一书中，详细叙述和分析了欧洲殖民者到来之前，该区域内史前定居开发状况，展现了当时的岛屿原住民是如何在没有地图和相关技术设备下，利用帆船和季风、洋流在太平洋岛屿区域内自东向西开发太平洋岛屿的。

原住民的环境观念。努恩的《站在神话与现实的交汇点上：太平洋岛屿中的事例》[4] 一文，分别通过对太平洋岛屿"洪水传说"、"火山爆发"以及"早期移民散居方式"的考察，指出"环境骤变事件"

---

[1] Herman, R.Hawkins, "Environmental and Culture Consequences of settlement patterns in South Pacific Island Communities", *Focus Anthology*, 2004.

[2] Anderson, Atholl, "Faunal Collapse, Landscape change and Settlement History in Remote Oceania", *World Archaeology*, vol.33, no.3, Ancient Ecodisasters, 2002（2）.

[3] Irwin, Geoffrey, *The Prehistoric Exploration and Colonization of the Pacific*, Cambridge University Press, 1992.

[4] Nunn, Patrick D., "On the Convergence of Myth and Reality: Examples from the Pacific Islands", *The Geographical Journal*, 2001（6）, pp.125-138.

是如何在口头传说中留下深深印记，甚至塑造了一个民族文化传统的。作者希望历史学家和科学家能够重视对当地口头传说与神话的应用，在太平洋岛屿环境史的编撰过程中找到神话与现实的交会点。《自然观念与新卡列多尼亚环境退化的回应》[1]考察了原住民的自然观念和其思想的多元性。作者通过在当地17个月的田野调查发现，当地人坚信其文化特性是由部族定居地区的自然环境所决定的。先人的灵魂通过托梦将他们的意识甚至是环境思想传给后代。原住民通常反对导致环境破坏的过度开采。而当今的年轻人则更加注重保护本土文化的特性，他们反对欧洲殖民者的经济活动对当地文化的破坏，并希望通过保护自然环境来保存岛屿文化的独立性。

农业集约化。农业生产是反映人与自然互动关系极好的切入点。帕特里克·克里克的《湿润与干旱：波利尼西亚的灌溉与农业集约化》一书，抓住波利尼西亚岛国环境中"干旱"与"湿润"两大截然对立的主题，通过两者比较，指出干旱、湿润两大对立因素不仅是当地自然气候重要的特征，也在漫长的历史过程中塑造了岛屿王国对立的文化。[2]其中核心问题是农业技术与劳动力的集约化问题，以及集约化生产方式给王国社会政治发展带来的影响。

2. 反思"进步观念"与"发展战略"。本土学者通过研究，除了认识到岛屿历史的连续性之外，还通过对"二战"后政治导向的移民以及城市化过程中的人地关系的考察，对西方统治在太平洋岛屿推行的

---

[1] Leah Sophie Horowitz, "Perceptions of Nature and Responses to Environmental Degradation in New Caledonia", *Ethnology*, 2001, pp.237-250.

[2] Kirch, Patrick, *The Wet and Dry*: *Irrigation and Agricultural Intensification in Polynesia*, The University of Chicago Press, Chicago and London, 1994, p.11.

发展战略进行了较为深刻的反思与批判。

波利尼西亚群岛陆地面积极为狭小,其自然环境的承载力大多无法形成现代意义上的城市。但首府帕皮提(Papeete)所在地,面积最大的塔西提岛却拥有与大陆城市相似的发展环境。从1829年起,殖民者开始在帕皮提兴建城市。罗伯特·斯密特的《法属波利尼西亚的城市化》[1]一文,指出"二战"后当地完全模仿西方的城市功能进行的城市化过程。维多利亚·洛克武德的《法属波利尼西亚农村发展与再移民》[2]一文指出,"二战"后向乡下地区的再移民,实际上是殖民政府的一种"发展策略"。而这种"发展导向"的移民给当地资源和自然环境承载力带来了极大挑战,因此并不是适宜长期推广的发展策略。除此之外,大卫·祖里克的《保存天堂》[3]一文指出,南太平洋岛屿地区社会面临着严峻的环境问题:资源匮乏、空气、水污染与自然灾害,而资源的有限性决定了岛屿区域在面对环境变迁时的脆弱性。作者指出保护物种多样性与开展生态旅游是岛屿地区有效的环保政策与发展战略。杰勒德·沃德的《南太平洋群岛的未来:天堂、繁荣或是贫困》[4]一文,分析了20世纪60年代后,南太平洋岛屿农业与旅游业相结合的未来发展方向。

---

[1] Robert, C.Schmitt, "Urbanization in French Polynesia", *Land Economics*, 1962 (2), pp.71-75.

[2] Victoria, S.Lockwood, "Development and return migration to rural French Polynesia", *International Migration Review*, 1999 (12), pp.347-371.

[3] Zurick, N. David, "Preserving Paradise", *American Geographical Society of New York*, 1995, pp.157-172.

[4] Ward, R.Gerard, "South Pacific Island Futures: Paradise, Prosperity, or Pauperism?", *The Contemporary Pacific*, 1993, pp.1-21.

三、研究特点与不足

岛屿环境史与其他大陆国家区域环境史相比具有鲜明的特点。

第一,地理上的狭小孤立使相关历史研究天然具有"环境史倾向"。太平洋岛屿最大特点应是文化隔绝与生态脆弱,而正是这一特点使太平洋岛屿人与自然的互动联系比陆地区要紧密和强烈得多。相比政治制度、外交、军事等传统历史中的核心主题来说,气候变迁、自然灾害,显然从古到今都是岛屿历史发展最为核心的主题之一。因此,环境特性决定其历史研究天生就易于环境史视角的展开。如果撰写一部中国历史可以只谈文化传统、政治制度的话,却很难有任何一部书写岛屿历史的专著能够忽略布罗代尔"长时段"中的气候、地理、环境因素的作用。

第二,相关环境史研究揭示了岛屿历史发展的连续性,而非割裂性。传统的历史认识过分强调了欧洲殖民者的到来对岛屿地区"突变式"的影响。实际上,通过环境史视角的分析,我们会发现物种灭绝、农业集约化与气候对岛屿社会文化的塑造都是岛屿历史中一以贯之的因素,欧洲的殖民影响并没有人们想象的那么巨大。而岛屿太平洋的历史显然是在人与自然环境的互动中延续至今,而非在16世纪后被欧洲殖民者突然打断的。欧洲殖民者的到来只是使得原住民与自然环境的二维互动,增加了一个"殖民者"维度而已。

第三,岛屿环境史研究揭示了殖民主义影响的有限性,即岛屿太平洋地区其实并不是"新欧洲"。克罗斯比在《生态扩张主义》中分析了大西洋区域中的"幸运诸岛",[1]但在岛屿太平洋区域只重点分析

---

[1] 〔美〕阿尔弗雷德·克罗斯比著,许友民、许学征译:《生态扩张主义 欧洲900—1900年的生态扩张》,辽宁教育出版社2002年版,第66、691页。

了澳大利亚和新西兰两个南太平洋中面积"巨大"的岛屿（甚至是陆地），而没有涉及波利尼西亚、密克罗尼西亚等太平洋岛屿区域。但是，该文中所涉及的有关物种交换与生物替代的研究则补充了克罗斯比有关物种交换和生态帝国主义的分析。与克罗斯比论述有所出入的是，欧洲殖民主义在岛屿太平洋地区，即便是一些温带岛屿地区也只造成了非常有限的生态影响。物种灭绝、森林滥伐、土壤退化等问题早在波利尼西亚人生活的史前时期就已经产生并延续至今。欧洲殖民者并未给岛屿太平洋带来世人想象中的"断裂性"或是"替代性"影响。可见，温带岛屿太平洋地区并不能被算作是克罗斯比笔下所谓的"新欧洲"。

当然，草创阶段的岛屿太平洋环境史仍有很多不成熟之处。在此，笔者提出几点设想。

第一，岛屿太平洋的"光荣孤立"有待中观综合。尽管岛屿分散孤立的自然地理条件决定相关研究更易向多元案例研究发展，但没有一个岛屿能够挣脱太平洋区域而存在，也就是说研究太平洋岛屿绝不能忽略区域中乃至区域和全球间的联系。岛屿太平洋区域由于其前殖民经历及宗主国文化传统的差异较大，因此其前宗主国即英国、美国和法国本土的学术研究，极大地影响甚至决定了岛屿地区的研究方向与发展程度。语言和文化上的差异造成诸如美国不易开展对法国海外省（波利尼西亚）的环境史研究等问题。于是，相关研究明显存在"碎化"和凌乱的现象。受到殖民统治的影响，岛屿间原本紧密的网络联系，反而转化为前宗主国或是托管国之间相对"疏远"的关联。可见，在岛屿太平洋环境史研究过程中，不但应鼓励跨学科研究，更需要加强英、美、法等学术强国在跨国、跨文化上的真诚合作。

第二，岛屿环境史研究应立足海洋，强调"区域联系"。海洋生态系统已在无形中将太平洋上这些散落的群岛紧密地联系在一起。既有环境史研究大多将陆地作为研究中心，而忽略了海洋生态系统。但是岛屿区域环境史恰恰弥补了这点，并有效地将陆地生态系统和水生生态系统整合起来。而海洋区域联系是优越于传统的大陆环境史研究的。可见岛屿太平洋区域环境史研究，呼吁更多立足"海洋"网络联系而非"岛屿"立锥之地的中观综合性研究。

第三，岛屿环境史研究缺乏对现实环境问题及社会公正等问题的关照。包茂红教授在《南非环境史研究综述》[1]中指出，南非环境史从一开始就紧扣住环境变迁与种族关系的主题，把环境问题与经济利益、阶级关系和政治发展结合起来进行综合分析。然而，既有研究中显然缺乏这种观照。其实，城市化进程、被迫卷入世界资本主义市场、太平洋战争、1950年代后在该区域进行的核武器试验，显然都给当地带来了严峻的环境权力不公正问题，因此从社会环境史的角度对岛屿太平洋环境史进行充分的研究是十分必要的。当今，全球变暖、海平面上升，更使得岛屿太平洋地区受到全世界学者前所未有的关注。因此，对现实问题的关注必将是岛屿环境史未来研究的热点之一。

综上所述，岛屿太平洋的环境史研究尚处于开创阶段。但不可否认岛屿太平洋环境史研究具有史学本身和现实的双重意义。在史学发展中，岛屿环境史通过人与自然互动关系的视角展现了太平洋岛屿历史发展的连续性，将殖民主义还原到应有的历史位置上，有助于原住民书写真正属于自己的历史。在现实生活中，岛屿原住民日益认识到

---

[1] 包茂红：《南非环境史研究综述》，《西亚非洲》2002年第4期。

自身自然环境、历史文化的独特性，反思西方所谓的发展战略，努力找寻适于自身可持续发展的道路。同时，面对日益恶化的全球变暖等气候问题，岛屿环境史研究也有助于原住民争取自身应有的环境权力。岛屿区域其实也是全球生态系统的一个缩影，通过岛屿区域的环境史研究，可以促使学者们认识到区域乃至全球联系在历史编撰中的重要性。笔者相信，随着世界环境史以及太平洋区域研究的日益勃兴，岛屿太平洋区域环境史研究将会拥有更为光明的未来，而岛屿环境史的发展也势必为人类的历史认识作出更多的贡献。

原载《学术研究》2008 年第 6 期

法国环境史三题：评《环境史资料》[1]

崇　明

（北京师范大学历史学院讲师）

正如美国环境史学者唐纳德·休斯所指出的那样，近年来法国的环境史研究并不能令人满意，[2] 与英语学界在环境史领域取得的丰硕成果相比，这一点尤为突出。[3] 法国学者也认识到本国环境史研究的不足，[4] 并在近些年通过各种努力促进环境史的研究，[5] 其中的重要成

---

[1] 本文为教育部人文社会科学重点研究基地基金资助项目成果，项目名称为"环境史研究与20世纪中国史学"，批准号为06JJD770004。

[2] Hughes Donald, J., *What is Environmental History*? Cambridge, 2006, p.58.

[3] 确实，对于一个因为年鉴学派的创造性工作而建立了深厚的新史学传统而言的国家来说，没有及时注意并发展作为新史学前沿领域的环境史，这多少让人有些诧异。此外，如果考虑到法国的历史学学者普遍都受过良好的地理学训练，法国的生态学和环境学取得了相当的成就，这一点则更令人费解。法国学者对此也还未能作出很好的解释。参见热纳维耶芙·马萨－吉波文，高毅、高暖译：《从"境地研究"到环境史》，《中国历史地理论丛》2004年6月。中国学者也对年鉴史学和环境史学的关系作了中肯深入的分析，见梅雪芹：《从"人"的角度略陈环境史家与年鉴学派的异同》，《安徽师范大学学报》2006年第1期；高国荣：《环境史学与年鉴学派》，《史学理论研究》2005年第2期。

[4] 〔法〕热纳维耶芙·马萨－吉波文，高毅、高暖译：《从"境地研究"到环境史》。包茂红：《热纳维耶芙·马萨－吉波教授谈法国环境史研究》，《中国历史地理论丛》2004年第6期。

[5] 有关情况，参考 http://calenda.revues.org/nouvelle6599.html。

果之一是著名森林史女学者、法国国家科学研究中心（CNRS）现当代史研究所研究员安德莱·科沃尔（Andrée Corvol）主编的《环境史资料》。该书整理了法国学者已经进行的环境史研究工作，是了解法国环境史研究现状及未来研究方向的重要参考。该书共分三卷，其中关于19世纪的第二卷和关于20世纪的第三卷已经分别于1999年和2003年出版。[1][2] 每部著作均由三个部分构成。第一部分"问题状况"，由不同学者从各个角度论述法国环境史的相关领域和问题；第二部分则分主题从各个角度对法国各个地区环境史的档案情况进行了详细整理；第三部分是按照主题建立的详细书目。这两部著作是法国环境史研究的必备参考书。本文拟从三个方面对该书第一部分涉及的法国环境史中的某些重要问题做一梳理，即：19世纪以来法国"环境"和相关的"境地"概念的演变；19世纪法国对景观的认识折射出的自然观和环境观以及19世纪以来景观的变化及其影响；19世纪以来法国的环境问题以及法国社会和政治的回应。这三个问题揭示了现代法国人环境观念的发展及其原因。

一、环境和境地

如果要理解法国环境意识的变迁和环境史研究的出现，有必要简单考察一下"环境"（environnement）一词在法语中的演变以及

---

[1] Corvol, A., *Les sources de l'histoire de l'environement*, Tome II Le XIXe siècle, L'Harmattan, 1999.
[2] Corvol, A., *Les sources de l'histoire de l'environement*, Tome III Le XXe siècle, L'Harmattan, 2003.

与之相关的"境地"(milieu)概念。"环境"一词在13世纪已经出现于古法语中,后来在法语中逐渐消失,被英语于19世纪采用并现代化,[1][2] 而法语中一直用来表示人类生活的周围世界的相关词语是"境地"一词。但是在18、19世纪milieu和environnement的含义并不相同,它经常被博物学家和生物学家使用,而他们关心的是动植物周围的自然世界,往往忽视境地中人的因素或者认为境地与人无关。[3] "环境"一词在1921年才被法国地理学家重新引入法语。当时的地理学家在使用"环境"一词时已经考虑到人的因素,但是人并没有构成地理学的中心。很快"环境"一词又被忽视了,直到20世纪60年代又再度被挖掘出来,一方面被雕塑家、建筑家、城市设计家、生态学家、地理学家等专业人士广泛使用,一方面进入大众传媒成为日常生活用词。值得注意的是,当时该词的另一个用途是翻译美国英语的environment,这在某种程度上体现出环境意识的国际化。

虽然"环境"在这一时期已经成为一个流行的术语和词汇,但对于环境的界定还存在争议,譬如建筑学和艺术学把环境理解为一种"设置"(installation),指造型艺术在空间构造的运用中所产生的景观,而民众则模糊地把所处的自然和城市都视为环境。最终人们达成某种共识,普遍接受了对环境的如下定义:"物理、化学、生物的施动者(agent)和社会因素的总体,它们可能对生物存在或者人类行为有

---

[1] R. Delort, F. Walter, *Histoire de l'environnement européen*, Paris: PUF, 2001, p.7.
[2] Corvol, A., *Les sources de l'histoire de l'environement*, Tome II Le XIXe siècle, L'Harmattan, 1999, pp.72-73.
[3] *Ibid.*, p.74.

某种直接的或间接的、当下的或长远的影响。"[1][2] 因此，环境的特点在于构成生态系统的各要素之间非常复杂的互动关系。这一定义出自1970年法语国际委员会认可的、由该委员会当中的环境和伤害术语的分委会制定的一套相关术语中。"环境"一词在20世纪60年代忽然流行并且需要法语国际委员会对其进行界定，这并非偶然，体现了法国社会第一次普遍性地对环境、特别是对人和环境的密切关系有了比较明确的认识。20世纪60年代以后，法国人认识到应当从人类生活的整体来理解环境，人的特性之一是生活在环境之中，人通过自己的行为改变和创造了环境，而环境也在这一改变中对人产生反作用。

应该指出，虽然"环境"一词在法国登堂入室之前法国还不存在环境史，但是年鉴学派历史学家在对境地的重新界定和研究中事实上已经非常注重从环境角度理解历史。马可·布洛赫对境地有浓厚的兴趣，而吕西安·费弗尔在他的开拓性著作《大地和人类演进：历史学的地理学导论》中讨论了人类社会和境地的互动，指出这一互动和两者的关系事实上构成理解两者的关键："为了作用于境地，人并没有置身于这一境地之外。恰恰是他在试图把自己的控制施加于境地时，他并没有避开它对他的控制。而在另一方面，作用于人的自然，在人类社会的存在中进行干预并对其加以限定的自然，也不是一块处女地；这已经是被人深入作用后的自然，它已经被人类深刻地改变和转化。永恒的作用和反作用。'社会和境地的关系' 这

---

[1] Corvol, A., *Les sources de l'histoire de l'environement*, 2003, p.51.
[2] 1991年的欧洲经济共同体对环境的定义与这一定义相近，均强调不同要素之间的复杂关系："某些要素的总体，这些要素在它们彼此复杂的关系中，组成人和社会的生活的背景、境地和条件。" Robert Delort, François Walter, *Histoirede l'environnement europeen*, p.19.

一说法对被假设为彼此不同的双方同样重要。因为,在这些关系中,人同时借取和偿还;境地给予,同时也接受。"[1] 20世纪以来,法语对境地的理解也更加丰富,引入"自然境地"(milieu naturel)、"人类境地"(milieu humain)和"社会境地"(milieu social)等不同概念。我们看到,年鉴史家和这一时期法国人所理解的境地已不再是19世纪那种和人没有关系的自然世界,而是包括了自然在内的人类和社会的活动领域。可以说,在20世纪上半期,境地的含义已经与环境非常类似。在今天,"境地"和"环境"这两个词的含义在法语中非常接近,几乎难以区分,并且彼此可以互相界定。不过,由于年鉴史家还没有充分认识到人和环境是一个统一体,因而并没有把环境以及人和环境的互动、特别是人对环境的影响作为历史研究的核心,这在一定程度上制约了法国环境史研究的展开。[2] 然而如果对费弗尔和年鉴史学的境地研究进行挖掘,应该能够为目前法国的环境史研究提供很多借鉴。

二、景观变迁中的人与自然

如果要深入了解法国的环境史研究,在理解了"环境"和"境地"概念之后,同样重要的是掌握法国学者对景观的理解和研究。因为虽然在当代生态运动和环境史意义上对环境的关注和研究只是

---

[1] Febvre, L., *La terre et l'évolution humainne: introduciton géographique à l'histoire*, Paris: La renaissance du livre 1922, p.439.
[2] 有学者认为,费弗尔对境地的研究也未能被后来的法国历史学者继承、推进,没能进入年鉴史学的传统,从而使法国史学失去了一个更早进入环境史学的机会。热纳维耶芙·马萨－吉波著,高毅、高暖译:《从"境地研究"到环境史》。

出现在 1960 年代以后，但是在此之前法国人一直都在审视他们的环境，这种审视除了体现在对境地的认识之外，主要是围绕"景观"（paysage）和景观中的"自然"（nature）展开的。在法语中，"景观"和"自然"也是与环境和境地关系非常密切的概念。可以说景观就是历史上法国人的环境意识的体现。对景观史的研究一直是法国历史学的一个重要方面，而该书的许多作者显然非常熟悉景观史的研究，他们对环境问题的讨论也往往首先从景观受到的影响来展开。

景观和环境密切相关，但景观不是环境，而仅仅是环境的被感知的层面。[1] 从今天的视角来看，景观也不同于自然，"自然凭其自身而存在，而景观之存在仅仅因为和人有关，取决于人对其进行审视的范围和方式，是体现了社会的印记的作品"[2]。景观事实上是人通过观看和感受而对自然和环境的再现，其主要意义是审美的，体现了人们"看"的方式，是"某个框架内的形象"——景观和风景画同时诞生。所以，景观与自然不可分割，因为自然是景观的重要对象和内容。自然（nature）被认为是"动物、植物和天然境地"，[3] 它与由人类劳动针对自然所进行的培育或文化（culture）相对。[4] 但在我们今天看来，景观必然同时包括自然和文化，景观被认为是文化的一部分，因为强

---

[1] Corvol, A., *Les sources de l'histoire de l'environement*, Tome II Le XIXe siècle, L'Harmattan, 1999, p.55.

[2] Corvol, A., *Les sources de l'histoire de l'environement*, Tome III Le XXe siècle, L'Harmattan, 2003, p.143.

[3] Corvol, A., *Les sources de l'histoire de l'environement*, Tome II Le XIXe siècle, L'Harmattan, 1999, p.175.

[4] 当然，当时自然有其他很多层面如哲学、法律层面的含义，这里仅取其和环境有关的含义。

烈的文化主体意识和对自然的客体化已经塑造了现代社会的基本观念形态,它们遮蔽甚至驱除前现代社会人们对自然的某种神秘主义的敬畏感。[1][2]然而在19世纪,景观和自然及文化的关系远非如此显而易见,因为景观究竟是属于自然还是属于文化,这是19世纪法国人从景观入手就人与自然的关系展开的辩论所涉及的一个核心问题。而19世纪以来法国自然观的变化或者说对人在自然中的位置的考察,是在景观这一框架中展开的。

我们看到在这场辩论中主要有三个观点:第一种观点体现了博物学家和生物地理学家(biogéographes)的看法,他们忽视人在自然中的位置,不注重人和自然的关系。某些艺术家和哲学家也持类似的观点,他们感兴趣的是人不在场的原始风景(paysage sauvage),[3]反对人对自然的任何干预,景观对他们来说就是自然。第二种观点受到卢梭和浪漫主义的影响,认为人和自然之间存在某种天然的和谐,而自然的价值就在于它是人的天然的美好家园。这种观点塑造了18世纪末期、大革命当中及19世纪上半期的"哲学风景"(paysages philosophique)概念。[4]大革命期间,革命者试图通过农业使土地更为丰饶,并且通过植物的"自然安排"使法国更为美丽,使空气更为清

---

[1] 〔美〕麦茜特著、吴国盛等译:《自然之死:妇女、生态和科学革命》,吉林人民出版社1999年版。
[2] Hadot, Pierre., *Le voile d'Isis:essai sur l'histoire de l'idée de nature*, Gallimard, 2004.
[3] 譬如,哲学家和历史学家泰纳认为自然是独立的和完美的,而作家莫泊桑则认为自然是自足的。
[4] Corvol, A., *Les sources de l'histoire de l'environnement*, Tome II Le XIXe siècle, L'Harmattan, 1999, p.111.

新，从而使自然更为有利于人们的健康成长并能升华人的灵魂。[1] 让人产生普遍幸福的情感。在大革命后的数十年里，法国的精英人物试图在法国建立某种体现丰饶和美丽的景观，他们推动园艺的发展，因为园艺被认为是公民教育的重要场所："园艺不分社会差异把人们为了同一个目标召集在一起：改善农业生产能力。"[2] 诗人和政治家拉马丁 1847 年在 Mâcon 园艺协会发表的演讲指出："自然从来不是贵族制的"，花园是人们重新找回童真的地方，通过它的纯洁心灵的美德把人们不分社会阶层联合在一起，在自然中"我们都是同胞、朋友"。[3] 当时一些乌托邦思想家如罗伯特·欧文试图建立一种把城市和花园融合在一起的英式景观，就是这一美好设想的体现。这种观点也把人类在历史上留下的伟大建筑和遗址视为景观的一部分，认为景观是自然和文化的和谐。

但是这两种观点在 19 世纪很快就被证明不过是幻想，因为工业化的发展首先破坏了任何维持自然的自主和纯粹的可能性——这种可能性自近代以来就已经不可能了，其次也破坏了人和自然的和谐，并且工业革命把它创造的工业景观（paysage industriel）强加给了现代人。[4] 工业景观主要由工厂建筑以及工业发展带来的其他建筑设施构成，它以侵略性的方式深刻改变了自然和城市的外貌。铁路建设带来了景观

---

[1] 在 19 世纪，这种观点还影响到人们对大海的态度：人们不再强调大海的令人恐惧、需要加以征服的神秘力量，而是强调大海对人的治疗作用和给人带来的快乐。Alain Corbin, "La mer et l'émergence du désir du ravage", in Andrée Corvol, *Les sources de lhistoire de lénvironement*, Tome II Le XIXe siècle, pp.31-38.

[2] Corvol, A., *Les sources de l'histoire de l'environement*, Tome II Le XIXe siècle, L' Harmattan, 1999, p.112.

[3] *Ibid.*

[4] *Ibid.*, pp.55-62.

的重大变化,铁路破坏了乡村的和谐,火车站则改变了城市外观。如果说铁路和公路切割了大地,电力工程、电网则瓜分了天空。港口、船坞改变了海岸的风景,运河成为新的景观。工厂改变了城市景观,城市内部的道路的修建和规划为城市内部的划分提供了某种标志。工业的发展使大批工人和移民涌入城市,资本主义发展带来了严重的贫富分化,结果导致城市被切割为富人区、中产者区、贫民区、移民区等不同区域,城市变得光怪陆离。工业革命之前,景观往往意味着一种整体的审美,现在这种整体的视野被金属、水泥、混凝土构成的赤裸裸的工业景观打破了,大地上纵横交错的铁路公路、天空中往来穿插的电线、城市中渐趋密集的庞大建筑、泾渭分明的街道区域制造了一个支离破碎的景观世界。这个世界被很多人认为是对自然的亵渎,并对之感到恐惧,甚至视之为地狱。[1] 然而也有人在这个世界中赞叹人类驾驭和征服自然的力量和技巧,并且开始以新的审美视角来看待工业化创造的新景观,工程师和建筑师也试图把新技术运用到景观设计当中以创造新的美感,钢铁和玻璃在建筑中的运用制造出的由线条和几何图形、由空间和高度构成的图景冲击了人们的审美。19世纪上半期在巴黎和其他城市出现的拱廊、1851年英国世界博览会的水晶宫、1889年巴黎世博会的机器大展厅(la Grande Galeriede machines),特别是埃菲尔铁塔给人们带来震撼性的全新空间想象和审美感受。[2] 所以,19世纪工业景观的出现同时激发了浪漫主义的谴责和进步主义的

---

[1] Corvol, A., *Les sources de l'histoire de l'environement*, Tome II Le XIXe siècle, L'Harmattan, 1999, p.155.
[2] 工业革命和现代化带来的"奇迹"尤其对不够发达的地区产生巨大影响,如水晶宫和巴黎对19世纪俄国人的冲击。参见马歇尔·伯曼著,徐大建、张辑译:《一切坚固的东西都烟消云散了:现代性体验》,商务印书馆2003年版,第309页。

赞美。

不过，工业景观的两面性促使人们最终以更为现实和理智的态度来面对自然、构建景观，逐渐放弃了浪漫主义者的怀旧乡愁和进步主义者的乐观幻想。一方面，对传统的以自然为核心的景观造成的破坏迫使人们认识到保护自然和景观的必要性，另一方面，人们也考虑到工业的正当、工业对世界难以抵挡的改变和工业带来的新景观的可能性。这样就产生了19世纪关于人与自然的关系的第三种观点，它认为自然的价值一定程度上体现于人对自然的开采利用，但是人往往是破坏者，因此应当立法使自然免于受到过度开发，并采取各种行动保护自然和景观。19世纪上半期法国政府就开始对历史遗迹（monument histoirque）进行保护，其中作家梅里美（Prosper Mérimée）担任历史遗迹委员会总监期间（1834—1860）作出了卓越的贡献。19世纪末期出现了各种保护植被和动物的自然保护协会。[1][2] 20世纪特别是"二战"以后，基础建设的发展、工业化、城市化更为全面彻底地改变了环境，也因此比任何时代都更深刻地造成了景观的转换，人们前所未有地感到保护自然和环境、创造和谐均衡的景观的重要性。在20世纪，法国社会和政府对建造水坝的态度揭示了这一点。[3] 水坝的修筑体现了提高生活水平的要求和保护自然风景之间的冲突。由于法国缺少煤炭，很久以来就为了利用水力能源而修筑水坝。两次大战期间，

---

[1] Corvol, A., *Les sources de l'histoire de l'environement*, Tome II Le XIXe siècle, L'Harmattan, 1999, pp.76-83.

[2] Delort, R., Walter, F., *Histoire de l'environnement européen*, Paris：PUF, 2001, pp.303-310.

[3] Corvol, A., *Les sources de l'histoire de l'environement*, Tome III Le XXe siècle, L'Harmattan, 2003, p.37.

在政府的推动下，水坝的修建更为普遍，但由于其对山区环境和景观造成的破坏，一直遭到各种抗议。到了1960年代，政府的态度发生转变，开始限制水坝的修筑，一方面因为山地地区的旅游价值使政府认识到保护景观的重要性，另一方面也是自然遗产本身的价值引起了社会和政府的关注。这一时期法国纷纷建立自然公园，以保护植被和动物，并维护自然景观。保护自然和景观的运动也对建筑业造成影响，公路和高速铁路的修建往往招致抗议，公路建筑商被迫发明了"绿色公路"的概念，即在工程设计中考虑对景观的维护和创造。

通过以上对19世纪以来法国人的景观认识的变化的粗略梳理，我们看到景观的变迁促使人们对人与自然的关系进行反思，这种反思推动了20世纪法国环境意识的形成。人们认识到工业革命的兴起已经彻底结束了那种认为自然可以独立于人或者人和自然之间具有某种天然和谐的观念。如何面对景观的变迁，在遏制人的侵略性的同时发挥其创造性，是工业革命以来法国人面临的巨大难题。可以说只是到了20世纪后半期，在工业化导致的人与自然的剧烈互动发展到了令人难以承受的程度时，一种能同时把工业社会的后果纳入现代人的生活世界当中的和谐的、尊重自然的环境意识和景观才能形成。而要检讨这一变化，我们就必须审视具体的环境问题给法国人带来的挑战。

三、环境问题的发展及法国社会的回应

《环境史资料》通过对一些具体问题的讨论揭示了环境问题以及环境意识在法国的演变。这里介绍一下该书对空气污染问题的有关研究，并以炼铝业所造成的环境污染以及法国社会的应对为例，从一个侧面

展示19世纪以来法国社会和政府围绕环境污染展开的博弈的艰难。而从环境问题导致的斗争中，我们看到环境问题如何成为了现代社会的重要政治问题。

在19世纪上半期，法国人逐渐注意到空气污染。科学工作者在一些大城市如巴黎和里昂开始对空气和雨水进行定期检测，这时人们开始注意到一些反常现象，譬如氨水和二氧化碳的增加，但人们尚缺乏有效的手段来确证这些现象和空气污染之间的联系。后来，随着工业革命的深入开展，人们更加频繁地注意到烟囱喷出的滚滚黑烟、难闻的气味、植被和建筑物受到的影响以及居民和工人健康受到的危害。不过直到19世纪末随着巴斯德的微生物学革命，法国人才掌握了更科学的办法来检测空气，从而可以客观地掌握空气污染的情况。[1] 与此同时，政府和社会也逐步采取措施试图对空气污染加以限制。从1820年开始，医学科学院（l'Académie de Médecine）在公共卫生问题上发表自己的看法。1848年法国建立了全国性的公共卫生咨询委员会，在公共卫生问题上为内政部提供参考意见，同时在各省也建立类似的委员会，政府可以根据这些委员会的报告对空气污染采取相应对策。例如，根据塞纳省公共卫生委员会的报告，该省警察局于1854年发布法令要求工厂主采取措施限制烟雾的排放量。1868年法国西北部的勒阿弗尔（Le Havre）市的市镇委员会要求市长采取行动查办砖瓦厂和石灰厂厂主，让他们作出赔偿，因为这些厂排放的废气和烟雾损害了路边的树木。1854年，里昂附近大约40位葡萄园种植主从附近石灰窑获得赔偿。第欧日市的盐场主也在他们的预算里

---

[1] Corvol, A., *Les sources de l'histoire de l'environement*, Tome II Le XIXe siècle, L' Harmattan, 1999, pp.64-65.

包括了赔偿一项。

不过，值得注意的是，为了从工厂主处获得赔偿而开展的行政和司法行为，是以保护财产权的名义而不是以保护自然或环境的名义进行的，无论是工厂主还是受害者都没有明确的环境意识。在这种情况下，这些行政和司法手段的效果也往往非常有限，因为污染肇事者也同样诉诸自己的财产权和经济自由而拒绝任何赔偿。1890 年，有卫生学家指出了这一现象："在很多地方，政府遭遇到正在出现的一种强大力量，即工业的强大力量，它以自由原则为名义，一向拒绝接受约束或限制，无论这些约束或限制出于对公共利益的关心是多么合理。"[1] 19 世纪，自由主义和财产权的强大力量使社会无法对资本主义进行有效的约束，虽然人们已经从社会问题如贫困、犯罪等出发对资本主义和经济自由主义进行批判，并导致了 19 世纪末期古典自由主义的衰弱，但是此时人们尚未形成明确的环境意识，更没有在人与环境、社会与环境之间建立密切的联系并对此进行像对人与自然的关系所进行的反思。所以，不难理解为什么在 19 世纪法国找不到以保护自然或环境为名义起诉工业企业的例子。

我们在一个具体的工业部门——炼铝业和环境的关系演变当中可以更深入地了解法国社会的环境问题和环境意识的发展。[2] 炼铝业在 19 世纪中期第二次工业革命当中诞生之后便迅速发展，在 20 世纪成为法国最重要的工业部门之一。在 19 世纪中期，炼铝企业一旦建成开

---

[1] Corvol, A., *Les sources de l'histoire de l'environement*, Tome II Le XIXe siècle, L'Harmattan, 1999, p.67.

[2] Corvol, A., *Les sources de l'histoire de l'environement*, Tome III Le XXe siècle, L'Harmattan, 2003, pp.171-195.

始投入生产就会遭到反对，但这种反对并非因为铝土矿的开采和铝的冶炼所造成的河流污染。1895年莫列讷（Maurienne）山谷居民对附近的炼铝厂提出抗议。事实上，当时无论是当地政府、工业家还是农民都对环境问题漠不关心，只是当炼铝厂排放的垃圾和有害气体伤害了牲畜、农作物、森林、果树和鱼时，农民才开始抗议。次年，当地政府也开始关注，农民也组成协会反对铝工业造成的破坏，结果农民每年从该工厂取得对农业、养蜂业和牧场的一定赔偿，然而炼铝厂也因此可以不受干扰地进行生产。

20世纪炼铝业和民众的斗争依然继续，但直到20世纪六七十年代之前这种斗争都没有取得很大成效。这种现象不仅法国存在，也出现在意大利。20世纪20年代，墨索里尼政府大力发展炼铝业，1927年在特伦托省建立了一个规模庞大的炼铝厂，该工厂的产量很快达到了整个意大利铝产量的一半。但是从1929年开始该厂对环境的破坏表现出来，桑树叶被弄脏，蚕虫死亡，葡萄树都被烤焦，等等。1931年又建造了另外一个工厂，污染更加严重，整个地区都受到影响。当地成立了一个保护受害者委员会，但是企业却拒绝承认错误和对受害者作出赔偿。后来当地的动物疾病预防中心证实企业排放的氟气是危害的主要原因，企业作出了赔偿，但远低于造成的破坏。同时，居民的健康也被损害，很多人得了贫血以及呼吸、消化和皮肤疾病。这种情况下，政府在1933年决定关闭工厂，但事实上从来没有付诸行动。当地居民一直抗议，但工厂组织本厂工人以捍卫他们的工作权利为由来对抗居民，并且让他们否认污染的存在。最终，1937年政府宣布工厂具有战略重要性，配备卫兵看守，反而关闭了当地医学观察中心，该中心已经收集了788例慢性氟中毒的病例。意大利历史学家评论说：

"生产和就业的逻辑胜过了对环境的关心。"[1] 在两次大战期间，法国出现了类似的情况。法国的炼铝厂中有很多外地工人，他们和周围的农村地区没有关系，他们以及他们的孩子的生活都取决于炼铝厂的命运。在遇到当地居民抗议时，厂方同样组织工人来捍卫自己的工作权利，和当地农民较量。企业主所做的仅仅是给周围居民某些赔偿，很少采取有效措施减轻污染。法国从"二战"以后到60年代，炼铝业的污染更加严重，更多牲畜慢性氟中毒。这时少数企业如法国著名的炼铝企业普基（Pechiney）公司开始成立机构对污染进行检测，但并没有对污染加以控制，而战后经济的高速发展导致铝产量剧增，强化了污染。这时企业只是把每年赔偿的有关协商进行了制度化。

20世纪60年代以后到80年代，法国的炼铝企业才认真面对所造成的环境污染的严重性，并采取切实有效的措施来解决污染问题。这一变化的发生并非偶然，50年代以来西方工业社会污染危机的加剧和60年代以来生态运动的开展使得环境问题开始成为全社会关注的社会问题，[2]1971年法国环境部的建立是法国生态运动获得成功的标志。[3] 炼铝业造成的污染也因此日益遭到社会和媒体的抗议和批评，并面临政府制裁的危险。同时，由于法国铝土资源渐渐枯竭，电力价格上涨，大企业如普基公司考虑迁移到铝土资源丰富或电力比较便宜的地区，如希腊、荷兰、美国、加拿大等。而这一时期环境保护运动在荷兰和北美已经开展得比较深入，其中荷兰人对植物有某种民族性的感情，

---

[1] Corvol, A., *Les sources de l'histoire de l'environement*, Tome III Le XXe siècle, L'Harmattan, 2003, p.181.
[2] 梅雪芹：《环境史学与环境问题》，人民出版社2004年版，第191—192页。
[3] Corvol, A., *Les sources de l'histoire de l'environement*, Tome III Le XXe siècle, L'Harmattan, 2003, pp.49-58.

其生态运动在当时的欧洲也是最活跃的。普基公司要在北美和荷兰设厂经营就必须满足当地的环境保护要求。事实上正是荷兰的压力促使该公司整体地考虑环境问题，并采用了新的技术减少氟气的排放。值得注意的是，普基公司60年代在希腊建厂时，除了注意把厂址选在人口不密集的地区外，仍然采用传统的生产方式，因为这时希腊尚未像西欧国家一样展开环境保护运动。在环境问题上，普基公司在荷兰和希腊的双重标准暴露了资本主义经济行为非道德的功利性，这对于全球化进程中的第三世界国家是一种警示，同时也告诉人们社会和国家的环境意识以及社会的民主运动对于遏制污染的重要性。

1970年代，随着环境保护运动的继续推进，炼铝业和其他很多化工业一起面临越来越多的质疑和批评，这些行业被认为是污染的同义词。公共舆论的压力迫使炼铝企业解释并且用实际行动来证明它们确实能够解决污染问题，并逐步建立了一套建立在所谓清洁技术之上的工业战略。在扩大了的普基公司基础上形成的普基集团开始和各个科研机构合作研究，成立了环境部，发展所谓的"清洁技术"概念，强调生产程序、产品、附属物的清洁，建立系统的科学方案和科学检测体系，并在1982年设立清洁技术奖。70年代后期，这一套考虑环境问题的工业战略在普基集团荷兰、法国、希腊的企业中得到了统一实施。同时，企业认识到公共舆论的支持对企业至关重要，积极采取各种措施把普基集团塑造为一个承担社会责任的企业，譬如支持法国人在希腊的考古挖掘，以此体现出关心保护公共遗产的负责任的企业形象；集团出版大量环境问题的小册子，对员工进行环境保护、法律、危机管理、公共沟通方面的培训，经常举行新闻发布会向政府和社会解释已经进行的环境保护工作、正在进行的研究和创新。企业日趋透明公开，努力成为后来为法国人所津津乐道的"公民企业"（entreprise citoyenne），也就是说试图证明企业也是承担责任的公民。[1]

通过炼铝业从污染企业到公民企业的变化，我们可以看到19世纪以来环境问题社会化和政治化的历程，[2] 环境问题最终在20世纪后半期战胜了资本主义或者现代化的扩张而成为主要的社会和政治问题之一，环境运动、绿党成为"二战"以后西方民主的重要力量；60年代以来生态运动展开的同时，学生运动、女权运动、民权运动也在西方蓬勃兴起，这并非偶然。可以说，环境运动已成为民主化的一条途径，因为环境问题使人们认识到为什么每个人和社会必须知道如何维护自己的权利。环境问题根本上是民主问题。不难理解，何以1970年代以来，法国人认识到，环境就是社会。[3]

19世纪以来环境概念、景观认识和环境问题在法国经过了长时间的演变，到了1960年代，环境对于人和社会已经不再是一个外在性的因素，而成为人类生活的一部分，人们需要一种整合性的视角来审视人所处的社会和环境以及环境中的人和社会。所以只有到了70年代，环境史才成为可能。鉴于环境史如此年轻，我们有理由相信法国的环境史研究并没有太落后。这部《环境史资料》证实了这一点，虽然有

---

[1] Corvol, A., *Les sources de l'histoire de l'environement*, Tome III Le XXe siècle, L'Harmattan, 2003, p.195.

[2] 19世纪末至今法国排水系统的演变和治理工业污水的历史也同样见证了这一历程。Corinne Zmyslowski-Ledermann, "L'assainissement au XXe siècle, Un projet toujours reporté", in André Corvol, *Les sources de l'histoire de l'environement*. Tome III Le XXe siècle, pp.211-224.

[3] Corvol, A., *Les sources de l'histoire de l'environement*, Tome III Le XXe siècle, L'Harmattan, 2003, p.54.

学者也批评它没有能够提供统一的环境史研究图景，[1] 但恰恰是该书在共同的环境史关切下，在问题和视角上的多元特点，让我们看到法国环境史研究的丰富内涵和广阔空间。2007 年可以说是法国的环境年。萨科奇当选总统后的一个重大举措就是加强了环境问题在法国政治中的分量，环境部长取代了经济部长和内政部长成为首席部长；萨科奇访华时选择环境问题作为演讲主题，让人印象深刻。在这样的政治氛围下，我们有理由相信向来富于创造性的法国史学界一定会对环境史研究作出巨大贡献。

原载《学术研究》2009 年第 6 期

---

[1] 包茂红：《热纳维耶芙·马萨－吉波教授谈法国环境史研究》，《中国历史地理论丛》2004 年第 6 期。

公共史与环境史

格 菲

（北京大学历史系副教授）

2006年6月6—13日，美国著名的环境史学家马丁·麦乐西应邀访问了北京大学历史系。马丁是美国休士顿大学杰出的历史学教授，公共史研究所所长，曾经担任美国环境史学会、公共史全国委员会和公共工程史学会的主席。独著和主编了14部著作，发表了50多篇论文，包括获得多个大奖的《环卫城市：自殖民时代至今的城市基础设施》。他的最新著作是《休士顿环境史》，目前正在研究和撰写关于核能史的著作。[1]作为一位知名的公共史学家，马丁还是一家历史咨询公司的合伙人，是一家历史研究同人会的董事。在这次访问中，马丁作了三场报告，分别是："什么是公共史"，"汽车塑造城市"，"美国环境正义运动"。

一、公共史

马丁详细分析了公共史的定义、兴起的背景、发展过程、主要特

---

[1] 包茂红：《马丁·麦乐西与美国城市环境史研究》，《中国历史地理论丛》2004年第4期。

点等。他认为，公共史就是旨在服务于公众利益的历史学，很大程度上是在学术圈外应用历史学的技能和方法来研究历史问题。[1]公共史学家是利用自己的历史学训练去满足社会和公众的需求，但在正统的历史学家看来，公共史是与社会史、外交史一样的分支学科，只不过它关注的是当代问题和历史学圈子不太关心的其他问题；公共史是给那些没有多少兴趣和禀赋在大学教历史的人提供了得到其他雇用机会的媒介。这种说法有一定道理，但在许多方面是没有根据的。公共史应该说是30年前兴起的"公共史运动"的产物。那时，许多在学术圈外从事历史工作的历史学家对得不到学院派历史学家通过各种专业学会发出的专业承认感到强烈不满，他们认为自己有权依靠自己的工作获得历史学家的身份，而不是凭他们受雇的部门来否定他们本应得到的身份。另外，由于当时大学雇用的机会大大减少，即使是学院派历史学家也在寻找其他的受雇机会。具有讽刺意味的是，即使学院派历史学家有不同看法，但在美国的60多个大学里还是发展出了"公共史培养计划"，也成立了公共史全国委员会，公共史研究和人才培养在全美国蔚然成风。经过30多年的发展，公共史逐渐走向成熟。公共史与学院派历史学相比既有共同点，又有独特性。两者所需的专门知识、技能和方法是相同的。公共史学家更愿意强调他们与学院派同行的一致性，例如美国公共史全国委员会的前主席费尔·斯卡皮诺在他的主席演讲中就指出，公共史和学院派史学有三个共同的目标，分别是：进行研究的必要性，分析资料的责任，交流研究成果的需求。但是，这并不意味着所有的史学家都是同一张面孔。公共史在下面两个方面与

---

[1] "公共史"的英文是Public history，有时也被称为"应用史"（Applied History or Applicable History）。

学院派历史有很大区别：一是历史知识或产品的传递方式；二是历史知识的听众和历史产品的委托人。就历史知识的传递方式而言，有些学者批评公共史学家简单地相信历史是有用的，因而是可以出售的。马丁认为，公共史学家不但确实认为历史是有用的，有真实的价值，而且还认为历史学家的时间也是有价值的。在很多情况下，在公共史领域，委托人或委托人与历史学家的协商一致决定了即将生产出什么样的历史知识产品。学院派历史学家自然很难接受这一点，因此也很难自动进入公共史领域。在分辨学术产品和公共史的产出时特别要注意各自生产的"目的"。在公共史中，撰写的论著、举办的展览、提交的报告等都是按作者心目中潜在的听众设计的，这些听众经常与学院派史学的听众不同，但可以肯定一定比它要广泛。在这样的环境中，公共史学家必须更加坚守历史学家的职业伦理和责任，坚持任何历史学家都不能违反的职业标准，能够抵制委托人、出版商等对他们提出的违反职业伦理的要求。所以，要培养一名合格的公共史学家，不但要经受与培养学院派历史学家同样的严格训练，而且还要进行更多的非传统历史学的训练。首先，公共史学家必须是一个成功的研究者，他有能力吸收其他学科的知识和技能，能运用不同的视野和方法，而不是仅仅会文献调查和分析的方法。其次，公共史学家必须能把自己在某个特殊领域的研究成果展示出来，并能用多种方式与委托人交流。既包括口头的，也包括书面形式；既包括提交最终的成品，也包括在研究过程中与委托人进行讨论和协调等。再次，公共史学家要善于与人合作。如果有必要，就必须有能力成为研究小组的一个有机组成部分。要有意愿允许别人修改你的工作或目标。最后，公共史学家要有能力如期完成任务，绝不能拖延工期。公共史可以发挥作用的领域非常广阔，在美国比较常见的是下列一些领域：档案管理、社区史、公司史、环境评估、政府史、历史保护、历史遗址解说、历史咨询、历史编辑、历史学会管理、图书管理、诉讼支持、媒体和影视史学、博物馆和物质文化、规划和政策分析、教授公共史等。[1] 公共史在美国已经相当发达，不但有自己的学会、专业杂志、研究和教学队伍，而且形成了比较坚实的基本理论和学科规范。[2]

二、汽车在美国历史上的作用

在谈到环境史时，马丁教授首先结合自己的最新研究成果，分析了汽车对城市和城市环境的影响。汽车在美国历史上非常重要，它不但改变了城市，还重新塑造了美国的景观。与汽车有关的街道、道

---

[1] 关于公共史和环境史的交叉和融合，可参看 Martin V., Melosi and Philip Scarp ino eds., *Public History and the Environment*, Krieger Publishing Company, 2004。

[2] 有关基本理论的书籍，可参看 J. D. Britton and F. Britton, *History Outreach: Programs for Museums, Historical Organizations, and Academ ic History Departments*, 1993. Barbara J. Howe and Emory Kemp, *Public History: An Introduction*, 1986. Ronald W. Johnson and Michael G. Schene, *Cutlural Resources Managem ent*, 1987. Arnita A. Jones and Philip L. Cantelon, *Corporate Achives and History*, 1993. Richard E. Neustadt and Ernest R. May, *Thinking in Time: The Use of History for Decision Makers*, 1986. Theodore J. Karamanski, *Ethics and Public History*, 1990. David Trask and Robert W. Pomeroy, *The Craft of Public History: An Annotated Select Bibliography*, 1983. James Gardner and Peter La Paglia, *Public History: Essays from the Field*, Krieger, 1999. Ian Tyrrell, *Historians in Public: The Practice of American History, 1890-1970*, 2005. Catherine Lewis, *The Changing Face of Public History*, North Illinois University Press, 2005. 有关的杂志，可注意以下几本：*American Archivist* (Journal of the Society of American Archivists); *History News* (Journal of the American Association for State and Local History); *Museum News* (Journal of the American Association of Museums); *The Public Historian* (Journal of the National Council on Public History)。

路、停车场、修车铺、服务站等设施占到了美国现代城市面积的大约1/2。汽车的广泛使用，还把美国从步行城市（Walking city，1880年以前）时代和街车城市（Streetcar city，1880—1920）时代带进了汽车城市（Automobile city，1920年以来）时代。汽车的使用使大量的城市人口从中心迁移到郊区，城市中心作为经济、社会和文化中心的功能逐渐减弱，城市面积大幅度扩展。城市街道原有的、作为社交和休闲场所的职能消失，取而代之的是一系列高速公路、环城公路、步行街等。高速公路的建设有助于经济发展和社会重组，诸如家庭旅馆和汽车旅馆、连锁餐馆、路边广告、加油站、超市、服务站等路边服务商业迅速发展起来。尽管城市的郊区化在汽车大量使用之前就已开始，但汽车的使用明显加剧了城市的盲目扩张。随着拥有汽车的人们数量的增加，城市地区人口密度大幅下降。1922年，美国60个城市的13.5万人依靠汽车运输，到1940年，则有1300万人口不再使用公共交通；1920年，城市的人口密度是每平方英里6160人，1990年下降到2589人。1970年，美国都会城市中一半以上的人口生活在郊区。1980年，美国15个最大的都会城市区中，住在郊区的人口比例最高的是波士顿，为83.7%，最低的是休斯敦，为45.1%。郊区社区在设计时很明显考虑了汽车因素，如从市中心迁来了许多办公机构、工业和零售店。到1990年代末，美国2/3的办公室坐落在郊区社区。到1970年，坐落在郊区的、只有开车才能到达的大型购物中心达到4000个。郊区的住房也连带着车库，这就把郊区人的生活与外部世界相对隔离，郊区的景观在一定程度上城市化了。但是，汽车的广泛使用也加剧了交通堵塞。拓宽公路鼓励了车流，加州的用车量1990年比1970年翻了一番，比人口增长快了4倍。商务区的拥堵更为严重，大约是郊区的6倍，一些商家纷纷迁出。交通事故层出不穷，1924年死于车祸的有2.36万人，受伤的达70万人，财产损失达10亿美元。1989年，车祸在导致美国人死亡的原因中位列第五。90年代中期，全美国每年交通死亡损失达1765亿美元，受伤和其他损害造成的损失更大。于是，市政当局设计了多道中央干线以舒缓交通，出现了高架和地下交通以及州际高速公路；同时还设立了交通信号、交警等管理设施和人员，车内也装设了气囊、安全带等设备。交通管理部门也加强了调度，制定了许多交通规范。但是，交通堵塞的问题并没有得到根本解决，有些城市甚至越演越烈。

汽车的生产和使用也造成了非常明显和严重的环境问题。大约到1980年，200万人在汽车制造业中工作，300万人在汽车配件生产业中工作，全世界有2000万人依靠在汽车制造业中工作而生存。到1990年，全球生产的汽车达6.3亿辆，其中4.6亿是私人旅行车，北美拥有全球汽车总量的约40%。汽车生产过程产生的环境损坏占汽车造成的所有环境损害的大约1/3。生产一辆车会产生29吨废弃物和大量的污染气体。在发达国家，汽车制造业消耗了30%的钢铁、46%的铅、23%的铝、41%的铂白金。装配汽车也会产生污染，它位列废弃物生产前十个行业之一。对汽油的大量需求促进了石油工业的发展。1919年，汽油需求不足30亿加仑，1929年达到约150亿加仑，1955年达465亿加仑，2002年超过1350亿加仑。石油的钻探、运输和提炼都会对土地、大气和水体产生影响。1969年发生的桑塔·巴巴拉油井喷泻事件，泄露了23.5万加仑原油，污染了5英里海岸，形成了800英里长的油膜。汽车排放的尾气（包括一氧化碳、碳氢化合物、二氧化硫、二氧化氮、废热、气溶胶、对流层臭氧等）会在城市形成烟雾。

1948年的多诺纳烟雾事件造成19人死亡，小镇上43%的人因此而生病。烟雾还会改变天气状况，破坏植被，损坏橡胶、染料等其他物质。汽油中加铅后还会污染土壤，进而影响儿童的神经系统。汽车造成的噪音也加重了城市居民的紧张感，影响他们的听力。堆积在道路两旁的废弃汽车破坏了景观的美感，废弃轮胎还污染了土地，滋生了蚊蝇。废弃电池也会释放出铅、镉和水银。这些环境污染的出现自然也催生了治理措施的出台，但汽车造成的环境问题并没有得到完全改观。汽车的出现改变了美国的景观和美国人的生活方式，把美国变成了"汽车社会"，但也造成了一系列至今仍无法完全解决的环境问题。汽车塑造了美国的城市史和城市环境史，也在一定程度上改变了美国的历史。

三、美国环境正义运动

马丁教授还分析了美国环境正义运动的历史及其研究的状况。在影响当今世界和人类历史的诸因素中，种族无疑是环境运动必须面对的一个问题，反过来，种族主义也注定要重塑环境运动。在研究环境正义运动时，必须首先区分环境种族主义、环境平等和环境正义三个概念。环境种族主义是把传统的种族主义概念推广到了环境领域，认为在政策制订和法律执行过程中有意歧视某些特定的社区，有意在这些社区建立污染工业和废弃物处理设施。环境平等是指这样一种思想，即在法规、条例和实践中，相对于多数人而言，要平等地对待和保护所有人。环境正义在范围上更广，强调所有人都有权享受安全和健康的生活环境。当然，这个环境不光指自然环境，还指社会、政治和经济环境。环境正义运动可以追溯到1970年代发生在休斯敦的诺斯伍德·曼诺尔小区的黑人居民起诉把废弃物处理设施设置在该小区侵犯他们人权的事件,但真正把反有毒废弃物种族化的是1982年发生在北卡州沃伦县的非裔美国人反对在自己的社区堆放有毒物质的抗议运动。沃伦抗议虽然以失败告终,但它促使环境正义从呼吁转化为运动,美国"争取种族正义的基督教会联合会"的执行主任B.F.小查维斯也通过对这一事件的观察提出了把种族与污染联系在一起的"环境种族主义"概念。5年以后,该联合会推出了《美国的有毒废弃物和种族:关于建有有害废弃物存放点的社区的种族和社会经济特点的全国性调查报告》,指出社区的种族构成是决定选择在哪里建设商业性有害废弃物处理设施的唯一因素,种族在选址中发挥了核心作用。美国少数族裔逐渐确定了运动争取的目标是环境平等,感受到了严重环境威胁的低收入有色人种成为积极参加环境正义运动的主力,他们通过参加环境和健康团体以及其他非正式组织在全国范围内展开反对有毒和有害废弃物堆放或处理在自己社区的斗争。应该说,他们反对环境威胁的斗争实际上就是反对历史上形成的社会经济不平等和非正义的斗争。1991年10月,600多个有色人种草根环境团体在首都华盛顿召开了第一次"全国有色人种环境领袖峰会",提出了"环境正义诸原则",希望建立"一个反对破坏和剥夺我们的土地和社会的有色人种的全国和国际性的运动"。这次会议首次把环境种族主义问题提到了政治议事日程上来。1992年6月,美国国家环保局提出了《环境平等:减少所有社区的风险》的报告,支持少数族裔面临高度污染的说法,但它在许多情况下把种族与阶级联系在一起。1992年11月,国家环保局设立了环境正义办公室,其前身是环境平等办公室,其目标就是要确保大量低收入家庭和有色人种的社区获得环境法律的保护。环保局长卡罗尔·布朗纳把环境正义列为1993年该局首先要完成的大事之一。1993年9月，成立了"全国环境正义咨询委员会"，希望通过这个平台把社区和环境行动主义者关心的问题带到环保局。1994年2月，克林顿总统还签署了"关于在少数民族和低收入人群中促进环境正义的联邦行动的执行令"，旨在让联邦政府关注少数族裔和低收入人群居住社区的环境和健康条件，最终达到实现环境正义的目标；但国会并没有通过环境正义法。环境正义运动促使环境团体、政府和私营部门把种族和阶级问题当成美国人和发展中国家的有色人种的环境关注的核心；关注的重点是城市有色人种在工作场所和家庭遇到的污染和健康风险。这种关注重心的转移扩大了环境主义运动的社会支持力量，不过，其理念主要不是来自传统的环境运动，而是来自民权运动，民权思想和行动进入了环境领域。环境正义运动还质疑以牺牲人类福利为代价的经济增长的初级需求，进而改变了未来美国环境政策的目标指向。

　　正如发生在1960年代的环境主义运动促进了环境史研究的兴起一样，环境正义运动的发展也在一定程度上改变了美国环境史研究的状况。环境主义运动对环境史研究的影响主要表现在两个方面：一是在一定程度上规定了它的研究内容，重点是研究环境思想的文化和知识根源，探索进步时期环境保护运动的政治含义；二是分享了环境主义运动的部分价值，包括生态中心主义、自然的内在价值、生态平衡、对无节制的经济增长的质疑等。环境正义运动的发展在一定程度上也改变了美国和世界环境史研究的方向。首先，环境史研究开始探索许多新的题目，如人类身体的环境、性别问题、对自然和荒野的感知、农业对土地的改变、城市化和工业化对地球的巨大改变等。其次，这些研究中的一个突出主题是种族，从土著美国人到拉丁裔、亚裔、非裔美国人和太平洋岛屿上的美国人，不一而足。如果说以前对这一主题的探讨是隐性的话，那么1980年代以后，对这一主题的研究不但全面开花，而且产生了巨大的学术和现实影响。[1]例如，对于少数族裔环境是一个文化建构等的研究。第三，环境史中的种族研究尚需在下面一些领域继续开拓，如环境平等，尤其是它与种族、阶级和性别的关系；人类中心主义和生态中心主义的冲突；城市环境问题的重要性，尤其是那些影响到人类身体的环境问题；环境运动本身的性质问题，包括它的短期和长期目标。

马丁教授的演讲给我们的启示是多方面的。中国的历史学发展在进一步深化市场经济的大潮中陷入了危机，美国公共史学的发展为我们思考如何走出危机提供了可以借鉴的范例。中国史学历来强调发挥它的社会功能，但在"文化大革命"中，史学被人为地过度政治化，导致此后的矫枉过正，有意忽略它的社会功能，进而因为不能适应社

---

[1] 这方面的代表作有：Carolyn Merchant, "Shades of Darkness: Race and Environmental History", *Environmental History*, 8 (July, 2003), pp.380-394. Robert Gottlieb, *Forcing the Spring: The Transformation of the Environmental Movement*, Washington, D. C.: Island Press, 1993. Andrew Szasz, *Ecopopulism: Toxic Waste and the Movement for Environmental Justice*, Minneapolis: University of Minnesota Press, 1994. Bunyan Bryant and Paul Mohai, eds., *Race and the Incidence of Environmental Hazards: A Time of Discourse*, Boulder, CO: Westview Press, 1992. Barbara Deutsch Lynch, "The Garden and the Sea: U. S. Latino Environmental Discourse and Mainstream Environmentalism", *Social Problems*, 40 (February, 1993): pp.108-118. Clayton R. Koppes, "Efficiency, Equity, Esthetics: Shifting Themes in American Conservation", in Donald Worster, ed., *The Ends of the Earth: Perspective on Modern Environmental History*, Cambridge University Press, 1988. Andrew Hurley, *Environmental Inequalities: Class, Race, and Industrial Pollution in Gary, Indiana, 1945-1980*, Chapel Hill: University of North Carolina Press, 1995. Sylvia Hood Washington, *Packing Them In: An Archaeology of Environmental Racism in Chicago, 1865-1954*, Lanham: Lexington Books, 2005。

会急剧发展的要求而陷入危机。美国公共史的发展或许能启发中国的史学勇敢地走出象牙塔，启发中国的历史学家放下清高的架子，在坚持史学基本原则的前提下，开辟出学科发展的新天地。汽车史的研究可以让我们发现历史研究不仅仅是分析经济、社会、政治和文化发展，其实我们身边的许多物质的进步都是很好的研究课题。历史学研究的选题必须走出狭隘的框框，应该从我们的生活中寻找具有重要价值的题目。对汽车在美国历史上作用的研究对我们思考目前中国方兴未艾的汽车业的发展和产业结构的调整都有借鉴作用。对环境正义运动的研究对我国在治理环境问题中如何推行有效的公众参与、如何发挥弱势群体的作用、如何让全体人民享有发展成果、进而建设环境友好型社会和和谐社会具有重要的参考价值。从环境正义运动对环境史研究发挥的推动作用来看，环境史研究与社会史的结合已经成为主要趋势，但必须在人类中心主义和生态中心主义之间取得平衡。中国的环境史研究虽然正在起步阶段，但从美国的经验来看，随着环境友好型社会建设的深入开展，一定会有更为迅速的发展。

原载《学术研究》2006 年第 10 期

试论从环境史的视角诠释高技术战争
——研究价值与史料特点[1]

贾 珺

（中国社会科学院世界历史研究所博士研究生）

战争作为"流血的政治"，在人类文明的发展历程中几乎如影随形，不仅是关乎"死生之地，存亡之道"的"国之大事"，而且自工业革命以来，特别是进入核时代以来，越来越关乎整个地球生态系统的生死存亡。作为地球生态系统中的高智能生物，同时也是战争的主角，人类对战争的关注逐渐超越了民族、国家、地区乃至人类的局限。就历史学者而言，其对战争的诠释经历了这样的过程——从关注如何克服自然环境对军事行为的影响、如何将自然环境为己所用，到关注战争行为与环境的互动，以及这种互动造成的各方面后果。

笔者将首先概述传统史家与环境史家对战争的诠释视角，简述相关研究状况，然后在此基础上集中探讨两个问题，即从环境史的角度诠释高技术战争的研究价值和这种诠释的史料特点，试图回答为何研究和如何研究的问题，使这一研究趋势能够进一步为学界同人所了解和关注。

---

[1] 本文为教育部人文社会科学重点研究基地基金资助项目成果，项目名称为"环境史研究与20世纪中国史学"，批准号为06JJD770004。

一、传统史家与环境史家对战争的诠释视角

中西方传统史家对战争的诠释,存在于军事史著、通史的战争部分,以及军事理论著作之中。这种诠释既有基本的共性,也存在明显的差异。本文将中西方传统史学作为一个整体与环境史学相对应,因此这里只谈中西方传统史家诠释战争的基本共性。

其基本共性在于,高度重视战争的政治意义,探讨战争对政治统治及政权更迭的影响,高度重视决定战争胜负的因素,借鉴英雄人物在战争时期的言行战略。在中国,较早的编年体史书《左传》在历史表述上的艺术性,以写战争、写辞令尤为突出。[1] 杜佑编撰的《通典》中,有《兵典》15卷,详言兵法、计谋和战例,对历代用兵得失亦有评论。欧阳修、宋祁所修《新唐书》增设《兵志》,详言唐代兵制,后世正史也循此例。在西方,从希罗多德、修昔底德,到李维、塔西佗、阿庇安,再到人文主义、理性主义、浪漫主义、实证主义和民族主义史学思潮,史家时代、经历、史观多有相异,史著风格、体例、优稗或有区分,但核心内容也都是政治与战争,或者说仅仅是政治(流血的和不流血的)。

中西方传统史家的视野主要集中在人类社会,特别是精英阶层内部,即便对地理环境等因素有所涉及,也往往将其作为叙事的背景。以希罗多德《历史》为例,其前4卷和第5卷的一部分,是希波战争的背景介绍,占全书篇幅的一半,对地中海自然环境的描述是背景介绍的一部分。

---

[1] 瞿林东:《中国史学史纲》,北京出版社1999年版,第140页。

同时，传统史家倾向于将自然环境视为沉默的、无生命的、对军事行为起推动或阻碍作用的因素。《孙子兵法》和《战争论》是中西方军事理论的奇葩，尽管不是军事史著，但理论的形成都直接来自对战争史的分析。受当时人类改造自然能力，以及史家历史观和自然观的影响，书中都专门分析了自然地理条件对军事行为的影响，并提出了避免负面效应或利用自然地理条件打击敌人的策略。《孙子兵法》传世13篇，详言这一问题的就有《军争》、《行军》、《地形》、《九地》和《火攻》5篇。《战争论》3卷8篇，详言这一问题的有《军队》、《防御》、《进攻》3篇，涉及在不同地形条件下的行军、后勤、防御、进攻等问题。

环境史家对战争的诠释，是20世纪最后十几年才逐渐出现的研究趋势。环境史作为一种史学思潮，是历史学家对20世纪六七十年代以来全球环境状况日益严峻这一变化的思考，同时作为社会思潮的一部分，也具有环保主义思潮的基本特点。战争也成了这一史学思潮的重新审视对象之一。[1]

目前，这个群体中有代表性的学者有三位，分别是J.R.麦克尼尔（J.R.McNeill）、E.P.拉塞尔（E. P. Russell）和L.M.布拉迪（L.M.Brady）。

J. R. 麦克尼尔是美国乔治城大学（Georgetown University）历史系教授。其代表专著有《地中海世界的山：一部环境史》（*The Mountains of the Mediterranean World：An Environmental History*, Cambridge University Press, 1992)、《阳光下的新事物：20世纪环境史》（*Something New Under the Sun：An Environmental History of the 20th-Century World*,

---

[1] 关于史学思潮、社会思潮和社会变革的辩证关系，参见于沛：《史学思潮、社会思潮和社会变革》，《社会科学管理和评论》2000年第3期。

New York：Norton，2000），所著论文《世界史中的森林与战争》("Woods and Warfare in World History"，*Environmental History*，vol.9，no.3，2004）以战争与林木数量的关系为例证，从一个侧面诠释了人类、战争与环境的关系。E.P. 拉塞尔是美国弗吉尼亚大学（University of Virginia）工程与应用科学学院副教授，研究科技史、社会史和环境史。他的著述集中探讨了战争与环境变化之间的历史联系，代表作有《战争与自然：化学战与杀虫剂——从一战到寂静的春天》(*War and Nature：Fighting Humans and Insects with Chemicals from World War I to Silent Spring*，New York：Cambridge University Press，2001），同时他也是《作为敌人和盟友的自然——走向战争环境史》(*Natural Enemy, Natural Alley：towardan Environmental History of Warfare*，Corvallis：Oregon State University Press，2004）的主编之一。他认为："尽管军事史家早把自然、特别是地形和天气视为战略或战术障碍物，但很少思考战争对它们的影响；尽管战争在科技发展史中愈发醒目，但战争的思想及其工具对自然的影响却还只是轮廓；尽管文明史家从很多方面阐述了战争如何塑造国内社会关系，但又极少将其研究延伸到人与自然的关系上。"[1] 从而指出了重新诠释战争的意义。L.M. 布拉迪是美国爱达荷州博伊斯州立大学（Boise State University）的历史学副教授，正在从事美国内战中的环境问题研究，发表论文《战争的荒野：美国内战中的自然与战略》("The Wilderness of War：Nature and Strategy in the American Civil War"，*Environmental History*，vol.10，no.3，2005），认为战争带来的持久变化并不是自然环境的物理变化，而是美国人思

---

[1] Russell, E.P., Tucker, R.P., *Natural Enemy, Natural Alley：toward an Environmental History of Warfare*, p.1.

考战争的方式，以及他们与景观进行互动的方式。[1]

可以说，美国环境史学者已经在诠释战争方面迈出了第一步，既有对战争—环境关系的总体把握，又有对化学战、美国内战等具体问题的详细研究，但是研究群体尚不具规模，而且从战争造成的环境问题来看，更值得研究的高技术战争尚未进入美国学者视野之中。下文将系统阐述此种诠释的现实价值、学术价值和史料特点。

二、从环境史的角度诠释高技术战争的价值

一个历史学者，既是生活在地球上、受恩赐于大地母亲的自然人，又是人类社会中掌握较多历史与社会知识、推动历史教育和传承文明的社会人。当历史学者面对人类、科技、战争和环境等要素时，会有怎样的感悟呢？不同的历史学者可能会有不同的感悟，但是他们的着眼点归根到底有两个层面：一个是现实生活层面，一个是史学研究层面。从这两个层面来看，对高技术战争的环境史视角诠释，是非常必要的。

在现实生活层面，从环境史的角度诠释高技术战争，是高技术战争走上历史舞台之后的客观要求。全面审读高技术战争，有助于深刻认识高技术战争的本质属性，并打破西方军事强国在高技术战争人道性上的话语霸权。

高技术战争（High-tech war）是新军事变革进程的产物，在西方的话语体系中，高技术战争总与"人道主义"联系在一起。1991年海

---

[1] Brady, L. M., "The Wilderness of War: Nature and Strategy in the American Civil War", *Environmental History*, 2005 (3), p.444.

湾战争是公认的第一场高技术战争,尽管它还有着机械化战争的影子和诸多特殊性,但也集中体现着现代高技术战争的基本特点。美国官方报告称:"我们的空中打击在战争史上是最有效和最人道的。"[1] 一方面肯定了高技术战争在达成政治目的方面的高效,另一方面也强调了高技术战争的人道外衣。其后的科索沃战争、阿富汗战争和伊拉克战争同样处于人道主义的光环之中。

从战争过程来看,高技术战争较机械化战争而言发生了很大变化,以精确打击和"按钮式战争"为主要特色,大规模装甲集群会战的场面消失了,战时伤亡人数,特别是平民与军人伤亡人数的比例明显下降。这种附带损害(collateral damage)的减少,正是高技术战争"人道性"的立论依据。

但是如果我们从环境史的视角诠释高技术战争,就会发现高技术战争的暴力本质并没有改变,其人道性也有很大局限。

首先,高技术战争的暴力属性并没有丝毫改变,甚至更加残酷。朝鲜战争期间,平均4吨弹药会造成1名军人阵亡,越南战争期间降为2吨,海湾战争期间则降为1吨。伊拉克军队在长达8年并使用化学武器的两伊战争中,约阵亡10.5万人,而在仅42天、没有使用大规模杀伤性武器的海湾战争中,伊军阵亡7万—11.5万人。

其次,高技术战争的人道性存在着局限。一方面,精确制导武器的应用为降低附带损害提供了可能,但是"高技术战争'人道'与否,并不是由战争机器的技术含量和水准决定的,而是由战争的政治目

---

[1] Department of Defense, *U.S. Final Report to Congress*: *Conduct of the Persian Gulf War*, 1992, p.223.

和军事目标决定的"[1]。"二战"结束以来,传统的攻城略地、占领主权国家的军事行为,面临着巨大的国际舆论压力,往往很难借此实现政治目的,因此,战争的规模有所缩小,攻击目标基本局限在军用和军民两用设施,也不再通过攻击城市和平民来削弱敌军的战争潜力。另一方面,"人道主义"并没有顾及人类安身立命的根基——环境,无论是武器的材料、攻击原理和威力,还是对攻击目标的选择,都服从"军事必要",贫铀弹、集束炸弹和巨型炸弹等高性能的常规武器被广为使用,核生化设施及各类仓库、工厂被击中后往往产生次生效应,不仅威胁战时平民的安全与健康,同样威胁战后平民的生产和生活。

同时,纵观这几次高技术战争,"人道"的战争过程之后却是"不人道"的结果,集中表现就是战后平民的大量患病和死亡。[2]这一悖论如何而来?传统的战争史研究很难给出答案,因为其所关注的仅仅是人事,环境要素被忽略或仅被视为人类的附庸,看不到人与环境间无时无刻不在发生着的能量交换。而从环境史的视角诠释高技术战争,可以对科技、战争、人类和环境四要素的关系进行全方位研究,分析科技与战争在人与环境能量交换过程中的作用,这恰恰是人们理解和回答上述悖论的有效途径。所以说,如果脱离环境要素研究高技术战争,就无法理解和回答高技术战争的过程与后果间存在的悖论。

随着西方主要军事强国在军队信息化建设上的优势日益明显,对多数国家的军队形成"时代差",基本可以确保自身"零伤亡",西方主要军事强国发动战争的门槛日益降低,甚至编造一个借口就可以对

---

[1] 徐根初:《跨越——从机械化战争走向信息化战争》,军事科学出版社2004年版,第227页。
[2] 相关论述详见拙文:《高技术条件下的人类、战争与环境——以1991年海湾战争为例》,《史学月刊》2006年第1期。

主权国家发动战争（伊拉克战争表现得尤为明显）——高技术战争日益成为西方主要军事强国推行霸权主义和强权政治的得力工具，不仅具备了对环境造成根本性破坏的能力，也存在着频繁发生的可能。

从环境史的视角诠释高技术战争，有助于我们深入认识潜藏在"最人道"战争背后的人类社会面临的深刻危机，进一步理解与之相关的理论与现实问题，打破西方在此问题上的话语霸权。这是现实价值的集中体现。在学术发展层面，从环境史的角度诠释高技术战争，是环境史研究进一步发展的结果，有助于扩展人们对战争和军事史的研究视野。

20 世纪新史学扩大了传统史学的研究领域，历史学家的视野从政治、外交、军事领域扩展到人类的社会、经济和文化，而且强调要运用跨学科的方法、"自下而上"地研究民众的历史。环境史是对 20 世纪新史学的继承和发展，以科技为媒介探讨人与环境的互动，以环境为媒介探讨特定时空人与人的关系。在注重研究人与自然互动的同时，也不忽视人类社会内部关系的相应变化。

从环境史的视角诠释战争，是战争与军事史研究从环境史中汲取养分、扩大关注视野和研究范围的结果。西方历史学家对战争与军事的研究已不再局限于人类社会内部，开始关注战争对保障人类生存的生态系统以及其中的其他生物的影响，也涌现出一批史家和成果。这是我们应该关注的史学动向，也是我们可以借鉴并加以实践的问题研究方法。

从环境史的视角诠释战争，特别是高技术战争，继承了新史学的跨学科特点和"自下而上"的研究方法，同时也有进一步发展，视野进一步扩大，方法进一步科学化：其研究起点从人类社会内部的草根群体，到被人类踏在脚底的自然环境；广泛运用多学科，特别是自然科学的知识来动态地审视人与环境的互动。这是学术价值的集中体现。

对于一种新的史学研究趋势而言，明确其价值仅仅是万里长征第一步，接下来如何进行研究才是更重要的问题。而探讨这一问题，有很多方面和角度可以选择。我们这里仅从史料的特点和它对研究者的要求入手，探讨从环境史的视野诠释高技术战争的方法。

三、史料特点及对研究者的要求

从环境史视角诠释高技术战争，依赖的史料具有三个鲜明的特点。

首先，史料的来源广泛。环境史研究具有突出的跨学科特色，因而史料的来源也更加广泛。这一特点在对高技术战争进行环境史视角的重新诠释时更加鲜明。从战争的决策者和亲历者群体来看，相关的史料来源包括官方档案、报告、战地记者稿件、参战人物专访等，为研究战前和战时的宏观、微观历史事件提供了较为直接的材料。从研究者群体来看，相关的史料来源包括军事史著述、环境监测数据、实地调查数据、医学著述等，为环境史研究提供了各领域专题研究的成果。

其次，史料的形式多样。高技术战争的史料形式，除了传统的文本史料之外，还有大量的影像资料。影像资料作为史料，既有直观、及时的优势，也有不能体现拍摄过程、丧失语境的劣势。1991年海湾战争以来的几场高技术战争，几乎都是媒体特别是西方媒体进行直播的战争，新闻播放的内容既及时又直观，塑造着公众的战争记忆。但影像在作为史料时也有自身的劣势。抛却媒体的政治倾向不谈，仅从技术角度来看，摄影师并不可能参加每一场战斗、捕捉战场的每一个细节，因而不可能完整地体现战争进程，社会公众能够看到的也只是其中的一部分。同时，摆在人们面前的静态影像或动态影像并不能体现出拍摄过程，就像几段摘抄的文字不能体现上下文的语境一样，容易引起歧义，误导观众和读者。

第三，史料不确定性强。当代人的当代史记忆，受到主客观条件的影响，往往具有不确定性，小到一个数字，大到一个事件，都有可能出现较大的变动。比如科索沃战争结束之后的一年多时间里，人们在谈及北约盟军使用的精确制导武器比例时，大多使用"占90%以上"的说法，实际上这个比例只是战争初期一两周的情况，从整个战争的情况来看，精确制导武器只占北约部队全部弹药消耗量的35%左右。

史料方面的这些新特点，对研究者也提出了更多、更高的要求。

首先，夯实哲学基础。辩证唯物主义和历史唯物主义，为我们辨别和使用史料提供了科学的理论指导。同时，马克思主义经典作家也早已关注和论述了人与环境、科技与战争的关系，相关思想主要体现在《自然辩证法》和《反杜林论》中。

恩格斯在《自然辩证法》中，着力探讨了劳动在从猿到人转变过程中的作用，在肯定劳动是人与动物的本质区别的同时，也通过历史长河中的经验教训看到了人类过度伤害环境造成的、最终又由人类自身承担的严重后果。他警示世人："我们不要过分陶醉于我们人类对自然界的胜利。对于每一次这样的胜利，自然界都对我们进行报复。……我们每走一步都要记住：我们统治自然界，决不像征服者统治异族人那样，决不是像站在自然界之外的人似的——相反的，我们连同我们的肉、血和头脑都是属于自然界和存在于自然之中的；我们对自然界的全部统治力量，是在于我们比其他一切生物强，能够认识和正确运用自然规律。"[1]恩格斯在《反杜林论》中,通过《暴力论》、《暴力论续》等对经济、科技在军事上的影响作了精辟论述,明确指出:"一旦技术上的进步可以用于军事目的并且已经用于军事目的,它们便立刻几乎强制地,而且往往是违反指挥官的意志而引起作战方式上的改变甚至变革。"[2]

马克思主义哲学为我们的研究提供了科学工具,我们应该在学习和运用中认识和发展这一哲学基础,提高自身哲学素养、夯实自身哲学基础。

其次,扩展学科基础。从环境史的视角诠释高技术战争,要求研究者在接受史学训练和具备军事学知识的基础上,进一步扩展自身的学科基础,如政治学、生态学、医学、地理学、经济学、人类学、社会学和环境科学。因为战争本身就是经济学问题,也是人类学、社会学问题;研究环境问题,也需要具备生态学、医学、地理学和环境科学的知识。同时,国际政治理论也不可或缺,它有助于我们从宏观和微观层面理解战争的起源和分析国际政治格局,并有可能提供一些解决思路。

最后,优化史料基础。优化史料基础,指的是研究者在史料来源扩大、形式多样的情况下,对史料的有效整理与运用。史料是史学研究的根本,有了先进的史学理论并不意味着就能够产生先进的研究成果,优化史料基础在这里显得尤为重要和必要。

我们需要对史料的客观性和科学性有明确的认识。媒体报道、史学著述、口述材料、官方档案、田野调查、实验报告等,都是对客观事实的记录,但也都不同程度经过了人类意识的塑造。

从媒体报道特别是影像资料的优势和劣势来看,研究者可以通过

---

[1] 《马克思恩格斯选集》第4卷,人民出版社1995年版,第383—384页。
[2] 《马克思恩格斯选集》第3卷,人民出版社1995年版,第514—515页。

它们了解发生了什么事,但在研究这件事的过程和结果时则要依靠其他来源,以弥补影像资料丧失语境的劣势。

从各类文本史料来看,官方档案和报告可以提供历史事件的官方记录,详言战略制定、战术执行、军力配置等方面内容,研究者需要评估政府隐瞒或修改关键数据的可能性;参战人物专访记录了历史事件当事人的叙述,但要求研究者一方面注意时间、地点等要素的严谨性,因为当事人可能会有口误,另一方面注意剖析当事人的社会地位、思想理念等要素;军事史著述是前人对战争的研究成果,研究者需要对比其与官方档案的异同,通过对比确认事件的时间、地点等基本要素;田野调查、实验报告、医学著述等内容,是自然科学家的相关研究成果,可以提高史学著述的数量分析水平,要求研究者进行谨慎的对比,对其中趋同的结论可以大胆引用,对相互矛盾的结论则要仔细比较和分析,特别是要分析作者的背景及其研究方法,如选址、技术、过程等,既不能随意挑选,也不能因噎废食。

综上所述,信息时代的到来,为当代人研究当代史提供了前所未有的契机,尽管机遇与挑战并存,但如果学者能够较好地回应史料提出的要求,在研究过程中针对不同史料的特点进行判断取舍,也会收获丰富的成果,尽可能实现求真的史学诉求与批判的史学功能。

原载《学术研究》2007 年第 8 期

环境史领域的疾病研究及其意义[1]

毛利霞

（北京师范大学历史学院博士研究生）

疾病（如无特别说明，本文所涉及的疾病专指传染性疾病）是自然环境变迁和人类演进的参与者之一，在人类历史上产生过重大影响。可以说，疾病与人类社会如影随形，人类社会的发展为疾病的孕育、繁衍和扩散提供了条件。当野生动物驯化为家养动物后，人与动物的接触增多，出现许多因与动物接触而产生的疾病。[2] 然而，在很长时间里，历史学界较少关注疾病及其影响，疾病研究曾经成为史学领域的"漏网之鱼"。[3] 近几十年来，这一局面因历史研究领域的不断拓宽而大为改观。其中一个表现是，1960 年代后期环境史初露端倪后，环境史家把疾病纳入研究范围，从疾病的视角重新评价历史上的某些重

---

[1] 本文为教育部人文社会科学重点研究基地基金资助项目中期成果，项目名称为"环境史研究与 20 世纪中国史学"，批准号为 06JJD770004。
[2] 〔美〕贾雷德·戴蒙德著、谢延光译：《枪炮、病菌与钢铁：人类社会的命运》，上海译文出版社 2000 年版，第 21 页。
[3] 〔美〕麦克尼尔在《瘟疫与人》中将被史学界忽视的疾病研究形容为"漏网之鱼"。具体内容参见该书第 2 页。麦克尼尔的批评是指史学界对疾病的研究不够，并非指史学界对疾病没有研究。

大事件，探究疾病背后所折射出来的人与疾病、自然的互动关系及影响。近 40 年来，环境史领域的疾病研究取得了令人瞩目的成就。[1] 梳理其研究成果，分析其研究范式，思考其史学意义及现实价值，是学习和研究环境史的一个重要课题。

一、环境史领域的疾病研究概述

环境史领域的疾病研究取得了丰硕的成果，相关著作大体可以分为两类：一类是通论性研究中的个案分析，另一类是专门研究。

（一）涉及疾病研究的通论性作品。1970 年代以来，疾病研究呈现出强劲的势头。1976 年芝加哥大学的荣誉教授威廉·H. 麦克尼尔在《瘟疫与人》中从人与瘟疫关系的角度论述疾病对历史的影响，提出了"传染性疾病是人类历史的一个基本参数和一个决定性因素"[2] 的观点。英国学者庞廷在《绿色世界史——环境与伟大文明的衰落》中论述了影响人类历史的三类疾病，分别是：曾经猛烈暴发的各种疾病和瘟疫；长期的、造成严重影响的地方性传染病；人类都曾经历过的疾病和健康不良。[3] 他还着力强调了工业化以来出现的新疾病及其影响，

---

[1] 值得一提的是，〔美〕肯尼斯·基普尔主编的《剑桥世界人类疾病史》（张大庆等译，上海科技教育出版社 2007 年版），是目前为止最权威、内容最丰富的疾病史巨著，不但论述了人类主要疾病的历史和地理分布，还囊括了世界不同地区的医学传统和疾病史，为人们研究世界各国的疾病史提供了一份详尽的手册，也为环境史的疾病研究提供了可资利用的医学资料。
[2] 〔美〕威廉·H. 麦克尼尔著，杨玉龄译、陈建仁审定：《瘟疫与人》，台北：天下远见出版股份有限公司 1998 年版，第 245 页。
[3] 〔英〕克莱夫·庞廷著，王毅、张学广译：《绿色世界史——环境与伟大文明的衰落》，上海人民出版社 2002 年版，第 253 页。

表达了对所谓"文明病"的忧思。德国环境史学家拉德卡的《自然与权力——世界环境史》较为全面地论述了自古至今的环境发展脉络,其中也论述了疟疾在历史上的影响,认为"从古典时代到今天,疟疾一直是人类历史上最厉害、传播最广的地方病"[1]。美国生物学家贾雷德·戴蒙德的《枪炮、病菌与钢铁》一书强调,殖民征服中西方不但拥有先进的武器和技术(枪炮和钢铁),还拥有杀伤力惊人的秘密武器——病菌,天花、疟疾、肺结核、麻疹等疾病成为西方占据世界主导地位的得力助手。此外,《疾病改变历史》[2]一书探讨了古罗马灭亡、殖民征服、拿破仑东征等重大历史事件与瘟疫、天花、斑疹伤寒等疾病的关系。库尼兹所著《疾病与社会多样性——欧洲人对非欧洲人健康的影响》[3]一书也有力地证明了欧洲人征服非欧洲人不是因为他们的勇气或智慧,也不是因为他们的枪炮与钢铁,而是他们的疾病。不过,在承认疾病使土著人口锐减的基础上,作者又深入一步,认为疾病是植根于特殊的文化、特殊的社会和生态环境的众多变量的表现,而并非单独起作用的因素。疾病也在非洲历史进程中留下了身影,论文集《非洲史中的疾病——一份概览和病例研究》[4]探究了疾病、移民、生态系统和人类行为之间复杂的关系,得出的结论是非洲相互交往的加强不可避免地增加了疾病的风险。许多研讨会也专门探究疾病与生态

---

[1] 〔德〕约阿希姆·拉德卡著,王国豫、付天海译:《自然与权力——世界环境史》,河北大学出版社2004年版,第149页。

[2] 〔美〕弗雷德里克·F.卡特赖特、迈克尔·比迪斯著,陈仲丹、周晓政译:《疾病改变历史》,山东画报出版社2004年版。

[3] Stephen J.Kunitz, *Disease and Social Diversity: The European Impact on the Health of Non-Europeans*, New York: Oxford University Press, 1994.

[4] Gerald W.Hartwig, K.David Patterson, ed., *Disease in African History: An Introductory Survey and Case Studies*, Durham: Duke University Press, 1978.

之关联。2000年3月，在英国的爱丁堡召开了国际微生物学研讨会，会后出版了由15篇论文组成的名为《健康新挑战——病毒性传染病的威胁》的论文集。[1] 该文集的一大特色就是学者们倾向于在生态和历史背景下考虑研究的主题，他们一致认为人类未来最大的灾难不是政治的、意识形态的或宗教的，而是病菌的。

（二）环境史领域疾病研究的专著。美国环境史学家阿尔弗雷德·W.克罗斯比在这方面既具有开创之功，又取得了突出成就。1960年代后期，克罗斯比从疾病入手重新探究西方征服美洲的原因，1972年出版了他的研究成果《哥伦布交流——1492年的生物与文化后果》，[2] 拉开了重新评价美洲征服的序幕，也开启了环境史领域疾病研究的先河。与以往的历史学家过于局限于详细论述1492年的政治和经济后果不同，克罗斯比大胆强调生态后果是更根本的。为此，他论述了哥伦布交流的三大方面：疾病交流、食物交流和家养动物交流，认为这三大交流破坏和摧毁了美洲微妙的生态平衡，改变了美洲的生态环境。随后，克罗斯比把他的生态研究视角延伸到对900—1900年欧洲扩张的研究中，重新审视1000年来欧洲在世界占据主导的原因，这体现在他的《生态扩张主义——欧洲900—1900年的生态扩张》一书中。他鲜明地指出："欧洲人在温带地区取代原住民，与其说是军事征

---

[1] G.L.Smith, W.L.Irving, J.W.McCauley, D.J.Rowlands, ed., *New Challenges to Health: The Threat of Virus Infection*, Cambridge and New York: Cambridge University Press, 2001.
[2] Alfred Crosby, *The Columbian Exchange: Biological and Cultural Consequences of 1492*, Westport, CT: Greenwood Press, 1972; Westport: Praeger Publishers, second edition, 2003. 本文所引该书的内容出自2003年修订版。

服问题，毋宁说是生物学问题"[1]，疾病是比刀剑更为强大、更为可怕的武器。在《病菌、种子与动物——生态史研究》[2] 一书中，克罗斯比更直接把"生态史"[3] 应用到具体的研究中，疾病研究成为生态史研究链条上必不可少的一环。这表明克罗斯比在疾病研究上由初期的尝试转为持续不断的系统研究，不断摸索疾病研究的视角和范式。

如果说克罗斯比提出了重新探讨哥伦布征服美洲和欧洲殖民扩张的视角和框架，诺贝尔·大卫·库克则从人口锐减这个具体问题探究疾病对美洲人口的影响，得出了"疾病造成的毁灭是发现美洲造成的所有后果中最悲惨的"结论，这体现在他的《注定死亡——1492—1650年疾病与新世界的征服》[4] 一书中。他在和洛弗尔共同编辑的《"上帝神秘的判决"——殖民时期西属美洲旧世界的疾病》[5] 这本论文集中，也强调了疾病在殖民征服中的作用与影响，及其对生态环境造成的破坏与改造。对于1492—1650年间疾病在美洲人口减少中的作用，凯尔顿在他的最新研究成果《传染病与奴役——1492—1715年东南部土著

---

[1] 〔美〕阿尔弗雷德·W. 克罗斯比著，许友民、许学征译，林纪焘审校：《生态扩张主义——欧洲900—1900年的生态扩张》，辽宁教育出版社2001年版，第1页。

[2] Alfred W. Crosby, *Germs, Seeds and Animals: Studies in Ecological History*, New York & London: M. E. Sharpe, 1993.

[3] 就当前的学术界而言，"生态史"与"环境史"是两个相似又略有不同的概念。1970年代克罗斯比明确地把生态视角的研究方法称之为"生态史"（biohistory），随着环境史的提法为大多数史学家所认可，克罗斯比也逐渐把他提倡的"生态史"看做环境史，1980年代以后他沿用"环境史"的称呼，放弃了"生态史"的提法。就克罗斯比的研究来看，他的"生态史"称谓与环境史称谓只有命名的差异，没有本质的不同。

[4] Noble David Cook, *Born to Die: Disease and New World Conquest, 1492-1650*, Cambridge: Cambridge University Press, 1998.

[5] Nobel David Cook, W.George Lovell, ed., "*Secret Judgments of God*": *Old World Disease in Colonial Spanish America*, Norman: University of Oklahoma Press, 1991.

的生态灾难》[1]中得出了不同的结论，从而对克罗斯比与库克的观点作出了补充和修正。与克罗斯比笼统地论述疾病对美洲土著的影响不同，凯尔顿区分了不同时期疾病的不同影响，并用有力的证据说明1492—1659年间传染病虽然在美洲的部分地区兴风作浪，但是还没有传染到美洲的东南部，这一时期东南部人口的锐减与疾病无关；美洲人口的减少推动了奴隶贸易的兴起，奴隶贸易打破了东南部原有的生活方式和相对封闭状态，结果天花也乘着奴隶贸易的阴风传播至此，造成范围更广、后果更严重的人口锐减乃至种族灭绝，土著人口被迫向西迁移，东南部人口的锐减更刺激了1700年后奴隶贸易的兴盛，欧洲白人、非洲黑人成为此地的新主人，东南部固有的生态环境随之改观，造成前所未有的生态灾难。此外，惠特莫尔的《殖民早期墨西哥的疾病与死亡——美国印第安人的变形》[2]一书具体考察了美洲征服时期墨西哥的疾病造成人口减少、生态变迁等问题。

以克罗斯比为首的提倡从疾病视角进行史学研究的学者被称为"枪炮和病菌"学派，他们具有挑战性和颠覆性的观点遭到了某些学者的批评。出自9位历史学家和1位地理学家之手的《16—18世纪的技术、疾病与殖民征服——重评枪炮和病菌理论论文集》[3]认为，"枪炮和病菌"学派的观点虽有用但过于简单化，歪曲了欧洲殖民扩张的本来面目，由此掀起一场热烈的史学争鸣。然而，由于他们拿不出充分、

---

[1] Paul Kelton, *Epidemics and Enslavement：Biological Catastrophe in the Native Southeast, 1492-1715*, Lincoln：University of Nebraska Press, 2007.

[2] Thomas M.Whitmore, *Disease and Death in Early Colonial Mexico：Simulating Amerindian*, Boulder：Westview Press, 1992.

[3] George Raudzens ed., *Technology, Disease and Colonial Conquests, Sixteenth to Eighteenth Centuries：Essays Reappraising the Guns and Germs Theories*, Leiden：Brill, 2001.

有力的证据反驳"枪炮和病菌"学派的观点，非但没有驳倒该派，反而使其观点获得更广泛的认同。

在克罗斯比等人的推动下，疾病研究佳作迭出，溯古涉今。其中《疟疾与罗马——古代意大利的疟疾史》[1]一书采用跨学科的方法论述了古罗马衰落与疟疾的关系，鲜明地指出疟疾是造成古罗马世界萎缩和古罗马灭亡的重要原因。苏珊·斯科特等编辑的《瘟疫的生物学：历史人口统计的证据》涉及了中世纪的黑死病，并且该书在人口统计学和瘟疫社会史原有研究成果的基础上，试图"既照顾到历史学家的历史观，又精确地描述和界定每一场瘟疫的不同特征，并运用跨学科方法和技术构建一部体现生物学观念的瘟疫发展总体史"[2]。与此同时，工业革命以来因污染而引发的疾病或产生的新疾病也成为史家关注的重点课题。迈克尔·杜里在《瘟疫的回归——英国社会与1831—1832年的霍乱》[3]中论述了霍乱与英国社会、环境污染之间的关系。比尔·拉金的《污染与控制——19世纪泰晤士河社会史》[4]虽然采用的是社会史研究方法，却注意到了疾病与泰晤士河周围的环境变迁之关联，即泰晤士河环境的恶化造成霍乱横行，根治霍乱也为泰晤士河的污染治理提供了契机。由于现代化的工业生产线也成为疾病滋生的一

---

[1] Robert Sallares, *Malaria and Rome: A History of Malaria in Ancient Italy*, New York: Oxford University Press, 2002.
[2] Scott, Susan & Duncan, Christopher J., *Biology of Plagues: Evidence from Historical Population*, Cambridge: Cambridge University Press, 2001. p.18.
[3] Michael Durey, *The Return of the Plague: British Society and the Cholera 1831-1832*, Dublin: Gill and Macmillan Ltd, Atlantic Highlands: Humanities Press, 1979.
[4] Bill Luckin, *Pollution and Control: A Social History of the Thames in the Nineteenth Century*, Bristol: Adam Hilger, 1986.

个根源，像《工作的危险——从工业疾病到环境健康学》[1]这部著作就论述了从1800年代末到1960年代美国的工业卫生，注意到极度衰弱、铅绞痛、铅中毒性麻痹以及其他的疾病都是因工作环境而生的疾病，展现出工作环境、工业疾病与工人健康之间的关联，推动了环境健康学的诞生和发展。

克罗斯比还探究了"一战"末期席卷西方的西班牙大流感，[2]认为在解释一种传染病的后果时，生物学与社会结构同样重要，主张从生物学角度探究西班牙大流感的病因与治疗。随后论述西班牙大流感的著作也程度不同地借鉴了克罗斯比的研究范式，《1918—1919年西班牙大流感传染病——新视角》[3]、《英国与1918—1919年流感传染病——一个黑色的收场》[4]和《1918年流感——温尼伯湖的疾病、死亡与斗争》[5]分别论述了西班牙大流感对非洲、英国和加拿大的影响及其暴露出来的环境问题。正当西班牙大流感肆虐之际，斑疹伤寒降临波兰。康尼比斯的《斑疹伤寒与美国步兵——1919—1921年美国人解除波兰斑疹伤寒的远征》[6]讲述了"一战"后波兰出现严重的斑疹伤寒后，美

---

[1] Christopher C. Sellers, *Hazards of the Job: from Industrial Disease to Environmental Health Science*, Chapel Hill: University of North Carolina Press, 1997.

[2] Alfred W. Crosby, *Epidemic and Peace, 1918*, Westport: Greenwood Press, 1976. 1989年此书再版时改名为 *America's Forgotten Pandemic: The Influenza of 1918*, Cambridge: Cambridge University Press, 1989。

[3] Howard Phillips, David Killingray, *The Spanish Influenza Pandemic of 1918-1919: New Perspectives*, London & New York: Routledge, 2003.

[4] Niall Johnson, *Britain and the 1918-1919 Influenza Pandemic: A Dark Epilogue*, London: Routledge, 2006.

[5] Esyllt W. Jones, *Influenza 1918: Disease, Death and Struggle in Winnipeg*, Toronto: University of Toronto Press, 2007.

[6] Alfred E.Cornebise, *Typhus and Doughboys: The American Polish Typhus Relief Expedition, 1919-1921*, Newark: University of Delaware Press, 1982.

国派遣军队前往波兰与斑疹伤寒战斗的故事,并分析了与之相关的政治、经济、医学、外交和环境问题。

"二战"后,水俣病成为因环境恶化而产生的疾病的典型。水俣病是日本的四大公害之一,发端于日本熊本县水俣市。在《水俣病——战后日本的污染与为民主而斗争》[1] 一书中,蒂莫西·S. 乔治论述了水俣病与日本社会的民主运动、政治改革和环境保护之间的关联,对于其他国家在发展经济的同时注重相关的环境保护和环境立法,具有重要的借鉴意义。

探究疾病问题的相关论文也数量众多,此处不一一赘述。

二、环境史领域的疾病研究特点之分析
——以《哥伦布交流》为例

1492 年哥伦布率船只到达美洲,离船上岸后的欧洲人发现他们来到了一个奇异的"新世界",植物、动物、肤色、语言、宗教等完全"非我族类"。一个多世纪后,欧洲人把这片陌生的土地改造为欧洲的翻版,成为"新欧洲";而在旧大陆,欧洲人完成对亚洲和非洲的殖民瓜分却用了将近 400 年的时间。鲜明的对比使人们不由产生一个疑问:"为什么欧洲人能够轻而易举地征服美洲?"克罗斯比总结了以往史学家的诸多解释:铁器对石头、加农炮和火器对箭和投石器的优势;以前从未见到过马的土著步兵看到马后惊慌失措;印第安人各自为战,他们的抵抗虽勇猛顽强却无效;等等。

---

[1] Timothy S. George, *Minamata: Pollution and the Struggle for Democracy in Postwar Japan*, Cambridge: Oxford University Press, 2001.

克罗斯比认为，这些解释都存在疏漏。他把疾病视为美洲征服中的秘密武器，从疾病入手探究美洲征服的原因及生态后果，分析疾病交流是如何改变美洲的生态环境的。他还指出，有 17 种疾病参与到美洲征服之中，其中天花（第二章）是旧世界传往新世界的疾病的代表，梅毒（第四章）是新世界传往旧世界的唯一疾病，[1]体现出"疾病交流"的相互性以及不对等性，而天花在早期殖民征服中的作用尤其不容抹煞。[2]

天花是一种通过呼吸在患者中传播的传染病，在 20 世纪发现天花的疫苗之前，它是欧洲最致命、最盛行的疾病，尤其是儿童的感染率很高。但患过天花而存活的人即获得了免疫力，因此前往美洲的欧洲人大都免受天花侵扰。[3]1518 年底或者 1519 年初天花随欧洲人来到美洲，它在"美洲历史上的影响就像黑死病在旧世界历史上的影响一样无可置疑，影响巨大"[4]，在白种人的生态扩张方面扮演了与火药一样或许是更加重要的角色，[5]在欧洲征服美洲的过程中成为不折不扣的"急先锋"和刽子手。尤其是在欧洲人节节败退的关键时刻，天花成为屠杀美洲土著、使欧洲人反败为胜的第一功臣。

---

[1] 作者对梅毒的研究在论据和观点方面存在较大的疏漏。梅毒始于何时何处至今不为人所知，因而作者把它视为新世界传入旧世界的疾病的观点站不住脚，甚至有可能梅毒与哥伦布交流毫无关联，只是在时间上恰好吻合。作者把梅毒单列一章只是因为他对如此多的疾病越过大西洋而没有疾病越过东方感到不安。
[2] 克罗斯比、库克、凯尔特等人都论述了天花在改变美洲生态中的作用。
[3] Hopkins, Donald R., *Princes and Peasants*, *Smallpox in History*, Chicago：University of Chicago Press，1983，pp.5-6.
[4] Crosby, Alfred W., *The Columbian Exchange*：*Biological and Cultural Consequences of 1492*, Westport：Praeger Publishers，2003，p.204.
[5] 〔美〕阿尔弗雷德·W. 克罗斯比著，许友民、许学征译，林纪焘审校：《生态扩张主义——欧洲 900—1900 年的生态扩张》，第 204 页。

可见，与欧洲人的枪炮和屠刀相比，疾病是更恐怖、更迅速的杀人武器，在美洲制造了人类历史上最大的人口灾难，富饶的美洲成为美洲人的坟场。这样，与以往的史学家把印第安人的灭绝和人口减少归结于欧洲人的屠刀不同，克罗斯比将之视为疾病肆虐的后果。

美洲印第安人的人口锐减乃至种族灭绝造成严重的劳动力短缺，欧洲殖民者和穷人纷至沓来还不能满足需要，欧洲人不得不从非洲运来黑奴充当劳动力，推动了奴隶贸易的兴起和兴盛，改变了美洲的人种和民族构成，对此克罗斯比和其他史学家找到了共识。不过，克罗斯比在此基础上更深入一步，认为疾病（包括随运奴船来到美洲的非洲疾病）不但直接推动了"人"（美洲的人种和民族）的改变，也间接促使"物"（植物、动物、作物、疾病的种类和数量等）的改变，结果使美洲的生态系统和生态环境发生了翻天覆地的变化。对于这种巨变的后果，与传统史家从"进步"（包括政治进步、经济进步、技术进步等诸多方面）的视角持肯定和支持的态度不同，克罗斯比从生态的视角出发持一种悲观的态度，认为"它（指哥伦布交流的后果）留给我们的不是一个富裕的而是一个更加贫困的基因池"[1]。

这样，在研究对象、研究视角和研究方法等方面，克罗斯比的美洲征服研究既凸现出疾病的重大影响，也彰显出环境史领域疾病研究的独特范式。大体而言，克罗斯比的疾病研究具有以下特点。

（一）就研究对象来说，具有"老故事，新版本"[2]的特点。自哥

---

[1] Crosby, Alfred W., *The Columbian Exchange: Biological and Cultural Consequences of 1492*. Westport: Praeger Publishers, 2003, p.219.
[2] "老故事，新版本"这一看法，是两年前梅雪芹教授在《环境史研究导论》课程中分析克罗斯比的另一著作即《生态扩张主义——欧洲900—1900年的生态扩张》时提出来的。

伦布到达美洲的 500 多年来，美洲人口锐减成为历史学、人类学、人口统计学等领域的学者不断探究的重点和热点课题，得出了看似差异很大、实则无本质差别的结论，即基本都认为印第安人的灭绝归因于欧洲人的枪炮和征服野心。而克罗斯比为这个"老故事"做出了全新的解读，得出了一个颇富挑战性和创新性的观点：美洲人口锐减并非因为欧洲人的屠刀，而是因为欧洲人无意中带往美洲的隐性杀手——疾病，哥伦布到达美洲不是"欧洲人征服美洲人"的征服故事，而是关于生态系统和与之相关的社会的演进故事，正如克罗斯比在副标题中指出的，是要探讨哥伦布事件的"生物与文化后果"，同时突出疾病、食物、动物等生态因素在美洲征服中的重大作用和影响，从而更新和深化了对这一重大历史事件的认识和理解。

（二）从研究视角来说，把传统史学的"人—人"研究拓展为"人—疾病—人"研究。以往的史学研究皆以"人"为研究对象，历史学在某种程度上是"人学"。然而，在克罗斯比笔下，研究视角从"人"转变为"物"，再从"物"作用于"人"，这就使征服者的高大背影让位于生态因子的巨大能量，于是形形色色的"物"（包括疾病、食物、作物等）成为历史舞台上的主角。就人口锐减来说，疾病是屠杀印第安人的头号杀手，成为这一重大事件中无可争议的"第一主角"。这样一来，欧洲人从"美洲刽子手"的阴影下解放出来，"欧洲人征服美洲人"的研究视角扩大为"欧洲生态征服美洲人"，进而扩展为"欧洲生态征服美洲生态"，生态因素在美洲征服中的作用跃然纸上。

（三）从研究方法来说，大胆引用其他学科的史料和研究成果，具有鲜明的跨学科特色。以往的学者多从各自学科的角度研究哥伦布事件，缺乏相应的交叉与整合，而克罗斯比凭借过人的才智和气魄勇于这种学科交叉与整合的尝试。比如，在疾病研究中，克罗斯比巧妙地把医学、植物学、动物学、人类学、人口统计学、地理学的资料和相关研究成果熔于一炉。广博的史料应用与深厚的史学素养相结合，使克罗斯比以疾病为主题的环境史研究实现了"博"与"专"的统一，具有鲜明的"跨学科"色彩。

但是，毋庸讳言，克罗斯比的疾病研究中还存在诸多值得商榷之处，比如他突出了天花对美洲人口的残酷屠戮，忽视了许多土著也在感染天花后产生了免疫力，成功地存活下来；对于1492年哥伦布到达美洲之后天花在各个时期、美洲的各个地区造成的不同影响也缺乏较为明晰的论述；他过于强调了欧洲的疾病、生物和作物对美洲生态的影响，相对忽视了奴隶贸易兴起后，非洲的疾病、生物和作物等对美洲生态的影响。此外，克罗斯比对疾病在美洲生态变迁中的作用有明显的想当然之处，例如，他过于强调交流的相互性，因而不适当地把梅毒视为新世界传入旧世界的疾病单列一章论述，以与第二章对天花的论述相对照，结果出现了明显的史实错误。就克罗斯比从哥伦布交流中得出的结论而言，也有些需要辩驳之处。以往的史家大多强调哥伦布交流的政治、经济"进步"意义，认为是先进征服落后的一个必然结果，克罗斯比从生态视角否认哥伦布交流的积极意义，如何看待这两种截然不同的结论？我们当然不能为欧洲殖民者的罪行张目，为美洲土著的灭绝、生态系统的破坏唱赞歌，也不能像克罗斯比那样持悲观态度，而应从全球生态的视角加以评价。虽然哥伦布交流使美洲的生态环境面目全非，但也使欧洲、非洲和美洲的生态系统得到了一个前所未有的融合，推动了生态系统自身的演化和更新，丰富了世界生态的多样性。还有人认为，克罗斯比把美洲土著的灭绝、生态环境的变迁归因于疾病等造成的生态后果，而不是欧洲人的屠刀和种族灭绝政策，也容易成为西方殖民者为自己的殖民罪行开脱的借口，减轻殖民者的道德压力，削弱对殖民主义的谴责力度。[1]

总括来说，克罗斯比的疾病研究的价值不在于记录哥伦布交流的全面广泛，而在于对理解生态的和社会的事件确立了一种观点、一种范式。[2] 如今，环境史领域的疾病研究呈现出欣欣向荣的景象，既得益于克罗斯比开创的研究范式，又根源于疾病研究具有不容否认的史学价值和现实意义。

三、环境史领域的疾病研究之意义

疾病研究在众多史家的努力下，如今蔚为壮观，并成为环境史研究中的一个重要方面。当然，环境史家的疾病研究也并非一问世就受到主流史学家的认可，而是在质疑声中确立其研究范式和彰显其学术价值的。譬如《哥伦布交流》一书出版30多年来，就经历了从冷淡忽视到奉为经典的历程。这本大作在出版之前，曾有部分章节在学术刊物上登载。1960年代末全书成稿，因其观点过于惊世骇俗，几乎没有出版社愿意出版此书。直到1972年这本书才艰难面世，但学术刊物仍

---

[1] 高国荣在论及克罗斯比的环境史研究时表达了这种忧虑，具体参见高国荣：《20世纪90年代以前美国环境史研究的特点》，《史学月刊》2006年第2期。
[2] Crosby, Alfred W., *The Columbian Exchange*: *Biological and Cultural Consequences of 1492*, Westport: Praeger Publishers, 2003.pxiii.

反应冷淡，不愿意评论。[1] 随着新史学和环境史的异军突起，这本书的境遇大为改观。30 年后的 2003 年，同一家出版社出版了它的修订版暨 30 周年纪念版，以飨学界；美国著名史学家 J.R. 麦克尼尔在一个下午一口气读完了它，并为该书作序；如今此书荣膺环境史的经典之作行列，"哥伦布交流"这一概念也为主流历史学家所接受，出现在美国史和世界史的教材中。[2] 克罗斯比自己也再接再厉，把他的生态史研究视角和方法应用到时间较长、空间较广的生态研究中，《生态扩张主义》《病菌、种子与动物——生态史研究》等著作都继承了《哥伦布交流》的研究视角，并在研究的深度和广度方面有所拓展。克罗斯比的开创性努力既奠定了他在环境史领域的疾病问题研究方面的泰斗地位，也激发了其他环境史学者研究疾病问题的兴趣和热忱，使疾病研究成为环境史领域的"固有领地"，取得了可喜的研究成果。

疾病研究，从史学中的"漏网之鱼"转变为环境史领域的不可或缺的"固有领地"，从被质疑到被仿效，证明了史学界对这一研究课题的肯定和认可。那么，环境史领域的疾病研究的意义何在？我们可以从史学价值和现实意义两个层面来认识。

（一）在研究对象、史料的分析和利用、研究方法等方面有所突破和创新，不但展现出鲜明的环境史研究特色，也有助于推动史学自身的发展。疾病是人类生存、发展中如影随形的一员，也是生态链条中必不可少的一环，人与疾病的关系在某种程度上决定了人类发展的方

---

[1] 截至 1975 年，《哥伦布交流》的书评只有 5 篇，大多发表在一般学术刊物上，只有一篇出现在《美国历史评论》上。评论者大多没有关注该书在研究思路和方法上的创新，只是对内容进行概述和评论，没有注意到该书在史学研究方法和史学史上的价值。

[2] Crosby, Alfred W., *The Columbian Exchange: Biological and Cultural Consequences of 1492*, Westport: Praeger Publishers, 2003, p.xii.

向和生态环境的走向。然而，在很长时间内，史学界对于疾病在重大历史事件中的定位总是模糊不清，对于它对生态系统的影响也没有充分的研究和合理的定位，环境史领域的疾病研究则弥补了这种缺憾。

独特的研究对象也需要扎实的史料支撑，史料是历史研究的基本依据。环境史家也非常重视对史料的取舍。不仅如此，他们在史料的运用上还有很大的突破。拉德卡曾指出："环境史的主要魅力在于，它激励人们不只是在'历史的陈迹'，而是在更广袤的土地上发现历史。在那里人们会认识到，人类历史的痕迹几乎处处可寻。"[1] 这在克罗斯比的疾病研究中具有鲜明的体现。

（二）体现了"世界是联系"的唯物史观，有助于史学的发展和史学思想的更新。克罗斯比认为："人类的历史不能从他最初留存的记载开始，也不应该只局限于他对文学感兴趣的方面"，"理解人类的第一步是把人视为存在于这个星球上的一个生物体，数千年来影响他的同类生物体，反过来又受到他们的影响"[2]，因而"在历史学家能够明智地评价人类团体的政治技巧或他们的经济实力或他们的文学意义之前，他必须首先知道他们的成员人类是如何成功地生生不息并繁衍后代的"[3]，这就必然追溯人与自然的关系，疾病研究成为其中不可或缺的一环而备受他的重视也就在情理之中。

（三）"以史为鉴"的警戒作用。一切历史都暗含当代史的影子。1960年代日渐加剧的环境问题让史学家也惊恐不已，具有深切现实

---

[1] 〔德〕约阿希姆·拉德卡著，王国豫、付天海译：《自然与权力——世界环境史》，第2页。
[2] Crosby, Alfred W., *The Columbian Exchange: Biological and Cultural Consequences of 1492*, p.xxv.
[3] Crosby, Alfred W., *The Columbian Exchange: Biological and Cultural Consequences of 1492*, p.xxvi.

关怀和史学素养的史学家开始从生态恶化、环境保护的视角探究历史问题，从人对自然之顺应、改造乃至破坏的活动以及自然对人之行为的反作用中寻找"人与自然"平衡的交会点，力图为当今环境问题的解决提供前车之鉴。正是出于对生态问题的深切关注和现实关怀，克罗斯比在《哥伦布交流》中才对生态系统的巨大能量及其造成的生态后果深感不安，甚至产生一些悲观的看法。他的研究揭示了疾病如何作用于人，并对历史进程乃至生态系统产生难以扭转的影响，体现出"以史为鉴"的功能，即警醒世人，切莫小视疾病的巨大能量。

综上所述，环境史领域的疾病研究探讨历史上疾病与人、人与环境的双向互动，有助于我们更具体而全面地认识人类历史发展与生态环境变迁之间的相互影响，并警惕日渐严重的环境问题的危害。克罗斯比所贡献的那些疾病研究成果，为人们从环境史的视角进一步展开对其他传染病以及其他生态因子的研究，提供了可资借鉴的范例。

原载《学术研究》2009年第6期

第二部分

环境史视阈下的中华文明

生态环境对文明盛衰的影响

罗炳良

（北京师范大学历史学院教授）

人类社会的存在和发展，离不开自身赖以生存的生态环境。在中外历史上，各个历史时期生态环境的优劣，不仅直接关系到人类的生存质量，而且对社会文明的昌盛与衰亡产生了巨大影响。从历史的发展中考察生态环境与文明盛衰的关系，一方面有助于认识人类文明演进的轨迹，另一方面可以为当代社会发展提供有益的借鉴，具有历史和现实的双重意义。

一、生态环境在文明进程中的地位

在人类社会中，地貌、水利、风俗、气候等生态环境要素，在很大程度上影响着历史的发展进程，在人类文明史上占有相当重要的地位。古今中外的学者对这个问题具有不同程度的理论认识，积累了相当丰富的思想文化遗产。

中国古代史家从很早的时候起，就开始关注和阐述生态环境的重要性。西汉史家司马迁明确提出以生态环境划分经济区域和生产部类的观点："山西饶材、竹、谷、垆、旄、玉石；山东多鱼、盐、漆、丝、声色；江南出楠、梓、姜、桂、金、锡、连、丹砂、犀、玳瑁、珠玑、齿革；龙门、碣石北多马、牛、羊、旃裘、筋角；铜、铁则往往山出棋置；此其大较也。皆中国人民所喜好，谣俗被服饮食奉生送死之具也。"（《史记·货殖列传》）深刻地揭示出生态环境对社会生活的影响。东汉史家班固撰《汉书·地理志》，于篇末详载地理形势、生产环境、风俗习尚等内容，后代史家赞誉说："《汉书·地理志》记天下郡县本末，及山川奇异，风俗所由，至矣。"（《后汉书·郡国志一》）明代学者徐光启引俞汝为《荒政要览》说："水利之在天下，犹人之血气然，一息之不通，则四体非复为有矣。"（《农政全书·水利·总论》）古人通过形象的比喻，说明水利事业和社会政治体制之间的密切联系。

西方近代学者对于生态环境与文明进程关系的认识，更加具有系统性和理论色彩。孟德斯鸠认为，不同的土壤和地貌环境会直接影响到不同国家的政体和法律形式。他说："一个国家土地优良就自然地产生依赖性。乡村的人是人民的主要部分；他们不很关心他们的自由；他们很忙，只是注意他们自己的私事……因此，土地肥沃的国家常常是'单人统治的政体'，土地不太肥沃的国家常常是'数人统治的政体'；这有时就补救了天然的缺陷。"孟德斯鸠把山地、平原、近海三种生态环境与社会政体联系起来，得出"居住在山地的人坚决主张要平民政治，平原上的人则要求由一些上层人物领导的政体，近海的人则希望一种由二者混合的政体"的结论。其理由是因为生态环境不同，造成居民在追求自由的精神和捍卫自由的能力方面存在显著差异。他指出："土地贫瘠，使人勤奋、俭朴、耐劳、勇敢和适宜于战争；土地所不给予的东西，他们不得不以人力去获取。土地膏腴，使人因生活宽裕而柔弱、怠惰、贪生怕死。"并且进一步举例说："波斯、土耳其、俄罗斯和波兰的最温暖的地区曾受到大小鞑靼人的蹂躏",而"由于中国的气候,人们自然地倾向于奴隶性的服从"。[1]孟德斯鸠的学说尽管存在片面夸大生态环境对历史发展影响的局限,但因其广泛探讨地貌、土壤、气候与人类文明形成之间的关系,在当时社会上对于反对神权统治具有进步意义。

黑格尔也认为,生态环境对世界历史的运动起着重要作用。他说:"有好些自然的环境,必须永远排斥在世界历史的运动之外……在寒带和热带上,找不到世界历史民族的地盘。"因为这些地方生态环境比较恶劣,酷热与严寒使得人类不能够做自由的运动。而"历史的真正舞台所以便是温带,当然是北温带,因为地球在那儿形成了一个大陆……在南半球上就不同了,地球分散、割裂成为许多地点。在自然的产物方面,也显出同样的特色。北温带有许多种动物和植物,都具有共同的属性。在南温带上,土地既然分裂成为多数的地点,各种天然的形态也就各有个别的特征,彼此相差很大"。温带良好的生态环境,比寒带和热带具有更大的优越性,因而在人类历史发展中的地位也就更加重要。黑格尔还进一步把温带区分为"干燥的高地,同广阔的草原和平原"、"平原流域——是巨川、大江所流过的地方"、"和海相连的海岸区域"三大生态环境,从中考察不同类型居民的生产形式、生活特点和政治体制。他认为,第一种生态环境下的人们主要从事畜牧业,"没有法律关系的存在",其性格特征表现为"好客和劫掠";第二种生态环境下的人们主要经营农业,其"土地所有权和各种法律关

---

[1] 〔法〕孟德斯鸠著、张雁深译:《论法的精神》下册,商务印书馆1963年版,第279—283页。

系便跟着发生了",所以成为"文明的中心";第三种生态环境下的人们由于"大海给了我们茫茫无定、浩浩无际和渺渺无限的观念;人类在大海的无限里感到他自己的无限的时候,他们就被激起了勇气,要去超越那有限的一切。大海邀请人类从事征服,从事掠夺,但是同时也鼓励人们追求利润,从事商业",从而建立起"维持世界的联系"。[1] 尽管黑格尔过分推崇海洋生态环境而得出地中海"是世界历史的中心"的偏颇结论,但是他指出上述三种生态环境造成非洲、亚洲和欧洲在社会历史发展上存在差别,还是比较符合客观历史事实的。

马克思和恩格斯认为,生态环境是人类社会产生和发展的前提之一。这是因为"自然界一方面在这样的意义上给劳动提供生活资料,即没有劳动加工的对象,劳动就不能存在,另一方面,自然界也在更狭隘的意义上提供生活资料,即提供工人本身的肉体生存所需的资料"[2]。生态环境不仅是人类社会产生和发展的前提,而且还影响着生产部门的形成及其发展水平,突出表现为对社会生产方式、生活方式以及产品类型的影响。马克思指出:"不同的公社在各自的自然环境中,找到不同的生产资料和不同的生活资料。因此,它们的生产方式、生活方式和产品,也就各不相同。这种自然的差别,在公社互相接触时引起了产品的互相交换,从而使这些产品逐渐变成商品。"[3] 同时,生态环境还影响着一些国家的政权形式及其行使职能的特点。例如在亚洲,"气候和土地条件,特别是从撒哈拉经过阿拉伯、波斯、印度和鞑靼区直至最高的亚洲高原的一片广大的沙漠地带,使利用渠道和水

---

[1] 〔德〕黑格尔著、王造时译:《历史哲学》,上海书店出版社1999年版,第85—96页。
[2] 《马克思恩格斯全集》第42卷,人民出版社1956年版,第92页。
[3] 《马克思恩格斯全集》第23卷,人民出版社1956年版,第390页。

利工程的人工灌溉设施成了东方农业的基础……因此亚洲的一切政府都不能不执行一种经济职能，即举办公共工程的职能。这种用人工方法提高土地肥沃程度的设施靠中央政府办理，中央政府如果忽略灌溉或排水，这种设施立刻就荒废下去，这就可以说明一件否则无法解释的事实，即大片先前耕种得很好的地区现在都荒芜不毛，例如巴尔米拉、彼特拉、也门废墟以及埃及、波斯和印度斯坦的广大地区就是这样。同时这也可以说明为什么一次毁灭性的战争就能够使一个国家在几百年内人烟萧条，并且使它失去自己的全部文明"[1]。良好的生态环境可以促进文明发展进程的加快，而生态环境一旦受到诸如战争等因素的破坏，就会导致人类文明的崩溃。由此可见，生态环境在人类社会的文明进程中，占有举足轻重的地位。古今中外历史发展和文明盛衰的事实，已经证明马克思恩格斯论断的正确及其所具有的重要的理论价值。

二、生态环境对政治文明的影响

从中国历史的实际来看，生态环境影响着某些政权或者部族的发展及其盛衰兴亡过程。中国古代政治家和史学家自觉地从生态环境着手来考察历代政治文明的盛衰，形成了明确的认识。

中国古代的人们认识到，都城建置的地理位置关系到一个朝代统治的安危治乱。而地理位置的好坏，除了人心向背、山川险易等政治、军事因素之外，生态因素也是人们比较关注的问题。西汉初年，刘邦

---

[1] 《马克思恩格斯选集》第 2 卷，人民出版社 1972 年版，第 64 页。

统治集团曾经打算建都河南洛阳。役卒娄敬进见刘邦,提出应当定都关中长安。他说:"秦地被山带河,四塞以为固,卒然有急,百万之众可具也。因秦之故,资甚美膏腴之地,此所谓天府者也。陛下入关而都之,山东虽乱,秦之故地可全而有也。夫与人斗,不搤其亢,拊其背,未能全其胜也。今陛下入关而都,案秦之故地,此亦搤天下之亢而拊其背也。"史家司马迁极为赞赏他建议刘邦定都关中之策,认为娄敬"脱輓辂一说,建万世之安"。(《史记·刘敬叔孙通列传》)娄敬所说的"被山带河,四塞以为固",主要是从政治和军事方面考虑问题,而"资甚美膏腴之地",则是从生态和经济方面考虑问题,可见生态环境对于巩固国家稳定具有非常重要的作用。东汉末年政治家诸葛亮预言三国鼎立局面形成时,也是基于"益州险塞,沃野千里,天府之土"(《三国志·蜀书·诸葛亮传》)的良好生态环境而作出的判断,建议刘备夺取西川,成就霸业。唐代史学家和政治家杜佑更从理论高度总结了生态环境对于国家政权巩固和统一的重要性。他指出:"夫临制万国,尤惜大势。秦川是天下之上腴,关中为海内之雄地。巨唐受命,本在于兹,若居之则势大而威远,舍之则势小而威近,恐人心因斯而摇矣,非止于危乱者哉!诚系兴衰,何可轻议!"(《通典·州郡典四》)

反之,一个时代生态环境的不良状况,必将导致其政治文明的衰落乃至灭亡。西周末年,关中地区的生态环境不断恶化,预示着周朝统治的衰败。《国语·周语上》记载:"幽王二年,西周三川皆震。伯阳父曰:'周将亡矣!夫天地之气,不失其序;若过其序,民乱之也。阳伏而不能出,阴迫而不能烝,于是有地震。今三川实震,是阳失其所而镇阴也。阳失而在阴,川源必塞;源塞,国必亡。夫水土演而民用也。水土无所演,民乏财用,不亡何待?昔伊、洛竭而夏亡,河竭而商亡。今周德若二代之季矣,其川源又塞,塞必竭。夫国必依山川,山崩川竭,亡之征也。川竭,山必崩。若国亡不过十年,数之纪也。夫天之所弃,不过其纪。'是岁也,三川竭,岐山崩。十一年,幽王乃灭,周乃东迁。"这段记载固然有附会的成分在内,但揭示出生态环境的改变与西周灭亡以及周室东迁的关系,认识非常深刻。唐末朱朴认为隋唐定都关中"凡三百岁,文物资货,奢侈僭伪皆极焉;广明巨盗陷覆宫阙,局署帑藏,里闾井肆,所存十二,比幸石门、华阴,十二之中又亡八九,高祖、太宗之制荡然矣。夫襄、邓之西,夷漫数百里,其东,汉舆、凤林为之关,南,菊潭环屈而流属于汉,西有上洛重山之险,北有白崖联络,乃形胜之地,沃衍之墟……江南土薄水浅,人心嚣浮轻巧,不可以都;河北土厚水深,人心强愎狠戾,不可以都。惟襄、邓实惟中原,人心质良,去秦咫尺,而有上洛为之限,永无夷狄侵轶之虞,此建都之极选也"(《新唐书·朱朴传》)。这是从关中地区生态环境的衰败论证长安已经失去作为都城的条件,并从江南、河北与襄邓三个地域的生态环境优劣方面,比较了建都最适宜的位置。清代赵翼用"地气"盛衰解释中国历代政治中心由关中转入中原洛阳、开封,最后又转移到北京的历史过程,认为"地气之盛衰,久则必变。唐开元、天宝间,地气自西北转东北之大变局也"(《廿二史札记·长安地气》)。他所说的"地气"既包含政权的兴衰气运,也包括统治中心地区的生态环境。赵翼通过考察历代皇朝政治文明的衰败变迁过程,试图以逻辑思辨形式对这种历史现象作出解释,已经达到相当高的理论认识水平。

三、生态环境对物质文明的影响

人类自身的生存以及人类社会的发展，首先必须依赖社会经济的发展。在人类社会历史的进程中，影响社会经济发展的因素是多方面的，而生态环境的影响无疑是主要因素之一。

中国历代史学家很早就注意到生态环境对物质产品的分布及其对社会经济生活的影响，自觉把生态环境和人们的经济生活联系起来。汉唐时期，黄河流域生态环境一直比较优越，成为我国文明最发达的地区，而周边少数民族居住的地区生态环境较差，社会文明程度落后。司马迁在《史记》中记载了战国秦汉以来中国境内不同地区生态环境的差异，根据各地土壤、地貌、草场、森林、矿藏、江河湖海以及交通状况，划分出山西、山东、江南、龙门至碣石以北四大生态区域，以及关中、三河、燕赵、齐鲁、越楚等局部生态环境。他指出："陆地牧马二百蹄，牛蹄角千，羊足千，泽中千足羼，水居千石鱼陂，山居千章之材。安邑千树枣；燕、秦千树栗；蜀、汉、江陵千树橘；淮北、常山已南，河济之间千树荻；陈、夏千亩漆；齐、鲁千亩桑麻；渭川千亩竹；及名国万家之城，带郭千亩亩钟之田，若千亩卮茜，千畦姜韭；此其人皆与千户侯等。"（《史记·货殖列传》）这说明生活在不同地域的人们，只能根据所在的生态环境从事生产，创造物质文明。西晋学者江统著《徙戎论》，反对华夷杂处。他说："夫夷蛮戎狄，谓之四夷，九服之制，地在要荒……以其言语不通，贽币不同，法俗诡异，种类乖殊，或居绝域之外，山河之表，崎岖川谷阻险之地，与中国壤断土隔……其性气贪婪，凶悍不仁，四夷之中，戎狄为甚"；而"关中土沃物丰，厥田上上，加以泾渭之流溉其舄卤，郑国、白渠灌浸相通，黍稷之饶，亩号一钟，百姓谣咏其殷实，帝王之都每以为居，未闻夷狄宜在此土也"（《晋书·江统传》）。虽然他反对少数民族迁居内地，是大汉族主义的错误认识，但注意到文明形成以及民族之间的差别受到生态环境的较大影响，却是正确的见解。隋唐统一全国以后，人们对生态环境的认识更加深刻。唐代杜佑认为："华夏居土中，生物受气正，其人性和而才惠，其地产厚而类繁，所以诞生圣贤，继施法教，随时拯弊，因物利用"；而周边居住的少数民族"其地偏，其气梗，不生圣哲，莫革旧风，诰训之所不可，礼义之所不及，外而不内，疏而不戚"，（《通典·边防典序》）从生态环境的差异说明汉族社会发展和少数民族社会发展呈现出不同面貌。元代史家认为："庖牺氏降，炎帝氏、黄帝氏子孙众多，王畿之封建有限，王政之布濩无穷，故君四方者，多二帝子孙，而自服土中者本同出也。"（《辽史·世表序》）不论是中原的汉族，还是周边的少数民族，都是中国境内的炎黄子孙；只是由于居住地域的生态环境存在差异，造成文明程度各有不同。这种观念是非常正确的历史认识，对中华民族凝聚力的形成和多民族国家的发展，具有极其重要的影响。

反过来，恶劣的生态环境会造成物质文明的急剧衰败，最终形成毁灭文明的局面。北周、隋唐时期强盛无比的突厥汗国，在唐代初年由于"频年大雪，六畜多死，国中大馁。颉利用度不给，复重敛诸部，由是下不堪命，内外多叛之"（《通典·边防典十三》）。由此可见，生态环境的恶化导致了突厥汗国的衰败。另一个强大的回纥部落在唐代后期"连年饥疫，羊马死者被地，又大雪为灾"（《唐会要·回纥》），逐步走向衰落，"其后嗣君弱臣强，居甘州，无复昔时之盛"（《旧唐书·回纥传》）。至于长期以来与唐朝中央政权分庭抗礼的吐蕃政权，也因为"国中地震裂,水泉涌,岷山崩;洮水逆流三日,鼠食稼,人饥疫,死者相枕藉",国势大大减弱,走向破败,不得不"奉表归唐"。(《新唐书·吐蕃传下》)清代史家崔述则指出人类破坏生态环境的负面影响:"自生聚日蕃,贫富不均,富者连阡陌,而贫者无立锥。其近山者争觅利于闲旷之地,于是悬崖幽壑,靡不芟其翳,焚其芜,而辟之以为田。锄犁之所加,风日之所烁,焦枯燥涸,而云之出渐稀矣。"(《无闻集·救荒策一》)批评人类过分掠夺性开垦土地,破坏生态环境,导致生存条件恶化,造成社会财富衰竭和文明进程的衰落。今天,对于这种因生态环境改变而延缓社会历史发展进程的现象,尤其应当给予高度重视。

四、生态环境与文明盛衰关系的启示

通过以上论述可知,在历史研究中高度重视生态环境与文明盛衰关系问题,深入发掘和借鉴中国古代史学中的丰富遗产,总结经验,吸取教训,不仅具有重要的学术价值,而且对于当今社会的政治文明、物质文明和精神文明建设也具有重要的启示。

第一,人类社会的一切活动,总是要在一定的地域范围展开,离不开特定的生态环境。但是,生态环境并非人类历史发展与倒退的决定因素,人类也可以通过主观努力改变生态环境,在新创造的生态环境基础上进一步推动社会发展。在中国历史上人们关于人与生态环境的认识中,大都强调人类对生态环境的能动作用。春秋时期的史墨认为:"社稷无常奉,君臣无常位,自古以然。故《诗》曰:'高岸为谷,深谷为陵。'三后之姓,于今为庶。"(《左传·昭公二十三年》)他以自然界环境的变化来说明人类社会的兴衰，具有相当深刻的认识。战国时期的韩非认为："上古之世，人民少而禽兽众，人民不胜禽兽虫蛇。有圣人作，构木为巢，以避群害，而民悦之，使王天下，号之曰有巢氏。民食果蓏蚌蛤，腥臊恶臭而伤腹胃，民多疾病。有圣人作，钻燧取火，以化腥臊，而民悦之，使王天下，号之曰燧人氏。中古之世，天下大水，而鲧、禹决渎。"(《韩非子·五蠹》)说明人类通过建造居室、发明用火和治理洪水，改造了自然环境，推进了历史进程。唐代政治家虞世南指出："后魏代居朔野，声教之所不及，且其习夫土俗，遵彼要荒。孝文卓尔不群，迁都瀍间，解辫发而袭冕旒，袪毡裘而被龙衮，衣冠号令，华夏同风。"(《帝王略论》)认为北魏孝文帝由代北迁都洛阳，改善了鲜卑民族居住的生态环境，从而加速了北魏进入文明社会的步伐。唐宋以后，由于北方地区生态环境的不断退化，社会经济发展重心开始南移，黄河流域逐渐失去文明领先地位。江南地区生态环境不断改善，使社会生产力得到迅速发展。顾炎武撰《天下郡国利病书》，详究各地生态环境优劣，生民利病得失，敏锐地把握了社会历史转折和盛衰局势变迁的脉络。他引证丘浚《大学衍义补》的论点说："韩愈谓赋出天下，而江南居十九。以今观之，浙东西又居江南之十九，而苏、松、常、嘉、湖五郡又居两浙十九也。"(《天下郡国利病书·苏上·财赋》)这种历史考察，反映出宋明以来江南生态环境的优越和社会经济地位的重要。

第二，人类在利用生态环境的过程中，也在不断获得对生态环境的新认识，呈现出了理性意识不断增强的趋势。恩格斯一方面批评自然主义历史观的片面性，指出："它认为只是自然界作用于人，只是自然条件到处在决定人的历史发展，它忘记了人也反作用于自然界，改变自然界，为自己创造新的生存条件"[1]；另一方面又反对无限制地强调这种反作用，提醒人们："不要过分陶醉于我们对自然界的胜利。对于每一次这样的胜利，自然界都报复了我们。每一次胜利，在第一步都确实取得了我们预期的结果，但是在第二步和第三步却有了完全不同的、出乎预料的影响，常常把第一个结果又取消了……因此我们必须时时记住：我们统治自然界，决不像征服者统治异民族一样，决不像站在自然界以外的人一样——相反，我们连同我们的肉、血和头脑都是属于自然界，存在于自然界的；我们对自然界的整个统治，是在于我们比其他一切动物强，能够认识和正确运用自然规律。"[2] 这一认识对于今天处理人与生态环境之间的关系，意义非常重大。人类不能一味地向自然索取，而是要清醒地认识因为自身活动给生态环境带来的消极后果，学会正确运用自然规律，不断调整与生态环境之间的互动关系，善待自然界，消除人为的破坏行为。只有这样，才能避免自然界的报复。总之，人与生态环境的关系，是一个需要不断探索和重新认识的过程。在这个过程中，人类只有理性地处理好面对生态环境时出现的各种问题，才能保持和延续社会文明的不断发展和进步。

原载《学术研究》2007 年第 12 期

---

[1] 《马克思恩格斯选集》第 3 卷，人民出版社 1972 年版，第 551 页。
[2] 同上，第 517—518 页。

气候变迁与中华文明

王嘉川

(扬州大学社会发展学院副教授)

据1992年1月7日的《中国减灾报》统计,在各种经济损失中,由气象引起的灾害占57%,居群灾之首。如果这一统计大致不误的话,则在中国古代生产力水平低下的情况下,气候变迁对经济发展的积极推进与消极影响之间的巨大反差,简直可以用"难以想象"来形容了。而经济是一切人类文明的基础,影响到人类生活的方方面面,从而,气候变迁对人类文明发展的积极与消极影响,其间的反差,也就很难想象而以道里计了。

气温和降水是气候的两大因素。研究表明,在中国历史上,温暖期也常常是降水较多的时期,寒冷期则降水相对较少,表现出暖湿联姻、干冷相配的气候特色;而近5000年来中国的历史气候变迁,则明显地表现出暖湿与干冷交替出现的波动式变化过程。尽管其中的变动幅度仅在±3℃以内,在数量上不算大,但却对不同时期中华文明的发展起到了深远而巨大的影响。充分认识和反思这些多层次、综合性的影响,能够更加深刻地认识和理解中华文明的形成和发展历程。

一

从经济发展进程来看，中国近5000年来的气候虽是冷暖交替出现，但总的趋势是暖湿期越来越短，温暖程度一个比一个低，干冷期则越来越长，寒冷程度也一个比一个强。这种自然生态环境，直接影响到不同地域的经济发展水平，基本上决定了中国古代经济重心不可逆转地由黄河流域南迁到长江流域的走势。研究表明，温暖湿润的气候在总体上是有利于农业生产的，而寒冷气候则引起农业萧条，从而直接导致整个经济的衰退。因此从理论上说，暖湿期也就应该是国家经济繁荣、政治稳定的时期。考察中国历史，情况也正是这样。

从公元前3000年到前1100年，也就是从仰韶文化到商朝后期，是我国近5000年来的第一个温暖期。黄河中下游地区为亚热带气候，年均气温比现在高2℃左右。这种暖湿气候为农业生产提供了有利条件，以至商代畜牧业虽有其古老传统而基础雄厚，但农业已经上升为具有决定意义的国家生产部门，经济发展水平较高。而此时的南方，河湖沼泊太多，水域面积过大，人们的生产技术低下，排水困难，加上土壤黏性太强，不易耕作，因而黄河流域最先成为中国历史上经济最发达的地区，形成灿烂的黄河文明。

从公元前1100年到前850年，是继第一个温暖期之后的第一个寒冷期。因正值西周时期，所以习惯上也称为西周寒冷期。周人在灭商前就注重农业生产，周代农业发展水平也比商代有所提高。但一般认为，这主要是地广人稀，农业生产技术提高的结果。至于农业生产工具，则与商代没有显著区别。

从公元前770年到公元初年，也就是从春秋时期到西汉末年的700

年间，是我国历史上的第二个温暖期。铁制农具的使用与推广，耕作技术的改进与提高，配以温暖湿润的优越自然气候，促进了春秋战国时期经济的发展。特别是战国时期，农业、手工业、商业都获得长足发展，呈现出空前繁荣的景象；而西汉政权也凭借这一有利条件，仅用六七十年的时间，即完成了战后休养生息的经济恢复过程，迅速发展为经济强大、实力雄厚的王朝，成就了中国历史上第一个享誉世界的封建文明，而其中心，正是在黄河流域。

从公元初年开始的长达600年的东汉魏晋南北朝时期，是我国历史上第二个寒冷期。一方面，北方游牧民族纷纷南下，在中原地区大动干戈，原中原人民在寒冷与战火的交相作用下，大量南迁，在江南建立了许多侨置郡县，为南方带来了大量掌握先进生产技术的劳动力和生产者。另一方面，寒冷干旱的气候，不利于地处中高纬度的北方黄河流域的农业生产，当时黄河流域的年均气温比现在低2℃左右，此前在这一地区大面积种植的水稻等农作物，已经不再具有往日的勃发气象。但这一气候对低纬度的南方长江流域及其以南地区起到了积极的推进作用，加快了土地向适于农业耕作的转化，使人们在生产技术不高的情况下，增强了土地的自然利用率。这些主客观因素对江南经济开发产生了极大的推进作用，使南方获得了长足发展的大好时机，而黄河流域的先进文明则遭到极大破坏。

从600年到1000年，是我国历史上的第三个温暖期，因正值唐朝和北宋前期，一般也称为唐宋温暖期。其中，从8世纪中期以来气温已开始下降，但总体上仍处于暖期。唐代前期，黄河流域的农业文明再度兴盛，农业生产迅速恢复，水稻在这一地区又重新得到广泛种植，其他一些亚热带植物也比较普遍。因气候暖湿，农业带明显向北推进，农业耕作区扩大，土地能够利用的绝对面积增加，同时农作物品种的多样化、农作物的生长期及复种指数等都得到不同程度的增长和提高，这使土地的单位面积产量大幅度上升，也使农业总产量相应提高，从而使国家经济力量强盛，物质文明发达。必须指出的是，这种发达深得南方经济的支持。北宋人所修《新唐书》即明确指出："唐都长安，而关中号称沃野，然其土地狭，所出不足以给京师、备水旱，故常转漕东南之粟。""督江、淮所输以备常数"，"江、淮田一善熟，则旁资数道，故天下大计，仰于东南"。这是以前所没有的新动向。

唐末五代以来，中原地区饱受战争蹂躏，南方则战火较少，经济生产得到保证。从1000年到1200年的两宋时期，是中国历史上的又一个寒冷期。北方游牧民族活动频繁，特别是12世纪初的气候急剧转冷，使东北的女真族因居住地生态破坏，遂向南猛烈进攻，先后攻破辽国，灭亡北宋。酷烈的战火遍及宋朝除四川、广南和福建以外的各路，对先进的经济和文化造成严重的破坏，以致到13世纪中期，自黄河以南到长江以北的广阔领域，大多人口稀少，经济凋敝，没有恢复到北宋末年的水平，这是以前历次少数民族政权南进过程中没有出现过的现象。由于南宋政府推行投降政策，女真金朝与偏安江南的南宋政权长期对峙，稳固地占据了以黄河流域为中心的中原地区。他们在那里大规模地掠夺农业耕地，建立牧场，强制推行落后的奴隶制，严重破坏了中原地区较先进的租佃制，使这一地区的农业生产遭到毁灭性破坏，社会发生严重倒退。

在12世纪以后的800年间，中国的气候虽也曾几次冷暖交替，出现过一些短暂的温暖时期，但总的来说则是以寒冷期为主。而直接受到寒冷气候影响的，正是处于中高纬度的黄河流域。那里的农业生态环境继续遭到破坏，北方农业区向南迁移，农田单位面积产量明显下降，加以干冷使北方游牧民族南下频繁，黄河流域屡受战乱，人民流离，生产受到极大破坏。而低纬度的南方，不但受干冷气候影响的幅度较小，而且这一气候也有利于南方水域面积的减少和沼泽地区土壤的熟化，对该地区的农业生产有利。再加上北方流民劳动力与生产技术的大量涌入，战乱也比北方少，遂使南方到南宋时，发展成为中国的经济重心，人口数量和密度、经济发展水平、重要的工商业城市等，都以南方占绝对优势。

明清两朝几百年间，气候学上俗称为小冰期时期，气温很低，黄河流域及以北地区的生态环境进一步恶化，土地的沙漠化、荒漠化进一步向南推进，黄河流域所受的旱灾也比其他时期多而且重，特别是在1629—1643年间，竟发生了连续14年、赤地几千里的严重干旱。长江以北大部分地区禾草俱枯，川涸井竭，人民相食，亘古罕见。各地农民揭竿而起，东北女真族贵族建立的后金政权也趁机南下，最终导致明清易代。但干冷气候并没有随着清王朝的建立而结束，因而由气候引起的黄河流域经济的进一步衰退的状况，也并没有得到遏制。而南方的经济则得到了进一步发展，有的地区还出现了资本主义生产方式的萌芽，这使中国古代经济重心由北而南的转移，终致不可逆转。

二

气候变迁特别是气候变冷，导致中国古代北方游牧民族的几次大规模南下，直接影响了中国古代政局的演变。简言之，中国历史上的暖湿期，大部分是国家统一的强盛时期；相反，干冷期则大多是国家分裂、政治多元时期。较早者如西周，在商末的寒冷时期中代商而起，并在随后的近5000年来的第一个寒冷期中，为了有效统治全国，采用在各地分封诸侯，由诸侯统治本地的办法，以弥补中央政权对各地鞭长莫及的政治统治缺陷。但是，诸侯王虽对周王室有定期纳贡、朝觐和出兵勤王等义务，其内政则是各自独立的。显然，周王室虽是天下共主，但全国政治形势则明显属于多元化。而就边疆形势来说，这一时期，由于气候寒冷，北方游牧民族活动频繁，他们南迁到关中地区甚至渭水流域，并直接威胁到都城镐京的安全。到西周末年，中原地区几乎都有游牧族人民居住，西周也终于为少数民族所灭，继位的周平王只好将都城东迁洛邑，历史进入东周时期。

西汉和唐朝前期的两大盛世中，暖湿气候也起了极大作用。因为暖湿对农业生产十分有利，在以黄河流域为中心的中原地区，农业经济发展良好，在几十年间，即由战争之后的残破局面发展为经济上强盛的王朝，西汉和唐朝前期都是如此。而这一气候也对同期的北方以游牧为主要生产和生活方式的少数民族有利，他们"逐水草迁徙"，暖湿使其传统生活区域内的水草肥美丰足，保证了他们车马为家，转徙随时，在自己的生活地域内过着自给自足的生活。虽然他们也不免与南方的农业经济区发生摩擦，但因各自能够自给自足，双方还不至于产生争夺生存空间的大规模斗争。在这种主客观条件的混合作用下，西汉和唐朝前期经济繁荣，政治稳定，国势强盛。

但是，随着气候的转冷，中原自身的农业生产遭到破坏，经济凋敝，人民因生活困难而流离失所，主动转向更加适宜农业生产的南方暖湿之地，社会发生混乱动荡，阶级矛盾渐趋激烈；北方草原也因寒冷而致生态恶化，水草减少乃至枯竭，不能维持正常的生活。为了缓解生存压力，求生的本能促使他们铤而走险，离开自己传统的生活区域，向气候相对暖湿的南方农业经济区进犯，寻找更加适合自己的生产方式之地。于是，在气候比前后的汉、唐两朝都干冷的魏晋南北朝时期，北方游牧民族纷纷以各种方式，主动向南迁移，致使黄河流域出现"五胡乱中原"的政治分裂局面，一直处于十几个少数民族政权的争夺之下。而原来的汉族政权，则在内外交困的情况下，被迫迁往江南。

到隋唐重新完成统一之时，也正是气候转暖之际。但唐代中期开始气候又逐渐变冷，政治上则适时地出现了游牧民族出身的安禄山起兵叛乱，这使被周边少数民族尊为"天可汗"的唐王朝由盛转衰。百余年后，王仙芝、黄巢领导的农民起义又在气候极其干旱的时期爆发。经过十几年的战争，起义被平息下去，但使统一的大唐帝国趋于瓦解，各地藩镇割据，统一的中央政府名存实亡，随后更进入五代十国的乱世。北宋政权虽结束了五代十国的分裂局面，但始终与辽、西夏南北对峙。

12世纪以后，中国的气温明显低于此前，而且暖湿期越来越短，暖湿程度越来越低，干冷期却越来越长，寒冷程度越来越强。在这种大环境变动之下，北方游牧民族的南迁运动也以前所未有的激烈方式进行，这就导致由此前的建立割据政权，一变而为建立由其贵族作为统治阶级的统一的多民族国家。先是12世纪初的气候急剧变冷，使东北的女真族生存条件恶化，生存压力骤然剧增，完颜阿骨打率部反抗辽朝的残暴统治，并在灭辽后大举攻宋，向南争夺更加适合生存的生态区域。在蒙古大草原，这次的转冷一直持续了一个多世纪，造成那里常常是漫天飞沙、刺骨飓风。于是蒙古贵族率兵南征西讨，人民则自发地向较为温暖的南方迁移而成为流民。而在1230—1260年的气候又一次突然转冷过程中，蒙古地区生态环境再度急剧恶化，蒙古军队遂放弃了远征西欧的计划，在灭金以后，迅速向距离较近而又相对暖湿的南宋所属地区大举进攻，争夺更好的生存空间。经过40余年的战争，最终建立大一统的蒙元帝国。明清时期是小冰期，气候寒冷，清政权也是以北方游牧民族的身份，在其间的最冷时期（1640—1700），入主中原，建立一统帝国。由于明清两朝的中央政府实行了各种灵活机动的政策，对周边少数民族地区实现了有效控制和管理，因而这一时期没有出现大的政治分裂，国家基本上保持了政治统一。但由于寒冷导致的生产衰退，一些地区民不聊生，农民起义和各种暴动此伏彼起，有时还演变成漫延十几省、持续十几年的大规模农民起义，使社会时常处于动荡之中。

三

除了对经济发展和政治进程的影响外，气候变迁也造成了较大空间范围内的大规模人口迁移。如前面提到的魏晋南北朝"五胡乱中原"时期、安史之乱时期，游牧民族都曾大举南进，中原人民也因战乱和寒冷而大量南迁，致使南方人口激增。两宋之际，随着气候的急剧转寒，女真贵族率军南下，女真人民也随之南迁就温。在与宋和议停战后，女真人更是遍及黄河南北，此后随其迁都开封，又有大量女真人迁入河南地区。而原来中原地区以汉族为主的人民，则大批迁往更南的江南地区。宋元之际，气候寒冷，蒙古贵族率军南征。随着他们的一步步向南推进，成千上万的蒙古人民也自发地向南方温暖湿润的地区迁移。一直到大一统的蒙元帝国建立50年后，通过给予生产生活资料来遣返这些蒙古流民仍是中央政府的一项重要政治工作。但即便如此，还是制止不住流民南下的步伐，以致政府不得不下达了最严厉的处罚办法："禁毋擅离所部，违者斩！"而到元明之时，因气候寒冷，东北地区的许多民族纷纷向南方迁移，女真三部就是在此过程中形成的。其中，建州女真继续不断南下，并最终完成了统一中国的历史进程，其人民也随之大量涌入关内。

从中国历史上的人口分布来看，气候温暖湿润的汉唐时期，人口主要分布在黄河流域特别是中下游地区，以全国来说，就是北多南少。这是与当时北方经济发展水平高于南方的生产情况相符合的，因为在生产力低下的情况下，一个地区的人口密度是与该地区农业生产的盛衰成正比的，只有生产水平越高，才能养活更多的人口。在这一时期内，虽因战争而有时打破这一人口布局，但战争过后很快又得到恢复。北宋中期以来，气候转冷，北方人民因各种原因，以各种方式不断南迁，加以经济重心也逐渐转移到南方，到元朝以后，虽有战争对南方人口布局的不时摧残破坏，但再也没有出现北方人口多于南方的现象。显然，寒冷的气候，北方人口的几次大规模南迁，极大地促进了南方经济的发展，而南方经济力量的增强又继续和更加能够吸引更多人口的迁入，如此循环往复，相对温暖湿润的南方的经济发展自然是越来越高于北方，人口越来越多于北方。实际上，如果我们把眼光放远一些，也可以发现同样的事实，那就是：在原始社会时期，世界上的几大文明都是诞生于温暖湿润的地区，原始人群也都是集中生活在暖湿的气候带中。而一旦气候变冷，这些原始人群便也自发地向相对更加暖湿的低纬度地区迁移。可见，气候对人口分布的影响，是远古时期就已存在并长期发生作用的。

四

气候变迁对中华文明进程的影响,当然不止以上三个方面,这里只是就几个主要的、影响全局的方面进行的扼要考察。如果可以用优劣来评价的话,那么可以发现,就中华文明进程来说,温暖湿润的气候对文明的发展是有着积极的推进作用的,而干冷的气候则正好相反。但这也只是就古代历史时期来说的。近代以来的200多年,全球人类活动以前所未有的强度改变了大气的化学成分,致使大气中温室气体逐渐增加,全球气温明显变暖。虽然这200余年所创造的生产力,远远大于此前人类5000年所创造的生产力的总和,但这毕竟是人为因素起了极大的作用,与此前气候的自然变迁影响人类文明进程有着很大的不同。这是我们不能不加以注意的。此外,从世界历史的进程来看,气候变迁引发的人类生存环境的变迁,是无法再重新恢复或逆转的,而且气候暖湿也并不是对所有事物的发展都有利。这就要求我们,必须适度控制人为因素引起的增温进程。

元朝末年,政府官修《辽史》顺利完成,其《营卫志》中有这样一段话:"天地之间,风气异宜;人生其间,各适其便。……长城以南,多雨多暑,其人耕稼以食,桑麻以衣,宫室以居,城郭以治;大漠之间,多寒多风,畜牧畋渔以食,皮毛以衣,转徙随时,车马为家。此天时地利所以限南北也。"天时地利、冷暖干湿的自然气候因素,已经限定了人类本能和自我创造的先决条件。虽然"人们自己创造自己的历史",但任何人都不能随心所欲地创造,而只能是在直接碰到的、既定的、从过去继承下来的条件下创造。人类当然可以发挥自己的主观能动性,从而一定程度地改变环境和条件,弥补其不足。但从历史上看，这也只能是在较小的空间内进行，而大部分情况下，则是在气候因素的自然作用下，在"天地之间"寻找适合自己的"各适其便"之地。是人类主动适应自然，而不是自然适应人类。从上述气候变迁与中华文明的演变关系可以看出，自然气候是社会变化的终极原因，是影响人类本能的最深层因素。这就要求我们，必须正确而充分地认识人和自然的关系，以便在"天地之间"，更好地"各适其便"，完成"人们自己创造自己历史"的伟大任务！

原载《学术研究》2007 年第 12 期

环境意识与中国古代文明的可持续发展

李传印　陈得媛

（李传印，华中科技大学历史研究所、安庆师范学院人文与社会学院教授；陈得媛，华中科技大学图书馆助理研究员）

中国古代文明为何能够保持几千年延绵不断的持续发展，并创造辉煌的文明成就？以往人们多从中国古代的地理环境、社会结构、经济结构和儒家文化的特质等方面进行讨论和认识，从不同的视角对中国古代文明的连续发展问题进行诠释，获得了许多富有启示意义的认识成果。文明的持续发展实质上是文明发展的可持续性问题，只有文明发展具有可持续性，文明的发展才能长期延续。我们认为，中国古代基于人与自然和谐关系上的环境意识与现代可持续发展的意义[1]相

---

[1] 根据联合国环境与发展委员会发布的《我们共同的未来》和1991年世界自然保护同盟、联合国环境规划署和世界野生动物基金会在《保护地球——可持续生存战略》两个权威文件，可持续发展应该有三层基本含义：在时间上，社会发展既要满足当代人的需要，又不对后代人满足其需要的能力构成危害，强调当代社会的发展不应以损害后代人的发展为代价，要顾及人类发展的未来利益；在空间上，一部分人的发展不应损害另一部分人的发展，强调同时代人之间应该有公正、平等的生存与发展权力，实现全人类的共同发展；在对自然的认识和资源利用的态度上，社会的发展应该在不超出生态系统的承载能力的前提下改善人类的生活质量，强调人类应该保护生态环境，并与自然和谐共处，反对人类对自然物产的毫无节制的征服、掠夺和挥霍，以免产生灾难性的环境后果，危害人类生存。从可持续发展的这些应有之义看，可持续发展的实质是如何对待和处理人—社会—自然三者的关系，终极目标是人类社会的发展。可持续发展观念不仅强调可持续性，而且特别强调发展。

通契合，在中国古代社会发展的过程中，有效防止了人的过度物化，抑制了人对自然毫无节制的掠夺，确立起以代际平等为基础的资源利用原则，从而在环境和资源方面保证了中国古代文明发展的可持续性。

一、构建人与自然的和谐关系，有效防止人的过度物化

在对人类发展的深刻思考中，学者们已清楚认识到人的物化问题。人类为了生存和发展，不断生产和创造出各种各样的物质资料，在劳动和创造中感受生存的幸福和生命的意义。但是，随着物质资料生产和财富的积累，这些物质资料会不断侵蚀人类的心灵，刺激人类物质欲望的膨胀，逐渐扭曲人存在的真正意义和价值，导致人与物错位，真正的人在物的面前消失，人逐渐被物化。

人被物化的后果极其严重。其一，人的物化往往会使人局限在狭隘的分工范围内，留恋眼前利益的获取和物质欲望的满足，从而目光短浅，急功近利，失去未来的方向。其二，在人与自然的关系上，人的物化使人完全彻底地从自然界中剥离出来，以一种超自然物的意识和身份凌驾于自然之上而成为自然界的主宰者，加剧人与自然界的对立。为了攫取更多的物，人以盲目和野蛮的行动将自然界作为肆意践踏和征服的对象，从而使人类逐渐失去存在和发展的物质基础而陷入不可持续发展的困境之中。[1]因此，如何有效地防止人类的物化，就成为人类社会是否可以可持续发展的关键问题。

中国古代思想家、政治家虽然没有明确提出社会发展的可持续性

---

[1] 谢光前：《论人与可持续发展》，《南昌大学学报》1997年第3期。

问题，但他们基于天人合一理念，在处理人—社会—环境关系上，充分注意到人的欲望与人的物化之间的相互关联，通过构建人与自然的和谐统一关系，抑制人对自然界掠夺欲望的膨胀，有效地防止了人被完全物化，从而最大限度地避免了因为对自然的掠夺而使中国古代社会陷入不可持续发展的困境。

对于人与自然关系的不同认识，关系到人对待自然的态度和行为，关系到人类对自然资源利用的方式方法和利用程度。早在2000多年前，中国古代哲学家就以朴素的形式阐述了这个问题。尽管说法不一，但基本思想是一致的，即人与自然是统一不可分割的整体，人是自然的一部分而不是超自然物。周代有天、地、人"三才"[1]的表述，认为天地人是统一的整体。《易传》指出："易之为书也，广大悉备，有天道焉，有地道焉，有人道焉。"[2] 老子说："有物混成，先天地生，吾不知其名，故强曰之道。……道大，天大，地大，人亦大，域中有四大，而人居其一焉。"[3] 老子强调的是天道与人道的和谐统一。他还指出："道生一，一生二，二生三，三生万物"[4]，强调"道"不仅是人的本源，而且是天下万物的本源，是宇宙的普遍规律，这是人与自然和谐统一观点的另一种表述。张载明确提出"天人合一"的命题，他说："儒者则因明至诚，因诚至明，故天人合一。"[5] 程颐也指出："仁者以天地万物为一体。"[6] 王阳明在《传习录》卷中《答顾东桥书》中

---

[1] 阮元：《十三经注疏·易经注疏》（《说卦》），中华书局1980年版。
[2] 阮元：《十三经注疏·易经注疏》（《系辞下》）。
[3] 《老子》第25章，上海古籍出版社2002年版。
[4] 同上，第42章。
[5] 王夫之：《张子正蒙注》（《乾称》），中华书局1975年版。
[6] 程颐、程灏著，潘富恩校：《二程遗书》卷2上，上海古籍出版社2000年版。

说:"夫圣人之心,以天地万物为一体,其视天下之人,无外内远近,凡有血气,皆其昆弟赤子之亲,莫不欲安全而教养之,以遂其万物一体之念。"显然,王阳明不仅强调人与自然为一体,而且倡导人与万物的诚爱无私,和谐相处。

人作为一种自然物存在是马克思主义自然观的基本观点,也是现代环境伦理观念的哲学基础。恩格斯多次强调人类"自身和自然界的统一",反对"把那种精神和物质,人类与自然,灵魂和肉体对立起来的荒谬的反自然的观点"[1]。现代环境伦理建设的基本目标之一就是要重新定位人与自然的关系,正确认识人与自然之间的依存性。从这个意义上说,在人与自然的关系问题上,中国古代的环境伦理意识与现代环境伦理观念是相通契合的。

人作为一种自然物,人的自然力、生命力和能动性必须遵循自然规律。中国古代哲学家强调人的能动作用,肯定人类具有超出万物的生命价值和赞助天地之化育的能动力,但这并不意味着把人视为自然的"征服者",人必须尊重自然规律,服从自然法则。[2]《易》说:"夫大人者,与天地合其德,与日月合其明,与四时合其序,与鬼神合其吉凶,先天而天弗违,后天而奉天时。"[3]强调人要发挥能动性,必须依照自然规律。荀子说:"天行有常,不为尧存,不为桀亡,应之以治则吉,应之以乱则凶。"[4]老子在认识到"道"为万物的本源之后,进而指出:"人法地,地法天,天法道,道法自然。"[5]道家把顺应天道自

---

[1] 〔德〕恩格斯:《自然辩证法》,人民出版社1971年版,第159页。
[2] 焦华:《中国古代环境意识与现代伦理环境观念探析》,《环境科学与管理》2005年第8期。
[3] 阮元:《十三经注疏·易经注疏》(《乾·文言》)。
[4] 王先谦:《荀子集解》(《天论》),中华书局1988年版。
[5] 《老子》。

然而为称之曰"无为",而把违背自然规律的行动,称之曰"有为"。儒家虽然对自然规律问题没有作较系统的理论阐释,但通过对禹和鲧的行为作不同的评价说明顺应自然规律对社会发展的意义。禹所以能治水成功,是因为他顺应了水势就下的自然规律,采用了疏导水流使之注入大海的办法;而鲧治水遭到失败,是因为他违背水势就下的自然规律,采取垒坝堵水的办法,使人与自然仍处于对立之中。《大戴礼记·易本命》云:"故王者动必以道,静必以理。动不以道,静不以理,由自夭而不寿,孽数起,神灵不见,风雨不时,暴风水旱并兴,人民夭死,五谷不滋,六畜不蕃息。"正是基于对自然规律的这种观察,其后的许多思想家都对人怎样符合规律性而实现目的性的问题作了有价值的思考。如《淮南子·修务训》说:"夫地势水东流,人必事焉,然后水潦得谷行;禾稼春生,人必加功焉,故五谷得遂长。听其自流,待其自生,则鲧禹之功不立,而后稷之智不用。"这里的"人必事焉"、"人必加功焉",实际上是对人类能动的主体性地位的肯定,也蕴涵着尊重客观规律与发挥人的主观能动作用的统一的意义,只不过它更强调由规律性而达到目的性、由利用自然规律来展示人的自觉能动性。这种既强调人的主观能动性又尊重客观规律,将人类与自然的和谐发展作为人类社会可持续发展的基础和前提的思想,无论在当时或现在都具有重要的理论价值。[1]

二、仁民万物,珍爱生命,抑制人类对自然的欲望膨胀

基于对人与环境的伦理关系和受人与自然关系影响的人与人的伦

---

[1] 丁原明:《天人合一与环境保护》,《山东社会科学》1999 年第 2 期。

理关系两大问题的不同理解，形成了许多内涵不同的环境观念。一种观念认为人类是自然界的主宰，是自然界万物进化的最终目的，只有人类才是衡量生命实体能否存在的唯一价值尺度，因此人类在处理人与自然、人类与生态环境关系时，应该将人类的利益置于首要位置，自然对人类仅仅具有工具性价值。一种观念认为自然不仅仅对人类有工具性价值，还具有独立于人类存在的内在价值，人类应该承认自然及其万物像人类一样拥有道德地位并享有道德权利，人类应该尊重自然及其他生命，对它们承担起道德义务和责任。[1]

显然，前者虽然从人类的整体利益和长远目标发展出发，也重视人与环境的和谐，主张对人类生存环境进行保护，但这种保护是为了从自然界获取更多的功利性保护。而且人类各种不同的利益集团为了个人或集团的私利，往往把自然界作为可以无穷索取的资源库和无限容纳废弃物的垃圾场，对自然进行疯狂掠夺，导致环境破坏，损害大多数人和后代人的利益。在社会实践层面上，保护环境成为仅仅停留在口头上的空话，导致人类社会的发展出现不可持续的局面。后者认为人类之外的其他自然存在物拥有其内在价值，只有人类从自然的整体利益出发，把其他自然存在物也当作具有独立于人的主观偏好的内在价值的对象来加以保护时，生态系统的稳定和完整才能真正得到保护，人对环境的保护才具有更大的包容性和安全性，人类社会的发展才会更安全、更稳定、更可持续。这种观念把道德义务的范围扩展到人之外的其他存在物，把平等地关心所有当事人的利益这一伦理原则扩展应用到人之外的其他存在物身上，真正使人类对自然的关爱和保

---

[1] 杨进通：《环境伦理学的基本理念》，《道德与文明》2000 年第 1 期。

护成为自觉，人与自然的和谐统一具有了实在意义。

中国古代哲人在天人合一观念的基础上，把天地万物视为和谐的整体。老子道家认为"万物负阴而抱阳"，强调"道"的运动是自身使然的（即"无为"），其最终意义就在于确证自然体系之结构的完美及其和谐性。儒家对万物共生共存的相互依赖关系观察得要更细密一些。孟子说："君子之于物也，爱之而弗仁；于民也，仁之而弗亲。亲亲而仁民，仁民而爱物。"[1]在孟子的观念中，君子之"爱"是有层次的。从对亲人的亲爱，到对百姓的仁爱，再到对一切自然物的珍爱，各有不同的内涵，表现为由近及远的扩展。而这几种爱之间又有着内在的必然联系：亲亲必须仁民，因为只有人民安居乐业了，才能使亲人的幸福得到保障；仁民又必须爱物，因为只有珍惜作为生存资料的自然物，才能使人民的生活有保障。他将仁爱的道德规范延伸到爱物的领域，从而把珍惜爱护自然万物提高到作为君子的道德职责的地位。荀子认为天地万物的存在变化不是杂乱无章的，而是一个有序的整体系统，即"天地以合，日月以明，四时以序，星辰以行，江河以流，万物以昌"[2]。正因为世界是一幅和谐有序的图景，故使"万物皆得其宜，六畜皆得其长，群生皆得其命"[3]。荀子又说："圣人者，以己度者也。故以人度人，以情度情，以类度类。"[4]宋代张载则认为："乾称父，坤称母。予兹藐焉，乃混然中处。故天地之塞，吾其体；天地之帅，吾其性。民，吾同胞。物，吾与也。"[5]

---

[1] 阮元：《十三经注疏·孟子注疏》（《尽心上》），中华书局1980年版。
[2] 王先谦：《荀子集解》（《礼论》）。
[3] 王先谦：《荀子集解》（《王制》）。
[4] 王先谦：《荀子集解》（《非相》）。
[5] 王夫之：《张子正蒙注》（《乾称》）。

与人和自然和谐的观念相联系,中国古代思想家们主张"兼爱万物",把爱护生物,尊重一切生命的价值提高到衡量人们行为善恶的高度上。《易》曰:"天地之大德曰生",将"生"作为天地之间的至德。道家以无为、无执、无处的心态对待"物欲",无疑已包含化解人与外部世界的紧张,寻求一个适合人生存的客观环境的意向。儒家由于重视人伦日用的道德实践,强调按照由近及远的程式将"仁德"及于人,推及于物。孔子不仅主张以"仁"待人,也主张以"仁"待物,即《论语·述而》中所说:"子钓而不纲,弋不射宿。"《礼记·祭义》记载:曾子曰:"树木以时伐焉,禽兽以时杀焉。夫子曰:断一树,杀一兽,不以其时,非孝也。"显然孔子把道德伦理行为推广到生物,认为滥伐树木,滥杀禽兽是不孝的行为,把保护自然提高到道德行为的高度。

在孔子"仁物"的基础上,孟子提出了"仁术"说。所谓"仁",即指把人的"不忍人之心"推及于禽兽,亦即"恩以及禽兽"。宋代程颐更强调说:"生生谓之易,是天之所以为道也。天只是种生为道。继此生理者,即是善也。"[1]宋代学者朱震在《汉易传·说卦》中不仅认为人对草木禽兽应当珍惜保护,而且把滥伐树木,滥杀禽兽的行为斥为"不孝",他说:"万物分天地也,男女分万物也。察乎此,则天地与我并生,万物与我同体。是故圣人亲其亲而长其长而天下平。伐一草木,杀一禽兽,非其时,谓之不孝。"

正是由于对自然生物系统具有同情心,所以孟子说:"不违农时,谷不可胜食也。数罟不入洿池,鱼鳖不可胜食也。斧斤以时入山林,林

---

[1] 程颐、程灏著,潘富恩校:《二程遗书》卷2上。

木不可胜用也。"[1] 荀子也说："圣王之制也，草木荣华滋硕之时。则斧斤不入山林，不夭其生，不绝其长也。鼋鼍、鱼鳖、鳅鳝孕别之时，罔罟毒药不入泽，不夭其生，不绝其长也；春耕、夏耘、秋收、冬藏，四者不失时，故五谷不绝而百姓有余食也。洿池、渊沼、川泽谨其时禁，故鱼鳖优多而百姓有余用也。斩伐养长不失其时，故山林不童而百姓有余财也。"[2] 这些思想尽管是朴素、直观的，但已说明人与自然关系的处理，不只是一个技术手段控制的问题，同时也需要有道德的参与。[3]

三、重视社会发展的代际平等，强调自然资源利用的合理性

从时间层面说，可持续发展要求在对待自然资源利用的问题上，坚持代际平等的发展理念，即社会发展既要满足当代人的需要，又要考虑后代生存和发展的需求，遵循当代社会的发展不以损害后代的发展为代价，顾及人类发展的未来。

中国古代文明是一种以农业为主要形态的文明，它的发展及其可持续性与自然环境和自然资源密切关联。我们注意到，中国古代思想家基于人与自然的和谐统一，主张仁民爱物，反对对自然资源的过度索取。既肯定在不违背人与自然和谐统一的基础上，对自然资源进行开发利用，为人类造福，又强调对自然资源开发利用的合理性，以保证子孙后代的生存和发展需要。

---

[1]　阮元：《十三经注疏·孟子注疏》(《梁惠王上》)。
[2]　王先谦：《荀子集解》(《王制》)。
[3]　丁原明：《天人合一与环境保护》，《山东社会科学》1999年第2期。

中国古代思想家和政治家强调自然资源是社会发展的物质基础，应该进行开发利用。荀子说："修火宪，养山林薮泽，草木、鱼鳖、百索，以时禁发，使国家足用，而财物不屈，虞师之事也。"[1] 显然荀子把山林泽薮等自然资源作为国家财富，是"国家足用，财物不屈"的物质基础。中国古代思想家们不管是主张仁民爱物，保护环境，还是反复强调人与自然的和谐统一，其终极目标还是要让百姓"有余食"、"有余用"和"有余材"，落脚点还是民生，还是社会的进步和发展。《礼记·曲礼》认为："地广大，荒而不治，此亦士之辱也。""地有余而不足，君可耻之。"[2]

但是，利用而不是滥用，这是中国古代环境意识的基点。我们的先人很早就认识到"畋不掩群，不取麛夭；不涸泽而渔，不焚林而猎"[3]。认为要想利用自然资源，尤其是生物资源，必须在保护的基础上合理、适时地开发和利用，反对不合时宜地过度开发，特别是破坏性的开发利用。西周时期，人们已经认识到保护山野薮泽是富国富民的保证。《管子·立政》篇中讲到富国立法有五，其中第一条就是"山泽救于火，草木殖成，国之富也"。将山泽防火、草木生殖置于富国之道的首位。《逸周书·文传解》中说："山林非时不升斤斧，以成草木之长；川泽非时不入网罟，以成鱼鳖之长。"管仲认为："山林虽近，草木虽美，宫室必有度，禁伐必有时。"[4] 孟子把是否能够对自然资源进行有效保护和合理利用提升到"王道"的高度，体现了中国古代环

---

[1] 王先谦：《荀子集解》(《王制》)。
[2] 阮元：《十三经注疏·礼记注疏》(《杂记》)，中华书局1980年版。
[3] 刘安著、何宁集释：《淮南子》(《主术训》)，中华书局1998年版。
[4] 黎凤翔：《管子校注》(《八观》)，中华书局2004年版。

境意识的鲜明特色。

早在春秋战国时期，人们就对动植物的捕获狩猎砍伐作出了严格的时间限制。同时，在此过程中又采取了取大留小、用壮护幼的方法，以保证幼小动植物的生长。夏历的春三月和夏三月正是树木生长、鸟兽鱼鳖孕育生长的大好时机，所以古人严禁在这一时期内田猎鸟兽、网捕鱼鳖。《礼记·月令》记述上半年孟春正月到季春六月均有保护林木鸟兽龟鳖等生物资源的禁令。从孟春"禁止伐森，毋覆巢"，到仲春"毋竭川泽，毋漉陂坡，毋焚山林"，再到季夏"树木方盛，命虞人入山行木，毋有斩伐"。从《礼记·月令》看，几乎每个月对自然资源的开发利用都有明文规定。

在环境保护和自然资源的开发利用关系方面，目前主要有两种倾向，一是过分强调保护，反对对自然资源的利用，哪怕是合理的利用，从而使环境保护成为空谈而失去实际意义。一种是过分强调利用，不重视保护，从而走向对自然资源的滥用。中国古代思想家们则既肯定对自然资源的利用，又强调这种利用应该适时适度，强调利用的合理性。正是这种基于环境保护的开发利用，既有效保护了生态环境，又满足了人们对自然资源开发利用的需要，也为子孙万代留下了可供长期开发利用的自然资源，这正是保证社会可持续发展所需要的环境意识。

原载《学术研究》2007 年第 12 期

历史时期的森林利用与文明的推移变迁

李 莉

（北京林业大学人文学院林业史研究室副教授）

地理环境既是人类文明的历史舞台，也是人类赖以生存和发展的物质基础。森林是地理环境的重要组成部分。在人类创造文明的初期，就有大量森林存在。人类最初的创造活动，如传说中的楼木为巢的有巢氏、钻木取火的燧人氏、教民渔猎的伏羲氏、教民耕种的神农氏，他们的业绩都是以森林为历史舞台背景，以树木和木材为生产的原料和工具："刳木为舟，剡木为楫，断木为杵，掘地为臼……弦木为弧，剡木为矢……斫木为耜，揉木为耒。"[1]人们从生活实践中逐渐认识到林木的广泛用途，并利用这些森林来维持生计和发展生产，树木成为人民日常生活中必不可少的自然资源。可以说，人们的衣食住行皆仰给于森林，这就决定了人类对森林利用的过程，也是文明的进程。

一、历史时期的森林利用

历史时期的森林利用主要体现在以下几个方面。

---

[1] 卜子夏：《子夏易传》，见文渊阁四库全书第 7 册，台湾商务印书馆 1986 年版。

（一）建筑用材

"天下人民野居穴处，未有室屋，则与鸟兽同域，于是黄帝乃伐木构材筑作宫室，上栋下宇以避风雨。"[1]《白虎通》中曰："黄帝作宫室以避寒暑，此宫室之始也。"[2] 中国的古代建筑主要是木构建筑，无数能工巧匠，以其得天独厚的森林资源，创造了以木构为主要形式的各类建筑。

中国第一首砍伐森林修筑庙堂的史诗为追述商代武丁（商代第23代王）业绩的诗歌《诗经·商颂·殷武》："陟彼景山，松柏丸丸。是断是迁，方斫是虔。松桷有梴，旅楹有闲，寝成孔安。"[3] 周惠王十八年（公元前659年）鲁釐公即位，在位期间曾建闷宫（寝庙），于是作"徂徕之松，新甫之柏，是断是度，是寻是尺，松桷有舄，路寝孔硕。新庙奕奕，奚斯所作"[4]。

秦汉时期，由于统治阶级奢靡成风，开始大兴土木，营建宫殿。秦始皇统一中国后，兴修宫殿，"关中计宫三百，关外四百余"，"咸阳之旁二百里内宫观二百七十"。[5] 尤其是秦之阿房宫，耗材巨大，巨树良材皆取之于崤山、中条山等地。汉代大兴土木始于景帝前元四年（公元前153年），西汉更大规模的森林采伐为汉武帝时期，仅上林苑就有离宫别馆300余所。元鼎二年（公元前115年）武帝起柏梁台，"台高二十丈，用香柏为殿，香闻十里"[6]。此时经济已发展到顶峰，上下

---

[1] 李锴：《尚史》卷2，见文渊阁四库全书第404册，台湾商务印书馆1986年版。
[2] 班固等：《白虎通》，中华书局1985年版。
[3] 毛亨传：《郑玄笺·毛诗注疏》，见文渊阁四库全书第69册，台湾商务印书馆1986年版。
[4] 毛亨传：《郑玄笺·毛诗注疏》（《诗·鲁颂·閟宫》）。
[5] 司马迁：《史记·秦始皇本纪》，中华书局1959年版。
[6] 孙星衍撰、庄逵吉校：《三辅故事》，中华书局1985年版。

奢靡之风已逐渐形成，官僚贵族和豪强巨富"缮修第舍，连里竞巷"[1]。这种风气对于森林是一场灾难，所谓"宫室奢靡，林木之蠹"[2]。

隋唐时期是佛教盛行的时期，北京西部、北部山区兴修的寺院很多。官府为土木工程大面积破坏森林则屡见不鲜，如《长安客话》记载"胡守中以都御史奉玺出行边，乃出塞斩尽辽金以来松木百万"[3]，砍伐这么多的木材，主要是为了在喜峰口修建"来远楼"。《旧唐书》卷44《职官志》称：将作监设"百工、就谷、库谷、斜谷、太阴、伊阳等监"；《注》称："百工监在陈仓，就谷监在王屋，库谷监在鄠县，太阴监在陆浑，伊阳监在伊阳，皆出材之所。"[4] 陈仓、王屋、鄠县在陕西境内，陆浑、伊阳在河南省嵩县境内，可见唐代初期，采伐基地为陕西、河南一带，这些采伐基地主要是供应长安和洛阳的木材基地。780年之后，唐德宗说过："吾闻开元时，近山无巨木，求之岚、胜间。"[5] 开元为713年之后，岚为今山西省岚县，胜为今内蒙古呼和浩特一带，可见唐代中期之后森林采伐已依靠吕梁山和阴山的林木了。

宋朝在澶州（今清丰县西南）修桥，皇帝诏令使用秦陇之松木。到宋真宗（998—1022）时，于汴京及应天府两地进行了更大规模的营造，"大中祥符间，奸佞之臣，罔真宗以符瑞。大兴土木之役，以为道宫。玉清昭应之建，丁谓为修宫使。凡役工日至三四万。所用有秦陇岐同之松；岚石汾阴之柏；潭衡道永鼎吉之梌楠楮；温台衢吉之梼；永澧处之槻樟；潭柳明越之杉……其木石皆遣所在官部兵民入山谷伐

---

[1] 范晔撰、李贤等注：《后汉书·唐节传》，中华书局1965年版。
[2] 桓宽：《盐铁论》，上海人民出版社1974年版。
[3] 蒋一葵：《长安客话》，丛书集成续编（第50册），上海书店出版社1994年版。
[4] 刘昫等：《旧唐书》卷44，中华书局1975年版。
[5] 欧阳修、宋祁：《新唐书·裴延龄传》，中华书局1975年版。

取"[1]。采伐基地远远多于唐代，遍及全国，说明近山处不够采伐或者已经无木可采，其土木之功真是殚尽天下的人力和物力。宋代森林采伐利用之烈，走遍各地的沈括据其目睹写道："今齐鲁间松林尽矣，渐至太行、京西、江南，松山大半皆童矣。"[2]

采办"皇木"是明清两代王朝的要政。明代，"采木之役，自成祖缮治北京宫殿始。永乐四年（1406）遣尚书宋礼如四川，侍郎古朴如江西，师逵、金纯如湖广，副都御史刘观如浙江，佥都御史史仲成如山西。……宣德元年（1426）修南京天地山川坛殿宇，复命侍郎黄宗载、吴廷用采木湖广。……正德时（1506年后），采木湖广、川、贵，命侍郎刘丙督运。……（嘉靖）二十年（1541），宗庙灾，遣工部侍郎潘鉴、副都御史戴金于湖广、四川采办大木。二十六年复遣工部侍郎刘伯跃采于川、湖、贵州，湖广一省费至三百三十九万余两。……万历中（1573年后），三殿工兴，采楠杉诸木于湖广、四川、贵州，费银九百三十余万两，征诸民间，较嘉靖年费更倍"[3]。连年大规模地采伐森林来营造宫室、庙宇。

清朝定都北京后，王府宅第相继兴建，耗资巨大，所需木材甚多，当时北京附近之森林几乎开发殆尽，甚至明代十三陵之苍松翠柏亦遭到砍伐。顾炎武曾在《昌平山水记》一书中写道："自（明十三陵）大红门以内苍松翠柏数十万株，今蕲伐尽矣。"[4] 又说，在十三陵东口，"嘉靖中，俺答之犯，我兵伏林中，竟不得逞而去矣，今尽矣"[5]。这

---

[1] 洪迈：《容斋随笔三笔》卷11，见文渊阁四库全书第851册，台北商务印书馆1985年版。
[2] 沈括：《梦溪笔谈》卷24，中央民族大学出版社2002年版。
[3] 张廷玉等撰：《明史》卷82，中华书局1974年版。
[4] 顾炎武：《昌平山水记》，北京古籍出版社1982年版。
[5] 同上。

是他在顺治十六年（1659）至康熙十六年（1677）18年中的见闻，可见当时十三陵中之松柏林已采伐将尽。18世纪末叶，北京居住的达官显贵、富户贵族，兴起奢侈之风，修建四合大院及花园林苑，追求豪华富丽，所用木材，以黄松（即华北落叶松）或油松为主梁，历久不腐。建筑用材，首先取之京西、京北之远山林区，森林资源不断遭受毁坏。

（二）舟船用材

造船业在我国古代就是很发达的一个行业，古人远行以舟船代步，比陆上车辆更方便。木筏于春秋时称"桴"或"栰"，《论语·公冶长》有"乘桴游于海"的说法。不论是舟、船还是桴、栰，都是用木材制造的。

战国时期越王勾践从海上迁其父冢于琅琊，以示驻霸中原之意。关于这次航海活动，《吴越春秋》中说："越王使如木客山（离会稽县15里），取元常之丧，欲徙葬琅琊"[1]；《越绝书》中说："木客大冢者，勾践父允常（即上引元常）冢也。初徙琅琊，使楼船卒二千八百人伐松柏为桴。"[2] 越国称水军士兵为"楼船卒"，又称"习流"，勾践为将父冢由会稽海运琅琊，出动近3000水军伐木筑筏，航行声势浩大，而所用木材之众也自非寻常。

唐高宗龙朔三年（663）有"停罢三十六州造船"的诏令，说明唐代前期由国家经营的造船业遍及36州。民间的造船业更为发达，白

---

[1] 赵晔撰、徐天祐注：《吴越春秋》，见文渊阁四库全书第463册，台北商务印书馆1985年版。
[2] 袁康、吴平同：《越绝书》，见文渊阁四库全书第463册。

居易诗"中桥车马长无已,下渡舟航亦不闲"[1]之句,可见舟楫之盛。宋元时期,国内外贸易均大为发展,无论内河航运还是海运,规模都前所未有。1974年,考古工作者在福建省泉州市后渚西南海滩发掘出一艘南宋的海船。海船平面近似椭圆状,头尖尾方,船身扁阔,尖底,双桅,船壁为三层板制成,约为3600料,底有两段由松木料接合而成的龙骨,全长17.65米。由此对当时的舟船用材可窥一斑。

明清两代以使用木材为主的造船业与扬帆海外、抵御海寇和国内漕运有关。明清时期的造船主要还是以木材为原料,据记载:"一千料海船一只合用:杉木三百二根,杂木一百四十九根,株木二十根,榆木舵杆二根,栗木二根,橹坯三十八枝……四百料钻风海船一只合用:杉木二百八十根,桅心木二根,杂木六十七根,铁力木舵杆二根,橹坯二十只,松木五根……"[2]可见其木材利用之巨。

(三)丧葬用材

厚葬是我国古代丧葬民俗的主流,基本上主导着我国的丧葬民俗。据《韩非子·内储说上》记载:齐桓公时,为了禁止厚葬以保护森林资源,曾颁发了"棺椁过度,有戮其尸"的法令。尽管如此,厚葬之风仍然盛行,在相当长的历史时期,丧葬用材是木材利用的大宗,突出表现在汉代。

近年考古发现,汉代贵族棺椁用材之多令人吃惊。东汉时,中山

---

[1] 白居易:《白氏长庆集·清明日登老君阁望洛城赠韩道士》,见文渊阁四库全书第1080册,台湾商务印书馆1986年版。
[2] 徐溥等奉敕撰、李东阳等重修:《明会典》卷200《工部》,见文渊阁四库全书第617册,台湾商务印书馆1986年版。

简王刘焉死后所修墓冢，"发常山、巨鹿、涿郡贡肠杂木，三郡不能备，复调余州郡，工徒及送致者数千人，凡征发徭动六州十八郡"[1]。北京大葆台汉墓是我国最早发现的大型"黄肠题凑"墓葬，其墓葬与棺椁结构保存得比较清晰完整。所谓"黄肠题凑"，就是用木料垒砌的木墙。"黄肠题凑"是古代墓葬的一种葬式，只有帝王和诸侯王级别的才可使用，是古代等级制度的一种表现形式。用柏木堆垒成的框形结构，后来逐渐发展成为木构地宫。在皇帝和诸王的木室墓中，木棺采用多层，在木棺以外设椁，在椁以外置"黄肠题凑"。大葆台汉墓的整个木墙用10厘米×10厘米×90厘米条木致累，按现有高度推测，约15000多根，合成材122立方米，每根净重约8.1公斤，其中最大的一根重达32公斤。15000多根柏木之黄肠，垒成威严耸立的高墙，这是一座以森林为代价所制作的奢侈地宫，用材之多，令人惊叹。[2]

西汉有皇帝11位，异姓王10人，同姓王63人。如果将其子孙相继者计算在内，则有数百人之多。按当时的礼制规定，除皇帝、诸王以外，皇后和王后都可以制作"黄肠题凑"墓。而且，除了帝王使用的"黄肠题凑"外，平民百姓也使用木制棺椁，可想而知木材利用之巨。

（四）手工业用材

在漫长的历史发展进程中，手工业的发展占有重要地位，而手工业的门类众多，大多和森林中的木材利用有直接或间接关系，所以手工业的发展消耗了大量木材。

手工作坊发达的地方，往往也是森林茂密之处，因为就地取材方

---

[1] 范晔撰、李贤等注：《后汉书·中山简王刘焉传》，中华书局1965年版。
[2] 于卓：《黄肠题凑如何解密》，《科技日报》2005年5月20日。

便之故，自古亦然。森林中的木材，一方面作为手工业的原料，另一方面还作为其燃料。树木广泛作为人民生活和古代手工业的能源，可以说，在煤和石油尚未大量使用之前，由于手工业的兴起，作为燃料，也消耗了大量木材。炼钢、炼铁之冶金业，在中国有悠久的历史，其燃料主要是木炭，所以伐木烧炭业在中国也有漫长的历史。木材烧成木炭作为冶金燃料有特殊的意义，它既是一种发热剂，也是一种还原剂，这种传统冶金工艺一直推行。到北宋时，北方开始使用煤代替木炭，一方面说明技术的进步，另一方面也说明森林资源的枯竭，当时无木材可采，木炭缺乏原料，而采取以煤代炭的措施。辽代燕山山脉"山中长松郁然，深谷中多以烧炭为业"[1]。《热河志》称："辽元以来古树略尽"，似与烧炭业发展有关。

二、历史时期文明的推移变迁

在人类社会文明早期，自然地理环境决定了人类文明中心的形成。夏、商、西周时期（约公元前21世纪—前730年），是我国奴隶制社会由初步建立、发展到繁荣的时期，主要活动中心是黄河中下游地区。由于当时人口不多，所以黄河流域基本上是森林密布。研究表明，今天黄河下游的山东、河南地区在商代草木茂盛，是禽兽逼人的地区。

春秋战国时期是我国社会大变革的时代。社会的进步促进了经济的发展。战国以来，铁农具逐渐被广泛使用，经济开发加快，对森林的获取力度也开始增大。

---

[1] 叶隆礼：《契丹国志》卷24《王沂公行程录》，北京图书馆出版社2005年版。

秦汉、魏晋、南北朝是我国统一的多民族的中央集权的封建专制主义国家形成、发展、大分裂和民族大融合阶段。秦汉时期，黄河中下游的关中地区和华北平原南部是全国主要的经济区域，同时也是政治文化的中心。这一时期的森林采伐，使太行山及阴山地区的森林成片消失。两晋南北朝时期，北方游牧民族纷纷南下，五胡乱华，北方战乱不已，对经济破坏严重，许多垦殖区演变为牧区。

隋、唐、宋、辽、金时期，出现了全国统一的唐朝盛世，继之，又出现了宋与辽、金的南北朝对峙局面。隋唐之时，位于黄河流域的长安和洛阳是全国政治经济文化中心，人烟稠密，人类活动频繁，森林资源开发殆尽。唐、北宋时期黄河流域仍为中国文明的中心之地，经济开发的强度加大，林地多被垦殖变为农田，而对森林的采伐规模也在增大。

元、明、清时期，是我国最后的封建王朝阶段。这一时期，虽然中国政治经济中心东移南迁，但黄河流域的经济开发强度仍然很大，黄河流域可供大中型建筑的森林已不多见。这样，南方地区，特别是长江中上游地区的楠木、柏木便成为明清两朝重大营造采办的主要对象，使长江中下游地区的野生巨楠和巨杉资源枯竭，采办大木的地区只有转向了长江上游的西南地区，采办地区涉及南方的四川、贵州、湖广、江西、浙江、江南、福建、广东等地区。

夏、商、周、秦、汉、魏、晋、唐、北宋等王朝的都城均建立于黄河流域，说明在相当长的历史时期，这里一直是我国古代政治文明中心。唐宋以后，中华文明的核心地带逐渐离开黄河流域，我国经济文化的中心逐渐移向长江中、下游地区和广大的江南地区。

纵观历史时期的森林利用和文明的推移变迁，我们可以看到，人类最初生存于森林之中，中国半壁河山在森林地带，森林是人类繁衍的温床，也是文明的摇篮。走出森林之后，森林资源一直是人类生产生活中不可缺少的物资，森林中的木材是人类历史时期生活的能源。传统社会里，建筑、船舶制造、丧葬和手工业等几乎都取用于森林资源。尽管在中国传统文化中时常强调天人合一、人地协调，也不乏保护森林的思想，但在现实中对森林资源的取用实际上处于一种完全无节制的状态，几千年来人类对森林的利用是造成森林资源变迁的重要原因。而森林资源的破坏，造成自然生态的恶劣，影响社会的稳定和经济的发展，进一步激化了社会矛盾，这便使传统社会的经济基础和社会凝聚力衰弱，文明兴盛便失去了依托。人类文明与大自然的命运已经紧密地交织在一起，森林资源的利用对文明的推移变迁有着十分重要的影响。由以上梳理分析可以看出，森林利用、森林资源的兴衰正好与文明的推移变迁同步，这说明它们之间有内在的必然联系。

原载《学术研究》2007 年第 12 期

先秦时期的森林资源与生态环境

樊宝敏

（中国林业科学研究院林业科技信息研究所研究员）

探讨我国历史时期的森林与生态状况，是林史研究的一项重要课题。许多研究成果表明，中国古代的森林资源是十分丰富的。[1]这主要是因为我国当时的气候、地理、土壤、生物等自然条件比较优越，适于多种类型的森林生长分布，加之人口稀少、人类活动对森林的干扰破坏程度相对较轻。今天我们已经懂得，森林作为陆地生态系统的主体，丰富的森林资源必然是与良好的生态环境相联系的。先秦时期（公元前207—前221年）是我国自商代开始有文字记载以来历史文献逐渐积累并达到一定程度的时期，这就为我们探究当时的森林生态状况提供了条件。而且这个时期，在今天的国土范围内人口大约处在商代的140万到战国末的2000万之间，[2]人类对森林资源及自然生态系统的破坏程度相对较弱。因此，依据现有历史文献和已取得的考古成

---

[1] 参见史念海：《河山集·二集》，生活·读书·新知三联书店1981年版；张均成：《中国古代林业史·先秦篇》，（台湾）中华发展基金管理委员会1995年版；熊大桐：《中国森林的历史变迁》，见吴中伦《中国森林》第1卷，中国林业出版社1997年版等。

[2] 王育民：《中国人口史》，江苏人民出版社1995年版。

果,来具体地研究和阐述 2000 多年前我国森林资源的分布、野生动植物的多样性及生态环境的情况,对于我国今天的生态建设和林业发展是有借鉴和启发意义的。

一、分布广泛的森林资源

中国先秦时期的森林资源状况与当时良好的气候环境有密切关系。根据考古学研究,距今大约 4000—7000 年以前,即我国仰韶、大汶口、龙山等文化时期,属于全新世气候最宜期。亚热带北界到达我国东部平原区京、津以南,晋东南和渭河谷地。[1] 根据物候学研究,在近 5000 年中的最初 2000 年,即从仰韶文化到安阳殷墟,黄河流域大部分时间的年平均气温高于现在 2℃左右,1 月温度大约比现在高 3℃至 5℃。春秋战国时期的气候比现在要温暖、湿润。[2] 这样的气候条件对于森林生长是十分有利的。

当时森林资源大的分布格局,虽然与今天很相类似,主要集中于"东南半壁",即年均降水量 400mm 等雨量线以东以南地区,包括我国东北、华北、华中、华东、华南和西南地区东部,然而由于 400mm 等雨量线比今天偏北偏西,故森林分布的范围要比今天广泛。在"西北半壁"包括新疆、甘肃、内蒙古、宁夏、西藏、青海等省区,由于整体上属于干旱半干旱性气候,森林主要分布于高山和河流附近,其他地区为草原、湿地、荒漠、寒漠和雪山。而且就全国范围而言,当时森林资源的数量和质量都要高于现代,绝大部分是天然林。尤其是先

---

[1] 崔之久:《冷圈·气候变化·温室效应》,http://www.tibet-web.com/ziran/10keyan/06.htm。
[2] 竺可桢:《中国近五千年来气候变迁的初步研究》,《中国科学》1973 年第 1 期。

秦早期，森林资源的丰富程度就更高。

透过诸多先秦古籍的记载，基本上可见当时我国森林资源的分布状况。春秋时成书的《尚书·禹贡》把当时中国的疆域划分为九个州，即冀、兖、青、徐、扬、荆、豫、梁、雍，并指出：兖州"厥草惟繇，厥木惟条……贡漆丝"，青州"厥贡……岱畎丝、枲、铅、松……厥丝"，徐州"草木渐包"，"羽畎夏翟，峄阳孤桐"，扬州"筱簜既敷，厥草惟夭，厥木惟乔……厥贡……筱簜，齿革羽毛惟木……厥包橘柚锡贡"，荆州"厥贡羽毛齿革……杶榦栝柏……惟箘簬楛"，豫州"厥贡漆枲缔纻"，梁州"厥贡……熊罴狐狸织皮"。《诗经》中也有不少关于森林的记载。《卫风·淇奥》："瞻彼淇奥，绿竹猗猗"；《卫风·竹竿》："淇水滺滺，桧楫松舟。"这表明当时淇河流域（河南省北部）有竹林和松桧林。《小雅·斯干》："秩秩斯干，幽幽南山，如竹苞矣，如松茂矣。"这里的南山即秦岭，表明当时在今秦岭有茂密的松林和竹林。《商颂·殷武》："陟彼景山，松柏丸丸。"景山是今河南省安阳县西太行山区的一座山。《郑风·山有扶苏》："山有乔松"。《大雅·皇矣》："柞棫斯拔，松柏斯兑。"可知当时山地有许多大树。

《山海经》中也有不少关于树木地理分布的记载。其中"山经"部分包括《南山经》、《西山经》、《北山经》、《东山经》和《中山经》。南山在今华南地区，西山在今甘肃、青海、新疆、宁夏、四川等地，北山在今华北地区，东山在今华东地区，中山在今陕中、晋南、河南、湖北等地。[1]《南山经》："招瑶之山……多桂……有木焉，其状如榖而黑理，其华四照。""虖勺之山。其上多梓楠，其下多荆杞。"《西山

---

[1] 谭其骧：《论〈五藏山经〉的地域范围》，见《长水粹编》，河北教育出版社2000年版。

经》：钱来山上部多松。英山上部多杻橿，瑜次山上部多棫橿，下部多竹箭。这些山都是秦岭北坡的山。大时山上部多榖柞，下部多杻橿。大时山即今太白山，位于秦岭北坡。"数历之山，其木多杻、橿"，数历山为陇山的一座山峰；傅阳山多棕、楠、豫樟。众兽山下部多檀、楮。傅阳山在今青海东部。阴山上部多榖。"申山，其上多榖柞，其下多杻橿"，"鸟山，其上多桑，其下多楮"；号山多漆棕；"白于之山，上多松柏，下多栎檀"。上述阴山、申山、号山、白于山等都在今陕西北部子午岭北。《北山经》："虢山，其上多漆，其下多桐椐。""潘侯之山，其上多松柏，其下多榛楛。""北岳之山，多枳棘刚木。"《东山经》："姑儿之山，其上多漆，其下多桑柘。""余峨之山，其上多梓楠，其下多荆杞。"《中山经》："甘枣之山……其上多杻木……历儿之山，其上多橿，多枥木……渠猪之山，其上多竹。"从中我们可以看出当时森林分布是非常广泛的。

　　黄河中游黄土高原地区拥有相当多的森林，史念海对此做过深入研究，[1]他指出："西周春秋时期……以关中平原的森林最为繁多。这里的冲积平原及河流两侧的阶地就有不少的大片森林，因其规模和树种的不同，而有平林、中林和棫林、桃林等名称。""下至春秋时期，渭河上游的森林已见于文字的记载，林区亦至为广泛。""关中南北二山，皆富于森林。""位于今陕西省和甘肃省两省之间的子午岭，在这个时期岭上也是多森林的，至少子午岭的南端和北段都如此。……春秋战国时期对于森林的记载，已经北及于横山山脉和其东北的一些地方。最远达到秃尾河的源头。再北就是陕西和内蒙古之间的红碱淖

---

[1] 史念海：《河山集·二集》。

了。……从事现在森林分布地区研究的工作者，一般都把这个地区作为草原地带。"黄河中游地区是人类活动较频繁的地区，森林资源受到人类影响的程度也较为严重。但即使如此，这里仍然分布有相当数量的森林。据史念海考证，黄土高原的森林覆盖率在西周时期达53%。

长江流域及以南地区在当时为"楚越之地，地广人稀"，"多竹木"。(《史记·货殖列传》)《尔雅》："东南之美者，有会稽之竹箭焉。"描写了浙江的竹资源。《尚书·禹贡》：扬州"筱簜既敷……厥贡惟金三品，瑶、琨、筱、簜、齿、革、羽、毛"。颜师古注曰："筱，小竹也。簜，大竹也。敷谓布地而生也。"这说明，自夏代开始竹产品就被列为地方特产用作贡品。《尸子》称："荆有长松文梓，梗楠豫章。"

除了大面积分布的天然林之外，在中原地区也有一定数量的人工林。西周时期，墓地植树、边境造林、庭园植树及行道树种植等植树形式已形成习俗，果林、桑林、漆林等经济林木的人工经营也开始出现。《周礼》记载了园圃植树、路旁植树、社稷植树、边界植树、宅院植树、墓地植树等六种类型。[1] 春秋时期，郑国对栽植的行道树严格管理，《吕氏春秋·下贤》称："子产相郑……桃李之垂于行者，莫之援也。"管子采取奖励植树的政策，并且认识到树木保持水土的作用，主张在河堤"树以荆棘，以固其地，杂以柏杨，以备决水"(《管子·度地》)。到西汉时经济林发展更加兴盛，形成"山居千章之材，安邑千树枣，燕秦千树栗，蜀汉江陵千树橘，淮北常山已南河济之间千树楸，陈夏千亩漆，齐鲁千亩桑麻，渭川千亩竹……此其人皆与千户侯等"(《史记·货殖列传》)的局面。

---

[1]　熊大桐：《〈周礼〉所记林业史料研究》，《农业考古》1994年第1期。

关于先秦时期大概的森林面积，有许多学者做过估算。凌大燮按今天的国土面积推算公元前2700年的森林覆盖率为49.6%。[1] 赵冈认为远古时期我国森林面积至少有807亿亩，森林覆盖率为56%。[2] 据马忠良等人推算，在公元前2000年的原始社会，全国森林覆盖率高达64%。[3] 这就表明，在远古时代我国的森林覆盖率在60%左右是极有可能的。先秦时期人口由夏初的100余万上升到战国末的2000万，增长约20倍。由于毁林垦种、火田狩猎、战争、薪炭、建筑等原因，森林资源受到严重的破坏。黄河中下游地区一直是人类活动的中心，这里的森林遭受的破坏最严重。到战国时，有些地区甚至出现濯濯荒山。

二、丰富多样的野生动植物

与现代相比，先秦时期的森林资源不仅分布广、面积大，而且森林植物和动物资源种类繁多、种群数量庞大，物种分布区域广泛，为人类提供了相对充足的衣食来源。3000多年前，黄河中下游河流纵横，森林沼泽密布，许多野兽、飞禽、鱼类栖息于此。这种情况不仅在甲骨卜辞和历史文献中有明确记载，而且考古发现也印证了相同的结论。

首先，当时在森林、湿地中栖息的动物种类是相当丰富的。在甲骨文中已经识别出的动物名称有70多字，代表了30多种动物。例如哺乳类陆地动物：象、虎、鹿、麋、兕、狼、狈、狐、兔、猴、獾、兽等，水陆两栖或水生动物如蛇、龟、鱼、鼋、黾、虫等，飞禽类雀、

---

[1] 凌大燮：《我国森林资源的变迁》，《中国农史》1983年第2期。
[2] 赵冈：《中国历史上生态环境之变迁》，中国环境科学出版社1996年版。
[3] 马忠良、宋朝枢、张清华：《中国森林的变迁》，中国林业出版社1997年版。

鸡、雉、燕、鸟、鹬等，家养和驯化的动物牛、马、羊、豕、犬等，以及经过神化的动物龙、凤等。有学者对殷墟出土的20多种动物群进行分析，发现野牛、猪、麋鹿的骨骸占有80%以上，这些动物适宜生长在平坦的沼泽区和湿润的森林植被较好的环境中，这充分说明了当时中原的生态环境特征。[1]《山海经》的《山经》部分记载了兽35种、鸟76种、鱼43种、虫蛇33种。[2]《诗经》中提到的动物种类也极其繁多。[3]

其次，森林动物的种群数量繁多。商代甲骨卜辞中有不少关于田猎的记载。田猎是商王室的重大活动，其区域主要在河南西北部和山西南部。武丁时期的一条卜辞记："史官毂问道：商王在鬼地打猎，是否擒获野兽？这天去打猎，果然获1头虎、40头鹿、164头狐、59头小鹿。"鹿是商王狩猎中猎获最多的一种动物，在甲骨卜辞中多次记载获鹿百头以上的田猎活动，而最多的一次竟达390多头。《史记·周本纪》中有殷商之地"麋鹿在牧，蜚鸿满野"的记载。《左传·庄公十七年》有"冬，多麋"的记载，说明当时华北平原有许多适合生长于温暖湿润的沼泽环境下的四不像麋鹿。

再次，北方有不少喜热动物和大型动物，今天的许多珍稀动物甚至灭绝的动物在当时并不罕见。考古发现，在河南安阳殷墟有竹鼠、水牛、亚洲象、亚洲貘、獐等喜热动物的骨骸。在商代都城附近，即今天的中原地区，生活有大象。在王陵区考古中，不止一次发现当时

---

[1] 李宏：《商代甲骨文与动物》，http://www.hawh.cn/html/20060721/470321.html。
[2] 张钧成：《中国古代林业史·先秦篇》，台湾中华发展基金管理委员会1995年版。
[3] 周书灿：《〈诗经〉的历史地理学价值新论》，http://www.zgxqs.cn/article/2006/0920/article_1038.html。

人们用大象或幼象做祭牲的祭祀坑，这与《吕氏春秋·古乐》中关于"殷人服象"的记载可相互印证。正因为河南是当时大象的主要栖息地，所以河南又称为"豫"，豫字就是殷人服象的图形再现。在陕西、甘肃省境内也发现有大象的遗迹。《孟子·滕文公》："周公相武王……灭国者五十，驱虎、豹、犀、象而远之。"夏商时期，我国野象曾经分布在华北平原北部燕山山脉至吕梁山、陕北一线。[1]《诗·鲁颂·泮水》："憬彼淮夷，来献其琛，元龟象齿，大赂南金。"由此可知，春秋时期今淮河流域一带仍然有大象分布，故淮水流域的民族曾向鲁国贡纳元龟、象齿之类的方物。兕是一种曾经生存在黄河流域的野生大青牛，另一种说法是犀牛，卜辞中有一次获得11头兕的记载。《山海经·五藏山经·西次一经》："南山，上多丹粟，丹水出焉，北流注于渭。兽多猛豹。"南山为终南山，为秦岭的主体和西段。猛豹又谓貘，就是大熊猫，可见春秋战国时期秦岭山地即出产大熊猫。[2]据历史文献记载，在2000年前，我国的河南、湖南、湖北、山西、甘肃、陕西、四川、云南、贵州、广西等省均有大熊猫分布。《诗·大雅·灵台》："鼍鼓逢逢。"鼍即今天的稀珍动物扬子鳄。战国时楚国著作《楚辞·大招》："孔雀盈园。"这里指的虽是饲养的孔雀，却反映当时楚国（今湖北、湖南等地）可能有野生孔雀分布。[3]

最后，先秦时期竹类在黄河流域分布相当普遍。西安附近的半坡村文化遗址，年代为5600—6080年前，据考古发现有竹鼠（Rhizomys

---

[1] 姜春云：《中国生态演变与治理方略》，中国农业出版社2004年版。
[2] 何业恒：《试论大熊猫的地理分布及其演变》，《历史地理》第10辑，上海人民出版社1992年版。
[3] 文焕然、何业恒：《中国历史时期孔雀的地理分布及其变迁》，《历史地理》创刊号，上海人民出版社1981年版。

sinensis）骨骼遗迹，说明当时此地必有竹子生长。[1] 竹鼠是亚热带动物，今天分布于江南多竹地区。山西省襄汾县陶寺村的建筑基址，被有的学者认为是五帝时代的尧都，据放射性碳素断代，其年代约在公元前2500—前1900年，考古发现有竹鼠遗骸。[2] 在山东省日照市两城镇龙山文化遗址，年代约公元前2310—前1810年，考古发现炭化的竹节，有些陶器的外形也似竹节。在河南安阳，殷代故都"殷墟"，有大量竹鼠。此外，在甲骨文字中见到有竹、笋等6种"竹"部的文字。竹简是周朝至春秋战国时期最常用的书籍形式。《山海经》记载了竹子在当时的分布情况。[3]《西山经》："英山（在陕西华县）其阳多箭簹"，"竹山（在渭南县）其阳多竹箭"，"番冢之山其山多桃枝（竹名）、钩端（竹名）"，"黄山多竹箭"，"翠山其下多竹箭"，"高山（今六盘山）其草多竹"等。《北山经》："京山多竹"，"虫尾之山其下多竹"，"泰头之山其下多竹箭"，"轩辕之山其下多竹"等。《中山经》："渠猪山（在山西永济）其上多竹。"《大荒北经》："丘（在山东诸城）南帝俊竹林在焉，大可为舟。"战国末期，乐毅《报燕惠王书》有"蓟丘之植，植于汶篁"（蓟丘的植物中种植着齐国汶水出产的竹子）的言论。（《史记》卷80《乐毅列传》）这说明，当时山东汶河流域产竹，并被引种到北京地区。

当时，黄河流域还有梅树的分布。《诗·秦风》："终南何有？有条有梅。"说明在西安南面的终南山有梅。《诗·国风·召南》："摽有梅，顷筐墍之。"在《左传》中也常提到梅树。梅树的果实"梅子"是日用

---

[1] 姜春云：《中国生态演变与治理方略》。
[2] 王守春：《尧的政治中心的迁移及其意义》，http://www.pku.edu.cn/academic/archeology/center/structure/main_3/i/2.html。
[3] 张钧成：《中国古代林业史·先秦篇》。

必需品，像盐一样重要，用作调味品。《尚书·说命》："若作和羹，尔唯盐梅。"在今天，竹和梅都是亚热带植物，黄河流域鲜见天然分布。

三、良好而优美的生态环境

先秦时期，不仅森林资源丰富，生物种类繁多，而且湿地和水资源充沛，草原和绿洲广阔，到处是优美、宜人的生态环境。

黄河中下游地区，在当时是生态环境最理想的地区。秦国的关中地区，沃野千里，天府之国。西安一带河流交错，东有灞河、浐河，西有沣河、皂河，南有潏河、橘河，北有泾河、渭河，素有"八水绕长安"之说。汉代司马相如在《上林赋》中赞叹道："荡荡兮，八川分流。"历史上，这些河流不仅灌溉农田，还为城市供水提供了充沛的水源。

当时水资源的丰富从地名中可见一斑。在山西省古今县名500多个中，有88个是以河川为名，21个以水泉为名，4个以山水为名。根据史念海考证，在远古时期，"由太行山东到淮河以北，到处都有湖泊，大小相杂，数以百计"，其中较大的有山东西部的巨野泽，太行山东的大陆泽（今河北境内）。据研究，在微度起伏的华北大平原上存在着许多湖泊和沼泽。仅先秦西汉文献提到的就有45个之多，如位于今河南省的大陆泽、荥泽、澶渊、黄泽、修泽、黄池、冯池、荥泽、圃田泽、萑苻泽、逢泽（池）、孟诸泽、蒙泽、空泽、浊泽、狼渊、棘泽、鸿隙陂、洧渊等，位于今河北省的鸡泽、大陆泽、泜泽、皋泽、海泽、鸣泽、大泽，此外在山东、江苏、安徽也有许多湖沼。[1] 华北

---

[1] 邹逸麟：《历史时期华北大平原湖沼变迁述略》，《历史地理》第5辑，上海人民出版社1987年版。

平原是如此，长江中下游平原、东北平原等地区也应相类似。

先秦时期，黄河水质清且水量大。黄河在当时称为河、大河，说明在西周时水还不是浑浊的。到春秋时（公元前565年），则产生了"俟河之清，人寿几何"（《左传·襄公八年》）的感叹，说明黄河之水已变黄了，但同今天相比仍要清澈得多，而且当时黄河中下游水患情况很少发生。据统计，在夏商周春秋战国时期的1850年间，黄河在中下游地区共发生泛滥7次，改道1次，平均231.25年发生一次水患。[1]随着这一地区森林草原植被遭受破坏程度的日益加深，黄河流域的水土流失日益严重，到西汉初年才有"黄河"之名，[2]中下游地区的洪水灾害也不断加剧。

当时森林资源丰富，草原广阔，沙漠面积远没有今天广。今天的毛乌素沙漠地区，在战国时期曾是一片"卧马草地"，并有相当数量的森林分布。据史书记载，直到公元前2世纪汉武帝时期，塔克拉玛干沙漠南缘的楼兰、且末、精绝、若羌等地仍是人口兴旺的绿洲。[3]内蒙古、河西走廊都是广阔的草原。

先秦诸子正是以良好的生态环境为背景，被人与自然相依共生、和谐融洽的亲密关系和美好情景所打动，启迪了创作的灵感和智慧，提出了"天人合一"这一人与自然和谐发展的光辉思想。这种思想从夏商西周时期开始形成，在春秋战国时期得到进一步发展。《管子·五行》称："人与天调，然后天地之美生。"《老子·第二十五章》提出：

---

[1] 樊宝敏、董源、张钧成等：《中国历史上森林破坏对水旱灾害的影响》，《林业科学》2003年第3期。
[2] 史念海、曹尔琴、朱士光：《黄土高原森林与草原的变迁》，陕西人民出版社1983年版。
[3] 朱俊凤、朱震达：《中国沙漠化防治》，中国林业出版社1999年版。

"人法地，地法天，天法道，道法自然。"孔子主张"仁者乐山，智者乐水"。儒家强调，人"可以赞天地之化育，则可以与天地参矣"。"致中和，天地位焉，万物育焉。"(《礼记·中庸》)庄子则说："天地与我并生，万物与我为一。"(《庄子·齐物论》)孟子指出，"尽其心者，知其性也；知其性则知天矣"。(《孟子·尽心上》)虽然各家的提法有别、和而不同，但都贯穿着"天人合一"的生态文明精神，这种精神经过世代传承和发展，延续至今，并将为今天的生态建设发挥积极作用。

原载《学术研究》2007 年第 12 期

自然灾害成因的多重性与人类家园的安全性
——以中国生态环境史为中心的思考[1]

王培华

（北京师范大学历史学院教授）

在当前全球变化及自然灾害背景下，食物生产与人类生命支持体系、自然灾难与人类生命防卫体系等议题，不仅有学术意义，而且更凸显其现实意义。以前，笔者曾注意到中国历史上首都的粮食供应、气候变化、灾荒、水利等问题，这次就自然灾害的多重性与人类家园的安全性问题，谈谈想法。

一、自然灾害成因的多重性

自然要素，如大气、海洋和地壳，在其不断运动中发生变异，如暴雨、地震、台风等。当其对社会造成危害时，即为自然灾害。人类生存于地球表面，影响人类社会或可导致灾害的变异，主要发生于地表附近的空间内，向上包括一定高度的大气圈，向下可达到一定深度的岩石圈，每个圈层内的自然变异与相应的自然灾害，都有各自的特

---

[1] 本文为教育部人文社会科学重点研究基地项目，项目号：06JJD770004。

征。按照自然变异的成因，可以把它们分为大气圈灾害、海洋圈灾害、岩石圈灾害与生物圈灾害等。[1]自然灾害的成因，既有自然性因素，也有社会性因素。

自然灾害成因的自然性因素，有多重含义。第一，自然界的基本要素光、热、水、土、气、动植物等处于变动不居时，它对人类和环境有影响。第二，自然界一种要素的变化，引起其他各种环境要素的变化，如地震引发火灾、水灾、疾病等，火山喷发引起气候寒冷、森林火灾、城市毁灭等，海洋地震引起海啸、海潮等，干旱引起病虫害、土地沙化、盐碱化、草场退化、地面沉降、地裂等。而这些变化，同样对人类及其他环境要素造成危害。第三，宇宙中任何天体的变化，不仅会影响其他天体，而且有时会影响地球上人类和其他各种环境要素的变化并造成危害。第四，自然灾害所造成的损失，取决于自然要素变化的强烈程度、时间尺度、发生地区、交通通信状况、政府反应速度和方式等多种因素。

自然变化除了给人类带来灾难，有时也有益处。如人类可以利用潮汐变化规律来决定航海路线、捕捞地点和时间。对沿海地区来说，风力级别越小，海滩养殖和海上作业越安全。洪水在天然条件下，具有塑造和维护生态系统的功能：洪水是冲积平原的造就者，洪水能补给江河两岸和湖泊、湿地的水源及两岸地下水，维持两岸和湖泊、湿地的生态系统。洪水不仅对自然生态系统有益，而且对人类文明的发生和发展有益。对于自然灾害成因的自然因素，人类不能苛责于自然。历史早期，人类可以通过经验和知识，适应自然变化。各民族中都蕴涵着规避灾害

---

[1] 刘波、姚清林、卢振恒、马宗晋：《灾害管理学》，湖南人民出版社1998年版，第2—3页。

的地方性知识和技能技术。现代科学技术发展了，科学家可以通过科学和技术手段来研究其成因、规律，提出预防和应对的方案。

自然灾害成因，也有社会性因素，如农业社会中人类的生产经济生活，就有可能成为自然灾害的社会性因素。陈志强教授提出，当代史学，不仅要对工业文明及其造成的生态环境问题持批判态度，对农业文明，亦应持批判和反思的态度。[1] 笔者很同意这样的观点。黄河流域是中华文明的地理基础和物质基础，黄河的冲决和泛滥给两岸人民带来了巨大的灾难。但是，黄河河患，都是河流改道、迁徙造成的吗？这当然有自然因素，更有社会性因素。汉朝贾让就注意到这个问题，他指出，战国时，沿河两岸的齐、赵、魏三国，在黄河两岸修筑堤坝，各国大堤防"去河二十五里。虽非其正，水尚有所游荡"。河水有潴留区和行水通道，暴雨季节，河水盛涨，不会对人类社会有任何影响。当大水"时至而去，则填淤肥美，民耕田之。或久无害，稍筑室宅，遂成聚落"。雨后河水干涸，留下淤泥，人民在干涸的河道上耕田、建设住宅，于是有了小聚落，小聚落发展成大城郭。"大水时至漂没，则更起堤防以自救，稍去其城郭，排水泽而居之，湛溺自其宜也。今堤防狭者，去水数百步，远者数里。……近黎阳南故大金堤……民居金堤东，为庐舍。……又内黄界中有泽，方数十里，环之有堤，往十余岁太守以赋民，民今起庐舍其中，此臣所亲见者也。东郡白马故大堤，亦复数重，民皆居其间。"[2] 当大水再次来临时，就会冲毁民田庐舍。人民为了保护耕田庐舍，再次在河道附近数百步至数十里的地方，筑坝自救。于是民田和住宅侵占了河水的潴留区和行水通道。战

---

[1] 陈志强：《在南开大学社会—生态史圆桌会议上的讲话》。
[2] 《汉书》卷29《沟洫志》，文渊阁四库全书电子版。

国如此，汉朝尤其如此。

自汉代至明清，随着人口的增长，大一统国家征收赋税欲望增强，黄河流域、海河流域、长江中下游等地区，都发生了人争水地的社会经济行为。《宋史》、《金史》、《元史》、《明史》和《清史稿》中的《河渠志》，很大部分都是阐述运河和黄河的水患及其治理。黄河、运河利大，害也大。对两河的自然灾害，对北方河流的灾害，顾炎武指出，早先江、河、淮、济四渎，是四条独立入海的河流。黄河水有潴留区如巨野泽和梁山泊等，有支流如屯氏河、赤河，分流入海。早先河决，为害沿河州郡。宋以后，河淮合一，清口又合汴、泗、沂三水，同归于淮，灾害更大。因为，第一，古时潴水区都被垦种。明清时，古时巨浸山东巨野泽、梁山泊，周遍"无尺寸不耕"，梁山泊方圆"仅可十里，其虚言八百里，乃小说之疑人耳"。第二，行水通道成为乡村和城市。"河南、山东郡县，棋布星列，官亭民舍，相比而居。……盖吾无容水之地，而非水据吾之地也。故宜其有冲决之患也。"人民为什么占据河水通道？顾炎武认为："河政之坏也，起于并水之民贪水退之利，而占佃河旁淤泽之地，不才之吏因而籍之于官，然后水无所容，而横决为害。……《元史·河渠志》谓黄河退涸之时，旧水泊淤地，多为势家所据，忽遇泛溢，水无所归，遂致为害。由此观之，非河犯人，人自犯之。"黄河东流入海，遇到运河沿线的重要城市，"今北有临清，中有济宁，南有徐州，皆转漕要路，而大梁在西南，又宗藩所在，左顾右盼，动则掣肘，使水有知，尚不能使之必随吾意，况水为无情物也，其能委蛇曲折，以济吾之事哉？"[1]"吾无容水之地，而非水据

---

[1] 参见《日知录》卷12《河渠》，黄汝成：《日知录集释》(5)，国学基本丛书本，第32页。

吾之地"、"非河犯人，人自犯之"两句话，揭示了河患的社会性成因。

对长江下游的自然灾害，南宋的卫泾，宋元之际的马端临，都指出水患的实质是人类经济社会活动侵占了行水通道。卫泾认为，南宋初，东南豪强围湖造田，"三十年间，昔之曰江、曰湖、曰草荡者，今皆田也。……围田之害深矣。……围田一修，修筑塍岸，水所由出入之路，顿时隔绝，稍觉旱干，则占据上游，独擅灌溉之利，民田无从取水。水溢，则顺流疏决，复以民田为壑"[1]。马端临指出："大概今之田，昔之湖也。徒知湖之水可以涸以垦田，而不知湖外之田将胥而为水也。"[2] 王毓瑚则指出，永嘉之后，北人南迁，对耕地的需求增加，湖田、围田、圩田、坝田、垸田，都很普遍，这种充分利用低洼地和沼泽地的田法，主要推行于古云梦泽及其以东沿江沼泽地区，圩田成了长江中下游广大低洼地区的重要水田类型，围田和圩田，都是与水争地。[3] 其实唐宋以后出现的多种土地利用形式，虽然为解决粮食问题作出了贡献，但是，实质上却都是人与水争地、人与林争地、人与山争地。

对海河流域的自然灾害，清人也看到了其成因的社会性因素。雍正三年举行畿辅水利，其时，允祥和朱轼的副手陈仪（河北文安人），就指出河北淀泊附近农民贪占淤地的现象和危害，主张放弃淀泊周边的耕种利益，作为河北诸水的潴水区和行水通道。陈仪和高斌曾设法打击或改变侵占河湖淤地的行为。乾隆十年左右的东安县知县李光昭，及其聘请的学者周琰指出，永定河的水灾，是人民占垦河道，官府又

---

[1]《授时通考》卷12《土宜·田制下》，中国农业出版社1994年版，第233页。
[2]《文献通考》卷6《田赋考六·水利田》，中华书局1986年影印本。
[3]《王毓瑚论文集》，中国农业出版社2005年版，第316—322页。

按亩起科所导致："北方之淀，即南方之湖，容水之区也。""借淀泊所淤之地，为民间报垦之田，非计之得也者。盖一村之民，止顾一村之利害，一邑之官，止顾一邑之德怨。"[1] 应当由国家统一规划、施工、管理和使用河流，避免出于一村一县利益的水利或其他经济行为。乾隆年间，中国人口达到3亿，有非常强烈的土地需求，出现了严重的侵占水道现象。乾隆二十七年（1762），乾隆帝批评了全国各地贪占淤地的现象："淀泊利在宽深，其旁间有淤地，不过水小时偶然涸出，水至则当让之于水，方足以畅荡漾而资潴蓄。……乃濒水愚民，惟贪淤地之肥润，占垦尤多。所占之地日益增，则蓄水之区日益减，每遇潦涨水无所容，甚至漫溢为患，在闾阎获利有限，而于河务关系匪轻，其利害大小，较然可见。"[2] 因此，他严禁直隶及其他省濒临河湖地面，不许占耕，违者治罪。一旦发生，唯督抚是问。但是，由于清朝人口激增，这种情况是禁止不了的。

1998年长江流域大洪水，所冲毁的湖北垸田，实质就是垸田侵占了行水通道。这与长江流域环境变迁有很大关系，一百年间长江上游的原始森林被砍伐掉了80%，武汉在几十年前还拥有上百个大大小小的湖泊，如今这些湖泊只剩下了几十个，其余的全被填掉了。人不仅侵占了洪水的通道，而且还占据了湖泊，砍伐了森林，使森林拦蓄水流的作用减少。2008年春天南方发生冰雪灾害，一般归因于气候突变。如果仅仅是气候变化，科学和技术可以预测、预报、预防。但是这次冰雪灾害中倒塌的电线杆，大多是20世纪80年代以后安装的。2008

---

[1] 李光昭修、周琰纂：《东安县志》卷15《河渠志》，乾隆十四年修，民国二十四年《安次旧志四种合刊》。
[2] 潘锡恩：《畿辅水利四案》之《附录》，乾隆谕旨。道光三年刻本。

年 5 月四川汶川地震是自然灾害，但是最近二三十年新建学校教学楼倒塌现象比较严重，而传统的羌寨民居、20 世纪 50 年代苏联援建的楼房，损坏较小。可以说，最近 10 年的这三次灾害，社会性因素加剧了自然灾害的程度。有些城市灾害，就是人祸造成的。

以上事实说明，有些社会因素本身就是自然灾害的成因，有些社会因素则加剧了自然灾害的致灾程度。事实上，许多自然灾害的发生，是人类过度侵犯自然造成的。以洪灾为例，洪水变成洪灾，往往是人类无节制地与水争地，限制水合理的活动空间，违反自然之水运行通道所造成的恶果。对社会性因素，可以多从人类自身找原因，建立新的人类生产生活模式，改变人类利用自然的态度。

二、人类家园的安全性

人类家园的安全性，并非指传统性意义上的安全。首先，人类要保证人类社会生态系统的安全。其次，人类既要适应自然生态环境，保证自然生态系统的安全；又要能适应自然生态环境的变化，建立适应气候变化的安全战略，如粮食安全战略、水资源安全战略、能源安全战略、国防外交安全战略等。

笔者认为，人类家园有四个层次：第一，单个的民用建筑；第二，乡村和城市；第三，国家；第四，自然环境。民用建筑、乡村和城市，是小家园；国家是大家园，自然环境则更是大家园的前水后山、院墙周边的绿树红花。相应地，人类家园的安全性，也有四个层次。首先是单个建筑的安全性。民用建筑有舒适、实用、美观等要求，但最主要的是生态环境上的安全。过去有一些民间智慧，如堪舆家观察风水等周边环境，其中虽不乏迷信成分，但也有科学因素。地方性的生态环境和人类家园安全的经验和知识，值得现代人认真总结。现在，则不仅应由建筑技术、生态环境、减灾防灾等专业机构来规划、执行，而且还要由社会科学家来规划建筑与建筑之间社会生态系统的安全。

其次是乡村和城市的安全，指社会生态系统的安全和自然生态环境的安全。目前，学者多从社会史、历史地理、城市史和现代化等方面来研究城市和乡村。笔者认为，还应从生态和环境角度，来重新评估乡村和城市的安全性。如：如何保证学校、公共场所社会生态系统的安全？保障安全的制度如何执行？谁来执行？如何消除城市灾难的人为因素？如何救助、援助、补助受害者和幸存者？乡村和城市是否远离地震断裂带或地震易发地带？是否既有水源保证又能免受洪水灾害？在气候变暖海平面上升时，沿海沿江地区城市和乡村是否有被海水江水倒灌之虞？目前，中国有多少乡村和城市处于危险的境地？黄河每年出三门峡的泥沙就有16亿吨，其中4亿吨泥沙沉积在下游河道，使河床每年淤高10厘米。现在下游许多地段河床高出地面3—10米不等，成为千余年来著名的"悬河"或"地上河"。济南、开封的民居，就在黄河堤坝下。黄河中下游的堤坝，难道不是悬在济南和开封城市居民头上的达摩克利斯之剑吗？湖北、湖南垸田地区的民居，其安全如何？1998年的大洪水过去了，2008年的暴雨也过去了，谁能保证以后没有洪水暴雨？这些，都是生态和环境上不设防的地区，都存在着生态和环境上的隐患。

人类家园安全性的第三和第四层次，是国家的安全和生态环境的安全。国家的安全，是指应对气候变化所带来的一系列后果的安全战略，如粮食安全战略、水资源安全战略、国防外交安全战略等。

（一）粮食安全。[1] 20世纪70年代以来国际粮农组织的报告和会议，都提出世界粮食危机和解决设想。2008年5月，联合国召开了气候变化和粮食安全会议，旨在根据全球变化特别是气候变化，提出解决世界粮食安全的方案。自秦始皇至清末的2000多年中，中国普通民众的粮食，一直未得到解决。外国学者称传统中国为"中国——饥荒的国度"。[2] 1996年，美国世界观察研究所莱斯特·布朗的《谁来养活中国？》，引起国际社会、中国政府和学者们的讨论，中国政府表示中国能够养活自己。[3] 但是，布朗所担心的问题，现在已经日益突出。随着工业化、城镇化的发展，人口增加，粮食需求刚性增长；耕地减少、水资源短缺、气候变化等因素对粮食生产的约束日益突出，中国粮食供需将长期处于紧平衡状态，保障粮食安全面临严峻挑战。2008年7月2日，国务院常务会议通过《粮食安全中长期规划纲要》和《吉林省增产百亿斤商品粮能力建设总体规划》，要通过保护耕地、农田水利建设等重大措施使我

---

[1] 粮食安全的概念和定义，始于1974年11月世界粮食会议在罗马通过的《世界粮食安全国际约定》，粮食安全是"确保任何人在任何时候都能得到为了生存和健康所需要的足够食品"，该定义并不严格。国际粮农组织在此基础上提出了一个保障粮食安全的指标，就是粮食库存至少应占当年粮食消费的17%—18%，低于这个水平就不能保障粮食安全。1983年国际粮农组织总干事爱德华·萨乌马解释粮食安全的最终目标是"确保所有人在任何时候，既买得到又买得起他们所需要的基本食品"，这个解释影响较为广泛，其特点是强调粮食贸易。世界银行1986年认为："粮食保障问题不一定是粮食供应力不足造成的，这些问题起源于国家和家庭缺乏购买力。"很显然，粮食的自由贸易比自给自足更重要。

[2] 〔美〕W. 马洛里：《中国——饥荒的国度》[Mallory, W. (1926) *China—Land of Famine*, American Geographical Society Special Publication 6]，转引自彭尼·凯恩：《1959—1961中国的大饥荒——对人口和社会的影响》所附参考书目，中国社会科学出版社1993年版，第195页。

[3] 参见梁鹰编：《中国能养活自己吗？》，北京经济科学出版社1996年版，第1—14页，及《布朗再论谁来养活中国》，同书，第15—30页。

国粮食自给率达到95%。但能否实现,还要看实际状况。

(二)水资源安全。20世纪70年代以来,随着水危机和地区水冲突的加剧,国际社会认识到水资源危机的严重性。1993年,第47届联合国大会确定,自1993年起,将每年3月22日定为"World Water Day"(世界水日),旨在推动水资源的综合性统筹规划和管理,加强水资源保护,以解决日益严峻的缺水问题。2003年,第58届联合国大会宣布,从2005年至2015年为生命之水国际行动10年,主题是"Water For Life"(生命之水)。中国是农业大国,处于东亚季风气候区,在全球变化背景下,华北西北的水资源危机日益突出。青海湖近年来湖水水位持续下降。石羊河下游的民勤地区与黑河下游的额济纳地区,因流域水量减少以及上下游间分水用水不合理,导致了湖泊萎缩与土地严重荒漠化。华北地表水资源严重短缺,而不得不汲取地下水,致使浅层地下水普遍干涸,甚至抽取难以恢复和补充的深层地下水,地下水位下降到几十米至几百米。华北、西北许多大中城市居民用水紧缺,北京、天津自20世纪80年代进行小流域调水,但仍不能解决问题,目前不得不实行大流域调水,国家不得不斥资兴建南水北调工程。按目前经济发展速度估算,2030年前,海河流域地下水将被全部抽干。而地下水在极度干旱年份,对维持生产生活的基本需求和社会的稳定,有着特殊的意义。近百年来,华北平原还没有遭遇过类似明崇祯年间持续多年的干旱。一旦发生这类跨流域的持续多年大旱,黄淮海与长江中游旱情叠加,任何水利措施,都将难以保证社会对水资源最低限度的需求。

(三)国防外交安全战略。就是在制定国防和外交政策时,充分考虑气候变化可能引起的水资源危机、粮食危机以及贫民难民问题,对影响中国大陆安全、中国的经济贸易伙伴国家安全、中国邻国安全的因素，不仅在军事上设防，而且在气候变化上设防。

目前，世界上许多地区发生气候异常变化。2007年非洲遭遇大旱，2008年罕见的洪涝使100万人口受灾。欧洲则连续两年经历了异常的冬春寒冷。一向风调雨顺有美国谷仓之称的美国中西部地区夏季也暴雨成灾，密西西比河和密苏里河河水暴涨使500万亩农田处于危险境地，玉米和大豆减产，而生物燃料的推广又使粮价上涨；加州连续两年冬季积雪过少，限制了农田播种面积和城市居民用水。2008年春，中国南方遭遇风雪冰冻，5月又暴雨成灾。5月初，缅甸遭遇热带风暴袭击，13万人死亡和失踪，印度东北部遭遇水灾，30万人死亡，30万人无家可归。气候变化已经影响到几百万人的生产和生活。2008年气候变化的原因比较复杂，有自然因素，有社会因素。就自然因素而言，2008年是强厄尔尼诺和强拉尼娜现象转换的年份。科学家预测未来50—100年，全球气候将趋于变暖。[1]

气候变化引起淡水资源短缺和粮食危机等问题，已经是不争之论。以往在研究气候变化及其影响时，一般只想到气候变化对各种产业、交通运输和人民生活的可能影响，很少想到气候变化对国家安全的影响。但是，现在，气候变化已超出科学和经济范畴，成为影响国家安全和地区安全的重要因素。有记者报道，近期美国国家情报委员会主席芬格，向国会提交了一份有关气候变化对美国国家安全的报告。报告称，未来20年，气候变化可间接引起战争，影响到美国的国家安全。美国制定军事及外交政策时，应该考虑气候变化的因素，准备必

---

[1] 陶短房、田兆远、华莎：《全球气候今年很反常》，《环球时报》2008年7月11日。

要时协助美国的盟友国家,以杜绝美国本土受到直接威胁。报告预测,2030 年气候变化引起的天灾将导致人祸,加剧全球性的资源匮乏、饮水紧张、粮食短缺、贫困及难民等问题,甚至会影响一个国家的稳定,并导致区域性战争。如果苏丹达尔富尔地区因自然资源引起的部落冲突,在未来会因为气候变化而更为常见,那就会既牵扯美国的精力和资源,也会因自然灾害的影响,产生更多极度贫困的国家和难民问题,从而为恐怖组织或失败政府的滋生制造机遇。美国《2008 年度国防授权法案》要求国防部审查"气候变化引起的后果"的反应能力。记者隗静曾指出,气候变化将会伤及与中国有经济合作关系的中东、非洲和南美等地区,不仅会影响中国自身的发展,如出口减少、能源供应被中断,更有可能影响到中国的外交和国家环境。[1]

中国人口众多,粮食安全压力很大。中国的问题,一定是世界的问题。粮食安全,不仅关系着中国社会的发展和稳定,而且也关系着东亚地区的稳定。但是,中国周边的邻国,如蒙古、日本、朝鲜、韩国等其农业条件并不优越,气候变化会通过粮食、水源供给、灾荒来影响中国大陆、中国的邻国、中国的经济贸易合作伙伴的安全。因此,在制定军事政策和外交政策时,要充分考虑气候变化引起的水资源危机、粮食危机、能源危机以及难民问题,不仅在军事上设防,而且在气候变化上设防。

生态环境的安全,包括消除环境污染等问题,使水质达到安全标准,使森林覆盖率增加,使空气更清洁,使水资源充足。人们可以给生态环境安全下许多定义,但笔者认为,生态环境安全的基本要求之一,就是确立人类生产生活的边界和自然环境的边界,即确立人与自然环

---

[1] 隗静:《像防战争那样防气候突变》,《环球时报》2008 年 7 月 11 日。

境各自的安全边界。其中划分人与水的边界，比较紧迫和重要。"水火者，百姓之所饮食也。金木者，百姓之所兴也。土者，万物之所资生；是为人用。"[1] 这是中国传统史学对五行之于人类积极作用的高度概括。水、土对人类很重要，对于农业国家尤其重要。在金木水火土五种要素中，由于水性柔弱，过去人类亲水、近水行为较多，侵犯水的行为亦较多。2000年来，中国人民已经过多地利用了自然界的各种要素，中国古代各种土地利用形式，其实质就是人与水争地、人与草原争地、人与山争地、人与海争地、人与林争地。中国人口增长之时，就是中国森林覆盖率减少之日。秦汉时中国人口5000万左右，森林覆盖率是46%—41%；清乾隆道光时（1840年前后），中国人口4亿左右，森林覆盖率是21%—17%。[2] 顾炎武指出，水灾的发生，实质是"吾无容水之地，而非水据吾之地"、"非河犯人，人自犯之"。从贾让，到顾炎武，有识之士对人水争地的实质，认识得非常清楚，但是他们的主张没有被采纳。今后是否可以达到"人不犯自然"、"人少犯自然"的境界？这既是政府决策部门考虑的事情，也应该是中国社会的共识。在空间上，要像确立自然保护区一样，给后代子孙留下几条能长久流动的江河之水、几片未经开垦的土地、几处未经开垦的矿山；在时间上，要像目前实行的禁渔、禁猎期一样，给各种自然景观留下一段休养生息的时间。

人类家园的安全性，与社会生态系统和自然生态环境息息相关，与我们的日常生活息息相关。在当前全球气候变化的情况下，人类家园的安全性问题，不仅仅是一个学术理论问题，更凸显其现实意义。在人类家园安全性问题上，古今中外有怎样的认识？又有怎样的教

---

[1] 参见《书大传》，引自《御定渊鉴类函》卷12《五行一》，文渊阁四库全书电子版。
[2] 姜春云主编：《中国生态演变与治理方略》，中国农业出版社2004年版。

训？中国古代国都的选址和营建，有许多原则，如国都必居天下之中，《荀子·大略》："王者必居于天下之中。"关于古都的选址和营建，已有许多优秀成果，予以讨论。从人与水的关系上看，古人的认识，对今日亦有启示意义。第一，城市选址，必须既能预防水灾，又具有充足的水源。《管子·乘马篇》："凡立国都，非于大山之下，必于广川之上；高毋近旱，而水用足；下毋近水，而沟防省；因天材，就地利，故城郭不必中规矩，道路不必中准绳。"元朝苏天爵说："古者立国居民，则恃山川以为固，大江之南，其城郭往往依乎川泽，又为沟渠以达于市井，民欲引重致远，必赖舟楫之用。"

第二，城市、乡村的选址，国土的规划和利用，必须给水留下足够的空间。贾让指出："古者立国居民，疆理土地，必遗川泽之分，度水势所不及，大川无防，小水得入，陂障卑下，以为污泽，使秋水多，得有所休息，左右游波，宽缓而不迫。"颜师古解释说："川泽水所流聚之处，皆留而置之，不以为邑居而妄垦殖；必计水之所不及，然后居而田之。"就是说，在建立城市和居民点、土地开发利用时，要给水留下停留区和行水通道，这样才能使民田、庐舍有安全保障。他的意见，有比较广泛的借鉴意义。当然，今天，我们对人类家园的安全性，在人与水的关系上，应该比贾让有更多的要求。但是基本要求，应当是划定人与水的安全边界。国内外各民族，在如何适应、利用自然生态环境问题上，都有地方性和民族性的历史经验和专门知识，需要我们认真总结。中国历史地理学和生态环境史，在东方人类家园安全性问题上，应该大有作为，这需要我们认真思考，积极行动。

原载《学术研究》2008年第12期

略论汉代边关文明的代价

高凯　张丽霞　高翔

（高凯，郑州大学历史学院教授；张丽霞，郑州大学法学院副教授；高翔，郑州大学统战部副教授）

　　汉代边关文明发展的重要标志之一，就是汉代西北边关屯戍制度的极度完善与发展。长期以来，为学界津津乐道的是汉代西北边关屯戍制度的齐备、对汉朝国家安全的重要意义以及对汉代西北经济、文化的促进作用等等。然而，从另一种角度看，汉代西北边关屯戍的发展，不仅给汉代国家的长期文明繁荣带来了隐患，而且也给两汉以后的历朝文明的发展带来了消极影响。这种隐患主要表现在两汉时期对包括今新疆、内蒙古、甘肃等西北地区的环境特征认识不足与开发利用的措施不当等方面。

一、两汉时期西北边关屯戍地的分布概况

　　两汉时期在今新疆、甘肃、内蒙古等地，曾大量分布着两汉政权边关屯戍机构和屯戍点，它们都是在汉武帝及其后历次开拓疆土的战争中所取得的成果。与秦王朝及汉初拥有边关制度的不同之处是，从汉文帝开始，单纯戍卒守边的方法，逐渐有被"募民徙塞下"替代

的趋势。关于这一点，可参见《汉书·晁错传》记载文帝时晁错上书言"守边备塞、劝农力本，当世急务"时所称。由《晁错传》所记载的内容看，既涉及秦王朝及汉文帝前元十三年之前"一岁而更"的屯戍制度，又涉及晁错建言"徙民实边"之策和汉文帝"从其言，募民徙塞下"之举措。而且，从居延汉简所反映的情况看，晁错所提出的"为置医巫，以救疾病"的医疗卫生保障制度，在居延地区也确实存在着。同时，从《汉书·贾山传》记载文帝"减外徭卫卒，止岁贡"，《汉书·武帝纪》记载元狩三年"减陇西、北地、上郡戍卒半"和《汉书·武帝纪》记元狩"四年冬，有司言关东贫民徙陇西、北地、西河、上郡、会稽凡七十二万五千口"的记载来看，汉文帝以后，尤其是武帝之后，频繁而大量征发戍卒的现象为大规模"募民徙塞下"所替代。这一政策的施行，不仅使得"一岁而更"的戍卒呈现大幅减少和定居型移民大幅增多的趋势，而且汉代边关戍卒的守边任务也由单纯军事行为向着既戍且田的"戍田"化转变。[1] 而从居延汉简反映的情况看，两汉时期居延屯戍士卒的任务除屯田之外，还包括日常画沙中天田、候望、日迹、传送烽火、缮修器物及设施、运粮、伐茭和运茭等与明烽火、谨候望、备盗贼，确保汉塞沿边的安全和与军情的传递相关的活动。

从上所述，我们大致了解了两汉时期西北边关屯戍点的分布区域和屯戍士卒的日常工作内容。而为了更好地分析两汉边关屯戍文明所付出的沉重代价，就十分有必要了解两汉时期上述区域的历史气候和地理环境的状况。

---

[1] 熊铁基：《秦汉军事制度史》，广西人民出版社1990年版，第146—147页。

二、两汉时期西北边关屯戍地的地理环境和气候简况

从两汉时期西北边关屯戍事业的开展情况看，今新疆天山南北路、甘肃河西走廊及内蒙古阿拉善高原、阴山南北及鄂尔多斯高原都是重中之重的地区。为了阐述的方便，拙文依次述之。

首先，两汉时期设立西域都护府的区域是指一特定的地理区域。据《汉书·西域传上》："西域以孝武时始通，本三十六国，其后稍分至五十余，皆在匈奴之西，乌孙之南。南北有大山，中央有河，东西六千余里，南北千余里。东则接汉，阸以玉、阳关，西则限以葱岭……西域诸国大率土著，有城郭田畜，与匈奴、乌孙异俗……"由《汉书》的记载看，两汉时期的西域，当指西汉宣帝神爵二年（公元前60年）置西域都护府所辖的范围，即大致指玉门关、阳关以西，葱岭以东，包括乌孙、大宛、楼兰、若羌、于阗、莎车、疏勒、龟兹等国在内的天山南北地区。它们大多都有"随畜逐水草，不田作"和"地沙卤，少田，寄田仰谷旁国……民随畜牧逐水草，有驴马，多橐驼"的特点，同时也有"多雨，寒。山多松樠。不田作种树，随畜逐水草，与匈奴同俗"的乌孙国存在。而《汉书》所记的区域，也正是今新疆天山南北路，包括今塔里木盆地、准噶尔盆地等在内的广大区域。现代环境调查资料显示，塔里木盆地的中心为塔克拉玛干大沙漠，属于暖温带干旱荒漠区；塔里木盆地无霜期180—270天，年降水量20—70毫米，年蒸发量2000—3000毫米。位于塔里木盆地中心的塔克拉玛干沙漠面积33.7×10^4平方米，是我国第一大沙漠，它以流动风沙土为主，其面积占整个沙漠面积的85%，固定、半固定风沙土多分布于沙

漠的边缘地带及深入沙漠的河流两端。[1]

关于两汉时期的气候问题，竺可桢《中国近五千年来气候变迁的初步研究》一文有所涉及。他认为，北半球气候在"东汉时期即公元之初，我国天气有趋于寒冷的趋势"[2]。然台湾学者刘昭民认为，从西汉末至隋初（即汉成帝建始四年至隋文帝开皇二十年，公元前29年至600年），"气候转寒旱，为中国历史上第二个小冰河期"，反映"在史书记载中只有大寒大雪及大旱之记录，而无'冬无雪'、'夏大燠'，或'冬暖无冰'等之记载，可见当时气候寒旱之甚"[3]。笔者据《汉书》及《后汉书》的记载认为，从汉"文景之治"后，实际上恶劣气候变化之现象屡见于史籍。如《汉书·五行志》中之下记载："文帝四年六月，大雨雪……武帝元光四年四月，陨霜杀草木……武帝元狩元年十二月，大雨雪，民多冻死……元鼎二年三月，雪，平地厚五尺……元鼎三年三月水冰，四月雨雪，关东十余郡人相食……元帝建昭二年十一月，齐、楚地大雪，深五尺……建昭四年三月，雨雪，燕多死……阳朔四年四月，雨雪，燕雀死……元帝永光元年三月，陨霜杀桑；九月二日，陨霜杀稼，天下大饥"，等等。又《后汉书·襄楷传》亦记，桓帝延熹九年"其冬大寒，杀鸟兽，害鱼鳖，城傍竹柏之叶有伤枯者"。又《后汉书·五行志·大寒》记："灵帝光和六年冬，大寒，北海、东莱、琅邪井中冰厚尺余。……献帝初平四年六月，寒风如冬时"，说明西汉中期以后至东汉时期的气候确实处于经常性的波动之中，

---

[1] 季方、樊自立、赵贵海：《新疆两大沙漠风沙土土壤理化特性对比分析》，《干旱区研究》1995年第1期。
[2] 竺可桢：《中国近五千年来气候变迁的初步研究》，《中国科学》1972年第2期。
[3] 刘昭民：《中国历史上气候之变迁》，台湾商务印书馆1982年版，第69—70页。

确有渐趋寒冷的过程。以上记载，虽多指中原地区的气候变化，但从中国北半球气候的联动效应看，当时中原地区气候的变动，必然是北方及西北地区气候先行变动的直接后果。所以，与北方原匈奴、鲜卑、羯、氐、羌等各北方少数民族纷纷内迁中原相对应，西域地区某些小国也会因为环境的变迁、河流的改道、河水径流的减少而迫使绿洲退化，绿洲国家逐渐析分或消亡。一个最好的例子就是古楼兰国就是在这一时期彻底消亡的。又如20世纪90年代考古工作者利用卫星图片对克里亚河流域进行了全面的地形地貌研究：在最早的克里雅河尾闾、现已荒无人烟的地带，发现了一座早于战国时期的古代城市和墓葬群。将于阗喀拉墩遗址内的沙漠微粒进行电镜分析后，发现有关沙粒并非传统意义上的风沙堆积，而是由水搬运过来的沉积物，[1]说明在早于战国时期之前，水资源远较今天丰沛。再如，完成于20世纪80年代后期的中部天山南麓和静县察吾沟墓地的发掘，共发掘墓葬600座，出土文物5000件。该墓群反映的时代从公元前1000年到两汉时期，是以游牧经济为主与部分农业经济相结合的社会生活模式。[2]同时，从这些墓葬群中大量木棺墓的出现，亦反映出当地有着比较丰富的森林资源。

新疆的地层资料、冰川进退、孢粉分析和碳—14鉴定等的研究成果表明，新疆全新世晚期（距今2500年至今）以温干为主。[3] 1901年斯坦因在尼雅河下游以北处发现废弃的文书中有晋武帝泰始五年

---

[1] 新疆文物考古研究所、新疆维吾尔自治区博物馆：《新疆文物考古新收获（1990—1996）》，新疆美术摄影出版社1997年版，第6页。
[2] 同上，第8页。
[3] 李江风、桑修诚、季元中、陈荣芬：《新疆气候·全新世时期气候》，农业出版社1991年版，第276—290页。

(269)的年号,文书中常记"对当地官吏士卒减少口粮的命令。有当地不能自给的困难";又古楼兰城所出土的佉卢文书反映,约在4世纪时,出现了严重的用水紧张、口粮减少、种子不能入地、耕地面积缩小、粮价飞涨等一系列问题。[1] 结合1951—1980年新疆降水的情况、今新疆大量新石器文化遗址的分布和对于阗喀拉墩遗址及和静县察吾沟墓葬群发掘的结果以及与竺可桢先生所论相对照来看,在8000—2500年的"仰韶温暖期",是西域地区气候远较今天温暖,雨水较为丰沛,森林分布较广的时期,且这一时期可能延续到西汉中期。但之后必定会随着北半球变冷及变旱过程而有所变化。具体而言,在新疆封闭和多沙漠、戈壁的特殊地理环境中,西汉中期以后的东汉、三国、两晋时期为温暖而干旱的气候,必定会出现温度持续升高,干旱事件增多,绿洲面积缩小,大的城邦国家走向分裂与消亡的历程。关于这一点,从《史记·大宛列传》和《汉书·西域传上》所记"西域诸国大率土著,有城郭田畜",但到西汉武帝时通西域时,由"本三十六国",到"其后稍分至五十余"的历程,即可很好地印证之。[2]

其次,两汉时期在今河西走廊所设置的河西四郡,在中西"陆上丝绸之路"中地位重大。20世纪30年代和70年代,在河西四郡中的张掖郡下的居延地区发现了近3万多枚简牍,曾轰动史坛。古居延位于今内蒙古自治区阿拉善盟管辖的阿拉善高原荒漠地带,汉代隶属张掖郡;而张掖是武帝打败居于河西走廊的匈奴浑邪王后,于元鼎六年之后相继设置的管辖匈奴故地的河西四郡之一。

---

[1] 李江风、桑修诚、季元中、陈荣芬:《新疆气候·全新世时期气候》,第285—286页。
[2] 高凯:《从人口性比例和疾病状况看汉晋时期西域在佛教东渐中的作用》,《史林》2008年第6期。

关于汉代居延的古地理环境状况，《文献通考·舆地考八》甘州条记载："《禹贡》曰'导弱水，至于合黎，余波入于流沙' 即此地也。又黑水之所出焉。春秋及秦，并为狄地。汉初，为匈奴所居，武帝开之，置张掖郡。后汉、魏、晋并同。沮渠蒙逊始都于此"，其下注文称："合黎水、弱水并在张掖县界。其北又有居延泽，即古流沙也。"到宋代时仍有"麝香、野马革、冬柰、枸杞实"等物产，从而说明至少在宋代之前，居延地区既有流沙，又有居延泽的存在；而有贡品"冬李、枸杞实"的存在，亦说明此地有灌丛存在。然而，两汉时期居延地区，今属于由阿拉善盟管辖的阿拉善高原荒漠地带，气候极度干旱，大部分地区年降水在 50 毫米左右，蒸发量是降水量的 50—100 倍，植被以旱生及超旱生的深根、肉质、具刺的灌木和小半灌木为主，其中麻黄、白刺、藜、藁是其重要的区系成分，属典型的荒漠植被。该区属贫水区，地下水深且矿化度高，地表水主要为祁连山冰雪融水沿黑河水系的弱水流入境内，土壤成土母质粗骨性强，壤质、黏质土极少，pH 值在 7.5—9.1 之间，[1] 土壤盐碱度高，植物生长极为困难。参考古地理学家于 1983 年对内蒙古额济纳旗的汉代烽燧遗址的考察结果，通过在烽燧遗址距地表 30—80 厘米之间地层出土"建平四年"（公元前 6 年）和"河平四年"（公元前 28 年）的汉简看，可证明该地层是形成于汉哀帝到汉成帝期间的西汉晚期堆积。同时，通过对地层中孢粉的分析，发现西汉晚期的花粉组合中以沼生、水生植物香蒲、眼子菜的花粉占优势（64.4%），其次是旱生的禾本科。说明该地区尚有一定偏淡的湖沼，但缺少森林，有中旱生的草本或小灌木，也可能种植禾本

---

[1] 内蒙古自治区土壤普查办公室、内蒙古自治区土壤肥料工作站：《内蒙古土壤》，科学出版社 1994 年版，第 349—359 页。

科谷物。同时,亦说明额济纳旗地区在汉代的气候较今温暖而湿润一些,周围环境中水源也比较充足。[1] 由此看汉武帝设张掖郡,置居延塞时,居延还是远较今温暖、湿润,有河流湖泊存在的比较适合人类生产、生活的农牧交错地区。此外,关于两汉居延气候条件,还可参考20世纪四五十年代苏联学者彼斯帕洛夫对蒙古国气候和环境研究的成果。今蒙古国南部的戈壁,即是与汉代居延山川相连的地区,亦正是两汉时期正史中经常提及的"大幕"地区。据20世纪四五十年代对该地区的气温、降水的调查情况看,戈壁7月绝对最高温度常常达39℃—40℃。相反,戈壁的冬季最低温度在−35℃左右,远远低于同纬度地区。季节性降水是今蒙古戈壁气候的第二个重要特征:蒙古国南部戈壁的年平均降水不超过110—130毫米,夏季降水量最大,且普遍以暴雨的形式下降;春、秋两季较少,冬季最少,只有4—7毫米。同时,每年四五月间草木尚未萌发,且北风烈烈,风力常达最大速度。7—8月为夏季,干燥无风。9—10月上旬为秋季。10月中下旬小溪和河流结冰。[2] 由此我们不难看出,汉代居延虽有河流、湖泊存在,且比较适合屯戍,但从其与北部毗邻的今蒙古国南部大面积戈壁、荒漠存在的环境特征和干旱、少雨、多风以及夏季酷热、冬季漫长而寒冷的气候特征看,居延的生存环境十分脆弱,并且不太适合大规模屯戍活动的开展。按照西汉武帝前中原地区气候年均温度较今约高2℃、冬季温度则高3℃—5℃的变化规律看,[3] 秦至西汉前期的居延,应较现

---

[1] 张丕远:《中国历史气候变化》,山东科学技术出版社1996年版,第53—56页。
[2] 〔苏〕彼斯帕洛夫著、方文哲译:《蒙古人民共和国的土壤》,科学出版社1959年版,第22—24页。
[3] 竺可桢:《中国近五千年来气候变迁的初步研究》。

在温暖、湿润一些,但终不能改变冬季严寒、夏季酷暑,降水少和蒸发量大的气候基本特点。至于中原地区在公元前1世纪至东汉时期气候日趋寒冷之后,居延地区的气候肯定会更加恶劣。

再次,两汉时期在今阴山南北和鄂尔多斯高原及陕北、山西北部的广大地区,也是极为重要的屯垦之处。早在秦灭六国、统一全国以后,秦始皇命蒙恬将30万之众北击匈奴,攻取了今乌加河以南的河套地区,并"因河为塞,筑四十四县城临河,徙適戍以充之"。自此,终秦一代,阴山之北的匈奴正如《史记·秦始皇本纪》所言:"不敢南下而牧马,士不敢弯弓而报怨。"秦灭亡后,《史记·匈奴传》记载:"诸侯畔秦,中国扰乱,诸秦所徙適戍边者皆复去,于是匈奴得宽,复稍度河南,与中国界于故塞。"直至武帝元朔二年收复"河南地",置朔方、五原郡,才得以恢复秦时旧土。然近有学者据《张家山汉墓竹简·秩律》考证发现,西汉末年《汉书·地理志》所记载的五原郡属县竟大多在汉朝手中,甚至包括其最西部的西安阳县。由此,他认为汉武帝所收河南地,只相当于《汉志》朔方郡而已。[1]

据《史记·匈奴传》记载,从秦末到汉初,匈奴一直是由冒顿单于统治着,不仅迅速征服了东胡,向西赶走月氏,平定了楼兰、乌孙、乌揭,稍后向北收服了浑庾、屈射、丁灵、鬲昆、薪犁之国,向南吞并楼烦和白羊河南王,还收复了秦将蒙恬"所夺匈奴地与汉关故河南塞,至朝那、肤施",拥有"控弦之士三十余万",形成"东接秽貉、朝鲜",西至西域,南与汉朝对峙的匈奴帝国。而汉朝在高祖七年(公元前200年)与匈奴经历了白登山之役后,确定了对匈奴的"和亲"

---

[1] 周振鹤:《〈二年律令·秩律〉的历史地理意义》,《学术月刊》2003年第1期。

政策,直至武帝元光六年(公元前129年)开始大规模反击匈奴的战争为止。元朔二年(公元前127年),汉朝夺回"河南地",并建朔方和五原二郡。据《汉书·武帝纪》记载,其时"募民徙朔方十万口"以加强防务,自此,今河套南北尽入汉朝。接着在元朔五年、元朔六年、元狩二年(公元前121年)、元狩四年均大举进攻和大败匈奴,从此,不仅自河西走廊到今新疆罗布泊一带再无匈奴的踪迹,而且匈奴伊稚斜单于不得不放弃漠南而远徙漠北地区。关于这一点,正如《史记·匈奴传》所记:"是后匈奴远遁,幕南无王庭。汉度河自朔方以西至令居,往往通渠置田,官吏卒五六万人,稍蚕食,地接匈奴以北。"汉武帝中期至其后的昭、宣两帝之时,汉朝与匈奴之战多发生在西域地区,尤其是宣帝本始二年(公元前72年)联合乌孙,大败匈奴,使匈奴走上衰亡的道路。宣帝五凤四年(公元前54年),匈奴第一次分裂。汉元帝初元二年(公元前47年),呼韩邪单于北迁原单于王庭后,汉匈和平相处40余年。王莽新朝,汉匈战火又起,边关形势大乱,正如《汉书·匈奴传》下所记:"初,北边自宣帝以来,数世不见烟火之警,人民炽盛,牛马布野。及莽挠乱匈奴,与之构难,边民死亡系获,又十二部兵久屯而不出,吏士罢弊。数年之间,北边虚空,野有暴骨矣。"进入东汉后,匈奴于光武帝建武二十四年(48)再次分裂成南北匈奴。建武二十六年,汉光武帝更将从今陇东经陕西、内蒙、山西到河北的沿长城内外的五原、云中、定襄、朔方、雁门、上谷、代、北地等沿边八郡划入南匈奴单于统治的区域,以利于南匈奴安置军民,并有效地防御北匈奴。同时,为彻底解决北匈奴问题,东汉王朝在明帝永平十六年(73)、章帝建初元年(76)、和帝永元元年(89)等年间,利用北匈奴的饥荒和内乱之机,多次发动大规模的军事进攻。至和帝永元三年（91），汉军出居延塞再攻北匈奴。据《后汉书·和帝纪》记载："围北单于于金微山，大破之。北单于逃走，不知所在。"北匈奴至此彻底灭亡，并宣告"在中国大漠南北活跃了 300 多年的匈奴政权退出了历史舞台"[1]。

从以上匈奴的主要活动区域来看，是以鄂尔多斯高原为中心的广大区域。而通过考古发现来看，鄂尔多斯高原发现的萨拉乌苏文化，是旧石器时期晚期我国北方的代表性文化，距今有 6 万—3.5 万年。根据对出土动物化石的分析，反映出当时有 32 种哺乳动物栖息在这里，其中生活在森林草原的占 39%，生活于草原的占 33%，生活于荒漠草原的占 32%，一般见于森林、荒漠的只占 6%。可见萨拉乌苏文化中存在动物群，反映出当时是以草原、森林草原为主，间有森林或荒漠草原的自然环境。另外，作为地理过渡带，萨拉乌苏动物群中既有喜湿热的诺氏象，湿润环境中生活的王氏水牛、原始牛，又有喜冷的蒙古野马、野驴存在，另外还有 11 种水鸟化石，说明这里曾有过相当面积的湖泊。由此，从上述地区的动物化石看，该区域内曾有过明显的森林草原、灌丛草原、草原、荒漠的交替变化过程，而且这一过程与孢粉分析的结果完全一致。[2] 又如 1974 年在鄂尔多斯东部发现的朱开沟遗址，相当于中原龙山文化晚期，距今约 3800 年左右，已进入青铜器时代。根据对朱开沟遗址各地层的孢粉分析，可发现朱开沟文化所处环境，最早是以灌木、草本植物为多，年降水量在 600 毫米以上的森林草原景观。通过对该期出土的动物骸骨的统计，发现家猪的

---

[1] 邹逸麟：《中国历史地理概述》，上海教育出版社 1995 年（修订版），第 105—106 页。
[2] 史培军：《地理环境演变研究的理论与实践——鄂尔多斯地区第四纪以来地理环境演变研究》，科学出版社 1991 年版，第 102—112 页。

数量远远多于牛、羊，说明当时原始农业已占主导地位。同时，还发现朱开沟文化第二、三期，乔木减少，聚落环境以灌木、草本植物为主，年降水量在 450—600 毫米之间，气候较前略干、冷，属于灌木草原景观。至第五期时，聚落环境中的木本植物以耐寒的松、杉针叶树为主，草本植物以耐干旱的蒿、藜植物为多，说明气温继续下降，已接近典型的草原景观。[1] 最后，通过对第四、五期出土的动物骸骨的统计，发现殉葬的猪、羊下颌骨明显减少，说明该时期社会经济水平下降，畜牧业呈上升趋势。[2] 随着气候的逐渐下降，在距今 3000 年左右，鄂尔多斯的年平均气温降至 0℃左右。[3] 而正是因为鄂尔多斯的气温下降，才迫使原来依赖水草资源来从事半农半牧经济的北方民族开始南下，并由此迫使先商文化逐渐向东退缩，以至最终退出了关中地区。[4] 这些南下的北方民族正是前文所论及的鬼方、混夷、獯鬻等匈奴的祖先。同时，在邻近内蒙古西部、西南部的甘肃、宁夏等地也发现了大量的新石器时代遗址青铜器文化遗址，如青海柳湾墓葬、青海民和阳山墓葬、甘肃永昌鸳鸯池新时代墓葬和属于青铜器时代的甘肃永昌沙井文化墓葬、宁夏彭堡于家庄墓葬等"西戎文化"系列的考古发掘的成果证明，5000—2000 年之前，甘肃、青海、宁夏等地都曾出现过较今温暖、湿润的气候，从而为先民由狩猎经济、半农半牧经济、游牧经济向农业定居经济的发展提供了基本的条件。而具体到两汉时期上述区域的气候，肯定也会随中原地区气候恶化的趋势而有所变化。

---

[1] 郭素新：《再论鄂尔多斯式青铜器的渊源》，《内蒙古文物考古》1993 年第 1、2 期合刊。
[2] 黄蕴平：《内蒙古朱开沟遗址兽骨的鉴定与研究》，《考古学报》1996 年第 4 期。
[3] 张兰生：《中国北方农牧交错带（鄂尔多斯地区）全新世环境演变及预测》，地质出版社 1992 年版，第 9 页。
[4] 孙华：《关中商代诸遗址的新认识——壹家堡遗址发掘的意义》，《考古》1993 年第 1 期。

由此我们不难看出，上述地区作为内陆性地带，不仅纬度高、气温低、降水少、风力大，而且地面土壤为风积物沙土，且分布广泛。按照西汉武帝前中原地区气候年均温度较今约高2℃、冬季温度则高3℃—5℃的变化规律看，[1] 秦至西汉前期的匈奴漠北地区，应该较现在温暖、湿润一些，但终不能改变冬季严寒、夏季酷暑、降水少和蒸发量大的气候基本特点。至于中原地区气候在公元前1世纪趋于寒冷之后，匈奴所据漠北地区的气候肯定更加恶劣，加之蒙古高原连年蝗灾，赤地千里，最终两次引发匈奴的大分裂。

总之，两汉时期广布在今西北地区的边关屯戍点，都分布在远离海洋、干燥、寒冷、多风、高蒸发量、积温低、植物生长期短，同时又严重缺少地表径流的半干旱地区。那么，在汉代中期北半球气候变冷变干的气候变化的大环境下，两汉时期这些大规模的西北屯戍活动，又会带来怎样的后果呢？

三、两汉时期边关屯戍对当地环境的破坏及影响

两汉时期边关屯戍制度和行为方式对当地环境造成了十分严重的破坏，同时也造成了极为恶劣的影响。这些破坏和影响大致表现在以下几个方面。

首先，从居延汉简反映的情况看，当时戍卒的日常工作就是"画沙中天田"，即将土壤中本来生长着的草类和灌丛拔去，沿着汉匈边境开辟一条平坦、开阔的细沙地，以观察人类或动物过往边界的痕迹。

---

[1] 竺可桢：《中国近五千年来气候变迁的初步研究》。

而如上所述,古居延是高纬度、干旱、少雨、高蒸发的半干旱干旱地区,土壤多为风积物、湖相沉积物,土壤盐碱度高,植物极难生长,而两汉时期戍卒这种"画沙中天田"的方式,本身就是一种对当地生态环境极为恶劣的破坏。现代农业的实验表明:草地退化意味着植被和土地退化,由此必然会引发生态环境的恶化;植被一旦被破坏,土壤侵蚀随即就会发生。一般地说,土壤侵蚀可分为水蚀和风蚀两种类型。水蚀是由降水和地表径流造成的,风蚀则与气候干旱、缺少植被保护和风速大及大风日数密切相关。汉代居延所在的阿拉善高原,现当代牧区年降水仅40—150毫米,主要集中在7、8、9三个月,且冬春大风日数可达70—80天,环境本身就已经十分恶劣。所以,植被一旦破坏,土壤在风力和水力等作用下,必然发生严重的侵蚀。[1]而土壤发生严重的侵蚀,即意味着富含有机质、土壤肥力和较低pH值的土壤表层的丧失,其结果必然是当地生存环境的继续恶化。尤其是西汉中期以后,北半球气候日趋转寒转干,也使得此后该地区在东汉时期汉兵撤入内地后的很长时间里,植被都难以复原,沙漠活动频繁,沙漠面积也迅速加大。

其次,两汉时期在西北各地的屯田活动,极大地改变了西北地区的地形、地貌,从而为唐宋以后黄河中下游地区文明的衰退埋下了伏笔。

据《汉书·匈奴传》下记载侯应言秦汉之际,今内蒙古阴山南北"东西千余里,草木茂盛,多禽兽,本冒顿单于依阻其中,治作弓矢,来出为寇,是其苑囿也";但在汉武帝发动对匈战争,"斥夺此地,攘

---

[1] 许志信、李永强:《草地退化与水土流失》,万方数据库:《中国国际草业发展大会暨中国草原学年会第六次代表大会论文》,2000年,第6页。

之于幕北。建塞徼，起亭隧，筑外城，设屯戍，以守之，然后边境得用少安。幕北地平，少草木，多大沙，匈奴来寇，少所蔽隐，从塞以南，径深山谷，往来差难。边长老言匈奴失阴山之后，过之未尝不哭也"。由此看秦汉时期"幕北"地区亦如现代一样，是"少草木，多大沙"的贫瘠之地，但阴山之南及鄂尔多斯高原气候、植被条件却要远较现代优越。同时，通过检阅两汉时期的传世文献，不难发现当时沙漠皆在"幕北"，即阴山以北地区；而河套平原与鄂尔多斯高原地区，则因土地肥饶，多水草，成为秦汉王朝与匈奴往来争夺的地带。不仅秦、西汉两朝曾多次向上述地区及黄土高原丘陵山原地区移民，大兴屯垦，而且匈奴骑兵也不时南下骚乱，往来驰驱，从未见到有沙漠存在的记载。同时，按照汉武帝中期以前中原地区气候年均温度较今约高2℃、冬季温度则高3℃—5℃的变化规律看，[1]阴山南北及鄂尔多斯高原年平均气温和降水量较今要高。如杭爱旗东南的桃红拉巴、准格尔旗南瓦尔吐沟等地发掘的匈奴墓葬证明当时当地有相当面积的森林分布。[2]从秦始皇收复今乌加河以南的"河南地"到汉武帝时期再次从匈奴手中"斥夺此地"后，便在阴山之南及鄂尔多斯高原大力发展农业生产，但直到十六国时期大夏国在今毛乌素沙地南缘建都统万城（413）时，这里具有如《元和郡县志》卷4夏州朔方县条所记载的"临广泽而带清流"的优美生存环境。[3]据相关学者对十六国时期统万城城墙中所保存的原木和城墙筑土中所含孢粉样品进行科学分析的结

---

[1] 竺可桢：《中国近五千年来气候变迁的初步研究》。
[2] 史念海：《两千三百年来鄂尔多斯高原和河套平原农林牧地区的分布及其变迁》，《北京师范大学学报》1980年第6期。
[3] 侯仁之：《从红柳河上的古城废墟看毛乌素沙地之变迁》，《文物》1973年第1期。

果亦表明:"统万城营建之时,其周围地区的植被组成丰富,以草本和灌木为主……同时还有松、桦、桤、胡桃、椴树、榆等乔木";同时,通过"对城墙土中 22 个种子植物科属的花粉进行共存分析的结果表明,当时统万城年均温 7.8℃—9.3℃……年降水量 403.4—550 毫米……这些气候特征与现在统万城地区……相比,表明当时统万城年均温比今天高出 0.2℃—0.7℃,年降水量比今天高出 50—100 毫米,气候较为温暖湿润"[1],从而说明虽有秦汉以来几百年的开垦种植、放牧、砍伐和战争破坏,又有西汉至东汉三国两晋时期气候转凉、转干的变化大环境,但同样是沙地草原的鄂尔多斯高原地区,[2]其自然条件仍远较今天优越。更为沉重的是在上述这些地区,两汉时期这种大规模的屯垦制度得以流传下来,不仅隋唐、北宋如此,明清时期更是如此。更有甚者,在宋、金、西夏对峙时期和明代,为了廓清视野,甚至将从陕北、吕梁山到陇东的广大区域内的树木砍光,以致地面植被损失殆尽。由于黄河流经此地,加之当地降水多在 7—8 月以暴雨形式出现,以致黄河每年都要携带至少 16 亿吨泥沙流入黄河下游地区,从而造就了历史上黄河下游善徙、善溃、善变的特点。据邹逸麟先生研究:"从新石器时代以降至 12 世纪 20 年代(宋金之际),黄河下游绝大部分时间流经太行山以东、泰山山脉以北的河北平原上,由渤海湾西岸入海。12 世纪开始河道离开河北平原,东南流经黄淮平原合淮入海,前后约 700 余年。先是流经黄淮平原北部,以后逐渐南摆,至 13 世纪已达到

---

[1] 孙同兴、侯甬坚等:《统万城历史自然景观重建及毛乌素沙漠迁移速率的探讨》,陕西师范大学西北环发中心:《统万城遗址综合研究》,三秦出版社 2004 年版,第 252—256 页。
[2] 侯甬坚:《统万城遗址:环境变迁实例研究》,陕西师范大学西北环发中心:《统万城遗址综合研究》,三秦出版社 2004 年版,第 211—222 页。

豫西山地东缘，至此黄河下游河道在华北平原扫了一遍。16世纪中叶，黄河大致固定在今废黄河一线。19世纪中叶，又折而东北流，至渤海湾西岸入海。"[1] 由此在黄淮海平原上至少留下数十条黄河泛道的痕迹。由于黄河河水富含泥沙，几乎每条黄河河道在废弃之后，都会以地上河的形式存在；而高高的河床在一望无际的大平原绵延着，从而严重影响了黄淮海平原的地理面貌。由于黄河的善变、善溃、善徙特点，不仅使得原有的良田变为沙荒，洼地沦为湖沼，沃土化为盐碱，生产遭受到破坏；而且，泥沙还淤塞了河流，填平了数以百计的湖泊，扰乱了平原上原有的水系，破坏了平原上诸如漕运、灌溉等人工水利工程设施，同时还提高了后代兴修水利、改造盐碱地和沙地的成本和难度。正因为从新石器时代到明清及近代的四五千年间，黄河下游河道至少在宋金之际和19世纪中叶，在黄淮海平原上由北向南、由南向北肆虐地扫了两遍；加之宋元明清时期我国古气候变得寒冷，降水量减少，使河水径流量缩减。所以，自宋元以后，黄淮海平原之上水稻种植面积迅速萎缩，再也没有达到汉唐时期的水平。

最后，从两汉时期西北边关屯戍点所出土的简牍的材质看，两汉时期西北边关大量使用当地所产树种来制作简牍，加剧了对当地生态环境的破坏。

从两汉时期西北屯戍点的考古发掘情况看，西北地区所出土简牍绝大多数为木简及木牍；而且，这些木简及木牍的材质多是生长在今干旱、半干旱地区的柽柳、红松、胡杨、云杉等。夏鼐先生生前曾请

---

[1] 参见邹逸麟：《中国历史地理概述》，福建人民出版社1999年版；邹逸麟：《黄河下游河道变迁及其影响概述》，《复旦大学学报》（历史地理专辑），1980年；邹逸麟：《椿庐史地论稿》，天津古籍出版社2005年版。

人对敦煌汉简的材质作过鉴定：敦煌汉简的材质最多的是青杆，别名杆儿松，属云杉之属；其二为毛白杨；其三为柽柳，又名红柳。[1] 斯坦因所获敦煌简的材质也是以白杨木、柽柳为主。甘肃文研所对敦煌马圈湾汉简的材质鉴定后发现马圈湾汉简绝大多数为木简，而且这些木简以柽柳为主，占 54.1%；其次杆儿松，占 31.4%；再次为胡杨，占 13.1%；竹简仅 16 枚，占 1.3%；[2] 何双全研究居延汉简的材质后发现，破城子汉简有红松、胡杨、红柳等，其中以松木为主，胡杨次之，红柳又次之；[3] 此外，《居延新简》中的"出钱二百，买木一，长八尺五寸，大四韦，以治罢卒籍"，还有长三丈、大三韦的记载，也都说明了木材在居延屯戍中大量使用的情况。从今天这些树种的分布看，柽柳、胡杨只生长在新疆塔里木盆地和内蒙古阿拉善高原地区中的湖泊及内陆河两岸；而红松及云杉，只生长在天山之上海拔 1000—1500 米较为湿润的迎风坡上。从两汉时期西北边关屯戍点大量发现木简及木牍的情况看，当时木材的采伐量极大，且有大量的木简材料毁坏于当时及其后的 1000 多年间。可见西北边关屯戍点书写材料大量使用木材，也是对西北边地环境的极大破坏。

综上所述，由于两汉时期大量屯戍的位于今新疆、甘肃、宁夏、内蒙古等广大的远离海洋、干燥、寒冷、多风、高蒸发量、积温低、植物生长期短的西北地区，同时又是严重缺少地表径流的半干旱干旱地区。在汉代中期北半球气候变冷变干的气候变化的大环境下，汉代大规模的西北屯戍活动，如大量开"天田"、垦荒土、用简牍等活动，

---

[1] 夏鼐：《夏鼐文集》，中国社会科学出版社 2000 年版。
[2] 《敦煌汉简·附录》，中华书局 1991 年版。
[3] 何双全：《双玉兰堂文集》，台北：兰台出版社 2001 年版。

不仅破坏了西北地区珍贵的植被系统，加剧了上述地区草原化、荒漠化进程，造成了汉代中期以后西北地区的气候条件与生存环境日趋衰退的后果，而且也使得黄河中下游地区河水的泥沙量加大、河道变迁加剧，从而严重影响了黄河中下游社会经济、文化的发展。

原载《学术研究》2009 年第 10 期

元明清对华北水利认识的发展变化
——以对畿辅水土性质的争论为中心[1]

王培华

（北京师范大学历史学院教授）

元明清时期江南籍官员学者提倡发展畿辅水利，以就近解决首都的粮食供应，缓解对东南的粮食压力。这种思想主张基本没有实现。其中原因相当复杂，既有政治、经济与社会等方面的因素，也有自然条件的因素，同时也有人们对畿辅水土特性认识上的分歧。这种对华北水土特性认识上的分歧、摇摆，左右着国家对华北水利的政策。探讨元明清时期人们对华北水利的认识，对今天应对华北干旱少雨的气候状况，有一定的启示意义。

一、畿辅水土不宜发展水利的说法

畿辅地区，大致包括今京、津两市，河北省及山西部分地区。其地势西北高东南低，有许多自然水系和人工渠道如永定河、滹沱河、漳河、南运河和北运河等及其大小支流淀泊沽汊等，是发展农田水利

---

[1] 本文系教育部重点研究基地 2008 年度重大项目（08JJD770100）的阶段性成果。

的先决条件。但是，元明清时期，有些北方籍官员认为河北诸水不宜发展农田水利。大约元朝至元十九年（1282）左右，朝廷拟议"分立诸路水利官"，胡祗遹著文论此事有"六不可"，其中第一、四两条指出："均为一水也，其性各有不同，有薄田伤稼者，有肥田益苗者，怀州丹、沁二水相去不远。丹水利民，沁水反为害。百余年之桑枣梨柿，茂材巨木，沁水一过，皆浸渍而死，禾稼亦不荣茂，以此言之利与害与？似此一水，不唯不可开，当塞之使复故道以除农害，此水性之当审，不可遽开，一也。""滏水、漳水、李河等水，河道岸深，不能便得为用，必于水源开凿，不宽百余步，不能容水势，霖雨泛溢，尚且为害，又长数百里，未得灌溉之利，所凿之路，先夺农田数千顷，此四不可也。"[1] 他的说法不符合事实。战国时魏国就利用漳河修筑十二渠发展水利，元中统二年（1261）沁河上修成长670里的广济渠，20余年中每年灌田3000余顷。[2] 明清时又利用滏阳河发展水利灌溉。胡祗遹既不知漳水十二渠，又不知当世水利。但是他职位较高，其意见具有一定的影响力。

明万历十四年，徐贞明准备大兴水利时，"奄人勋戚之占闲田为业者，恐水田兴而已失其利也，争言不便，为蜚语闻于帝，帝惑之……御史王之栋，畿辅人也，遂言水田必不可行，且陈开滹沱不便者十二"[3]。其中有三条是说滹沱河水利不宜发展水利："二谓堙塞无定，故道难复。三谓深州故道，枉费无成；且水势漂湃，流派难分。四谓

---

[1] 胡祗遹：《紫山大全集》卷19《论司农司》，文渊阁四库全书本。
[2] 宋濂：《元史》，中华书局1974年版，第1627页。
[3] 张廷玉等：《明史》，中华书局1974年版，第5885页。

挑浚狭浅，难杀水势；且淤沙害田，难资灌溉。"[1]滹沱河流域有水利灌溉。但由于明神宗已经是非难辨，所以他的意见得到采纳。

　　清代同样存在着关于河北水道不宜发展水利、不宜种稻的意见。大约嘉庆二十年至道光二年时，云南人程含章就提出天时、地利、土俗、人情、牛种、器具异宜共六条理由，论证北方不可兴办水田。他指出，北方春夏干旱少雨，而这正是水稻的插秧时节，雨热条件与水稻生长季节不同步，制约水稻生产；北方土性浮松，遇夏季暴雨，河水泥沙多，挑浚不便。北方人民生活、生产习惯不同于南方，也不利于水稻种植。北方不具备水稻生产所需要的水牛和农具等。[2]这些看法有些有道理，有些则不然。北方水源丰沛之地种稻不少，如河北的玉田、磁州、丰润，京西，东北，新疆伊犁等地。程含章既然反对北方水利，那么，道光三年朝廷命他署工部侍郎，"办理直隶水利事务"，虽然不能说是所托非人，但是程含章奉命办理直隶水利，只是兴办大工九，没有进行农田水利建设，除了因为他"寻调仓场侍郎。五年授浙江巡抚"[3]外，恐怕与他反对北方发展农田水利的态度，不无关系。

　　浙江元和人沈联芳，大约于嘉庆六年或其后不久著《邦畿水利集说》："近代以来，蓟、永、丰、玉、津、霸等处，营成水田，并有成效。使尽因其利而利之，畿南不皆为沃野乎？然利之所在，即害之所伏。其在圣祖、世宗年间，淀池深广，未垦之地甚多，故当日怡贤亲王查办兴利之处居多。乾隆二十八九年闻制府方恪敏时除害与兴利参

---

[1]《明神宗实录》卷172，万历十四年三月癸卯。
[2] 贺长龄、魏源编：《清经世文编》卷108《覆黎河帅论北方水利书》，中华书局1992年版。
[3] 赵尔巽等：《清史稿》，中华书局1977年版，第11628页。

半。今则惟求除害矣。"[1] 从除水害的观点出发，沈联芳对发展畿辅农田水利，提出了四难、四宜和三不宜之说。四难是指：永定河堤坝内流沙淤积，河身成淤地，洼下变高原。东淀日就淤浅，三角淀、叶淀、沙家淀阗积，无可分潴；东淀与南北两运争夺三岔口入海，导致泛涨。乾隆五十九年后，北泊淤平大半，滹沱频决东堤，将淹没新城、冀县。文安居九河下梢，素称水乡，历来筹议河防者，迄无良策。嘉庆六年大水后，长堤荡决，居民任其通流荡漾，不以筑堤为事。他又提出了解决这些问题的方案，即：青县和沧州两减河宜改闸、天津和静海运河西岸宜设堤防、疏天津七闸引河分泄海河水势、开沟叠道。他还提出了三不宜之说，即"浊水不宜分流"、"河间不宜水田"、"淀泊淤地不宜耕种"。浊水不宜分流，指滹沱河、漳河上游不可分，分流则水势弱，易于淤积，无法利用其水。河间不宜水田，指元明时期河间处于唐河下游，又有滹沱河支流经其地，源流不绝，可以引灌。明末清初，唐河、滹沱河水势渐弱。嘉庆时，二河改道，不经河间，河间无径流，不能种稻。水源变少，自然不宜发展水田。淀泊淤地不宜耕种，指淀泊可以作为河流潴留之地，不可因眼前的"围圩耕种"利益而破坏其蓄水功能。嘉庆六十三年畿辅大水，自然应消除积水。[2] 以上两种意见，都有合理性。但主要强调除水害，却不重视兴水利。道光初，龚自珍肯定其著作为"异书"，阅读并手校《畿辅水利集说》，[3] 道光二年龚自珍作《最录邦畿水利图说》，[4] 而潘锡恩批评其不重视兴水利

---

[1] 贺长龄、魏源编：《清经世文编》卷109《邦畿水利集说总论》。
[2] 潘锡恩编：《畿辅水利四案·附录》，道光三年刻本。
[3] 龚自珍：《龚自珍全集》，上海人民出版社1975年版，第605页。
[4] 同上，第257页。

的态度，贺长龄和魏源《皇朝经世文编》则表示应"随时斟酌"。

元明清时关于河北不宜发展水利的看法，有两个要点：一是华北河道不宜开河修渠，不能发展水利；二是北方不宜种植水稻。从时间看，元明时期，反对发展北方水利者，主要强调畿辅河道不宜开凿渠道，如胡祗遹关于沁水、滏阳河、漳河等不宜开渠的说法，王之栋关于滹沱河水不宜开渠的论调，他们的说法不符合事实。明清反对发展畿辅水利者，主要坚持河北不宜种植水稻。沈联芳只强调消除水害，不关注兴修水利，他要人们注意发展河北水利的困难和应对措施。从胡祗遹到沈联芳，时间过去了500多年。从河北诸水皆不宜发展水利，到河间不宜发展水田，这说明，随着时间推移，河北的降水和河流情况发生了变化，气候干旱水源减少，使人们不再坚持河北不宜发展水利，也说明人们对畿辅水利的认识是有进步的。但是元明清关于北方水土特性不宜发展水利、不宜种稻的看法，促使主张发展畿辅水利者来论证这些问题，从而推动了对北方水土特性的认识。

二、畿辅水土特性宜于水利水稻的认识

由于北方籍官员坚持畿辅河道不宜开渠、不宜种稻的观点，因此江南籍官员中主张发展畿辅水利者，就着力论证河北水土性质宜于发展水利、适宜种稻。

清雍正四年，蓝鼎元著《论北直隶水利疏》，辨析了北方不宜发展水田、北地无水和北方不宜修筑堤岸之疑惑："今所患者，或谓南北异宜，水田必不宜于北方。此甚不然。永平、蓟州、玉田、丰润，漠漠春畴，深耕易耨者，何物乎？或谓北地无水，雨集则沟浍洪涛，雨

过则万壑焦枯，虽有河而不能得河之利。此可以闸坝蓄泻，多建堤防，以蕴其势，使河中常常有水，而因时启闭，使旱潦不能为害者也。或谓北方无实土，水流沙溃，堤岸不能坚固，朝成河而暮淤陆，此则当费经营耳。然黄河两岸，一概浮沙，以苇承泥，亦能捍御。诚不惜工力，疏浚加深，以治黄之法，堆砌两岸，而渠水不类黄强，则一劳永逸，未尝不恃也。"[1] 蓝鼎元从对水性、土性认识上，支持了畿辅水利的开展。

雍正四年，怡贤亲王允祥、大学士朱轼主持举行畿辅水利，其《畿南请设营田疏》云："至浮议之惑民，其说有二：一曰北方土性不宜稻也。凡种植之宜，因地燥湿，未闻有南北之分，即今玉田、丰润、满城、涿州以及广平、正定所属，不乏水田，何尝不岁岁成熟乎；一曰北方之水，暴涨则溢，旋退即涸，能为害不能为利也，夫山谷之泉源不竭，沧海之潮汐日至，长河大泽之流，遇旱未尝尽涸也，况陂塘乏储，有备无患乎。"[2] 这份奏疏，有力地反驳了反对者对畿辅水土特性的看法，促成了雍正年间畿辅水利营田四局的设立，并受到后人的高度重视。道光四年潘锡恩编《畿辅水利四案初案》、吴邦庆编著《畿辅河道水利丛书》之《怡贤亲王疏抄》、道光六年贺长龄和魏源编《清经世文编》卷108《工政十四直隶水利中》等，都收录了此篇奏疏。

乾隆九年五月初八，山西道监察御史柴潮生上《敬陈水利救荒疏》，受到乾隆帝和朝廷大臣的赞赏，启动了乾隆九年至十二年的畿辅水利。当时反对北方水利的看法有三点，即北土高燥不宜稻种、土性沙碱易于渗漏、开筑沟渠占用民地导致民怨。他一一驳斥了这些看法。

---

[1] 贺长龄、魏源编：《清经世文编》卷108《论北直隶水利疏》。
[2] 贺长龄、魏源编：《清经世文编》卷108《畿南请设营田疏》。

关于"北土高燥不宜稻种"的问题，柴潮生首先回顾了京畿地区在汉、北齐、北宋、明、清等朝修水利种水稻的历史，又"访闻直隶士民，皆云有水之田，较无水之田，相去不啻再倍"。古今修水利种水稻的事实，使他坚信直隶水利可兴："九土之种异宜，未闻稻非冀州之产。现今玉田、丰润，粳稻油油，且今第为之兴水利耳，固不必强之为水田也，或疏或浚，则用官资，可稻可禾，听从民便，此不疑者一也。"柴潮生重视水利，但不拘泥于开水田、种水稻，是考虑了河北各地水情地势的复杂性。

关于水的渗漏问题，柴潮生说："土性沙碱，是诚有之，不过数处耳，岂遍地皆沙碱乎，且即使沙碱，而多一行水之道，比听其冲溢者，犹愈于已乎，不疑者二也。"这些意见都有道理，但他没有提出解决的办法。关于这个问题，光绪元年，淮军统领周盛传遵照李鸿章的意见，在天津海滨开垦屯田。周盛传研究了前代津东水利旋修旋废的原因，认为"其故盖缘引水河沟，规制太窄，海滨土质松懈，一遇暴雨横潦，浮沙松土，并流入沟，惰农不加挑挖，不数年而淤为平地，此沟洫所以易废也"。他提出了用石灰或三合土铺砌沟渠底部以防冲荡的方法："海上沙土，遇水则泄，非用三合土锤炼镶底丈余，不足以御冲荡。闸板须置两层，则水不能过，泥亦易捞。前人建闸，或亦未尽如法。潮汐上下，坍刷日久，必至倾圮淤垫，此闸洞所以易废也。"[1] 直至清末，才用技术方法解决了北方沙土易于渗漏的问题。这说明，畿辅水利论者必须拿出解决渠道渗漏的办法，否则徒然争论是不能服人的。

关于挖掘民地招致民怨的问题，雍正年间畿辅水利时已有成案，

---

[1] 盛康、盛宣怀编：《皇朝经世文续编》卷39《议覆津东水利稿》，光绪二十三年刻本。

即或将渠道堤岸占用民地之租计亩均摊到其他民地，或用附近官地拨补占用的熟田升科河淀洼地。柴潮生说："以沟渠为损地，尤非知农事者。凡力田者务尽力，而不贵多垦。……今使十亩之地，损一亩以蓄水，而九亩倍收，与十亩之田皆薄入，孰利？况损者又予拨还，不疑者三也。"柴潮生的论证，为国家举行畿辅水利提供了重要历史根据和理论依据，启发了乾隆帝，乾隆阅后要求"速议"。大学士鄂尔泰等会同九卿议覆："柴潮生所奏，诚非无据"[1]，启动了乾隆九年至十二年吏部尚书刘于义、直隶总督高斌等主持的畿辅水利。

针对关于永定河不宜发展水利的看法，乾隆十四年，李光昭修、周琰纂《东安县志》卷15《河渠志》论永定河利弊，廓清了人们在利用永定河水利上的错误认识。永定河是否可以开渠？《东安县志》认为，永定河两岸不可开渠，使分道浇灌，"浑河水浊而性悍，水浊则易淤，性悍则难制，其如所过，辙四散奔突"，自康熙三十七年筑坝后，"河日淤高，堤日增长。现在堤身外高二丈有余，内高不过五六尺。乾隆七八两年大汛之时，七工以下水面离堤坝相距，不及一尺。若非诸坝为之分泄，势必平漫矣。"那么如何利用永定河水利？"两旁多种高粱，皆获丰收，菽粟或有损伤。浑河所过之处，地肥土润，可种秋麦。其收必倍。谚云：一麦抵三秋，此之谓也。小民止言过水时之害，不言倍收时之利。此浮议之不可轻信者也。余尝称永定河为无用河，以其不通舟楫，不资灌溉，不产鱼虾。然其所长独能淤地，自康熙三十七年以后，水窖堂、二铺、信安、胜芳等村宽长约十里，尽成沃壤。雍正四年以后，东沽港、王庆坨、安光、六道口等村，宽长

---

[1] 潘锡恩编：《畿辅水利四案》。

几三十里，悉为乐土。兹数十村者，皆昔日滨水荒乡也。今则富庶甲于诸邑矣。与泾、漳二水之利，何以异哉。故浑河者，患在目前，而利在日后。目前之患有限，而日后之利无穷也。"东西两淀周围淤地是否可占种耕垦？《东安县志》认为，淀泊周围淤地不可耕种，宜留为容水之区即泄洪区，"北方之淀，即南方之湖，容水之区也。南方河港多而湖深，北方河港少而淀浅，是淀之利害，尤甚于湖也。读雍正四年怡贤亲王条奏：'今日之淀，较之昔日淤几半矣。'淀池多一尺之淤，即少受一尺之水。淤者不能浚之复深，复围而筑之，使盛涨之水，不得漫衍于其间，是与水争地矣。下流不畅，容纳无所，水不旁溢，将安之乎？是故借淀泊所淤之地，为民间报垦之田，非计之得也者"[1]。章学诚、马钟秀等都认为"李光昭《东安县志》论永定河利弊，最为详明"[2]，并在其分别纂修的《永清县志》和《安次县志》中全文引用了《东安县志》的论述。

道光三年，畿辅大水，朝廷派员勘察直隶水灾河道情形。京师宣南官员学者欢欣鼓舞，纷纷著书立说，搜集历代及当代畿辅水利事迹，试图为畿辅水利提供借鉴。道光四年，吴邦庆编撰《畿辅河道水利丛书》，批判了元明时北方官员反对兴修畿辅水利的种种观点。关于畿辅河流不宜发展农田水利的观点。反对者的三种理由，一是"胼胝之劳，十倍旱田，北方民性习于偷逸，不耐作苦"；二是"南方之水多清，北方之水多浊，清水安流有定，浊水迁徙不常，又北水性猛，北土性松，以松土遇猛流，啮决不常，利不可以久享"；三是"直隶诸水，大约发源西北，地势建瓴，浮沙碱土，挟之而下，石水斗泥，当其下流，尤

---

[1] 李光昭修、周琰纂：《东安县志》，乾隆十四年刻本。
[2] 章学诚：《永清县志》（《水道图第三》），乾隆四十四年刻本。

易淹塞，疏瀹之功，难以常施"[1]。即畿辅民性、水性、土性都不宜发展农田水利。吴邦庆还论证了畿辅河道是否宜于水利和种稻的问题，他说："畿辅诸川，非尽可用之水，亦非尽不可用之水；即用水之区，不必尽可艺稻之地，亦未尝无可以艺稻之地。"[2] 他认为："畿辅三大水不可用：永定也；滹沱也；前北行入界之漳河也。其流浊，其势猛，其消落无常，势不受制；惟善肥地，所过之处，往往变斥卤为腴壤；至欲设闸坝，资灌溉则不能。"[3] 吴邦庆历数畿辅各县河流泉源潮汐，或"可用河以成田"，或"可用泉以成田"，或"可用潮汐以成田"，或"筑圩通渠以成田"，即使难以利用的永定河，也可以用其上游之水。[4] 他反驳说："安在其有弃水也。若以一水之不可用，遂并众水而弃之；见一处之湮塞难通，遂谓通省皆然，则似难语以兴修乐利矣"。因此，"水性清浊、土性刚柔之说，有不可尽信者。至谓北土民惰，不耐火耕水耨之劳，夫民岂有定性哉，齐之以法，诱之以利，转变在岁时耳！不足致疑，故无庸置辩云"[5]。

关于水利营田后，是否种植水稻的问题，吴邦庆提出：水利田"地成之后，但资灌溉之利，不必定种粳稻，察其土之所宜，黍稷麻麦，听从其便。又开渠则设渠长，建闸则设闸夫，闸头严立水则，以杜争端，设立专职，以时巡行，牧令中有能勤于劝导者，即登荐以示鼓励"[6]。针对北人以北方不宜种稻为理由来反对畿辅水利，吴邦庆

---

[1] 吴邦庆：《畿辅河道水利丛书》(《水利营田图说跋》)，农业出版社1964年版，第353页。
[2] 同上，第353页。
[3] 吴邦庆：《畿辅河道水利丛书》(《潞水客谈序》)，第119页。
[4] 吴邦庆：《畿辅河道水利丛书》(《水利营田图说跋》)，第353页。
[5] 同上，第354页。
[6] 吴邦庆：《畿辅河道水利丛书》(《畿辅水利私议》)，第634页。

提出"但资灌溉之利"的目标。关于水稻问题,后来咸丰、同治、光绪时,天津海滨屯田时仍然种植水稻。同治二年,监察御史丁寿昌提出,应该在北京西直门外一带发展水稻,让奉天农民捐输旱稻,稻谷一石抵粟米二石,由海运至天津,再运至京师,"且此项旱稻,可为谷种。若于京城设局,令农民赴局买种,每人不过一斗,以资种植。近畿本有旱稻,得此更可盛行。将来畿辅有水之地,可种水稻;无水之地,可种旱稻,较之粟米高粱,其利数倍"[1]。

以东北旱稻作为北京稻种,让北方无水之地种植旱稻,这是比较实际的看法,这是他考虑到旱稻比较适合北京水源较少的实际情况而提出的种植旱稻的意见。

总之,清代讲求畿辅水利者,总结了历史的经验和教训,论证了畿辅水性、土性、民情等各方面的问题,驳斥了反对畿辅水利的各种意见,补充并完善了具体的技术问题如用水、用田、水稻品种等。关于畿辅水利的认识,又向前进了一步,但是仍然存在一些没有解决的理论问题。

三、桂超万、李鸿章对畿辅水利态度的前后转变及其原因

清道咸同光时,桂超万和李鸿章先是支持发展畿辅水利,后来又发生了转变。道光十五年十二月,江苏巡抚林则徐请桂超万校勘《北直水利书》。[2] 不久,桂超万《上林少穆制军论营田疏》,非常赞赏林则徐的主张,又补充了四条意见,其中一条是关于畿辅水利中的水稻

---

[1] 盛康、盛宣怀编:《皇朝经世文续编》卷 43《筹备京仓疏》。
[2] 林则徐:《林则徐集》,中华书局 1964 年版,第 214 页。

技术人才问题，他认为可以从直隶的玉田、磁州请人来担当畿辅水稻种植的技术人才，另外三条是关于开水利营田的时间及如何消除阻挠等问题。大约在道光二十三年（1843），桂超万在畿辅为官8年后，对畿辅水利的态度大为转变，他说："后余官畿辅八年，知营田之所以难行于北者，由三月无雨下秧，四月无雨栽秧，稻田过时则无用，而乾粮过时可种，五月雨则五月种，六月雨则六月种，皆可丰收。北省六月以前雨少，六月以后雨多，无岁不然。必其地有四时不涸之泉，而又有宣泄之处，斯可营田耳。"[1] 桂超万从赞成畿辅水利，到后来认为畿辅发展水稻生产困难，其根本原因是，他认识到畿辅大部分地区雨热不同季的水热条件，不适宜发展水稻。只有玉田、丰润、磁州等水源充足的地方，适宜发展水稻。李鸿章对畿辅水利的态度前后也有变化。同治十二年，朝廷"以直隶河患频仍，命总督李鸿章仿雍正年间成法，筹修畿辅水利"[2]。同治十三年，李鸿章指示淮军统领周盛传筹办天津海滨屯田水利，"尽地利而裨防务"。周盛传是南方人，他在天津建新城，往来津、静、南洼之交，非常惋惜天津海河两岸空廓百余里的荒地不耕，当得到李鸿章的指示后，周盛传"留心履勘，讯问乡农，博访昔人成法，略识历次兴修之绪"。他说："海上营田之议论，自虞文靖始发其端，至徐氏贞明而大畅其旨。元脱脱丞相、明左忠毅公，皆尝试办，卓有成效。万历中，汪司农应蛟遂建开屯助饷之议。并水利海防为一事，与今日情势略有同者。……创试于葛沽白塘二处，后逐年增垦。……我朝康熙间，蓝军门理为津镇，倡兴水田二百余顷，皆在城南就近处所，海河上游，至尽海光寺南犹有莳稻者。雍

---

[1] 盛康、盛宣怀编：《皇朝经世文续编》卷39《上林少穆制军论营田疏》。
[2] 赵尔巽等：《清史稿》，第3848页。

正年间，怡贤亲王修复闸座引河，多循汪公旧迹。乾隆十年及二十九年、三十六年，修治水利案内，迭次从事疏浚，而稻田迄未观成。仅葛沽一带，民习其利，自知引溉种稻，至今不绝。"认为海上营田可以并水利海防为一事。同时，他分析了以往海滨水利屯田不能长久的原因，"引水河沟，规制太窄，海滨土质松懈，一遇暴雨横潦，浮沙松土，并流入沟，惰农不加挑挖，不数年而淤为平地，此沟洫所以易废也。南方置闸，只需嵌用石灰，铺砌牢固。海上沙土，遇水则泄，非用三合土锤炼镶底丈余，不足以御冲荡。闸板须置两层，则水不能过，泥亦易捞。前人建闸或亦未尽如法。潮汐上下，坍刷日久，必至倾圮淤垫，此闸洞所以易废也"。并计划："就海河南岸略加测步，除去极东海滨下梢，由碱水沽至高家岭，延长百余里，广十里，计算可耕之田已不下五十余万亩。就中疏河开沟，厚筑堤埂，略仿南人圩田办法，广置石闸涵洞，就上游节节引水放下，以时启闭宣泄，田中积卤，常有甜水冲刷，自可涤除净尽，渐变为膏腴。"[1] 挑浚引河一道，分建桥闸、沟洫、涵洞，试垦万亩，获稻不下数千石。[2] 周盛传又拟开海河各处引河试办屯垦，在碱水沽建闸增挑引河，导之东下，以资浇灌新城附近之田。又拟在南运河建闸，另开减河分溜下注，洗涤积卤，开垦海河南岸荒田。[3] 光绪七年，李鸿章奏报"抽调淮、练各军分助挑办，淮军统领周盛传更于津东之兴农镇至大沽，创开新河九十里，上接南运减河，两旁各开一渠，以便农田引灌。其兴农镇以下，又开横河六道，节节挖沟，引水营成稻田六万亩，且耕且防，海疆有此沟河，

---

[1] 盛康、盛宣怀编：《皇朝经世文续编》卷39《议覆津东水利稿》。
[2] 盛康、盛宣怀编：《皇朝经世文续编》卷39《防军试垦碱水沽一带稻田情形疏》。
[3] 盛康、盛宣怀编：《皇朝经世文续编》卷39《拟开海河各处引河试办屯垦禀》。

亦可限戎马之足"[1]。光绪七年三月，当左宗棠上奏陈述治理直隶水利的主张时，李鸿章对畿辅水利的态度却发生了转变。首先，李鸿章认为前代畿辅河道水利，难收实效："畿辅河道，自宋元迄明，代有兴作，实效鲜闻。惟北宋何矩就雄霸等处平旷之地，筑堰为障，引水为塘，率军屯垦，以御戎马。专为预防起见。今之东西淀皆其遗址。维时河溯本多旷土，堰外即属敌境，听其旱潦，无关得失，故可专利一隅。厥后人民日聚，田畴日辟，野无弃地，不能如前之占地曲防，故治之之法亦复不易。"[2] 其次，他认为康乾时先后历时数十年，浚筑兼施，始克奏功，仍难免旱潦。嘉道以后，河务废弛日甚。即使雍正四年刚报竣工，次年夏秋永定等河漫决多口，受水者三十余州县，营田缺雨难资灌溉，不久多改旱田。同治十年前后，畿辅淀泊淤积，闸坝废弃，引河减河填塞，天津海口不畅。最后，他认为畿辅河道水利难以奏效的根本原因，是"河道本来狭窄，既少余地开宽，土性又极松浮，往往旋挑旋塌。且浑流激湍，挑沙壅泥，沙多则易淤，土松则易溃。其上游之山槽陡峻，势如高屋建瓴，水发则万派奔腾，各河顿形壅涨，汛过则来源微弱，冬春浅可胶舟，不如南方之河深土坚，能容多水，源远流长，四时不绝也"[3]。

光绪十六年（1890），给事中洪品良以直隶频年水灾，请筹疏浚以兴水利。李鸿章上奏反对：

原奏大致以开沟渠、营稻田为急，大都沿袭旧闻，信为确论。

---

[1] 李光昭修、周琰纂：《东安县志》卷110《拟开海河各处引河试办屯垦禀》。
[2] 盛康、盛宣怀编：《皇朝经世文续编》卷110《覆陈直隶河道地势情形疏》。
[3] 同上。

而于古今地势之异致，南北天时之异宜，尚未深考。……（直隶径流）沙土杂半，险工林立，每当伏秋盛涨，兵民日夜防守，甚于防寇，岂有放水灌入平地之理？今若语沿河居民开渠引水，鲜不错愕骇怪者。

且水田之利，不独地势难行，即天时亦南北迥异。春夏之交，布秧宜雨，而直隶彼时则苦雨少泉涸。今滏阳各河出山处，土人颇知凿渠艺稻。节界芒种，上游水入渠，则下游舟行苦涩，屡起讼端。东西淀左近洼地，乡民亦散布稻种，私冀旱年一获，每当伏秋涨发，辄遭漂没。此实限于天时，断非人力所能补救者也。

以近代事实考之，明徐贞明仅营田三百九十余顷，汪应蛟仅营田五十顷，董应举营田最多，亦仅千八百余顷，然皆黍粟兼收，非皆水稻。且其志在垦荒殖谷，并非藉减水患。今访其遗迹，所营之田，非导山泉，即傍海潮，绝不引大河无节制之水，以资灌溉，安能藉减河水之患，又安能广营多获以抵南漕之入？

雍正间，怡贤亲王等兴修直隶水利，四年之间，营治稻田六千余顷，然不旋踵而其利顿减。九年，大学士朱轼、河道总督刘于义，即将距水较远、地势稍高之田，听民随便种植。可见治理水田之不能尽营，而踵行扩充之不易也。

恭读乾隆二十七年圣谕"物土宜者，南北燥湿，不能不从其性。倘将洼地尽改作秧田，雨水多时，自可借以储用，雨泽一歉，又将何以救旱？从前近京议修水利营田，始终未收实济，可见地利不能强同"。谟训昭垂，永宜遵守。

即如天津地方，康熙间总兵蓝理在城南垦水田二百余顷，未久淤废。咸丰九年，亲王僧格林沁督师海口，垦水田四十余顷，嗣以旱潦不时，迄未能一律种稻，而所废已属不赀。光绪初，臣以海防紧要，不可不讲求屯政，曾饬提督周盛传在天津东南开挖引河，垦水田千三百余顷，用淮勇民夫数万人，经营六七年之久，始获成熟。此在潮汐可恃之地，役南方习农之人，尚且劳费若此。若于五大河经流多分支派，穿穴、堤防、浚沟，遂于平原易黍粟以粳稻，水不应时，土非泽埴，窃恐欲富民而适以扰民，欲减水患而适以增水患也。[1]

李鸿章的意见，表面上看又回到元明清时反对畿辅水利者的路子上，实际上却比较符合清后期的实际情况。第一，清后期华北气候已经变得更加干旱，缺少地表水，南北二泊，东西二淀，或填淤，或变成民地。发展水田、种植水稻，不符合当时气候和水源状况。第二，永定河自康熙三十七年修筑堤坝以后，河日淤高，堤日增长，坝上开渠实不可取。同治十年前后，畿辅大小河流上的水利工程已经废败，不可使用。河淀下游入海不畅，海潮倒灌，每遇积潦盛涨，横冲四溢，连成一片，顺天、保定一带水患非常严重。[2] 因此，首先应该修复原有河道工程，如挑浚大青河下游，另开滹沱河减河，疏浚永定河上游桑干河等。从以上两点看，李鸿章的说法，符合清后期的气候、水源情况。第三，清后期，东北农业的发展、粮食贸易的活跃，能为京师提供部分粮食。国家采取了一些缓和江南赋重漕重的措施，大大减少了讲求畿辅水利的必要性。道咸同以来，江南督抚如林则徐、曾国藩、

---

[1] 赵尔巽等：《清史稿》，第3852—3853页。
[2] 盛康、盛宣怀编：《皇朝经世文续编》卷110《覆陈直隶河道地势情形疏》。

李鸿章都致力减轻江南浮赋。如同治二年，李鸿章请减苏松太每年起运交仓90至100万石，著为定额，永远遵行，[1] 得到朝廷允准。"减漕之举，文忠导之于前，公与曾、李二公成之于后"[2]。同治二年苏松太减赋事件对苏松影响甚巨，"一减三吴之浮赋，四百年来积重难返之弊，一朝而除，为东南无疆之福"[3]。以上几点，是李鸿章对畿辅水利态度发生转变的根本原因。

四、结论

中国自唐宋以后经济重心南移。元明清定都北京，发展华北西北农田水利，以就近解决首都粮食供应，是元明清时期江南籍官员学者的理想，有时也被最高统治者所接受认可，成为一种集体意识，显示了统治者想解决南北区域经济不平衡发展的努力。但是这种意识是否符合华北西北的水土性质？元明清时期华北西北的气候大势干旱少雨，水源丰富的时段和地区比较少。发展华北西北水利的主张是否合理，不能一概而论，要看具体的时段和地区。乾隆二十七年圣谕"物土宜者，南北燥湿，不能不从其性。倘将洼地尽改作秧田，雨水多时，自可借以储用，雨泽一歉，又将何以救旱？从前近京议修水利营田，始终未收实济，可见地利不能强同"，这是比较符合实际的。

元明清时人们对华北水利的认识，给我们什么启示？第一，应树

---

[1] 冯桂芬：《显志堂集》卷9《请减苏、松、太浮粮疏》，光绪二年刻本。
[2] 冯桂芬：《显志堂集》卷首《吴大澂序》。
[3] 冯桂芬：《显志堂集》卷首《俞樾序》。

立水利是公共事业的意识。为避免地方利益之争,政府应主持水利事业。河流有其自然的流域和走向,与行政区划并不一致,如果不通盘计划,往往发生水利纠纷。"盖一村之名,止顾一村之利害,一邑之官,止顾一邑之德怨。"[1]

第二,华北淀泊周围淤地,不可耕种,要留为蓄水泄洪之区。北方淀泊,相当于南方湖泊,是容水之区。华北淀泊多一尺之淤,即少受一尺之水。耕种湖泊周围淤地,是人与水争地,水旁溢则泛滥。

第三,华北诸水,"非尽可用之水,亦非尽不可用之水;即用水之区,不必尽可艺稻之地,亦未尝无可以艺稻之地"。对华北水利和华北种稻等事,应持辩证的态度。

第四,作物品种要适合华北的水土条件。元明清倡导华北西北水利者,力主在北方发展水稻生产。京东、邯郸、磁州水源丰富处,可以发展水稻。但旱地或水源缺乏时,则不宜发展水田和种植水稻。申时行提出旱田不必改为水田、旱地作物不必完全改为水稻,吴邦庆提出根据水土情况种植黍稷麻麦悉听其便,丁寿昌提出要引进东北旱稻品种等,都是变通而切合实际的思路。在华北干旱条件下,耐旱作物品种,是符合时宜、地宜的选择。

原载《学术研究》2009 年第 10 期

---

[1] 李光昭修、周琰纂:《东安县志》卷 15。

明清时期东北地区生态环境演化初探

李莉　梁明武

（李莉，北京林业大学人文学院林业史研究室讲师；
梁明武，北京林业大学经管学院博士后流动站研究人员）

生态环境问题已日益成为社会关注的焦点。森林是生态环境组成部分中的一个重要环节，是生态系统的主体，对维护生态环境发挥着极大的功效。东北地区在我国国民经济发展过程中占有重要的地位。自古以来，东北的森林资源就十分丰富，经过明清时期，特别是清末帝国主义的掠夺性采伐，仅一个世纪，就使我国东北珍贵的森林宝藏、浩瀚林海损失大半，原先相对平衡的生态系统亦遭到严重摧残。研究东北地区森林资源的历史变迁过程，探寻造成森林变迁及生态环境演化的原因，无疑对当今生态保护及林业可持续经营具有重要意义。

一、明清时期东北地区森林资源的变迁

东北的森林，古称"窝集"、"乌稽"。据文献记载，自混同江至宁古塔的两个窝集，"那木窝集四十里，色出窝集六十里，各有岭界其

中，万木参天，排比联络，间不容尺"[1]。康熙二十年（1681），吴振臣与父母从宁古塔（今黑龙江省宁安县）经船厂（今吉林省吉林市）返北京，经过大小森林描述道："第三日，进大乌稽，古名黑松林。树木参天，槎牙突兀，皆数千年之物。绵绵延延，横亘千里，不知纪极。车马从中穿过，且六十里。初如乌稽，若有门焉。皆大树数抱，环列两旁，洞洞然不见天日。惟秋、冬树叶脱落，则稍明。"[2] 乌稽中森林茂密、树种多样，"乌稽中皆乔松及桦柞树，间有榆椴，鳞接虬蟠，缨山带涧，蒙密纷纠"[3]。咸丰八年（1858），何秋涛在《朔方备乘》中描述道："吉林、黑龙江两省实居艮维之地，山水灵秀，拱卫陪京，其间有窝集者，盖大山老林之名……材木不可胜用……以故深山林木，鲜罹斧斤之患。而数千百里，绝少蹊径，较之长城巨防……林中落叶常积数尺许，泉水雨水，至此皆不能流，尽为泥泽，人行甚难。有熊及野豕、貂鼠、黑白灰鼠等物，皆资松子、橡实以为食，又产人参及各种药材。"[4] 由此看来，直至清代前期东北地区的森林还保持着较为原始的景观。

东北地区的森林主要分布在鸭绿江流域、图们江流域、松花江流域、牡丹江流域、拉林河流域、三姓地区、中东铁路东部地区、中东铁路西部地区、大兴安岭和小兴安岭。

鸭绿江林区主要在鸭绿江西岸。清政府原来禁止在此伐木和开垦，人迹罕至，所以林木葱郁，连绵千里。同治初年（1865年前后），许

---

[1] 林佶：《全辽备考》，《丛书集成续编》第50册，上海书店出版社1994年版。
[2] 吴振臣：《宁古塔纪略》，《续修四库全书》第731册，上海古籍出版社2002年版。
[3] 高士奇：《扈从东巡日录》，《丛书集成续编》第65册，上海书店出版社1994年版。
[4] 何秋涛：《朔方备乘》，《续修四库全书》第740册，上海古籍出版社2002年版。

多山东破产农民"闯关东"谋生,来此伐木,从此森林被大量砍伐。光绪三十四年(1908),中日合办的鸭绿江采木公司成立,沿江森林更是遭到大规模的砍伐。图们江林区为图们江及其支流海兰河、嘎呀河和珲春河流域。晚清亦有朝鲜移民来此伐木和开垦。松花江林区处松花江上游地区,从清末起,松花江主流、拉法河、辉发河沿岸的森林都被大量砍伐。由于该林区山岭重叠,坡度较大,垦殖不便,故森林破坏比鸭绿江林区为轻。拉法河流域的原始林由于遭到不同程度的滥伐,大部分已变成天然次生林。辉发河流域也出现许多天然次生林。牡丹江林区为牡丹江流域的上段,晚清山林禁令解除后,开始被采伐,只有山脊尚存原始林。三姓地区处于松花江、黑龙江、乌苏里江之间,富锦县东面和南面的山地尚保存部分原始林,靠近松花江岸的森林都已被"拔大毛",变为以阔叶树为主的散生林,有的地方林木已被伐光而成为无林地。中东铁路东部林区指中东铁路从哈尔滨到绥芬河段沿线。19世纪末期,沙皇俄国修筑中东铁路时就地取材,大肆采伐森林。小兴安岭林区范围为大兴安岭以东、黑龙江以南、松花江以北地区,森林主要分布在诺敏河与汤旺河之间。直到清末,还无人采伐,林木蔽日。日本人侵占东北时期,对小兴安岭森林进行了大规模采伐。

由于明清时期尤其是晚清以来的掠夺性采伐,东北林区的森林资源遭到很大破坏,森林大面积被砍伐,次生林取代了原生林,密林变成疏林,疏林形成荒原。

二、明清时期东北地区生态环境的恶化

(一)森林资源削减。延至清末,东北广大平原已是田连阡陌,城

镇比立。"呼兰全境初皆森林，巴彦苏苏则译言富有森林也，开垦以来不及数十年，腹地之木芟夷尽矣，所补植者杨柳槐榆以供炊爨，尚不足用，筑屋制器以暨木桦炭料必购之青黑二山，或远至于呼兰河上游之于吉密，道远输运艰，价值日益增长，而此数处者虽为森林区域，日斩月伐，无保护之方、培养之策，迟之又久，吾见其濯濯，未始有材已耳。"[1] 资源使用的严重缺乏现象，正反映了森林资源的削减。

（二）水土流失严重。森林是陆地生态系统的主体，森林除了提供木材和各种林副产品外，还具有涵养水源、保持水土、防风固沙、调节气候、保存森林生物物种、维持生态平衡等重要作用。《朔方备乘》中《窝集发源诸水》详述了发源于窝集的 123 条河之名称，并列出其流向，说明森林丰富时，山青水碧，而且是川流不息的。在森林破坏较为严重的辽河流域，每年都有大量泥沙被冲入辽河，至今辽河流域水土流失面积已达总面积的 1/3 以上。清末以前辽河曾是东北地区航运命脉，但 20 世纪初以来，由于该流域水土流失严重，河道淤积，逐渐失去了航运功能。1904 年，仅从辽河上游通江口到入海口营口港之间就形成了 162 处浅滩，个别浅滩流沙堆积竟然超过河岸 2 米。

（三）自然灾害频发。据吉林省气象部门研究，由于森林环境的破坏，旱涝频率逐渐增加，大旱次数不断增多。据记载，1852—1874 年，当时东北林木葱郁，覆盖率在 70% 以上，旱涝频率为 12%，基本未发生大旱；1875—1924 年间，由于人口增多，森林采伐量增加，旱涝频率上升到 26%，出现 4 次大旱灾；1925—1974 年间，森林覆盖率由 70% 降到 37%，旱涝频率上升到 38%，发生 5 次大旱。近 150 年内全

---

[1] 黄维瀚纂修：《呼兰府志》，黑龙江军用被服厂，民国四年（1915）。

区旱灾增加了3倍。原先生态环境较好的大兴安岭林区，近年来也常有灾害性大风或受到严重的水灾、旱灾威胁。小兴安岭气候逐年变干，汤旺河丰水年与枯水年泾流的变率逐年增大，林区及其附近地区水、旱成灾的现象也在逐年增加。产生这些自然灾害的原因，都是由于河流上游及广大山区的森林植被长期遭受破坏，自然生态失去了平衡。

（四）生物多样性被破坏。一个生态系统之所以具有自我更新和维持的能力，是因为生存其中的生物之间存在着紧密的交互作用关系，生物间的交互作用是维持生态系统健康的基础。当森林大肆削减，自然灾害频发时，就引起了区域范围内生物圈内部结构的变化。由于人口的增加，人类生产活动的加强，使得林区的珍稀动植物资源日益减少。"人日稠，兽日稀，猎户遂因之而少，他县皆然。"[1] "以前古木参天，森林茂密，兽有鹿、豕，禽多飞雉，同治以来边禁废弛，山木尽伐，禽兽逃匿。"[2]《盛京通志》记载，虎在东北"诸山皆有之"[3]，最具区域代表性的动物首推东北虎，而由于失去了森林的屏蔽，东北虎数量锐减，分布区域日趋缩小，几乎绝迹。此外，梅花鹿、黑熊、豹、紫貂和野猪等原先常见的动物亦不多见。不只是动物逃匿乃至濒临灭绝，植物也难逃厄运。原始森林遭受大面积破坏之后，原来的天然针叶林或针叶为主的针阔混交林逐渐演替为次生阔叶林，蓄积量减少，生长量降低。如珍贵的红松即将濒于绝迹，水曲柳、黄波萝逐渐稀少，"药材之属有人参，乾隆三十五年放蒙古尔山参票五百三十九张一票一

---

[1] 杨步墀纂修:《依兰县志》,《中国地方志集成·黑龙江府县志辑》(7), 凤凰出版社2006年版。
[2] 关定保等修:《安东县志》,《中国地方志集成·辽宁府县志辑》(16), 凤凰出版社2006年版。
[3] 董秉忠修:《盛京通志》, 全国图书馆文献缩微中心2005年版。

人，人交参五钱，计岁交参二百六十九两五钱，嗣后蒙古尔山南北次第开放，垦为熟地，无参可采"[1]。关东三宝的野山参更是罕见。

三、明清时期森林资源变迁及生态环境恶化原因分析

我们知道，人类历史时期生态环境变迁的最大推动力即人类自己，因此，人类社会的经济开发过程在很大程度上与生态环境的破坏过程相伴而行。

（一）森林的过度采伐利用。明初至清末，由于社会经济的发展和人口激增，对用材和薪材的需要，促使森林采伐生产木材的事业得到进一步的扩展。明代东北一带山势高险，林木茂密。明永乐年间（1402—1424）在吉林附近设有船厂，为了制造船只，进行了森林采伐。明初规定造一艘一千料的中型海船，需杉木342根，杂木149根，株木20根，榆木舵杆2根，栗木2根，橹38枝。由此可见用材之多。明中叶以后，"不知何人始于何时，乃以薪炭之故，营缮之用，伐木取材，折枝为薪，烧柴为炭，致使木植日稀，蹊径日通，险隘日夷"[2]。清代开始对东北的木材进行开采。康熙四年（1665），准"广宁、锦州、宁远、前卫等处居民边外采伐木植"[3]。辽河支流浑河（亦称呼纳呼河、呼努呼河或胡纳胡河）是奉天木材的主要运路之一。尽管明万历年间（1573—1619）东北辽西一带的森林已开始采伐，但清代之森林采伐尤甚于明代。随着林业生产的发展，东北的木材贸易也日趋

---

[1] 黄维瀚纂修：《呼兰府志》。
[2] 丘濬：《大学衍义补》，《四库全书》第712册，上海古籍出版社1987年版。
[3] 邓亦兵：《清代前期竹木运输量》，《清史研究》2005年第2期。

繁荣。清末东北有相当数量的木材销往外地。据 1906 年记载，鸭绿江流域林区每年可向天津、北京、营口等地输出价值三四百万两的木材。清末索伦山林区每年木材的销售额亦达二三百万元。[1]

森林之所以被过度采伐利用，笔者认为原因有二：一为木材商品经济的发展。晚清时东北地区出现了商业性木材采伐。木材市场就是木材商品交换的场所和领域，是木材流通的总的表现，它体现了木材商品交换关系的总和。鸭绿江材的集散地，早期在安东，后移至大东沟。该木材市场历史较久，占有重要地位，是北方各城市供应木材的主宰者。二是便利的运输条件。晚清时期，东北林区的木材主要靠水运（俗称流送）。东北水运有几条途径：(1) 松花江上游森林区的木材从松花江东岸陆运，从岭南各小沟南下出那尔轰河管流，由此出头道江编筏；从岭北顺沟而下出辉伐河编筏。(2) 吉敦路沿线森林区的木材：在嘎雅河流域可以管流，自北以下可以放筏。(3) 宁安及镜泊湖森林区的木材：此区河道较浅，先管流至大河编筏。(4) 图们江流域森林区：上游主要用车辆或牛曳运材，其支流红旗河、马鹿沟可以放筏。一般先至珲春，后改编大筏，每筏约 50 根。在铁路未铺设处，有部分管流。

（二）毁林垦殖的影响。从明到清，人口总量在不断增长，但耕地面积的增长幅度不大。人口的高速增长超过了当时的生产力条件和土地资源的承受能力，由此以土地为载体的森林资源的破坏成为一种必然。清朝廷原来对东北森林实行封禁，不准进行伐木和农垦，以保障风水。同治初年，许多山东等地破产农民为生活所迫，"闯关东"谋

---

[1] 衣保中、叶依广：《清末以来东北森林资源开发及其环境代价》，《中国农史》2004 年第 3 期。

生,来辽东鸭绿江流域伐木、农垦。山东农民越来越多,官府无法制止,光绪四年(1878)干脆将东北森林开禁,准许入林采伐,但必须交缴捐税,由地方官署发给"木植票照",凭票采伐。由于清政府只知收纳木植捐税,而不管理采伐现场,因而鸭绿江沿岸的原始森林遭到破坏,采伐范围不断扩大。

(三)晚清帝国主义的侵略掠夺。清朝末叶,沙俄、日本帝国主义相继侵入东北,给东北人民带来深重的灾难。1840年鸦片战争以后,沙皇通过军事讹诈和武装侵略,强迫中国签订了一系列不平等条约,强占了东北48个窝集中的18处窝集,侵占林地面积约为7211万公顷,森林面积约为6920万公顷,估计森林蓄积量约为80亿立方米。在沙俄的侵略政策下,大批俄国资本家涌入中国东北林区,依靠中东铁路的运输条件和他们的雄厚资本,大肆砍伐大、小兴安岭森林。中东铁路沿线两侧布满了俄国资本家的林场。1905年,日俄两国背着中国签订《朴次茅斯条约》,东北南部成为日本的势力范围。他们在《附约》中规定,日本在鸭绿江右岸(即西岸)有采伐森林和经营安奉铁路(安东至奉天,今丹东至沈阳)的权力,迫使清政府承认这个条约,并胁迫清政府同意设立中日合办的木植公司,采伐鸭绿江流域森林。日俄帝国主义利用"拔大毛"的采伐方式,使东北地区的森林资源受到了掠夺性的破坏。

四、结语

森林破坏容易,恢复难,这是林业生产长期性的必然反映。森林的破坏正在削弱环境养育人类的能力。森林在自然界能的转化和平衡过程中起着重大的作用。通过历史的回顾，我们要从中吸取教训。

（一）应合理采伐，有续经营。森林采伐与生态环境的关系是辩证统一相互制约的，选择科学的采伐方式、采伐强度，以适度的开发来维护区域的生态平衡，达到采伐促进森林天然更新和增长的目的，从而真正实现森林的可持续发展，进而切实做到人与自然的和谐共处。

从历史进程及采伐数量来看，东北地区森林减少的主要原因是帝国主义的破坏，木材采伐方式以"拔大毛"为主。经营森林完全以生产木材、追求木材产量和经济效益为主，导致森林资源出现单位面积蓄积量低、树种结构与林龄结构不合理的"一低二个不合理"的状况，很多林地是"远看青山在，近看没用材"、"远看绿油油，近看水土流"，造成林地生产力的巨大浪费。我们只有保护生态环境，合理地利用自然资源，才能创造美好的未来，为子孙后代造福。而要想维护生态系统的平衡稳定，森林是重要的支柱。森林不仅是生产木材的基地，更重要的是保护工农业生产的绿色屏障，是人类文明生活的伴侣。

（二）森林与社会经济可持续发展。森林的存在、发展和演变，与人类社会的发展和进步，有着十分密切的关系。从历史时期来看，人类在经济开发的道路上，并不知道何种经济开发对自然环境、自然遗产的影响有利于人类本身。明清时期东北地区森林的采伐和林地的垦殖开发，最初显然是从人类的基本生存出发的。但整个社会并没有认识到，无节制的开发利用的最终结果是对整个地区的经济和社会的长期发展不利，也没有认识到，生物多样性的丧失不仅仅是对人类生态环境的影响，而且会对产出多样性造成极大的负面影响。经济开发中不仅要考虑当代的环境成本，也要考虑历史和未来的环境成本。通过对历史进程中违背经济可持续发展的教训进行反思，我们可以发现，现在的退耕还湖、退耕还林、退耕还草，远不仅有生态环境保护的作用，实际上更是一种进行结构调整、讲求可持续发展的举措，是对历史上种种经济开发举措的纠错和历史回归。

森林在东北地区有着重要的地位，通过对这段历史的回顾，可以加深对森林生态效益在发展东北经济建设中作用的认识，唤起人们对保护和全面开发东北森林资源的重视。

原载《学术研究》2009 年第 10 期

明清时期西北地区荒漠化的形成机制研究

杨红伟

（兰州大学历史文化学院副教授）

人类活动与自然环境交互作用造成了历史时期西北地区的荒漠化。而明清时期人类频繁的活动，则是造成西北地区大规模荒漠化的主要动力。然而，如果只看到人类活动尤其是过度农业开发对西北生态环境物质承载力这个外在约束机制的突破，无视内在约束机制的缺失所导致的荒漠化，既不能形成全面的理解，也无法从根本上找到规避西北地区荒漠化的解决办法。

一、简要的学术回顾与检讨

关于西北地区荒漠化的研究，长期以来主要集中在两个方面，即历史地理的研究和自然地理的研究。历史地理的研究主要通过对历史文献的梳理，从气候变化与人类活动两个方面考察荒漠化的过程。这方面的研究成果非常丰富，如李并成注意到农业垦殖对水源涵养林的破坏，以及由此导致的水源减少、河流枯竭甚至断流造成的荒漠化趋势。[1]吴晓军认为历史时期西北地区农牧业生产方式转换,人工种植景观逐渐取代自然的森林草原景观,造成森林草原破坏、水土流失,是导致该地区荒漠化的主因。[2]赵珍认为西北地区的生态环境非常脆弱,而清代不合理的开发活动,突破了限制因素,造成了沙漠化加剧、水土流失等生态严重失衡的现象。[3]自然地理的研究更加注重生态环境系统演进的内在机理,强调生态系统的脆弱性、人类活动对水资源的过度利用和对植被以及土壤条件的破坏所造成的荒漠化。樊自觉、马英杰、王让会等人认为,历史时期西北地区荒漠化的主要原因在于人工景观在取代自然景观的过程中,由于人类对水资源的过度使用改变了水资源的地域分配,造成中下游地表水减少,植被衰败,从而形成了沙漠化。[4]近些年来,学术界开始尝试将两种研究方式结合起来,即以自然科学的成果与历史文献相互印证,互相补充。张德二借助气象学的相关成果指出,历史上的西北开发凡是处于温暖期,都取得了比较辉煌的成就;相反,凡是处于气候转寒期的,开发成果则会受到限制,大量的土地抛荒造成了严重的荒漠化。[5]王玉茹、杨红伟借助自然地理的相关成果,认为导致西北地区荒漠化的根本原因在于以国家为本位军事型西北开发战略的选择,掠夺性的开发带来对土地的滥垦、水资源的过度开采与人地关系的高度紧张。[6]

---

[1] 李并成:《历史上祁连山区森林的破坏与变迁考》,《中国历史地理论丛》2000年第1期。
[2] 吴晓军:《生态环境影响:解读西北历史变迁的新视野》,《甘肃社会科学》2005年第5期。
[3] 赵珍:《清代西北地区的农业垦殖政策与生态环境变迁》,《清史研究》2004年第1期。
[4] 樊自觉、马英杰、王让会:《历史时期西北干旱区生态环境演变过程和演变阶段》,《干旱地理》2005年第1期。
[5] 张德二:《历史记录的西北环境变化与农业开发》,《气候变化研究进展》2005年第2期。
[6] 王玉茹、杨红伟:《略论国家行为与西北生态环境的历史变迁》,《中国社会历史评论》第7卷,天津古籍出版社2006年版。

目前对于西北地区荒漠化成因的研究还主要集中在人地关系，即人类经济活动受生态环境物质承载力的约束之上，这可以称之为外在约束机制的研究。相反，对于人类经济活动内在约束机制缺失的研究，即对资源进行有效的产权界定，并在此基础上形成市场化交易制度，从而使人类对资源的利用建立在成本收益分析之上的研究，基本上付之阙如。本文正是在对外在约束承认的前提下，探讨明清时期内在约束机制的缺失是如何造成或加速西北地区荒漠化进程的。

二、明清时期西北地区荒漠化的一般情形

正如朱士光所言，目前我国关于西北地区地域范围的行政区划划分方式存在割裂自然地理区划的现象，不利于对西北作为自然地理整体的探讨。[1] 为此，本文所指的西北不仅包括陕、甘、宁、青、新五省区，还包括内蒙古的中西部。根据已有的研究成果可以发现，西北地区的荒漠化主要集中在长城沿线与新疆，即主要发生在陕西、甘肃、宁夏与内蒙毗邻的农牧交界地带和河西、新疆的绿洲周缘地带。明清时期这些地区的环境进一步恶化，荒漠化程度越来越深。

（一）陕甘宁蒙长城沿线的荒漠化。该地区在远古时期水草丰美，河湖密布。秦汉以来持续的农业开垦使该地区的生态环境遭到破坏，沙漠化严重。根据李大伟的研究，明代初期毛乌素沙漠已经侵入到长城沿线，不过长城以南地区的生态环境较好，即使在毛乌素沙地之中也还有水草肥美之地。榆林镇沿边大规模的屯田，导致明朝中后期榆

---

[1] 朱士光：《西北地区历史时期生态环境变迁及其基本特征》，《中国历史地理论丛》2002 年第 3 期。

林镇长城沿线风沙十分剧烈,毛乌素沙漠的流沙不断南侵,出现了风沙壅城和掩埋耕田的现象。然而流沙侵袭还只是局部现象,主要集中在中部的榆林城附近。[1] 清朝中前期对内蒙古地区实行封禁政策,该地区的自然生态环境得到了一定程度的恢复。而后期的大规模放垦政策造成了对该地区草地的掠夺式开发,沙漠化、盐碱化、水土流失进一步加剧。库布齐沙漠与毛乌素沙漠相继蔓延和扩大,毛乌素沙漠流沙发展到长城以南,某些县份土地面积十分之七八已经沙化。[2]

(二)河西绿洲的荒漠化。河西走廊在人类活动早期,草深林茂,"畜牧是尚",长期的农业开发不仅改变了该区内的生产与生活方式,也造成了其荒漠化。[3] 明清时期河西地区长期开发地表水资源与地下水资源,引起水资源枯竭,河流或干涸或水量减少,湖泊萎缩,不少农田变成荒漠沙地。[4] 根据程弘毅的研究,明清时期河西地区人口激增,超过了"压力临界线",不得不大规模开发利用水资源和牺牲生态用水,导致沙漠化现象十分严重,沙漠化面积大大扩展,从而使人类活动成为诱发沙漠化的主导因素。[5] 该时期内,对绿洲边缘荒漠植被

---

[1] 李大伟:《明代榆林镇沿边屯田与环境变化关系研究》,陕西师范大学硕士学位论文,2006年。
[2] 参见王晗、郭平若:《清代垦殖政策与陕北长城外的生态环境》,《史学月刊》2007年第4期;孟晋:《清代陕西的农业开发与生态环境的破坏》,《史学月刊》2002年第10期;张洪生:《明清时期陕北的农业经济开发与环境变迁》,西北大学硕士学位论文,2002年;周之良:《清代鄂尔多斯高原东部地区经济开发与环境变迁关系研究》,陕西师范大学硕士学位论文,2005年。
[3] 参见王录仓、程国栋、赵雪雁:《内陆河流域城镇发展的历史过程与机制——以黑河流域为例》,《冰川冻土》2005年第4期;党瑜:《历史时期河西走廊农业开发及其对生态环境的影响》,《中国历史地理论丛》2001年第2辑。
[4] 姚兆余:《明清时期西北地区农业开发的技术路径与生态效应》,《中国农史》2003年第4期。
[5] 程弘毅:《河西地区历史时期沙漠化研究》,兰州大学博士学位论文,2003年,第221—225页。

的大量刈伐、采挖，也是导致沙漠化的重要诱因。[1]

（三）新疆绿洲的荒漠化。历史时期的农业开发，使新疆绿洲在4世纪就出现了沙漠化的趋势。[2] 清朝中后期，天山南路的塔里木河流域加快了开发步伐，大兴水利，改变了水资源的空间分布，使下游水量减少，有些地方变成了干碱滩。[3] 清朝移民对天山北路的开发，虽然使游牧为主的生产方式转变为以农业为主，但以吉尔萨木县为例来看，对生态环境的影响较小，尚处于良性的状态之中。[4]

三、人与自然内在约束机制的缺失与荒漠化

在已有的研究成果中，我们可以发现所有荒漠化的问题都可以归结于人与环境的关系，即人类的活动超过了环境的物质承载力。在经济利益的驱动下，无论是王朝国家还是家庭，人类无视生态的外在约束机制，肆无忌惮地向自然掠夺各种被认为有价值的资源——当然主要集中在水资源、土地资源与森林资源之上。明清时期，人类活动在西北地区的空前膨胀，主要表现为移民、人口增殖、扩大耕地面积、兴修水利和砍伐森林，所带来的后果则是西北地区已经存在的荒漠化趋势更加严重。明清时期西北地区荒漠化的大面积出现，是内在约束

---

[1] 李并成：《河西走廊历史时期绿洲边缘荒漠植被破坏考》，《中国历史地理论丛》2003年第4期。
[2] 朱士光、唐亦功：《西北地区丝路沿线自然地理环境变迁初步研究》，《西北大学学报》（自然科学版）1999年第6期。
[3] 韩春鲜、熊黑钢、张冠斌：《罗布地区人类活动与环境变迁》，《中国历史地理论丛》2003年第3期。
[4] 阚耀平：《清代天山北路人口迁移与区域开发研究》，复旦大学博士学位论文，2003年，第78页。

机制的缺失导致人们不断突破外在约束机制的结果。所谓内在约束机制是指因对资源产权属性有着明晰的界定，使对任何资源的使用都必须建立在理性的成本—收益的分析基础之上，从而做到尽可能地规避因资源产权界定不清而导致的外部性。正是由于内在约束机制的缺失，造成该时期内人们为了追逐经济利益可以不计成本地向自然环境大肆索取，人类活动最终溢出了外在约束，荒漠化在所难免。这一点，无论是在水资源、土地资源还是森林资源的利用上，均是如此。

（一）土地资源的产权属性与荒漠化。土地可以概分为耕地和荒地。研究者往往只注意到已开垦的土地，将之分为土地国有与土地私人所有，或者称之为官田与民田。实际上，在中国封建社会中是不存在纯粹的土地个人私有权的，因为它还要受到国家与乡族双重所有权的干涉。[1] 就民田而言，在西北少数民族地区还存在多重形态。[2] 此外，除了已经开垦的土地外，山川林泽以及无主的土地也应该归属于国有的范畴之中。[3] 明清时期西北土地资源的过度开发从根本上说就是因为缺乏有效的产权结构所造成的负外部性与公有地悲剧的必然结果。

我们首先看一下明代的屯田。明朝在西北的屯田主要集中在边防重地，即长城沿线。为了解决各地驻军的军粮供应，明朝利用自己手中所掌握的大量国有土地资源，大力发展军屯、民屯、商屯和谪屯。西北地区的屯田以军屯为主。洪武七年正月，朱元璋强调："今重兵之镇，惟在北边。然皆坐食民之租税……兵食一出于民，所谓农夫百，

---

[1] 杨国桢：《明清土地契约文书研究》，人民出版社1988年版，第12—13页。
[2] 司俊：《明代西北少数民族地区封建土地所有制结构及其基本特征论述》，《甘肃社会科学》1998年第3期。
[3] 赵岗：《历史上的土地制度与地权分配》，中国农业出版社2003年版，第52页。

养战士一,若徒疲民力以供闲卒,非长策也。古人有以兵屯田者,无事则耕,有事则战,兵得所养而民力不劳,此长治久安之道。"[1] 随后,卫所军屯逐渐在各地全面铺开,特别是为防御蒙古而屯驻重兵的北边防线,"东自辽左,北抵宣、大,西至甘肃,南尽滇、蜀,极于交阯,中原则大河南北,在在兴屯"[2]。而西北地区作为边防的重心所在,屯田亦最多,顾炎武指出:明代"屯田遍天下,九边为多,而九边屯田,又以西北为最"[3]。据研究,明代在西北之陕西、甘肃、宁夏、青海地区开垦耕地高达40多万顷。[4] 这些屯田以国家对土地资源的控制为前提,从而使土地具有国有的性质。土地国有导致了三个方面的问题:(1) 垦殖者因为不拥有土地的产权,缺乏强有力的动机来使用这些资源,因为这些资源的贬值或者肥力的下降并不意味着个人的损失。由于管理不善,再加上许多屯田本就是在贫瘠不毛之地,大多撂荒。(2) 由于朝廷把垦殖数量作为政府官员政绩考核的重要标准,从而诱发地方官员盲目追求数量,强迫每个士兵开垦100—200亩不等的土地,而不注重由此所带来的环境的负外部性,只能广种薄收,粗放经营,以至最终抛荒。这些耕种过的土地由于地表裸露,经风吹沙蚀,逐渐荒漠化。(3) 土地资源的国家所有在某种程度上造成了土地资源的公共资源属性,同时国家对资源控制的不力也为地方官员创造了寻租空间。公共资源的竞争性与非排他性的属性注定了对土地资源的多开多用,少开少用,在经济利益的驱动下,人们争相开垦。明朝的军屯制度下

---

[1] 《明太祖实录》卷87,洪武七年正月甲戌。
[2] 《明史》卷77《食货志一》。
[3] 顾炎武:《天下郡国利病书》卷62。
[4] 马雪芹:《明代西北地区农业经济开发的历史思考》,《中国经济史研究》2001年第4期。

还有军余屯田一项。军余垦田同样在国家土地资源内进行，不过在赋税上具有民田的属性。然而与正军屯丁具有屯田正额不同，军余开垦田地并无严格规定。这就为军余大量开垦屯地提供了方便之门，甚至开垦田地的数量在某些地方超过了军屯的数量。以甘州等十二卫和古浪等三个守御千户所为例，正德三年时，旧额屯军种地11115顷，而军余人等所种"起科地"就有15167顷。[1]明朝中后期，镇守官和各卫豪横官旗纷纷利用手中权力，侵占屯田水利与膏腴之地，国家掌握的屯田、水利日渐减少，不得不继续开垦。同时，各地豪强不仅侵占国家田地，还大肆垦荒拥为己有。[2]

接下来我们再看一下清代对鄂尔多斯地区的开发。清朝为了加强对蒙古鄂尔多斯部的控制，推行盟旗制度，使蒙古王公限制在以旗为单位的领地内，由此形成了共同所有的土地制度，土地的所有权归属于旗以及旗内的每一个成员，任何成员没有分割的权利，份额也不得转让。同时施行封禁政策，在沿陕北与准格尔、郡王、扎萨克、乌审、鄂托克等鄂尔多斯南部五旗之间，长城北侧划定了一条南北宽50华里，东西延伸2000余华里的长条禁地，作为蒙汉之界，既不允许陕北、甘肃等地的汉人越界耕种，也不允许蒙古人跨界游牧。康熙三十六年（1697），清朝应伊克昭盟盟长贝勒松拉普之请，准许汉人出口，与蒙古人民一起耕种"禁地"。此后，尽管清朝一再颁布禁垦令，但是由于承租蒙古盟旗的租税较低，偷越陕北长城进行移民垦殖的民

---

[1]《武宗实录》卷38，五月乙丑。
[2] 参见刘菊湘：《明代宁夏镇生态恶化》，《宁夏社会科学》2002年第6期；田培栋：《明清时代陕西社会经济史》，首都师范大学出版社2000年版，第21页；王毓铨：《明代的军屯》，中华书局1965年版，第290—313页。

众有增无减。[1] 在此种情形下，掌握着领有权的"蒙古台吉、官员、喇嘛……每倚恃己力，将旗下公地令民人开垦，有自数十顷至数百顷之多占据取租者"[2]。掌握着领有权的蒙古王公通过出租共有的土地资源获取高额租金，而租耕土地者则在低廉租金的激励下扩大着对土地的需求，于是"公有地悲剧"便发生了。在不受进入限制的情形下，蒙古王公和耕地者都缺乏对资源的保护动机，很难将土地的开垦限制在一个有效利用的水平上，其中的关键则在于所有权与耕地权的分离。随着清末大规模的放垦，土地所有权的分割，使一些租种土地者获得了永佃权，他们往往通过转租的方式获取中间租金，所有权与耕地权进一步分离，土地沙化的趋势则进一步增强。

无论是国有还是公有土地资源，在缺乏有效控制的条件下，都具有公共资源的性质，遵从先来先得的规则。在这种情形下，一般的耕种者因为没有进入的门槛，具有扩大对土地资源使用的激励，造成土地资源使用的"公有地悲剧"；没有有效产权的激励则使他们缺乏对土地资源进行保护的动机，不考虑由此导致的负外部性。这可以视为由土地资源的所有权缺失导致明清时期土地荒漠化的内在机制。

（二）水资源的产权属性与荒漠化。西北地区半干旱的气候特点决定了无水利即无农业，所以与明清时期大规模的土地垦殖相伴的则是大规模的水利资源的开发。与同一时期的土地资源相比，水利资源则具有更强的公共资源的特性。关于这一点，我们以清代河西水资源的利用为例进行说明。

清朝对河西大规模的垦殖增加了对水资源的需求，从而造成了人

---

[1] 王晗：《清代陕北长城外伙盘地研究》，陕西师范大学硕士学位论文，2005年。
[2] 《清会典事例》卷979。

与水资源关系的紧张。关于这一问题，王培华进行了较为系统的研究。她认为为了解决河西频繁的水利纠纷，清朝建立了各种不同层次的分水制度。[1]这些制度不可谓不严密，然而并不能从根本上杜绝河西水案的发生，甚至水案成为主要的社会矛盾。[2]故乾隆年间编纂的《古浪县志》说："河西讼案之大者，莫过于水利。一起争讼，连年不解，或截坝填河，或聚众殴打，如武威之乌牛、高头坝，其往事可鉴也。"[3]而造成这种情形的原因主要是：（1）自然因素，气候变化与生态恶化引起的水资源的不足；（2）社会因素，行政区划问题与不断开垦土地造成了耕地增加以及沙化扩大、湖泊减小。[4]

然而细究其实，我们可以发现造成河西水案频发的原因，还在于水资源作为公共资源的属性没有改变。在分水的所有制度安排中，所有用水者并不需要为使用水本身付费，因而在水资源的使用上人们一般不会考虑成本—收益问题。即使强调了效率原则，但无论是按修渠出人多寡分水还是计粮均水，涉及的都不是水资源本身的费用。而计亩均水原则不仅没有考虑到用水的成本问题，反而成为人们为追求更大的经济利益盲目开垦土地的激励。在这种恶性竞争中，各使水者个体与共同体之间相互造成的外部性不断扩大，本来可以在某种程度上对人们肆无忌惮地开垦土地形成约束的水资源产权结构与控制的缺失，

---

[1] 王培华：《清代河西走廊的水资源分配制度——黑河、石羊河流域水利制度的个案考察》，《北京师范大学学报》（社会科学版）2004年第3期。
[2] 李并成：《明清时期河西地区"水案"史料的梳理研究》，《西北师大学报》（社会科学版）2002年第6期。
[3] 《五凉全志·古浪县志·地理志·水利》。
[4] 王培华：《清代河西走廊的水利纷争及其原因——黑河、石羊河流域水利纠纷的个案考察》，《清史研究》2004年第2期。

反而造成了更大规模的土地开垦,并因水资源的进一步恶化而造成荒漠化。

(三)森林与植被资源的产权属性与荒漠化。山川林泽与无主荒地的国有政策,是决定森林与植被资源国家所有制的关键。与土地和水资源一样,王朝国家对森林与植被资源分配使用权以及相关控制制度安排的不明晰,以及虚置化的实际情形,同样不能形成对砍伐者的有效约束。结果大规模的砍伐和破坏,不仅造成了涵养水源林的破坏,还造成了地表的破坏,从而形成荒漠化。[1]

四、小结

如果不能从自然环境中获取相应的资源人类就无法存活,以及资源的稀缺性,已经注定人类向自然环境持续不断索取的动力。只有保持一种人与自然的良性关系,可持续发展才能实现。以往的研究,特别强调人与自然关系中的外在约束机制——物质承载力的问题。然而,我们所面对的事实却是,并不是每一个人都能意识到自身所处环境的物质承载力,并在此基础上调整自身的活动。因而还必须在外在的约束机制之内重新确立一种可以实现人自身行为具有约束能力的内在机制。这种内在约束机制因为能够使人们在作出任何行动之前都必须考虑到所要支付的机会成本以及响应的成本—效益,实现对行为外部性

---

[1] 参见赵珍:《清代西北生态变迁研究》,人民出版社2005年版,第200—271页;李并成:《历史上祁连山区森林的破坏与变迁考》,《中国历史地理论丛》2000年第1辑;李并成:《河西走廊历史时期绿洲边缘荒漠植被破坏考》,《中国历史地理论丛》2003年第4辑。

的内化，从而达到约束人类行为本身，使之最大可能地遵从人类与环境之间的外在约束。通过对明清时期西北荒漠化形成机制的研究，我们发现，尽管对资源产权的清晰界定以及有效控制制度安排的实现，并不能够保证人们必然不会突破外在的约束机制，但毫无疑问的是它将大大延缓人们突破外在约束，甚至有可能使人们在面对自然时总是在"临界状态"以内活动，至少是一种有效的安全保障机制。

原载《学术研究》2010 年第 6 期

明清粤东山区的矿产开发与生态环境变迁

衷海燕

（华南农业大学农业遗产研究室副教授）

"粤东"是一个区域地理概念，泛指广东省东部、惠州以东地区。[1] 粤东处于东江流域，多山地丘陵，从地形上又可划分为粤东平行岭谷（粤东山区）和粤东沿海丘陵区，明清时期为惠州、潮州二府及嘉应州地。本文所指的"粤东山区"范围包括现今的梅县、兴宁、大埔、丰顺、五华（长乐）、平远、蕉岭（镇平）等县，河源的东源、龙川、紫金（永安）、和平、连平等县，惠州的龙门、惠东（归善）两县，以及饶平、揭西、普宁、陆丰、海丰等县。

粤东山区地理位置特殊，处于几省交界处，在地理空间上又相对独立，居住人群、社会历史较为复杂，因此学术界对该地一直较为关注，尤其对粤东的族群、民间信仰、宗族、移民等问题都有较深入的研究。粤东一带也是广东省矿产资源较为丰富的地区，而以往对明清时期矿业问题的研究主要从矿冶的经营、矿务政策、矿课的征收、矿

---

[1] 广义上的"粤东"是广东省的别称，相对的"粤西"则指广西，与本文所指的广东东部不同。

产的营销等方面展开，较少讨论到矿产开发与生态环境的关系。[1] 本文则试图从矿产开发的角度来分析粤东山区的生态环境变迁。

一、地理环境与时人眼中的粤东山区

粤东是广东著名的山地与谷地平行相间的山区。粤东山地，山林叠嶂，由西向东的主要山脉有九连山、白叶嶂、罗浮山、乌禽嶂、莲花山、铜鼓嶂、凤凰山，海拔大约在 1000 至 1300 米之间，其中位于西边的粤、赣边境的九连山，是赣江与东江的分水岭。粤东地势西北高，东南低，梅江的上源琴江，发源于广东惠州永安（今紫金县）而流入潮州大埔县，最后汇入韩江。该区丘陵山地面积占全区土地总面积的 80% 以上，河谷盆地狭小，农田受到限制。

明代，粤东山区由于山险邑远，为相对独立的地理空间，又位于广东、福建、江西、湖南等四省交界之处，一向为"四不管"地区。

---

[1] 早期的研究有：梁方仲：《明代银矿考》，收入《梁方仲经济史论文集》，中华书局 1989 年版，第 90—131 页；龚化龙：《明代采矿事业的发达和流毒》，《食货半月刊》1:11，1935 年，第 30 页；胡寄馨：《明代的矿贼和盐盗》，《社会科学》3:1、2，1947 年，第 15—87 页；白寿彝：《明代矿业的发展》，《北京师范大学学报》1956 年第 1 期；李龙潜：《清代前期广东采矿、冶铸业中的资本主义萌芽》，《学术研究》1979 年第 5 期；韦庆远、鲁素：《清代前期矿业政策的演变（上、下）》，《中国社会经济史研究》1983 年第 3、4 期等等。近期的研究主要有：林枫：《万历矿盐税使原因再探》，《中国社会经济史研究》2002 年第 1 期；林荣琴：《清代区域矿产开发的空间差异与矿业盛衰》，《中国社会经济史研究》2003 年第 3 期；刘利平：《明正统以降银矿盗采活动及政府对策》，《兰州学刊》2006 年第 11 期；林荣琴：《清代湖南矿产品的产销（1640—1874）》，《中国社会经济史研究》2007 年第 1 期；温春来：《清前期贵州大定府铅的产量与运销》，《清史研究》2007 年第 2 期等等。此外，杨煜达：《清代中期（1726—1855）滇东北的铜业开发与环境变迁》，《中国史研究》2004 年第 3 期，该文是为数不多的讨论到矿产开发与环境变迁关系的文章。

地缘的限制，使得官方难以掌控，而教化又未能及于乡里，造成盗匪猖獗，成为闻名全国的"盗区"。[1] 据《惠志略·沿革表》记载："烟火鲜少，土旷不治。故其民寡积黎，加以窟盗间作。"明代南赣都御史王守仁也认为："龙川县和平峒地方，实山林深险之所，盗贼屯聚之乡。当四县交界之隙，乃三省关余之地。是以政教不及，人迹罕至。"[2]

由于地理位置的特殊，粤东山区在时人眼中被视为"化外"之地，如明代乡绅林大春云："五岭以外，惠潮最称名郡，然其地跨山濒海，小民易与为乱，其道通瓯越闽楚之交，奸宄易入也，以此故称多盗。"[3] 再如："看得九连山以盗薮之名甲天下，然其广遂崎岖，所生草木禽兽，非能生盗也。惟环山中外平原沃衍错壤，而居之民以远于有司之政令，遂凭山为巢，而莫之敢问，实驱民于盗之原。"[4] 据明代盛端明《龙川三大事记》记载："惠之属邑曰龙川，地接汀赣，与潮为邻，多深山绝壑，连络蹊径，百十贯穿，每有盗贼，则如循环探渊，莫究端底。又加以林薄翳密，陡崖峻坂，难于驰突，以至出没若鸟聚散，鲜能薙狝。且邑多侨寓，往来境内，大抵盗贼杂于平民中，莫之能辩，奸黠潜为结纳，官稍举动，彼即侦知，百诈支吾，民益困而盗益炽，积有百年矣！近者张号立帜之酋，聚党数千，横行旁邑，惠潮绎骚。"[5]

---

[1] 唐立宗：《在"盗区"与"政区"之间——明代闽粤赣湘交界的秩序变动与地方行政演化》，台湾大学出版社 2002 年版。
[2] 姚良弼修、杨载鸣纂：(嘉靖)《惠州府志》卷 1《图经》，《天一阁藏明代方志选刊》(19)，上海古籍书店 1982 年版。
[3] 林大春：《贺伸威张宪使平寇序》卷 11《井丹诗文集》，《潮州文献丛刊》(3)，香港潮州会馆 1980 年版。
[4] 洪云蒸：《建广东惠州府连平州疏》卷 1《明忠观察洪云蒸紫云公文集》，清刊本。
[5] 姚良弼修、杨载鸣纂：(嘉靖)《惠州府志》卷 16《词翰志》，《天一阁藏明代方志选刊》(19)。

在粤东惠州府的大部分县，向为"畲"（畲）、"猺"（瑶）分布集中的地区。为了治理少数民族，正统七年（1442），惠州兴宁县各地设"抚猺巡检"以安抚瑶民，并采世袭羁縻制。[1]与瑶族关系密切的畲族，昔称"畲瑶"，正德《兴宁县志》载："猺人之属颇多，大抵聚处山林，斫树为畲（畲）。"[2]据记载，猺人"楚、粤为盛，而闽中山溪高深之处间有之；漳猺人与虔、汀、潮、循接壤错处，亦以盘、蓝、雷为姓"，"明初设抚猺土官，今抚绥之"[3]。嘉靖《惠州府志》则记载："有刀耕火种曰猺、舟居而渔曰蜑，各从其类，与城市少通。"[4]土著山民畲族透过据山方式，在明代早期掌控了广大的山区资源。不过，随着官方不断的打击，以及大量移民入山，畲民原有控制的资源相继流失，逐渐丧失了山区开发的主导地位。[5]

二、移民的进入与矿产的开发

明初为了恢复战乱后的稳定，除设置卫所、开设军屯外，还在粤东、粤北采取就地招抚流民的政策。明初惠州兴宁知县夏则中为了招集流亡，上请减免官田税，以挽救"编民户绝者百余户，田土荒芜者

---

[1] 黄国奎修、盛继纂：（嘉靖）《兴宁县志》卷4，《天一阁藏明代方志选刊续编》，上海古籍书店1990年版。
[2] 祝允明修、刘天锡纂：（正德）《兴宁县志》卷4《杂记》，中华书局1962年版。
[3] 顾炎武：《天下郡国利病书》卷96，《四库全书存目丛书·史部地理类》，齐鲁书社1997年版。
[4] 姚良弼修、杨载鸣纂：（嘉靖）《惠州府志》卷16《地理风俗》，《天一阁藏明代方志选刊》（19）。
[5] 唐立宗：《在"盗区"与"政区"之间——明代闽粤赣湘交界的秩序变动与地方行政演化》，第63页。

五百余顷"的窘境。[1] 在官方的积极运作下，明嘉靖间，惠州地区已经"渐实以汀、吉、抚州之民，城中皆客廛"。至明万历间（1608—1609），"兴宁、长乐之民，负耒而至，无援无节。邑人摈之。当事者谓，兴、长稠而狭。……自是两邑之民，鳞集拱布。闽之汀、漳亦间至焉，流寓与地著杂处"[2]。吴建新、曹树基等人的研究也证实了，此一时期有大量的移民涌入粤东山区一带。[3]

由于移民大量往山区移动，使山区内的农业出现大规模的开发变化。[4]移民主要针对当地的自然环境作垦殖开发，进行着多种经营。如山中"所产旱谷薯蓣之类，足饱凶岁"，可以耕种。除了生产粮食作物外，他们也进行适合山区经济作物与手工业的生产。清初屈大均指出，粤东永安县内的"秀氓"之辈，其高曾祖父，多自江、闽、湖、惠诸县转徙而至，名曰"客家"。他们在山区"锄峯蒔谷，及薯蓣、菽苴、姜、茶、油，以补不足"，名曰"种峯"。[5]因蓝靛能卖得高价，移民在山区喜种植，可起改变落后经济的作用。拥有山地者，多将其山"俾寮主艺之"，这些资本雄厚的寮主，在各邑山区"披寮蓬以待菁民之至，给所艺之种，俾为锄植，而征其租"[6]。

明中叶以后，随着移民的不断涌入，而资源又相对有限，人地矛

---

[1] "中央研究院"历史语言研究所校印：《明太祖实录》卷 208《洪武二十四年四月壬戌》，上海书店 1984 年版。
[2] 黄国奎修、盛继纂：（嘉靖）《兴宁县志》卷 4。
[3] 见吴建新：《明清广东人口流动概观》，《广东社会科学》1991 年第 2 期；曹树基：《明清时期的流民和赣南山区的开发》，《中国农史》1985 年第 4 期。
[4] 吴建新：《明清广东人口流动概观》，《广东社会科学》1991 年第 2 期。
[5] 屈大均：《永安县次志》，清康熙刊本点校：《屈大均全集》卷 14《风俗》，人民文学出版社 1996 年版。
[6] 熊人霖：《防菁议下》，《南荣集文选》卷 12，据日本内阁文库藏明崇祯十六年刊本影印。

盾日益突出。为获取更多或相对有利的生存资源，人们势必要多方寻求谋生之道。据康熙《程乡县志》载："程之壤地虽广，而崇山峻岭居其半，佃牧之地少，灌莽之区多，故其民贫，贫则思乱。"[1]

粤东地区矿产资源较为丰富，据现代科学技术探测，粤东的多种矿产资源，如煤、铁、锰等在广东省内占有重要地位。但是由于存在构造带的错杂分布，岩浆的侵入与喷出及不同地层沉积相互影响，使得该区的矿产分散，多中小型，缺乏集中的大型矿床。如康熙《长乐县志》卷6《锡产论》中记载："粤土产铜锡，诸郡邑山泽盖有之矣。"拥有丰富的矿产资源，加上明代宣德以后，国家放松了对民间采矿的禁令，使得觊觎矿利的移民纷纷投入，导致粤东出现开矿浪潮。如嘉靖《惠州府志》载："归善、河源之境产铁矿，聚顽徒。"[2]嘉靖三十八年（1559），归善县普遍生产铁矿，地方开炉急剧增加，由原来2座增至23座。而政府为筹集军饷也支持地方开矿。如布政司决定，每炉增银5两，并原饷共15两，以后又不断增加。惠州博罗的丫髻山多锡矿，导致"他境奸民赴之"[3]。河源的蓝溪山产银、铅、铜，于明嘉靖时开采。[4]《广东通志》亦载："韶、惠等处，系无主官山，产出铁矿。先年节被本土射利奸民，号山主、矿主名色，招引福建上杭等县无籍流徒，每年于秋收之际，纠集凶徒，百千成群，越境前来，分布

---

[1] 刘广聪：(康熙)《程乡县志》卷1《风俗》，《日本藏中国罕见地方志丛刊》，书目文献出版社1992年版。
[2] 姚良弼修、杨载鸣纂：(嘉靖)《惠州府志》卷10《兵防下》，《天一阁藏明代方志选刊》(19)。
[3] 刘桂年：(光绪)《惠州府志》卷2《舆地·关隘》，《中国方志丛书》，台北成文出版社1974年版。
[4] 彭君谷修、赖以平等纂：(同治)《河源县志》卷11，同治十三年刻本。

各处山峒，创寮住扎。"[1]据《丰顺县志》记载，该地多产银铅，明代时聚集的矿工多达20余万人，其中多数为外省人。[2]许多贫民以采矿维持生计，惠州府长乐县"峡谷、石涧多出矿沙，煮之成锡，坚白甲于它处，而锡坪、龙窝、中湖、栢洋为最，贫民采取，赖以资生"[3]。在发生大饥时，"谷一石价一两五钱，而鲜饿死者，实赖采矿存活"[4]。因此，不少贫民铤而走险，开挖为官府所禁止的官山。据史料记载，广东"粤东地方，山海交错，民惟利是图，每于封禁之矿山，潜往偷挖"[5]。

"山高皇帝远"的地理空间，加大了政府治理粤东矿产开发的难度。明代官府一方面想开矿抽取税银，以充军费；而另一方面又对聚集而来的矿徒无力进行有效管理，矿徒往往聚众生乱，由此发生多起"矿贼之变"。据两广总督姚镆言："广东惠、潮二府，接连江西、福建二省，先年盗贼相继为害；盖由各处射利之徒广置炉冶，通计约三四十处，每冶招引各省流民、逃军、逃囚，多则四五百人，少则二三百人不等，以煽铁为由，动辄倚众恃强，或流劫乡村，放火杀人，或奸夺妻女，房掠财畜，为患地方，已非一日。"[6]康熙《龙门县志》卷9《山寇》中也有记载："（弘）治初年，由开采起，西北一路，

---

[1] 戴璟：(嘉靖)《广东通志初稿》卷30《铁冶》，《北京图书馆古籍珍本丛刊》，北京图书馆出版社1988年版。
[2] 刘禹轮修、李唐簒：(民国)《丰顺县志》卷1《地理》，民国三十二年铅印本。
[3] 孙胤光修、李逢祥簒：(康熙)《长乐县志》卷7《系年志》，《中国地方志集成》，上海书店出版社2003年版。
[4] 侯坤元修、温训簒：(道光)《长乐县志》卷7《前事略》，《中国地方志集成》，上海书店出版社2003年版。
[5] 贺长龄辑：《皇朝经世文编》卷34《鄂弥达·开垦荒地疏》，清道光间刻本。
[6] 姚镆：《督抚事宜·一禁炉冶·东泉文集》，《四库全书存目丛书》，齐鲁书社1997年版。

多东莞新会之奸；东南一路，多程乡海丰之寇，依山鼓铸，争利相斗……遂成大乱。"

明中叶以后，关于粤东山区的历史记忆中充斥着盗矿、矿乱的记载。明代嘉、万年间，粤东地区爆发了一次大规模的矿乱。面对矿徒的作乱，一般民众只能等到"贼去则耕，至则闭垒而守"，严重影响了正常的生活。关于此次矿乱，本人将在另文中详述，此处不再赘述。

清代前期基本采取封禁矿山政策，直到乾隆以后，矿禁稍弛，于是粤东山区私自盗矿现象屡禁不止。如清乾隆年间，有射利之徒在平远县挖取煤炭。[1] 蕉岭县，在乾隆、道光年间，有"外境婪商，潜勾土著狡棍"多次私行挖煤取炭。[2] 大量矿徒聚集在一起，也成为地方安靖的一大隐忧，地方官员多次上奏请求禁止开矿。如清代进士、曾任丰顺知县的景日畛《禁开矿疏》中所言，康熙年间，连山县"民瑶杂处，开矿聚集亡命，为地方隐忧"。丰顺县仲坑山铅矿，商人何锡"奉文准其开采，公然号召，丑类漫山满谷"，"党羽不下十余万"。[3] 清中后期，由于政府禁矿态度并不坚决，商人又趋利而至，粤东一带的情形仍然是"矿徒"开矿不绝。如乾隆间，镇平县牛子嵊"为商民铁炉采铸之所"[4]。至嘉庆、道光时，当地铅矿为"外匪视为宝藏，聚至

---

[1] 谭棣华等编：《广东碑刻集》(《奉县主示禁碑》)，广东高等教育出版社 2001 年版，第 884 页。
[2] 谭棣华等编：《广东碑刻集》，(《奉县宪示禁采煤碑》)，第 888—889 页。
[3] 刘禹轮修、李唐繁：(民国)《丰顺县志》卷 23。
[4] 黄钊：(光绪)《镇平县志（石窟一征）》卷 6《地志》，《中国地方志集成》，上海书店出版社 2003 年版。

六、七千人"[1]。而白马、丰田的矿山，在道光间，因"土人复谋开采，奸匪主之，州牧县令成之，大府复有准其入山探采之谕"，于是大量矿徒聚集至此，"矿徒之势汹汹然"。[2]

三、粤东生态环境的变迁

明中叶以后，由于粤东的矿产资源始终是在无序状态下过度开发，使得人们居住的自然环境也发生了较大的变化。

首先，流民的无序开矿对农田的破坏极大，如博罗县"流民盗锡矿，坏民田"[3]。再如海丰县，康熙间有商人谋开锡矿，"聚众数千，乡民弃家逃窜，凿崩坟墓，淹没田产不计其数"[4]。

其次，矿民采挖的矿山，有不少为当地人的坟山，因此采挖中往往有"发掘民墓"之举，以致激起民愤，民众普遍认为此举破坏了本地的风水。[5]如清乾隆十二年（1747），平远县谢、刘二姓请求政府禁止在当地开矿，"今有小拓乡中村炉下坑等处，系生等二姓祖坟所葬之地。因有射利挖取煤炭，大有伤害祖坟，伏乞金批示禁"[6]。

再次，矿产开挖，往往十分危险，"空穴土崩，致伤多命"。同时在"开采穴地，穿窖陷入田地，伤人坟墓"外，其"淘洗黄泥之水，

---

[1] 黄钊：（光绪）《镇平县志（石窟一征）》卷 2《日用》。
[2] 黄钊：（光绪）《镇平县志（石窟一征）》卷 3《教养二》。
[3] 陈裔虞：（乾隆）《博罗县志》卷 2《编年》，《中国地方志集成》，上海书店出版社 2003 年版。
[4] 于卜熊修、史本纂：（乾隆）《海丰县志》卷 1《舆图》，《中国地方志集成》，上海书店出版社 2003 年版。
[5] 刘湘年：（光绪）《惠州府志》卷 29《人物志·名宦·任可容》。
[6] 谭棣华等编：《广东碑刻集》（《奉县主示禁碑》），第 884 页。

通溪浊如黄河，民苦吸饮，此水经过之田，酸涩伤苗，数岁无收"，容易造成环境污染。[1] 据乾隆《河源县志》卷10《源圳》记载："河源山场产矿，官为封禁，民亦自禁多矣。盖凡矿气甚毒，洗砂流出，必伤禾稼，所谓有害坟墓庐舍者，犹其后焉者也。即或石煤，虽非银铅铜锡之砂可比，其气亦毒，必且杀稼……有碍田亩。"

最后，冶炼矿产时，需要砍伐大量的山木，森林资源由此遭到严重破坏。山区冶铸，其燃料为木炭，开炉之处，必有砍山烧炭者。正如《广东新语》卷15《货语》中所言："产铁之山，有林木方可开炉，山苟童然，虽多铁亦无所用。"不少商人为谋取矿利，不惜跨境取得燃料，如清乾隆二十六年，商人邹聚锦在丰顺县设铁炉炼矿，越境到长乐县取木烧炭，砍伐树木，遭到当地人的反对。[2]

此外，矿乱不断及其政府的军事镇压，都对生态环境造成很大的破坏，如顾炎武所言"连年用兵，始克剿平"，"而山木既尽，无以缩（蓄）水，溪源渐涸，田里多荒"。[3]

对开矿造成的上述破坏，《埔阳志》中作了较好的总结，兹录如下：

> 况大炉一座，其所需倾炉之炭，即用小炭窑八十余座，彻日夜，终岁月，一斤紫霞天色，千家烧炭烘声。一隅之十几，何堪此残毁哉？数年后，草根剥落，地气焦枯，其不便于灌溉者，生人之患，犹可言也，其冲伤坟墓，大损龙脉者，地下枯骨之冤，不可言也。……盖乌合数十百众咆哮团聚，几易岁，一旦歇手，全

---

[1] 陈树芝：（雍正）《揭阳县志》卷3《淘锡议》，《稀见中国地方志汇刊》，中国书店1992年版。
[2] 谭棣华等编：《广东碑刻集》（《廉明太爷丁奉道宪审详给风围水口碑》），第904页。
[3] 顾炎武：《天下郡国利病书》。

无生涯常业,势必聚众为盗,劫掠乡村……实潮地无穷之祸也。"[1]

无序、过度的矿产开发,也造成严重的水土流失,使沃土变沙石。如乾隆六年(1741),两广总督马尔泰等给朝廷的上奏中描述耕地形势时说:"粤东旱地凡枕近溪河、膏腴可耕之上,历年报垦升科,开辟殆尽,间有山僻岭畔畸零地土",由于土地变得十分贫瘠、水利条件很差,"天雨一过,随即漏尽",引起水土流失,"仅可广种薄收。即种以薯芋烟蔗各项杂物,须一易再易,然后滋生"。[2] 从这一记载可以看出,清中期以前最肥沃的土地已开发殆尽,人们只好将开发的目标投向次级的土地,尽管开发的成本要高得多,并且也会引起对环境的破坏。

清初屈大均游永安县,曾经在《广东新语》中赞美了当地的森林植被和农业生产。但是到了道光年间,水土流失已经相当严重,如道光《永安县三志》记载:"昔时林木蔚荟,蔽日干霄,山有丰草茂树,则泉不竭而川水大,今则斧斤不入。非其时萌蘖之生。纵而牧,野火之烧……静流之源涸,溪流小矣。缘长溪作转轮取水上田,不可潴畜,然或河涨水溢,车辄坏,水浅不可东。"由于水源林减少,水土保持的能力有限,使与灌溉设施相配套的提水工具也发挥不了作用,而低地农田"向皆有池塘蓄水,以备不雨,大抵一处田若干,即开塘若干,田各自为业,塘以资灌溉……后世不知水利,皆淹塞为田,今之塘视昔存者十之一耳"。由于过度开垦,山崩导致泥石流,河道变窄,"今之河视昔不知高几丈尺,有上流滨河,贫民排山倒水,山崩一尺则河

---

[1] 宋嗣京修、蓝应裕等纂:(康熙)《埔阳志》卷2《政纪》,《中国地方志集成》,上海书店出版社2003年版。
[2] 刘湘年:(光绪)《惠州府志》。

广一尺,即分疏下流,其如一番大水一番沙……"[1]在粤东的镇平县,虽"多山少田",但由于植被多,乾隆以前方志记载当地仍是"山岚郁蒸",可是到了乾隆《镇平县志》,则记载到"考之多不合",由此说明乾隆年间当地的环境已发生了变化。[2]

开挖矿山,致使山林过度砍伐,进而又导致水旱灾害频发。据统计,历史上广东水灾,宋朝约17.8年发生一次较大祸害,元朝约每5年一次,明朝每1.7年一次,清朝每1.1年一次。[3]其中明清水灾频率倍增,便是这一时期山林被毁所造成的后果。嘉庆《大埔县志》的作者认为大埔县在嘉庆以前很少水旱灾害,可是到了嘉庆年间,"病涝者什不二三,病旱者什常七八,何哉?"并进一步分析泥沙淤塞沟渠,破坏水利设施:"生齿繁而樵采者众,地力辟而烧畲者多,童山濯濯,倏逢大雨,百道流潦,沟渠颓塞。夫山无茂木则过雨不留,故泉易涸也,水挟泥沙则停淤多滞,故圳难通也。"淤塞之后的水利设施又因为缺乏修复的措施而被开垦为田地。[4]肖文评在研究明末清初粤东北的山林开发时,也指出自明代中叶以来,粤东北客家山区由于人口大增,除垦种有限的盆地外,人们靠山吃山,以山养人,山林成为重要的生存资源。开发山林,给人们带来较好的经济效益,但也导致严重的水土流失,产生一系列生态灾难和社会危害。[5]

当地人亦意识到无序开矿、滥伐山林对自然环境及生存环境造

---

[1] 宋如楠修、赖朝侣纂:(道光)《永安县三志》卷1《附治河议》,《中国地方志集成》,上海书店出版社2003年版。
[2] 潘承煒、吴作哲:(乾隆)《镇平县志》卷1《气候》,乾隆四十八年刻本。
[3] 倪根金:《浅谈明清广东山林砍伐及其经验教训》,《学术研究》1997年第10期。
[4] 洪先焘:(嘉庆)《大埔县志》卷2《水利》,天津古籍出版社1988年版。
[5] 肖文评:《明末清初粤东北的山林开发与环境保护》,《古今农业》2005年第1期。

成的破坏,并采取了一些遏制破坏环境的措施。这主要表现在入清以后,粤东一带竖立了大量的禁碑,以限制上述开矿行径,并制止滥砍滥伐的现象。乾隆三十年(1765),长乐县民因商人来此处冶铁烧炭,致使本地树木被大量砍伐,而请求官府立碑禁止伐树:"丰邑奸商邹聚锦于乾隆二十六年顶接丰顺县属前山铁炉,觊觎越境取木烧炭。……敢命工人来村砍树,通乡不依。"[1] 乾隆三十七年,博罗县罗浮山道士童复魁指出:"罗浮实粤东之名山,博邑之胜地","独是山林幽隐,树木荫翳。"但是由于附近的居民,"任意毁挖",使罗浮山变成了"濯濯之牛山"。于是请求政府颁布禁令,勒石严禁私行砍伐。[2] 道光十九年(1839),对开矿的诸多弊病,镇平县乡绅认为本地过去"荫翳冠诸山,水源滋以灌溉",但是"外境婪商,潜勾土著狡棍,假冒名色,将以久经植树栽禾之地,擅挖煤取炭之场",而导致"有碍生等田园庐墓水道"。于是当地设立了严禁采煤碑,以示警戒。[3]

明清时期地方社会还以保护"风水"为由,禁止盗斫山林,焚山开荒。如《兴宁县志》载:"按佛子岭穿旧处原有七墩,堪舆家谓蛛丝马迹也,乃龙之最贵者。居民谋为己利,多方开垦,去其墩五,今仅存古柱。……以一人私利坏通县龙脉……崇祯八年众人呈诉,蒙知县刘熙祚批勒石以垂永久,盖亦以往者难追,而将来之射利者宜禁云尔。"[4] 即以破坏一县龙脉为由,禁止开垦。康熙三年,海丰县也奉

---

[1] 谭棣华等编:《广东碑刻集》,第 904 页。
[2] 谭棣华等编:《广东碑刻集》(《奉宪严禁碑》),第 802 页。
[3] 谭棣华等编:《广东碑刻集》(《奉县宪示采煤碑》),第 888—889 页。
[4] 刘熙祚修、李永茂纂:(崇祯)《兴宁县志》卷 1《山川》,《稀见中国地方志汇刊》,中国书店 1992 年版。

令禁止开矿,"明季及国初,奸人射利,钻营开凿……于附县小溪坐尾地方蝇聚挖锄,致伤本县龙脉,毁人祖墓,崩陷粮田……禁锡矿,以全龙脉"[1]。另据《河源县志》载:"查得龙川上流至虎头冈,巨石临江,回浪疾转,直冲柳地墟场,所幸墟场之麓有巨石三……此诚柳城之保障也。有无知愚民,欲占官山,贪利凿石烧灰,乾隆九年业经审明,勒石封禁,毋许私凿,以害民居,此御其患即所以为利也。"[2]平远县因产铁矿,"经商每岁煽炉取利",以致"重岩剥换殆尽"。乾隆间知县与绅士"共商立石,公禁毋许在此取土及一切造作,以保固平远阖邑龙脉"[3]。知县还"捐俸栽松树三千株"以维护当地生态环境。

地方社会与官府将一些涉关风水之山定为官山,禁止开山;并对事关风水的"风水林"予以保护。如粤东有多块禁碑明确规定:"禁砍水口风围以及各处油茶松杉"、"禁斫本祠封围树木"等等。[4]其目的都在于保护人们的生存环境。当然,我们由各地屡立不绝的禁碑也可以发现另一个问题,即时人往往突破禁令,砍伐山林、盗挖矿产,使环境的维护只是在很小的一个范围之内。

四、结语

粤东山区地理环境复杂,山林叠嶂,位置相对独立。在移民开发

---

[1] 于卜熊修、史本纂:(乾隆)《海丰县志》卷10《邑事》。
[2] 彭君谷修、赖以平等纂:(同治)《河源县志》卷10《江流》。
[3] 卢兆鳌修、余鹏举等纂:(嘉庆)《平远县志》卷1《城池》,民国二十四年铅印本。
[4] 谭棣华等编:《广东碑刻集》(《廉明周太爷给示严禁碑·公议禁约》),第905页。

浪潮下，山区取得了较大的开发成果。他们在土地经营、农副产品生产、手工业以及矿产开发、经商贸易上都创造了生存发展的空间和机会。明中叶以后，随着大量移民的进入与垦荒，人口日益增加，使耕地与人口之间的矛盾日益突出，不少流民投入无序盲目的矿产开发中，盗矿、矿乱频繁发生，不仅使得粤东山区成为政府眼中的"盗匪"之区，对普通百姓的生产、生活带来极大的影响，而且造成了环境的较大污染，破坏了当地的森林植被，使粤东山区水土流失严重，水旱灾害与日俱增，生态环境进一步恶化。当然，针对上述问题，政府与本地士绅、家族为维护生存环境也主动地采取了保护山林的举措。如颁布禁令，禁止盗斫山林，焚山开荒；竖立禁碑，加强山林管理；鼓励种植山林，维护自然环境等等。这些措施在一定程度上遏制了生态环境的恶化程度，然对其在保护环境上起的作用也不宜作过高的估计。

原载《学术研究》2009 年第 10 期

清代中后期云南山区农业生态探析

周琼　李梅

（周琼，中国人民大学清史研究所博士后流动站研究人员，云南大学西南古籍研究所教授；李梅，保山高等师范专科学校教育系讲师）

　　清中后期是中央王朝对云南边疆民族地区统治和开发深入推进的时期，高产农作物玉米、马铃薯的广泛传播成为云南农业史及生态史上的重大事件之一。学界对其传入中国的路线、时间及种植地进行了研究，[1] 一些学者对其在清代云南山区开发中的作用给予了关注，开创性学者首推方国瑜[2]，木芹[3]、潘先林[4] 等踵其后，部分涉及云南传统经济、农业、农作物品种栽培及部分军事史论著也有相应论述，但多集中在对云南社会经济积极影响的方面，对清中后期玉米、马铃薯种植及其对云南生态系统造成的冲击及破坏的研究较少。本文在系统梳理的基础上首次对此进行研究并提出一些粗浅的看法，认为玉米、马铃薯的种植不仅在云南农业种植史及农作物的地理分布面貌、地面

---

[1] 曹玲：《明清美洲粮食作物传入中国研究综述》，《古今农业》2004 年第 2 期。
[2] 方国瑜：《清代云南各族劳动人民对山区的开发》，林超民主编：《方国瑜文集》（3），云南教育出版社 2001 年版。
[3] 木芹：《十八世纪云南经济述评》，《思想战线》1989 年增刊。
[4] 潘先林：《高产农作物传入对滇、川、黔交界地区彝族社会的影响》，《思想战线》1997 年第 5 期。

覆盖上引起了重大变革，并随人口增长及垦殖向山区、半山区的推进，使云南生态环境发生了巨大变迁，农业基础退化，水土流失加剧，成为山地生态变迁之厉阶。

一、清中后期玉米及马铃薯在云南的种植

玉米于15世纪末传入中国，明末清初传入云南，17世纪即清雍、乾后开始大规模种植。马铃薯于17—18世纪从南洋或荷兰引种台湾，再传闽广等地，传入云南时间未有定论，清初云南方志记载很少，道光后才受普遍重视，各地方志中才有记载[1]，"洋芋亦名马铃薯……云南栽种不知始自何时，旧时以为有毒，名不甚彰，旧志均无记载"[2]。

两种作物对土壤的适应性强，适于低温气候及高原或高山区，海拔3000公尺之地亦可种植。[3] 玉米是喜温短日照作物，具有耐旱和适于旱地和山地栽培的特点，"玉蜀黍本为温暖两带的农作物，但滇中荒凉高原，不适于麦作之地，而玉蜀黍均能产生"[4]，马铃薯耐旱耐瘠薄，喜冷凉气候，适于高寒山区种植，在土壤贫瘠、缺乏水源的不适宜水稻种植的丘陵和高寒山区，甚至不适宜玉米生长之地，马铃薯亦可获得高产，"（洋芋）虽性适暖地，但寒冷之区亦能繁殖"[5]，这种生长特点与云南山多田少、山地瘠薄硗确及干旱少雨的地理气候相适应。

---

[1] 方国瑜：《清代云南各族劳动人民对山区的开发》，林超民主编：《方国瑜文集》(3)，第587页。
[2] 《新纂云南通志》卷62《物产考5·植物2·洋芋》。
[3] 佟平亚：《玉米传入对中国近代农业生产的影响》，《古今农业》2001年第2期。
[4] 《新纂云南通志》卷62《物产考5·植物2·玉蜀黍》。
[5] 《新纂云南通志》卷62《物产考5·植物2·洋芋》。

同时，云南海拔高落差大和生态垂直变化显著的立体农业特点，使马铃薯可多季栽培。因此，高产作物劳力投入少、单产产量高的特点受到山区民族青睐，对解决山区人民的温饱和发展山区经济起到了重要作用，"积极种植，相互引荐，使种植面积迅速扩大"[1]。清中期，云南绝大部分地区都已种植，逐渐取代了山区原有的荞、高粱、燕麦等作物在经济生活中的位置。乾隆、道光后，种植日益扩大，先后成为云南山区、半山区的主要生活食粮，"在大批农民进入山区发展生产的同时，适合山地种植的玉米也迅速得到推广，并且成为这些地区最重要的粮食作物"[2]。

滇东北、滇西北、滇西、滇南等多民族聚居的地区或因山多田少、土质瘠薄，或因气候寒冷，水稻难于推广，高产作物传入后便迅速成为主粮。如滇东北的巧家普遍种植玉蜀黍，"除极寒之高地不宜种植、产量颇少外，凡寒温热各地段俱普遍种植，产量超过于稻"[3]，镇雄也普遍种植玉米，"汉夷贫民率其妇子垦开黄山，广种济食"[4]。贵州流民在会泽等地租山种植玉米，"乾隆三十八年（1773），戴玉安至会泽县属小河寨地方，与黔民王士如同租王明刚山地，搭房栽种苞谷"[5]。玉米、马铃薯在昭通推广也很迅速，清人黄士瀛《禀请谕饬昭通府属栽柘养蚕文》记："间有平坝可种稻谷，其余只堪种包谷、荞麦。"[6]

---

[1] 佟平亚：《玉米传入对中国近代农业生产的影响》，《古今农业》2001年第2期。
[2] 郭松义：《玉米、番薯在中国传播中的一些问题》，中国社科院清史研究室：《清史论丛》(7)，第87页。
[3] 陆崇仁修、汤祚等纂：《巧家县志稿》卷6《农政·辨谷》，1942年铅印。
[4] 《光绪云南通志》卷70《食货志·物产四·昭通府》，光绪二十年（1894）刻本。
[5] 中国第一历史档案馆：《刑科题本》，乾隆三十九年五月十四日大学士管理刑部等事物舒赫德题。
[6] 谢体仁纂修：《道光威远厅志》卷3《风俗》，道光十七年（1837）刻本重抄。

"种稻开垦之田尤未及包谷之广焉"[1],"芋之属昔产高山,近则坝子园圃内已有种之,磨粉及为菜品之用,凉山之上则恃以为常食"[2]。

玉米在滇西北中甸(今迪庆州境)等高寒地区也逐渐成为主要粮食作物之一,[3] 鹤庆州(今鹤庆县)也有种植玉麦[4]的记载。滇西缅宁(今云县)的玉米和洋芋种植也很普遍,"玉蜀黍又名玉米,名玉麦……马铃薯,俗名洋芋"[5],滇西的蒙化(今巍山、漾濞)广泛种植玉米、马铃薯,"蒙化四围皆山……稻之属有玉麦,一名包谷,一名包麦……蔬之属有……马铃薯,俗名洋芋"[6]。云龙山多田少,民众众多,玉米和洋芋种植日广,"(石门)诸产包谷、小麦、荞子、豆类、洋芋等"[7]。

滇南威远(今景谷)、开化(今文山)、广南(今广南)、普洱(今普洱)等地区,尤其是汉移民大量流入之区,玉米更普遍,[8]成为主粮。开化府在乾隆年间就已广种玉米,其物产志就有玉麦之名。[9] 属县麻栗坡地力瘠薄,汉夷杂处,"均属石岩大山……气候太寒,只产玉麦,田最少,故人民多以种山地玉麦为食"[10]。广南府物产志也有"玉麦"[11]的记载。临安府蒙自南部、金平北部的金河主要植物稻、玉米,

---

[1] 杨履乾等纂、卢金锡等修:《民国昭通县志稿》卷 5《农政志·附杂粮》,1937 年铅印本。
[2] 符廷铨纂、杨履乾编修:《民国昭通县志稿》卷 9《物产·包谷之属》,1924 年铅印本。
[3] 段绶滋等修:《民国中甸县志稿》卷中《生活职业·农业》,1939 年稿本。
[4] 杨金和等纂修:《光绪鹤庆州志》卷 10《物产》,光绪二十年(1894)刻本。
[5] 《民国缅宁县志稿》卷 11《农政·办谷附杂粮》。
[6] 《民国蒙化志稿》卷 13《地利部·物产志》。
[7] 云龙县志办公室编:《云龙县志稿》(《物产》),1983 年铅印本。
[8] 谢体仁纂修:《道光威远厅志》。
[9] 《乾隆开化府志》卷 4《田赋·物产》。
[10] 陈钟书等修、邓昌麒纂:《新编麻栗坡地志资料》,复抄 1947 年稿本。
[11] 《道光广南府志》卷 3《物产》。

"玉米则种于山腰带及山岭地带"[1]。新平县的糯比族群"居南区挖窖河之山中心……种包谷、织席、牧羊度日"[2]。

高产农作物在山多地少、易受天灾及粮荒威胁的云南（包括中国及世界其他高寒地区）成为粮菜兼用的救荒作物受到广泛重视，清人李拔《请种包谷议》就认为玉米种植、收获、贮藏均较容易，能济青黄不接时的粮食危机，"乘青半熟，先采而食"，"大米不耐饥，包米能果腹"，故力请扩大玉米种植。清云南巡抚吴其浚《植物名实图考》记："玉蜀黍于古无征……山民恃以活命"，"阳芋，滇黔有之，疗饥救荒，贫民之储"。种植范围逐渐从山区半山区扩大到坝区，甚至坝区水田也因水利废弃而改种洋芋、玉米，"（昭属）在初设郡时，未尝不极力经营堰闸以促进农业。逮鸦片盛行，西北一带良田均改为地，不种稻而栽包谷，鲜用秧水"[3]。村民于乾隆四十五年（1780）捐建的昭通龙洞汛闸溉田地2600亩，废弃后亦改种玉米。[4]

各地民族在种植中熟悉其特性后，品种逐渐改良，品类随之丰富，18世纪中后期，已有了花色、形状、大小、高矮、味道等方面的区分，"（玉蜀黍）可分为黄红白花四种"[5]，"鼠子洋芋、白花洋芋等尤称名品，附近住民恃为常食"[6]。昭通划分更为详细，"黍属，仅有玉蜀黍，土名包谷，亦分黄白红花乌数种，红者人鲜知之……包谷则不限产地，

---

[1] 余庆长：《金厂行记》（《附录》），《云南金河上游之地文与人文·绪言》。
[2] 《民国地志十种·新平县全境地志·种类》。
[3] 杨履乾等纂、卢金锡等修：《民国昭通县志稿》卷3《民政志·土地》。
[4] 符廷铨纂、杨履乾编修：《民国昭通县志稿》卷2《食货志·水利》。
[5] 陆崇仁修、汤祚等纂：《巧家县志稿》卷6《农政·辨谷》。
[6] 《新纂云南通志》卷62《物产考5·植物2·洋芋》。

功用皆同，昭民饔飧所赖，则黍较稻为倍蓰焉"[1]，"红洋芋、脚杆芋，形如脚板，又呼洋洋芋，圆而长，味极甘美，近时城乡种此者多"[2]。缅宁（今云县）玉米也有颜色划分，"玉蜀黍……有饭糯二种，红黄白三色"[3]。

在各方志的记载中，玉米及马铃薯存在从蔬菜到粮食的转变。清初，玉米多入蔬菜类，乾隆后，随着玉米济荒作用的突出，逐渐被划归粮食类。马铃薯传入时间晚，道光时列入蔬类，同治，尤其民国后进入粮食类，"玉蜀黍、马铃薯乃旱而多产……发挥了补充稻米不足的作用"[4]。

玉米、马铃薯的广泛种植对云南社会产生了巨大影响。第一，推动了云南山区的深入开发。山区土地得到广泛利用，促进了山区农业经济乃至传统农业的快速发展，加快了山区开发的进程，"使云南农业经济提高到一个前所未有的水平，这是云南农业经济史上的一次飞跃"[5]。对云南社会，尤其是山区民族社会历史的发展产生了积极影响，丰富了各族群众的物质生活，在清代云南民族经济、文化发展史上有重要意义，使山区开发进入到一个全新阶段。

第二，在云南农业发展史上具有重要影响。高产农作物的推广扩大了云南耕地，尤其是山地的面积。乾隆以后，大批移民进入山区，溪涧坡头的零星土地得到垦辟，山地得到了历史以来最大程度的利用。

---

[1] 杨履乾等纂、卢金锡等修：《民国昭通县志稿》卷4《财政志·田亩》。
[2] 符廷铨纂、杨履乾编修：《民国昭通县志稿》卷9《物产·植物·包谷之属》。
[3] 《民国缅宁县志稿》卷11《农政·办谷附杂粮》。
[4] 刘石吉主编：《中华文化新论经济篇·民生的拓垦》，台北联经出版事业公司1987年版，第117页。
[5] 木芹：《十八世纪云南经济述评》。

耕地面积的扩大及复种指数的升高，粮食总产量的迅速增加，使云南因田少山多而困扰地方官员的粮食危机得到了一定程度的缓解。在农作物种类及品种的更新方面也具有重要意义，云南的农业经济地理面貌发生了重大变迁，山区传统的粮食结构随之发生了改变，"山区居民可以克服粮食的困难，促进了农村副业的发展"[1]。

第三，成为清代云南人口大量增加的动因之一。粮食产量的增加"是清代人口空前增加的物质基础"[2]。清代云南人口增长表现为本土增长及移入增长，即山区粮食供给的富足，既为山区各族人口的增长提供了条件，也为外来移民提供了生存基础，使山区开发不断向纵深方向推进，"清代人口分布范围不断扩大，其趋势是由坝区逐渐向山区开拓……随着玉米、马铃薯等作物品种的传播和山区耕地的垦辟，汉族人民大批进入云南，与少数民族共同开发山区经济，加速了人口自然增殖"[3]，更促进了高产作物的推广。

第四，具有重要的政治影响。高产作物的种植使清王朝设在边疆民族地区尤其是山区半山区的军事驻防机构的粮饷有了保障，士兵亦耕亦守，兵农结合，加强了军事控制力量。农民生活的逐渐稳定减少了社会的不安定因素，增进了山区民族的内化力和内聚力。因此，高产作物的种植还在一定程度上巩固和稳定了多民族国家的疆域，在明清云南民族关系、边疆稳定方面具有重要意义。

---

[1] 复旦大学、上海财经学院合编：《中国古代经济简史》，上海人民出版社1982年版，第263页。
[2] 赵文林、谢淑君：《中国人口史》，人民出版社1988年版，第394—395页。
[3] 邹启宇、苗文俊主编：《中国人口·云南分册》，中国时政经济出版社1989年版，第79—90页。

二、高产农作物种植区的生态变迁

玉米和马铃薯的广泛种植尽管在云南农业史及山区开发中发挥了积极作用,但却引起了种植区生态环境的巨大变化,山区植被大量减少、水土流失加剧,对平坝地区的农田、水利设施造成了极大冲击,农业基础退化,影响了民族地区农业经济的持续发展。云南马铃薯的种植虽比玉米稍晚,范围和面积相对要小,相关记载略少,但二者对生态的危害是相同的。

第一,半山区、山区植被减少。在山地上种植玉米、马铃薯时,首先要砍去树林,除去杂草,"森林之破坏与消失……大多数是人为的……人们为了垦殖而铲除林木……要种植农作物,只能找有天然植被的地面,将天然植被铲除……两者是互相取代,有竞争性的,此消然后彼长。这种方式大体上可称之为一次性的破坏"[1]。玉米、马铃薯在人力及日益改良的农业技术的支持下,驱逐了山地上各种原生或次生的植被,"他们的祖先从原籍带来(或很快学会了)包谷种植技术,斩荆披棘,铲草烧荒……把一片一片的原始森林变成包谷林"[2]。种植地的森林植被在垦殖者的刀斧下急速减少,这在流民进入较多的地区尤为显著。道光十六年(1836)十二月,云贵总督伊里布、巡抚何煊奉文稽查流民时奏:"云南地方辽阔,深山密箐未经开垦之区,多有湖南、湖北、四川、贵州穷民往搭寮棚居住,砍树烧山,艺种苞谷之类。此等流民于开化、广南、普洱三府为最多。"[3]"人们剥去葱茏

---

[1] 〔美〕赵冈:《中国历史上生态环境之变迁》,中国环境科学出版社1996年版,第69页。
[2] 赵文林、谢淑君:《中国人口史》,第394—395页。
[3] 谢体仁纂修:《道光威远厅志》卷3《户口》。

青山的绿色外衣，所换上的就是玉米和甘薯的枝藤……森林资源在这场运动中成片成区地被毁坏。"[1]

农作物取代植被后，成为耕地争夺的胜利者，却因耕种方式不合理，使地力下降，城镇乡村附近的濯濯童山越来越多。如缅宁县境"极目童山，除附近乡村之一部分山地可耕外，余均无人开垦"[2]，民国《大关县志稿·气候》记："惜乎山多田少，旷野萧条，加以承平日久，森林砍伐殆尽而童山濯濯。"与自然植被相比，农作物对生态的自然恢复及协调力极其微弱，生态环境逐渐恶化。

第二，加剧了山区、半山区的水土流失。高产农作物的广泛种植彻底改变了山区的地面覆盖状况，原来对山地地表土壤具有强大凝固力、色系及色系丰富的自然植被变成了单一的、根系入土较浅的农作物，因耕种刨土，地表土壤变得异常疏松，附着力和凝聚力大大降低，一遇雨水山洪，极易冲走，加剧了山区的水土流失。

云南大部分山地的生态较为脆弱，极易分化的石灰岩土壤分布广泛，山区地表崎岖，坡陡流急，侵蚀力极强，高产作物对地表的保护与密集的天然植被相比大大降低，山地土壤裸露的空间面积加大，坡面几乎完全裸露，发生了程度不等的面蚀、沟蚀等水土流失现象。加上云南夏秋季节雨量集中，多大暴雨，产生的径流量大，尤其是七八月暴雨季节，山洪暴发时，裸露山地受侵蚀的危害就更严重，水土流失的几率更高，"乾、嘉两朝大量流民涌进山区……以最野蛮的方式，破坏了森林，种植蓝靛及玉米，尤以玉米为主。在高坡度的山区里铲除了天然植被，改植农作物，会立即导致水土流失，几场大雨就可以

---

[1] 周荣：《康乾盛世的人口膨胀与生态环境问题》，《史学月刊》1990年第4期。
[2] 《民国缅宁县志稿》卷6《民政·土地》。

使岩石裸露"[1]。

水土流失导致了土壤的严重退化,"坡度是影响水土流失大小的另一个重要因子。我国红黄壤地区在地貌组成上以山地丘陵为主,这为水土流失的发生提供了有利的地形条件……起伏和缓的广大低丘冈(台)地,由于长期不合理的开发利用……植被逆向演替剧烈,因而水土流失相当普遍,有的地区水土流失还相当严重"[2],清代云南山区土壤侵蚀和水土流失正是这种理论在历史时期的实践。随着山地刨种岁收的交替进行,水土流失年复一年地发生,山地土壤及其养分年年散失,逐渐不能耕种,"凡是被开垦的山区农地,多则五年,少则三年,表土损失殆尽,岩石裸露,农田便不堪使用……造成了永久性的山区水区水土流失"[3]。山地的农业生态随之遭到了较大破坏,而清代的生产力水平及生态意识的缺乏,不仅不可能防护山地地表,也没有可能对已出现、正在出现和即将出现的水土流失采取任何措施。故水土流失时间较短的地区,三四年之内山地土层变薄,肥力下降,甚至变成石山硗确之地;流失时间长的地区,五六年后坡地松土被雨水冲走,只留下条条水痕和水沟水道,水土流失从面蚀发展到沟蚀,进一步影响了山区农业的发展,造成了山区的日益贫困。[4]至嘉道年间,山地瘠薄硗确的面貌就定型在人们的脑海中了,云南民族地区的生态环境随之改变。

第三,水土流失淤塞了河道沟渠及水利工程,对农业生产造成了

---

[1] 〔美〕赵冈:《中国历史上生态环境之变迁》,第27页。
[2] 张桃林主编:《中国红壤退化机制与防治》,中国农业出版社1999年版。
[3] 〔美〕赵冈:《中国历史上生态环境之变迁》,第63页。
[4] 张芳:《清代南方山区的水土流失及其防治措施》,《中国农史》1998年第2期。

严重的负面影响。山地植被的减少乃至消失，使土壤疏浚功能丧失，表面疏松的土壤及泥沙随雨水下流，河道淤塞，河床被抬升，河道变得狭浅，沙洲增多，灾害频发。湖泊和陂塘等水利设施被淤堵，减少了蓄水容积，湖面日益萎缩，加速了蓄水工程的湮废，农业生产大受影响。如石屏州东南消泄泸江河源之水的麦塘三沟，"为奸民李鹏等候开垦堵塞……今已迷失故道，时有冲决之患"[1]。

清初修建的许多河渠坝塘堰闸使用不久就因泥沙淤积堵塞、河身变浅而连续遭到毁坏，乃至废弃，在频繁爆发的水旱灾患的威胁下，地方政府不得不再耗资财进行疏浚和维护，清中期后水利工程新建者少，疏浚维护者日增，许多地区水患频发，如昆明海口被沙石填塞，"每遇水暴涨，宣泄不及，沿海田禾半遭淹没"[2]。雍正间的云贵总督鄂尔泰《修浚海口六河疏》记："每雨水暴涨，沙石冲积，而受水处河身平衍，易于壅淤……每疏浚于农隙之时，旋壅塞于雨水之后，不挖则淹没堪虞，开挖则人工徒费，沿海人民时遭水患。"[3] 富民县大河"每值淫雨，洪涛泛滥，比年堤决，纵横数百丈，南溃居民，北偪城池，禾苗没于泥沙，田壤壅为石碛，为患最甚"[4]。

大理府洱海区域是开发较早的农业区，也是水利灾害表现较早的地区。如邓川州弥苴佉江堤就因长期水土流失，沿河山体被破坏，每岁淤塞的沙石高达到三四尺或五六尺，形成河高田低的状况。夏秋暴雨导致水涨，横流溃决为患，不得不每年春初按粮募夫，挑淤培

---

[1] 《民国续修建水县志》卷1《山川·堤堰》。
[2] 《光绪云南通志》卷52《建置志七·水利一》。
[3] 《雍正云南通志》卷29《艺文5》。
[4] 杨体乾修、陈宏谟纂：《雍正重修富民县志·河防》，传钞雍正九年（1731）刻本。

埂。但堤埂越培越高，水患更易发生，"以一道之长河，受百道之沙砾……春冬水涸睹之……积沙累魂……填塞于河身，较以地平，约岁淤高三四尺、五六尺不等……夏秋河流浑浊，泥沙并下，未尝不入于海，年深日久，海口堙而河尾亦滞，是以三十年锁水阁下，即系河水入海滞处，今已远距五六里许，沧海桑田，固于附近居民有益，而于上流有损……人谓冻苴仅同沟洫，而不知与黄河酷类，黄河自西域万里携沙带泥而来，犹之冻苴河自三江口载石乘沙而下也……黄河云梯关外横沙栏门，犹之冻苴河锁水阁外淤泥阻塞，是则大小虽殊，形式则一"[1]。清代的云南就出现"黄河"之喻，不能不让人为生态的沧海变迁而深感痛惜！

澂江府城南的抚仙湖延袤百余里，抚仙湖水由海口泻入，因水土流失增多，每逢降雨，水砂宣泄不及，每每为患，"铁池河每雨多，水泛，宣泄不及，又有南北山溪暴涨横冲，推沙滚石，每将海口堙塞，障水逆流，三州县滨海田亩咸被淹没"[2]。其他开发时间较长，或开发方式不恰当的地区，也发生着普遍的水土流失。如鹤阳河道泥沙淤塞严重，"自前明以至我朝，诸洞日见壅塞，每当岁涝，水患叠兴。嘉庆丙子年，漾水涨发，淹坏田庐……先后或挑砂碛，或寻洞澜，只可补救一时"[3]。镇沅厅瓦巴河渠于咸丰间"蛟泛中流，俄阻巨石，水停沙积，甚为民害"[4]。

水土流失还使长江下游省区河道壅塞。道光间江苏巡抚陶澍奏：

---

[1] 《冻苴河通论纪形第一》，《新纂云南通志》卷140《农业考3·水利2》。
[2] 《光绪云南通志》卷53《建置志七·水利二》。
[3] 《鹤阳开河碑记》，张了、张锡禄编：《鹤庆碑刻辑录·水利》，云南大理州文化局2001年版。
[4] 《光绪云南通志》卷54《建置志七·水利三》。

"江苏省地处下游……江洲之生,亦实因上游川、陕、滇、黔等省开垦太多,无业游民到处伐山砍木,种植杂粮,一遇暴雨,土石随流而下,以致停淤接涨……开垦既多,倾卸愈甚,及至沙涨为洲。"[1]

第四,对山区、坝区及下游地区的农业生产造成了严重的负面影响。随土地垦辟进程的加快及对土壤资源的不合理开发和利用,山地土壤严重退化。一般说来,土壤退化是自然及人为因素互动的结果。云南山多田少,季节性降雨不均,大部分山区四季乃至日温差较大,土壤多为可蚀性较高的红壤,具备了土壤退化的物理和化学条件。明清以降,山区开发日渐深入,村镇数量增加,嘉、道后,移民越来越多,入山更深,民国《广南县志·农政》记:"黔省农民大量移入……分向干疮之山,辟草莱以立村落,斩荆棘以垦新地。"当时的人口量虽然远远未达生态饱和度,但由于对云南山区生态认识不清,耕种及管理措施不当,导致大量坡地裸露,土壤母质剧烈风化,加速了土壤的侵蚀和退化过程,使肥力大量衰减流失。因而,面积广大的山区半山区的生态环境日益恶化,大部分山地一经开垦,坡地尽成松土,一遇大雨,山水涨发,沙随水下,大量耕地不得不抛荒,山区农业的可持续发展受到重大影响。

坝区田地因被泥沙冲埋而荒废,许多近山或河滨的田地或被山水冲没,或被沙石压毁埋没,暂荒、永荒田地的数量越来越多,"(山场)近已十开六七矣,每遇大雨,泥沙直下,近于山之良田尽成淤地,远于山之巨浸俱积淤泥,以致雨泽稍多,溪湖漫溢,田禾淹没,岁多不登",出现了"水遇晴而易涸,旱年之灌救无由,山有石而无泥"[2]的

---

[1] 陶澍:《覆奏江苏尚无阻碍水道沙洲折子》,《陶文毅公全集》卷10。
[2] 汪方元:《请禁棚民开山阻水以杜后患疏》,《皇朝经世文编》卷39《户政11》。

情况。陈灿《条陈东西两河事宜》记:"顺田身为河道,重以河源,发于北山,山石崩塌,每夏秋暴涨,洪波挟乱石南下,所过辄为石田,除从前册报永荒之田一万数千亩不计外,即丈量时指为成熟之田亦多有淹没者。"澂江府在暴雨季节,洪水"会群山涧谷,汹涌而泻,虽分为三道,而中流奔激,近岸田亩沙埋石压,屡为民害"[1]。江河下游的良田常遭洪水淹没、泥土冲压的灾患,"下流河川快速地被山上冲刷

表1 清代中期云南开除无征田地

时间	开除无征田地数目
乾隆十三年	不能垦复田地6顷31亩
乾隆十八年	不能垦复田地40顷26亩
乾隆三十三年	水冲沙压田地3顷69亩
乾隆三十五年	浪穹县被水冲压田地9顷1亩
乾隆三十六年	水冲沙压田地1顷60亩
乾隆三十八年	水冲沙压不能垦复田地1顷70亩
乾隆五十年	太和县赵州不能垦复田地1顷27亩
嘉庆八年	蒙化厅被水冲没7顷48亩
嘉庆十二年	浪穹县被水冲淹不能垦复田115顷7亩
道光元年	邓川州山水冲压不能垦复田71亩
道光二年	丽江被水案内豁除地13顷81亩
道光四年	太和、浪穹、丽江县被水豁除田12顷87亩
道光七年	太和、邓川、浪穹、丽江等州县被水冲淹不能垦复田26顷39亩

资料来源:《道光云南通志稿》卷57《食货志·田赋二》;《新纂云南通志》卷150《财政考一·岁入一》。

---

[1] 《道光澂江府志》卷5《山川》。

表2 光绪十年暂荒、永荒田粮

地区	暂荒、永荒田粮数
云南府	暂荒3894石、永荒水冲石埋5887石
开化府	暂荒332石、永荒水冲石埋1108石
大理府	暂荒1038石、永荒水冲石埋4255石
东川府	暂荒252石、永荒水冲石埋567石
临安府	暂荒2293石、永荒水冲石埋3675石
昭通府	暂荒841石、永荒水冲石埋271石
楚雄府	暂荒4194石、永荒水冲石埋803石
景东直隶厅	暂荒664石、永荒水冲石埋140石
澂江府	暂荒679石、永荒水冲石埋25343石
蒙化直隶厅	暂荒409石、永荒水冲石埋1104石
广南府	暂荒37石、永荒水冲石埋70石
永北直隶厅	永荒水冲石埋643石
顺宁府	暂荒288石、永荒水冲石埋1395石
镇沅直隶厅	永荒水冲石埋479石
曲靖府	暂荒649石、永荒水冲石埋1468石
广西直隶州	暂荒785石、永荒水冲石埋288石
丽江府	暂荒259石、永荒水冲石埋1821石
武定直隶州	暂荒282石、永荒水冲石埋633石
普洱府	暂荒155石、永荒水冲石埋1718石
元江直隶州	暂荒322石、永荒水冲石埋990石
永昌府	暂荒877石、永荒水冲石埋1524石
统计	通省暂荒条丁公耗官庄等银30161两、永荒条丁公耗官庄等银48902两 通省暂荒夏税麦秋粮米折18251石、永荒夏税麦秋粮米折31380石

资料来源：《新纂云南通志》卷150《财政考一·岁入一》。

下来的泥沙淤塞，或是平原良田被沙土掩盖。"[1]这些自乾隆间出现后就未消失的名为"开除无征"的荒芜田地日益增加，有时全年新增田地总数还没有荒芜数多。如乾隆三十五年（1770）全省新垦田地3顷49亩，仅浪穹一县的开除无征田地就达9顷1亩，农业生产大受影响。此类田亩一般是经地方上报后由朝廷批准的，其数目的增加反映了水土流失的严重及农业灾害次数的频繁和程度的加深，不仅影响了民众的生活，也影响了官府的赋税收入。并且还有许多被冲没淤压的田地因各种原因未经题准，依旧得缴纳赋税，成为民众之累。

被泥沙掩埋的田地在当时的生产力条件下毫无垦复希望，成了史册中面目可憎的"永荒"田地，部分经治理后可垦复的称"暂荒"田地，但各地永荒田地远远多于暂荒田地，"此项田地多因水冲石压，人力难施，或因水无去路，汇为巨泽。欲开修河工，筹款既难，民力更有未逮，现在可种之地尚且废弃，此等永荒，断难遽求垦复"[2]。这些遍布于云南各地的巨额荒芜田地，成为不断鼓励民众开垦，且因"开垦有方"而晋职官员有趣而无奈的嘲讽，也给山多地少、粮食缺乏的云南地方政府造成了巨大压力。

表2中荒芜田地的数字并不包括屯田的荒芜数。清代云南屯田的荒芜数远远超过了民田，其中虽有屯户因赋税过重而逃亡导致的荒芜，但大多是垦辟导致淤塞冲压而湮毁的"永荒田地"，虽地方官员也组织人力垦复，但垦复者毕竟是少数，多数垦复田地因夹杂沙石，地力较前下降，不可能再成为上则或中则田地，耕种不久又重新抛荒，再次

---

[1]〔美〕赵冈：《中国历史上生态环境之变迁》，第63页。
[2]《光绪云南通志》卷58《食货志·田赋二》。

进入暂荒或永荒的行列。

表3 清中期云南易门、禄丰两县屯田地荒芜

地名		原额屯田地	荒芜屯田地	开垦屯田地
易门县	定所里	111顷37亩（田）	53顷6亩（田）	1顷13亩（田）
	右卫里		27顷87亩（田）	81亩（田）
	后卫里	76顷16亩（田）	45顷83亩（田）	2顷94亩（田）(1696—1716)
		38亩（地）	8亩（地）	
禄丰县	右卫	109顷17亩（田）	59顷74亩（田，久荒）	1顷44亩（田）(1698—1708)
		2顷55亩（地）	1顷83亩（地，久荒）	
	后卫	40顷9亩（田）	16顷36亩（田）	2顷68亩（田）(1695—1708)
		8顷50亩（地）	5顷96亩（地）	

资料来源：(清)王秉煌修、梅盐臣纂：《康熙罗次县志》卷2《田赋》，传抄康熙五十六年(1717)刻本。

第五，各种自然灾害的次数和频率日益增加，加重了农业危机。良好的山地植被能通过林冠阻滞和土壤渗透，在较大程度上起到防止和减轻水灾、补给和涵养水源的作用。林地被铲除后，"山无茂木则过雨不留"，在暴雨多发的夏秋季节，地面渗透力减弱、径流增强，水旱及泥石流等环境灾害日益频繁，"过度开垦，特别是山区、水域的滥垦，严重地破坏了自然生态的平衡，造成了更多的水旱灾患，清政府

一向强调的开垦有益至此已走向了反面"[1]。灾害频率和强度也随之增加,山洪暴发时毁田堆沙,遇晴不久即水源干枯,旱灾降临。

三、结语

清代中晚期,玉米、马铃薯等山地高产作物在云南的广泛种植,不仅丰富了云南的农作物品种,也改变了云南的粮食结构,农村产业结构发生了相应的变化。与此同时,耕地开始向高海拔地段推进,耕地面积也不断增加,既为山区移民提供了生存的基础,也为山区经济的发展提供了可能。此后,山区人口数量快速增长,推动了山区开发向纵深方向发展,云南民族地区的经济得到了快速的发展,出现在地方文人、官吏和帝王眼前的,就是在其诗文歌赋中被传颂的大慰其怀的碧畴千顷的丰收农业景象。

但这种"物种贫乏的种植业"[2]在人烟稀少的山区导致了不可逆转的生态灾难。森林植被不断减少,从而引起了水土的严重流失,导致河流和水利设施的严重淤塞,使河边、山脚和坝区的大量肥沃田地因被泥沙冲埋而荒芜。耕地逐渐陷入增长日少、抛荒日增的困境中,水旱灾害的频率增加,土地沙化,生产力下降,极大地制约和阻碍了云南农业经济的持续发展。因此,高产作物对粮食产量提高及对农业发展的促进作用只是相对于种植前及种植初期而言的。若将种植区域的产量作纵向比较就会发现,因土壤退化和水土流失严重,种植几年后,单位面积产量迅速下降,"蒙乐山中多上古不死之木,大径数尺,

---

[1] 彭雨新编:《清代土地开垦史资料汇编》(《序言》)。
[2] 〔美〕赵冈:《中国历史上生态环境之变迁》。

高六七丈不等，山夷不知爱惜，经年累月入山砍伐，候其木质干燥，放火焚之，而于其地种包麦，一亩有数亩之收。十年八年后土薄力微，又舍而弃之，另行砍伐，惜哉惜哉！"[1]这使"南方亚热带山区形成了结构性的贫困"[2]。

乾隆中期以后，云南坝区的土地垦辟基本饱和，新增起科的田地越来越少。19世纪中期以后，许多原来瘴气弥漫、人烟稀少的深山穷谷区均被芟辟耕褥，种上了玉米和马铃薯等作物，地表覆盖物由类型丰富的植被变为了单一的农作物，种植区生态发生了巨变。从云南山地生态发展史的角度看，高产作物对山区生态造成的影响是得不偿失的。

但在反思历史教训的时候，往往会片面地走向另一种极端的认知，即目前的生态史研究大多强调开发导致了种种生态灾难，造成了"一有开发则必有破坏"，或只要人类有生产活动就会带来生态恶果的认知误区。这样就导致了如果保持生态和谐，人类就不能有任何生产经营活动的悲观情绪，这不仅使人类失去了作为生物界一分子的生存和发展权利，也失去了人与自然关系的主旨。而人与自然是一个相对的、相互依存的系统，只有在这个系统中，生态才能显示出其存在的价值。生态系统的稳定主要由系统内部各要素之间的生存空间及竞争力的强弱所决定，气候及其他如地质、生物构成等自然要素的差异，都会形成不同的生存系统。不同的历史时段，生态系统及其要素都是不同的，各要素永远都是在竞争中发展的，构成此强彼弱的相对和谐的生存态势。了解了这一点，人类就可以根据各时期的生态条件，在保持系统

---

[1] 《道光景东直隶厅志》卷28《杂录》。
[2] 蓝勇：《明清美洲农作物引进对亚热带山地结构性贫困形成的影响》，《中国农史》2001年第4期。

和谐的前提下选择合适的生产和开发方式,在反思和借鉴历史的经验及教训的基础上,找到人类生存与自然生态体系协调发展的合适途径。尤其是在目前改变贫困山区后进面貌的开发中,如何做到在开发中有效地保护,在保护中有计划、有节制地开发,成为地方政府在政策的制定及实施中亟待注重和完善的内容。只有这样,生态惨剧才不至于重演,少数民族地区才能实现真正意义上的可持续发展。

原载《学术研究》2009 年第 10 期

第三部分

环境史视阈下的世界文明

资本主义与近代以来的全球生态环境[1]

俞金尧

(中国社会科学院世界历史研究所研究员)

除了自然界本身的运动所引起的气候变化(如历史上的小冰期)及其对全球生态环境产生影响以外,由于人类的活动而造成全球性的生态环境问题是在近代以后逐渐产生的。这是一个随着资本主义在世界范围内的不断扩张而变得愈加明显和严重的问题。[2] 十五六世纪以后,随着世界市场的形成,人类的许多活动具有世界性的影响和意义,有一些活动尽管发生在局部地方,但对生态环境的影响却是全球性的;另一些活动发生在这一时代的初期,虽然在当时还没有对全球生态环境产生明显的影响,但长期的、累进的过程给全球的生态环境带来严重的后果。全球性的生态环境问题的主要根源在于资本主义。

---

[1] 本文所说的"近代"是指资本主义产生、发展或受到资本主义影响以后的时代,在欧美,主要指 16 世纪以后;而在中国,"近代"应该指从受到西方资本主义影响以后开始的时代。
[2] 〔美〕约翰·贝拉米·福斯特著,耿建新、宋兴无译:《生态危机与资本主义》,上海译文出版社 2006 年版,第 78 页。威廉·贝纳特、彼得·科茨在《环境和历史》(包茂红译,译林出版社 2008 年版)一文中虽没有提到"资本主义",但确实也讲到"要探索人类经济和文化的生态影响,特别有收获的研究领域就是欧洲人在过去 500 年席卷的那些地方"。(见该书第 22 页)

从历史和现实来看，资本的扩张最终都要通过侵害人类赖以生存的物质世界来实现，资本无限扩张的本性包含了不断破坏生态环境的倾向，资本主义的发展使全球生态环境出现不断恶化的趋势。

一、生态环境问题：从地方性到全球性

生态环境问题归根到底是一个有关人类自身的生存和发展的问题，古已有之。人类长期分散地生活于一定的地域。为了生存和发展，人类利用或改造自然。同时，人口不断繁衍，又加大了资源和环境的压力。有人类活动的地方就会产生生态环境问题。历史学家庞廷说："农业的采用，以及随之而来的两种后果——定居社会和逐渐增长的人口，对于环境施加了越来越大的压力。"[1] 可见，环境问题几乎是一个与史俱来的问题。而人们对生态环境的关注也是在很早的时候就已经出现了。[2]

不过，在近代以前漫长的历史阶段，所谓生态环境问题基本上是地方性而非全球性的问题。当时，全球联系还未建立；世界市场还没有形成；没有因为大生产而引起的严重的大气污染；没有大量排放的有毒、有害物质；也没有核爆炸、核污染的威胁；等等。那时的生态问题主要由人口繁衍对土地造成压力所引起的。为了解决吃饭问题，人们开垦山地、林地、荒地、滩涂，造成自然环境的改变或破坏，并

---

[1]〔英〕克莱夫·庞廷著，王毅、张学广译：《绿色世界史：环境与伟大文明的衰落》，上海人民出版社2002年版，第77页。
[2]〔美〕J.唐纳德·休斯著、梅雪芹译：《什么是环境史》，北京大学出版社2008年版，第18—22页。

导致水土流失、洪水泛滥等。但这些问题的影响一直局限在局部,比如砍伐森林,近代以前世界上几乎每个地方都出现了随人口增长而砍伐森林和开垦土地的情况,但对生态环境的破坏及其后果从未影响到全球。

中世纪欧洲人对森林的砍伐就是这样一个史例。在中世纪早期和盛期的欧洲大部分地区,主要的生态系统属于温带森林。农业的发展导致部分天然林被砍伐。但欧洲的生态系统在很长时间里并没有遭到太大的破坏,这种情况一直持续到10世纪。从10世纪开始,欧洲的人口开始迅速增长。到14世纪中叶黑死病到来之前,从意大利开始一直到欧洲的中部和北部,人口增长了三倍。[1]随着人口的增长,欧洲发生了大规模的垦荒运动,森林和沼泽地都被清理出来用作耕地,这导致欧洲的森林资源大为减少,"森林起初覆盖着西欧和中欧面积的95%左右,而到了中世纪大移居时期结束时,这个数字已经下降到20%左右"[2]。结果,人们的生活环境也变得较为恶劣。在西欧,新的居民定居点已经出现在土壤比较贫瘠的地区;在东欧,开荒的移民一直把前沿推进到斯拉夫人生活的区域。欧洲的经历表明,人口的增长的确对资源和环境造成了压力,并且最终破坏了原有以温带森林为主的生态系统。但是,迄今为止,历史学家并没有发现可以表明这一经历对全球生态系统产生灾难性影响的证据。也就是说,这个持续了几个世纪的生态破坏过程所造成的消极后果,仅限于欧洲。

---

[1] 可参见 J. C. 拉塞尔:《500—1500 年的欧洲人口》,载卡洛·M. 奇波拉主编:《欧洲经济史》第 1 卷,商务印书馆 1988 年版,第 30 页。
[2] 〔英〕克莱夫·庞廷著,王毅、张学广译:《绿色世界史:环境与伟大文明的衰落》,第 134 页。

中国历史上的人口增长对环境的影响一如欧洲。森林面积的减少是人口增长的一个后果。以明、清的人口迁徙与环境变化的关系为例，可以说明前因后果。由于人口增长，明、清时期，我国出现较大规模的移民运动，"江西填湖广"和"湖广填四川"之说，表明了当时的人口流向。移民大量涌入，耕地便不断地从平地向低山、中山、高山地带拓展。结果，林地面积逐渐后退、减少，原本是豺狼虎豹出没之地，到后来演变为"山尽开垦，物无所藏"的境地，原始生态遭到破坏。[1]学者高寿仙认为，明代是中国历史上生态环境呈现日趋恶化态势中的"快速恶化期"，人力因素的影响要大于自然因素，致使"不少地区的环境急剧恶化，抗灾能力急剧下降"[2]。从目前的有关研究来看，明代是一个灾异频发的朝代，而且各地都普遍出现旱涝灾害。但从灾害的发生范围来看，这些灾害多为区域性或流域性的。[3]清代生态环境的破坏比明代更严重，学者张研称清代的自然"渐失丰饶"，旧的生态体系在17—19世纪结束。它的后果一如明代，其最为严重的后果在于对"中国社会兴衰、经济发展"的消极影响。[4]

以上两个发生在欧洲和中国的生态环境遭到比较严重破坏的事例表明，生态环境问题的确随着人口的增长和人类活动的扩大而变得更加严重。但是，近代以前，这主要是地方性、区域性的问题。由于人口增长所引起的对资源需求的增加，进而导致对生态环境的破坏，从来没有演变成全球性的问题。

---

[1] 张国雄：《明清时期的两湖移民》，陕西人民教育出版社1995年版，第214—233页。
[2] 高寿仙：《明代农业经济与农村社会》，黄山书社2006年版，第97页。
[3] 同上，第100—103页。
[4] 张研：《17—19世纪中国的人口与生存环境》，黄山书社2008年版，第240—285页。

近代以后，情形就不同了。全球性的生态环境问题随着资本主义向全世界的不断扩张而悄然来临，并越来越严重。不过，这并不是一个从以前的地方性、区域性的问题简单地扩大到全球性的问题，而是一个在破坏的方式、内容、程度和后果，并且归根到底在性质上不同于以前的新问题。

仍以毁林来说，同样是欧洲人砍伐森林，后果却是全球性的。

一是欧洲人到世界各地去砍伐森林。一个明显的事实是，随着新航路的开辟，欧洲商人和殖民者开始踏上全球所有的土地，并着手掠夺世界各地的林木资源。在美洲、东南亚和印度，到处都出现大片的原始森林被西方殖民者砍伐的情况，比较突出的事例是砍伐巴西的原始森林。在欧洲殖民者到来后的头一个世纪，殖民者最感兴趣的是巴西的红木，这种可以用来制作红色染料的木头生长在热带丛林里，要想把它们砍倒并运出森林很不容易，殖民者便雇用土著，砍伐树木、清出空地，以便伐木者进入密林深处和运出红木。在头一百年里，大西洋森林里有6000平方公里的森林因红木贸易而消失。[1] 东南亚的森林也遭遇到类似的破坏。19世纪，英国征服了缅甸，缅甸尚未被开发的森林对英国人来说是一个巨大的诱惑。在首先被征服的德林达依省，那里的柚木森林在不到20年的时间被砍伐殆尽。低地缅甸在1852年成为英国的附属地，使得伊洛瓦底三角洲的大片森林遭到被砍伐的命运，欧洲又是这些木材的市场。到20世纪末，那里共有约1000万英亩的森林被毁。[2]

---

[1] 〔美〕彭慕兰、〔美〕史蒂夫·托皮克著，黄中宪译：《贸易打造的世界》，陕西师范大学出版社2008年版，第37—39、132页。
[2] 〔英〕克莱夫·庞廷著，王毅、张学广译：《绿色世界史：环境与伟大文明的衰落》，第243页。

二是砍伐森林的主要目的是牟利。如果说,以前的毁林主要是为了开垦土地,解决人们的吃饭问题;那么,近代以后西方人在世界各地到处伐木,主要目的则是为了牟取利益。木材成为一种商品,伐木成为一种工作,殖民者将砍倒的树木运出林区,卖到远方的市场而赚取利润,如上述对巴西红木、缅甸柚木的采伐;或者是为了在通过毁林而开垦的土地上种植别的植物,生产更有利可图的商品。例如,当橡胶成为19世纪欧美工业化国家的重要商品时,英国人和荷兰人就开始在马来西亚和印度尼西亚清除茂密的森林,建立橡胶种植园。[1]

三是用现代化的手段大规模地砍伐。由于市场对木材需求的扩大而大规模采伐森林,引起全球森林资源急剧减少。自十八九世纪起,随着欧美工业化和城市化的广泛发展,对木材的需求量大增,成片的原始森林成为西方人大肆砍伐的对象。如巴西的大西洋森林虽然很早就开始遭殖民者的侵蚀,但早期的殖民掠夺并未对它造成根本性的破坏。到1822年巴西独立时,大西洋森林还只消失了一部分。但是,大西洋森林的消失速度随着现代化的进程而加快,铁路建设一方面使用大量的枕木,同时也使火车这种现代的运输工具可以自由地进出大森林。从此,木材被源源不断地运送到世界各地,直到森林面积越来越小。[2]如今,大西洋森林最多只剩下8%。南美热带雨林的生态意义是众所周知的,但它的面积急剧缩小,物种大量消失,生物多样性遭破坏,很多美景成为人类的记忆。

从西方人在世界范围砍伐森林,到砍伐的目的、规模、速度、方

---

[1]〔美〕彭慕兰、史蒂夫·托皮克著,黄中宪译:《贸易打造的世界》,第135—137、170—172页。

[2] 同上,第133—134页。

式，以及所造成的后果等方面来看，近代以来因为商品生产的需要而对森林生态的破坏与以前主要为解决吃饭问题而毁林相比，完全不可同日而语。如果我们承认森林构成全球生态系统的重要部分，对于调节全球的气候、净化空气、涵养地表水分、防止水土流失等有不可替代的作用，并且认为地球上到处消失的大片森林，尤其是像巴西的热带雨林那样的原始森林的大面积减缩，已经对全球的生态环境产生了严重的后果，那么，我们应当注意到，这个后果是由西方殖民者进入世界各地进行长达几个世纪的大规模砍伐森林所造成的。所以，就森林消减这一事例来说，全球性的生态环境问题是从近代以后逐渐产生，并变得越来越严重的。没有这样一个历史的维度，我们就看不到这一问题与历史上早已有之的地方性、区域性的生态环境问题的区别，也不能很好地理解当代全球性生态环境恶化的根源之所在。

事实上，近代以来全球性的生态环境问题的出现，不仅仅表现在森林减少这一个方面。在这个历史阶段，尤其是工业革命以后，对全球生态环境起消极和破坏作用的活动还出现了新的内容和形式，后果也更加严重。[1] 一些经济活动在大量消耗资源的同时，又严重地污染环境。比如 18 世纪下半叶以来，煤炭和石油作为大工业的能源先后被大规模地开采和消费，不仅过快地消耗了不可再生的矿物燃料，而且造成了大气污染；[2] 化学工业是 19 世纪新兴的工业，随着这一工业的出现和发展，有毒物质被大量排放和散布到全球各地，使水体和土壤

---

[1] 〔英〕詹姆斯·拉伍洛克著、肖显静译：《盖娅：地球生命的新视野》，上海人民出版社 2007 年版，第 114 页。
[2] 〔美〕莱斯特·R. 布朗著，林自新、戢守志等译：《生态经济》，东方出版社 2002 年版，第 28—31 页。

受到永久性的毒害，[1] 对人类的危害不论是显现的还是潜在的都无法估量；在 20 世纪，核技术的发明和应用，更使人类生活在全球毁灭的恐慌和阴影之中。

如此这般全球性的生态环境问题，近代以前的人类从未遭遇过。

二、世界经济体系与全球生态环境

近代以前不存在全球性的生态环境问题，因为没有一种力量或一个因素可以使其成为一个全球性的问题。只是到了近代以后，随着资本主义的产生和发展，世界联系建立起来，世界市场形成。[2] 这个经济体系从十五六世纪起一直发展至今，被人们称为"现代世界体系"[3]。随着这一具有世界意义的经济体系的形成和发展，全球性的生态环境问题就逐渐出现了。尽管在这一经济体系的历史早期，全球性的生态环境问题还不突出，但后来出现的生态环境问题越来越严重的趋势，其源头仍可追溯到这一经济体系形成期的殖民和贸易活动。到工业化以后，这一经济体系对世界资源环境的影响更为明显了。

这个经济体系由资本主义驱动，从一开始就表现出世界性的特征。

资本主义起源于地中海周围的地区，绝不是一个偶然现象。在 15 世纪前后，这个地处欧、亚、非三大洲结合处的区域就是当时的国际贸易、长途贸易的中心，具有世界性的特征。地理大发现、新航路开

---

[1] 〔英〕克莱夫·庞廷著，王毅、张学广译：《绿色世界史：环境与伟大文明的衰落》，第 386 页。
[2] 马克思说："世界贸易和世界市场在十六世纪揭开了资本的近代生活史。"见《马克思恩格斯全集》第 23 卷，人民出版社 1972 年版，第 167 页。
[3] 可参〔美〕考伊曼纽尔·沃勒斯坦的《现代世界体系》中文版（第一、二卷），高等教育出版社 1998 年版。

辟以后，全球联系建立起来，世界市场逐渐形成，资本主义经济的中心便适时转移到以北海和波罗的海为中心的西北欧地区，在那里，经济活动具有更加明显的全球特征。工业革命以后，这个经济体系的世界性具有了更加坚实的物质基础。马克思和恩格斯指出，大工业创造了交通工具和现代化的世界市场，使每个文明国家以及这些国家中的每一个人的需要的满足都依赖于整个世界。[1] 就是当今的"全球化"现象，也十分典型地反映了资本在世界范围的扩张趋势。历史地看，所谓全球化只不过是由于资本的力量所驱使的、从十五六世纪以来就处在不断加强过程中的世界性联系发展到当前的一个状态。

根据十五六世纪以来的世界历史进程，我们不难发现资本主义的发展与它在全世界的渗透和扩张之间的紧密关系。开创全球联系的主角是资产阶级。马克思和恩格斯说过，是资产阶级开拓了世界市场，"不断扩大产品销路的需要，驱使资产阶级奔走于全球各地。它必须到处落户，到处创业，到处建立联系"[2]。他们还指出，"资产阶级，由于一切生产工具的迅速改进，由于交通的极其便利，把一切民族甚至最野蛮的民族都卷到文明中来了"[3]。当前我们所处的全球化时代与19世纪中叶马克思、恩格斯所生活的时代是一脉相承的，如果那个时代的资产者已经在全球范围内到处奔走、到处创业、到处落户，那么，全球化时代的资产者及其代理人们只不过是借助了比他们的先辈们更加高效、快捷的交通和联络方式，更加方便地奔走于全球各地而已。他们与他们19世纪的前辈有共同的志向，就是通过资本在全世界流

---

[1] 《马克思恩格斯选集》第1卷，人民出版社1972年版，第67页。
[2] 同上，第254页。
[3] 同上，第255页。

动,实现最大的资本增值。

所以,资本主义的发展史就是一部资本在全球的扩张史。资本主义经济的世界性几乎是与生俱来的,它越是发展,就越是需要把整个世界作为它的活动场所,资本扩张的天性驱使它出现在全球任何一个有利可图的地方。资本主义的发展是全球联系形成并越来越紧密的动力来源。

世界性的经济体系决定了资产者们要在全球范围内"配置资源"。

在这一经济体系的早期阶段,换言之,在十六七世纪,在这一体系的核心地区,生产力还处在手工生产阶段,在世界上"配置"资源的能力还有限,当时的欧洲人甚至还拿不出足够的、可以吸引人的产品与亚洲国家进行正常的贸易交往。所谓"核心地区"对世界其他地区的物资需求主要限于在当时被称为"奢侈品"的丝绸、香料等物品,而大宗商品也不过是粮食、木材。所以,从生产和贸易的角度来看,这一经济体系在当时能调动的全球资源的数量和种类还不大、不多,这种情形下的资源配置似乎还不足以对全球生态环境产生明显的影响。

不过,破坏性的趋向从一开始就已经显现。当时的一些经济活动已经表现出了在世界范围内掠夺资源的特征。从长期看,这种掠夺性的经营方式意味着生态灾难,本文前已提到的森林砍伐就属于这种情形。关于狩猎和毛皮贸易是又一个事例。狩猎是自古以来到处都存在的活动,而毛皮贸易也一直是市场上的一项重要交易。但是,以往以生计为主的狩猎活动和毛皮交易市场的地方属性,对生态的影响并不明显,这种狩猎活动和毛皮交易或许可以称之为处在"可持续发展"状态。[1] 但是,近代以后,古老的狩猎活动发生了性质上的变化,"欧

---

[1] 〔美〕威廉·贝纳特、彼得·科茨著,包茂红译:《环境和历史》,译林出版社2008年版,第22页。

洲人和亚洲人对兽皮、毛皮和象牙的需求（常常取决于消费者的狂热）给狩猎产品赋予了前殖民时代没有的新的经济价值",[1]而对野生动物制品的渴望驱使被称为"国际经济先驱"的商人和资本家们深入内陆，开拓边疆，对毛皮的追逐成为欧洲人在北美大陆四处扩张的内在驱动力之一。为了组织大规模的毛皮贸易，殖民者建立了多家毛皮公司，而当地的狩猎者也被纳入殖民者的毛皮贸易网络之中。近代世界经济中的这项贸易具有典型的掠夺性，商人和捕猎者们在一个地方尽量捕猎，直到在经济上无利可图为止，然后换一个地方。当19世纪的狩猎者开始使用对动物更有杀伤力的武器装备以后，狩猎和毛皮贸易对野生动物的掠夺性就充分地暴露出来了，猎人和商人们所考虑的是"最大数量的眼前收获，根本不去考虑怎样保存资源"[2]。商业性的狩猎很快使相关的动物处于灭绝或濒危的境地。[3]

当然，我们不能根据这个经济体系早期出现的一些活动就认定当时全球的生态环境已经遭到破坏。事实上，在十六七世纪，全世界到处都生长着茂密的森林；与毛皮贸易有关、后来被大肆捕杀，甚至灭绝的紫貂、黑狐、海狸、海豹等动物，那时也未遭到灭顶之灾。但是，如果我们从这种掠夺性的贸易活动从开始到结束的全过程去看，那么，早期的商人和殖民者，即后来的"资产阶级"的先驱，他们所从事的这些活动就是导致后来全球资源遭到大肆掠夺、生态环境遭到严重破

---

[1]〔美〕威廉·贝纳特、彼得·科茨著，包茂红译：《环境和历史》，第24页。
[2]〔英〕克莱夫·庞廷著，王毅、张学广译：《绿色世界史：环境与伟大文明的衰落》，第203、210页。
[3] 参见上书，第182—218页；〔美〕菲利普·D.柯丁著，鲍晨译：《世界历史上的跨文化贸易》，山东画报出版社2009年版，第197—217页；〔英〕威廉·贝纳特、彼得·科茨：《环境和历史》，第20—32页。

坏的整个过程的开端。

到十八九世纪，随着工业化大生产的兴起，资源"配置"完全就是全球性的了。工业化意味着生产力的大发展和生产规模的扩张，"资产阶级在它的不到一百年的阶级统治中所创造的生产力，比过去一切世代创造的全部生产力还要多，还要大。自然力的征服，机器的采用，化学在工业和农业中的应用，轮船的行驶，铁路的通行，电报的使用，整个整个大陆的开垦，河川的通航，仿佛用法术从地下呼唤出来的大量人口——过去哪一个世纪能够料想到有这样的生产力潜伏在社会劳动里呢？"[1]

生产力大发展和生产规模的扩张对全球生态环境的影响，主要体现在两个方面：一是对全球资源的需求增加了。新的工业"所加工的，已经不是本地的原料，而是来自极其遥远的地区的原料；它们的产品不仅供本国消费，而且同时供世界各地消费"[2]。作为世界经济体系的核心地区，英国调动了全世界的资源。19世纪的英国经济学家威廉·斯坦利·杰文斯（1835—1882）有一段话给人留下了深刻的印象，他说："北美和俄罗斯的平原是我们的玉米田；芝加哥和敖德萨是我们的谷仓；加拿大和波罗的海地区是我们的森林；澳大利亚相当于我们的牧场，而我们的牛群在南美……中国人为我们种植茶叶，而我们的咖啡、糖和香料种植园全在印度。西班牙和法国是我们的葡萄园，地中海是我们的果园"[3]。二是环境污染前所未见。工业革命期间，煤

---

[1] 《马克思恩格斯选集》第1卷，第256页。
[2] 同上，第254—255页。
[3] 转引自〔美〕加勒特·哈丁著，戴星翼、张真译：《生活在极限之内：生态学、经济学和人口禁忌》，上海译文出版社2007年版，第179页。

炭成为大工业最主要的能源，生产量猛增。1800 年，英国的煤炭产量达到一年 1500 万吨左右。而在 1560 年，英国的煤炭产量才 22.7 万吨。这 240 年间，英国的煤炭生产量增加了 66 倍。[1] 以英国煤炭生产量急剧扩大的趋势，可知工业生产大发展对能源的巨大需求。

煤炭资源的大量消耗造成了严重的环境污染。以往的历史研究及相关的论著多将煤炭的大量生产和消耗视为一种衡量工业生产规模的指标，从积极的意义上进行叙述，而少从环境污染方面给予足够的考量。今天，当我们意识到世界上到处在大量排放二氧化碳造成气温上升，破坏了全球生态时，我们首先应该想到祸害源自于人类大量消费了从地下开采的煤炭、石油这些化石燃料。有人指出，"开始于 18 世纪后期的集中的工业化阶段，就其将污染因子释放到大气中的规模、浓度和种类来说，可算是一场革命"[2]。这的确不是危言耸听，伦敦以"雾都"闻名，空气中飘浮的大量煤烟造成令人恐怖的雾气是常有的事，并常常置人于死地。直到 1952 年 12 月，伦敦还发生了历史上最恶性的烟雾事件，在不到一个月的时间里造成 4000 多人死亡，而"家庭取暖、工厂和发电厂等燃烧煤炭时产生的二氧化硫和烟尘是导致这一事件发生的直接原因"[3]。伦敦的煤烟污染不是孤例，所有在 19 世纪欧美国家工业化过程中崛起的工业城市都逃不过被污染的厄运，"从欧洲大陆的鲁尔和林堡地区，到英国中部的黑县和匹兹堡附近的莫那加

---

[1] Allen, Robert C., *The British Industrial Revolution in Global Perspective*, Cambridge University Press, 2009, p.82.
[2] 〔英〕克莱夫·庞廷著，王毅、张学广译：《绿色世界史：环境与伟大文明的衰落》，第 384 页。
[3] 〔日〕山本良一主编、王天民等译：《2℃改变世界》，科学出版社 2008 年版，第 4 页。

艾拉（Monongahela）山谷，这里有 1.4 万个烟筒向大气中释放烟雾"[1]。

化学物品的污染危害更大。化学物质对人类的毒害早就发生过，比如水银这种剧毒的物质常常是矿石冶炼所不可缺少的，所有的采矿区都会发生有毒污染。但是，在工业革命时期，化学工业竟作为一个新兴的工业发展起来，新的化学品的生产和化学污染物质的排放都大大增加了。从工厂排出的有毒化学废料，使河里的生物灭绝，并危害人类健康。化学品之所以最难容忍，在于这种物品即使少量释放，也常常是难以消除的，并且会对人类和自然生态系统造成灾难性的后果。

以上情况说明，全球性的资源消耗和生态环境破坏是在世界性的经济体系形成以后逐渐出现，并变得越来越严重的。世界市场似乎为全球生态环境问题的出现准备了条件，工业革命在大规模地消耗资源的同时，也使环境的污染规模化了。

但是，经济活动的世界性难道必然要破坏全球的生态环境吗？世界各地互通有无式的贸易往来，以及在工业革命时代因生产力的革命性变革所带来的物质产品极大丰富的结果，本来可以造福于人类，与全球生态环境的破坏没有内在的逻辑关系，但它们之间竟然发生了事实上的联系。这不是偶然的巧合，问题出在这一世界经济体系的资本主义性质上。全球生态环境问题越来越严重的根本原因在于这一世界经济体系的资本主义性质。[2]

---

[1] 克莱夫·庞廷著，王毅、张学广译：《绿色世界史：环境与伟大文明的衰落》，第 385 页。
[2] 吉登斯将全球性的生态环境问题归入他所说的"人造风险"（manufactured risk）。他还认为，传统社会中没有"风险"的概念，"风险"是一个现代的词，并且与资本主义经济具有固有的关系。可见，对吉登斯来说，全球性的生态环境问题与资本主义也是连在一起的。见安东尼·吉登斯著、周红云译：《失控的世界》，江西人民出版社 2001 年版，第 16—32 页。

三、资本积累趋势的生态环境后果

马克思主义关于资本主义生产的理论有助于我们认识资本无限积累趋势所隐含的生态环境后果。

资本是资本家用来生产或经营以求牟取利润的生产资料和货币。根据马克思的理论，在资本主义的生产方式中，资本由两个部分组成：一部分是不变资本，即该部门在生产上使用的全部生产资料的价值，包括机器、工具、建筑物、原料、辅助材料、半成品等等。这部分资本在生产过程中并不改变自己的价值量，因此，它被称为不变资本。另一部分资本是指变为劳动力的那部分资本，它在生产过程中改变自己的价值。它再生产自身的等价物和一个超过这个等价物而形成的余额——剩余价值。这个剩余价值本身是可以变化的，可大可小。这部分资本因而被称为可变资本。[1] 资本家把他所购买的劳动力与生产资料结合在一起，就开始了资本主义的生产过程。

资本主义生产的目的是获得尽可能多的剩余价值，并使资本增值；途径是尽可能地利用被雇用者的劳动力。资本家尽量榨取雇用劳动剩余价值的方式主要有二：一是延长劳动时间，以及在一定的工作时间内增强劳动者的劳动强度。延长劳动时间的做法在资本主义早期及19世纪的欧美国家都普遍采用过。欧美工人阶级在历史上为争取10小时、8小时工作日而进行的斗争，表现了雇用工人对资本家的这一剥削方式的反抗。现在，这种剥削方式在欧美国家已很少见，但在一些发展中国家还比较常见。增强劳动强度的做法是资本家在规定的

---

[1] 参见《马克思恩格斯全集》第23卷，人民出版社1972年版，第235页。

工作时间里对雇用劳动者的体能和智能的充分利用，以生产尽可能多的产品，从而生产出更多的剩余价值。二是提高劳动生产率。"提高劳动生产率来使商品便宜，并通过商品便宜来使工人本身便宜，是资本的内在的冲动和经常的趋势。"[1] 这主要表现为革新劳动过程的技术条件。"在资本主义生产条件下，通过发展劳动生产力来节约劳动，目的绝不是为了缩短工作日。它的目的只是为了缩短生产一定量商品所必要的劳动时间。工人在他的劳动的生产力提高时，一小时内例如会生产出等于过去 10 倍的商品，从而每件商品需要的劳动时间只是过去的 1/10，这绝对不能阻止他仍旧劳动 12 小时，并且在 12 小时内生产 1200 件商品，而不是以前的 120 件商品。"[2]

我们以前对资本家榨取剩余价值的这两种方式的了解，主要是为了认识资本主义制度下人对人的残酷剥削，而关于对人的残酷剥削又是如何引起对物的大肆消耗、进而对生态环境所产生的破坏性影响，没有给予足够的重视。其实，上述两种剥削方式都包含着消耗越来越多的物质资料的趋势，比如提高劳动强度，"生产上利用的自然物质，如土地、海洋、矿山、森林等等，不是资本的价值要素。只要提高原有劳动力的紧张程度，不增加预付货币资本，就可以从外延方面或内含方面，加强对这种自然物质的利用"[3]。提高劳动生产率也有同样的结果，过去一个工人用手工工具只能加工比较少量的原料，现在，同一个工人用一台机器就能加工一百倍的原料。"生产力的发展以及与之相适应的较高的资本构成，会使数量越来越小的劳动，推动数量越来

---

[1] 《马克思恩格斯全集》第 23 卷，第 355 页。
[2] 同上，第 356 页。
[3] 《马克思恩格斯全集》第 24 卷，人民出版社 1972 年版，第 394 页。

越大的生产资料。"[1]

工厂制度下的大生产是资本主义经济开始大规模消耗资源的集中体现。马克思说:"一旦工厂制度达到一定的广度和一定的成熟程度,特别是一旦它自己的技术基础即机器本身也用机器来生产,一旦煤和铁的采掘、金属加工以及交通运输业都发生革命,总之,一旦与大工业相适应的一般生产条件形成起来,这种生产方式就获得一种弹力,一种突然地跳跃式地扩展的能力,只有原料和销售市场才是它的限制。"[2]"只有原料和销售市场才是它的限制"一句,如果我们从全球生态环境的角度去理解,大概包含两个意思:一是资本主义经济必将使它的活动空间最大化,创造一个原料来源和产品销售广及世界的市场;二是世界范围内的资源利用最大化,乃至将可用的资源消耗殆尽。的确,正如马克思所说:"劳动生产率也是和自然条件联系在一起的,这些自然条件所能提供的东西往往随着由社会条件决定的生产率的提高而相应地减少。因此,在这些不同的部门中就发生了相反的运动,有的进步了,有的倒退了。例如,我们只要想一想决定大部分原料数量的季节的影响,森林、煤矿、铁矿的枯竭等等,就明白了。"[3]

除了扩大生产规模,资本主义生产逐渐发展了对外投资的形式,将资本直接投向世界上任何一个可以给资本家带来预期收益的地方,这种形式是19世纪后半期开始的。那时,资本积累达到了一个新的水平,资本的扩张出现了输出资本这样一种新的形式,我们习惯上将这一时期的资本主义称为垄断资本主义。资本流向全球,方便了资本主

---

[1]《马克思恩格斯全集》第25卷,人民出版社1974年版,第251页。
[2]《马克思恩格斯全集》第23卷,第493—494页。
[3]《马克思恩格斯全集》第25卷,第289页。

义生产对全球资源的利用和消耗。马克思在19世纪中叶已经注意到这一点，他在《不列颠在印度统治的未来结果》一文中讲到英国要在印度建铁路网的事情时说，以前，英国的各个统治阶级对印度的发展几乎没什么兴趣。后来，工业巨头们发现，使印度变成一个生产国对他们有很大的好处。为了达到这个目的，他们正打算在印度布下一个铁路网。[1] 铁路建设就是一个资本输出量很大的项目。从19世纪60年代开始，英国人在印度境内铺设铁路，到1910年，印度就已经拥有世界上第四大铁路网，铁轨的总长度占亚洲的85%。铁路建设对印度经济社会的发展虽然有促进作用，但修建铁路的目的是为殖民掠夺服务，所以，对印度生态资源的破坏就不可避免。比如对森林资源的破坏，修筑铁路对枕木的需求量猛增，木材的价格也随之攀升，伐木的步子因而加快，并深入到内陆山区。到19世纪70年代，光是为了提供枕木，每年就得砍掉50万棵大树。[2]

从19世纪后期出现垄断资本主义，到今天的全球化，西方国家输出资本的量在不断扩大。在新自由主义的旗帜下，资本流动也更加方便和自由。全球化是19世纪晚期以来开始出现的资本扩张过程发展到当代的新形态，它的核心内容就是资本的运动。不过，今天的跨国资本正在以前所未有的影响力，向全球更广大的地区进行更加深入的扩张。随着跨国资本的广泛流动，对生态的破坏和环境的污染也达到了更加严重的程度，全球化与当今发展中国家面临严重的生态环境问题并存，不是偶然的巧合。全球生态环境问题归根到底是资本全球扩张

---

[1]《马克思恩格斯选集》第2卷，人民出版社1972年版，第71—72页。
[2]〔英〕克莱夫·庞廷著，王毅、张学广译：《绿色世界史：环境与伟大文明的衰落》，第243页。

所造成的问题。

剩余价值生产的不断扩大、资本积累或生产规模的扩大、资本在全球的流动，从资本家个人来说，这一切当然是资本家发家致富的手段，是为了满足资本家个人的目的和需要。不过，从资本主义社会的层面上看，由于资本主义生产的发展，对于任何单个的资本家来说，不断扩大剩余价值生产和资本积累等，到后来都成为一种必要。[1]在资本主义制度下，"竞争使资本主义生产方式的内在规律作为外在的强制规律支配着每一个资本家。竞争迫使资本家不断扩大自己的资本来维持自己的资本，而他扩大资本只能靠累进的积累"[2]。

是的，资本必须积累，否则，资本家就无法在社会中竞争；生产和市场占有率必须扩大，否则，他就不能在竞争中取胜。在这里，资本家的资本的不断增大，成为保存他的资本的条件。资本积累是资本主义生产的根本特征，"一定程度的资本积累表现为特殊的资本主义的生产方式的条件，而特殊的资本主义的生产方式又反过来引起资本的加速积累。因此，特殊的资本主义的生产方式随着资本积累而发展，资本积累又随着特殊的资本主义的生产方式而发展"[3]。

可见，在资本主义的经济制度下，一方面，作为个体的资本家，他自身有绝对的致富欲，是一个"价值追逐狂"，对剩余劳动就有"狼一般的贪欲"[4]；另一方面，资本家的这种贪欲并不完全以他的个人意志为转移。竞争是一个生死攸关、并且需要长期进行下去的事情，资

---

[1] 《马克思恩格斯全集》第24卷，第92页。
[2] 《马克思恩格斯全集》第23卷，第649—650页。
[3] 同上，第685页。
[4] 同上，第272页。

本家不能以取得一次利润为满足，而必须无休止地去谋取利润；资本必须不断地和尽可能地增殖，在竞争中壮大。

因此，资本的运动是没有限度的。[1]

在资本主义的世界经济体制下，生态环境问题的要害并不在于由于生产力的发展所引起的对资源必要的消耗。如果这种消耗的结果是使人们享受到更丰富的产品，有助于提高人类的物质生活水平，那么，这种消耗应该既必要，又合乎理性。但是，当无休止的谋取利润和无限的资本积累成为经济活动至高无上的目标，而越来越发展的生产能力也服务于这一目标时，那么，资本无限积累的趋势就必然具有不顾一切地去消耗地球资源的冲动，[2] 而且还不惜污染环境。

四、资本扩张的脚步与被践踏的生态环境

我们已经从理论上阐述了资本积累趋势对生态环境的危害，下文将结合实际，叙述资本扩张的脚步踩踏脆弱的生态环境的途径和方式。

第一，资本主义的私有制对生态环境的公共性的侵犯。在资本主义私有制下，资产的所有者和经营者总是力图将一切物质形态，包括土地、森林、水等据为己有，[3] 以谋取私人利益。马克思曾说过，"凡是自然力能被垄断并保证使用它的产业家得到超额利润的地方（不论是瀑布，是富饶的矿山，是盛产鱼类的水域，还是位置有利的建筑地

---

[1]《马克思恩格斯全集》第23卷，第174页。
[2]〔美〕约翰·贝拉米·福斯特著，耿建新、宋兴无译：《生态危机与资本主义》，上海译文出版社2006年版，第2—3页。
[3]〔美〕道格拉斯·多德著，熊婴、陶李译：《资本主义经济学批评史》，江苏人民出版社2008年版，第2页。

段），那些因对一部分土地享有权利而成为这种自然物所有者的人，就会以地租形式，从执行职能的资本那里把这种超额利润夺走"[1]。在他们看来，只要这些自然物质可以用于创造利润，那么，它们最终都不过是能在市场上进行交易的商品，或者是可以用来生产商品的手段。例如，森林在他们的眼里只不过是长在地里的大量木材而已[2]，当他们获得对土地和森林等自然物的所有权以后，他们所考虑的就是如何尽快把成才的树木砍倒，作为商品在市场出售、变现。但是，从生态环境的角度看，森林还具有涵养水源、吸纳二氧化碳和产生清新的空气、保存生物多样性等环保作用，它的存在有益于所有人的生活，是具有典型的公益性的生态自然资源。可是，森林的公益性不是木材的所有者最关注的事情，把森林视为生产资料的人主要关心的是如何将木材生产的利润最大化。在资本主义经济体系下，公共的生态环境往往经不住资本扩张的脚步的践踏。

诚然，资本的所有者和经营者作为一般的人，也懂得良好的生态环境对于保证必要的生活品质的意义。但是，资本积累的最高追求决定了执行资本职能的人们对公共利益的态度。对他们来说，降低生产成本和赢利是第一位的，而公共的和社会的利益总是被放在次要的、从属的地位。比如美国伊利诺伊州电力公司按规定必须减少污染物排放。起初，公司计划建造一个耗资3.5亿美元的洗涤塔，用以消除二氧化硫。但到20世纪90年代，由于政策允许企业买卖二氧化硫的排放量，公司发现购买污染许可比建造洗涤塔合算（通过购买排污额度，公司不仅可以继续燃烧高硫煤，而且在20年的时间里还可以节约2.5

---

[1]《马克思恩格斯全集》第25卷，第871页。
[2]〔美〕约翰·贝拉米·福斯特著，耿建新、宋兴无译：《生态危机与资本主义》，第26页。

亿美元的开支[1]）。结果，该公司决定废弃洗涤塔，转而购买排污许可证。购买排污许可证在某种程度上使企业污染环境的行为合法化了。这一事例表明，企业即使被迫承担环保责任，也总是将减少成本、扩大利润和积累资本放在第一位。私有制与公益性的关系由此可见。

第二，投资行为的短期性不利于生态环境的长期性保护。[2]市场经济讲求效率，而市场行情则变化多端，风险不可把握，资本主义的理性要求投资者和经营者在最短的时限内取得投资的回报。在多数情况下，投资者或经营者必须在自己认为有把握的时间内尽快收回某一项目的投资并实现赢利。

而生态环境的保护是一项长期的事业。投资行为的短期性对生态环境的危害，主要体现在两个方面：一是加快资源消耗的节奏而较少考虑长远的保护，比如过度掠取海洋渔业资源、动植物资源，对不可再生的矿物资源的大肆开采或浪费性开采，等等。在不加约束的情况下，投资行为的短期性往往导致竭泽而渔。二是在资本无限积累的总趋势下，一些短期的投资行为所造成的污染，经过不断累积，从长远看对生态环境产生危害。比如大量使用化肥对土壤的影响。在1950年，全世界的化肥使用量为1400万吨；到2000年，这一数字攀升至1.41亿吨。由于年复一年地使用化肥，在一些国家，化肥的使用量开始接近植物吸收营养物质的生理极限，再增加化肥的使用量对于提高产量已无意义。同时，过度使用化肥，使营养物质流入河流和海洋，

---

[1]〔美〕保罗·霍肯著、夏善晨等译：《商业生态学》，上海译文出版社2007年版，第61页。
[2]〔印度〕萨拉·萨卡著、张淑兰译：《生态社会主义还是生态资本主义》，山东大学出版社2008年版，第181页。

使藻类迅速繁殖，水中缺氧并导致水中的生物死亡。[1]

真正意义上的生态环境保护不仅仅着眼于当前，更是为了子孙后代，这与资本追求在尽可能短的时间内取得回报的要求是不相符合的。[2] 当然，并非所有的投资都只看重眼前利益，有的投资也追求长远利益，甚至还产生生态效益，比如造林。不过，这种兼有经济效益和长远的生态效益的投资确实只占少数，而且，投资者也是在估算到有确切的回报以后，才会做这样的投资。[3]

第三，资本全球流动，污染全球化。这是资本谋求利润并逃避责任追究的一个结果。在 18 世纪后期和 19 世纪的工业化时期，欧美国家的环境污染一如当今正在工业化进程中的国家的情形。当欧美国家的环保标准提高以后，那些污染严重的行业和企业就无法继续在当地生存下去。于是，有人就鼓吹污染转移。1992 年 2 月 8 日，英国《经济学家》杂志以"让他们吃下污染"为题，发表了当时的世界银行首席经济学家劳伦斯·萨默斯的一份备忘录中的部分内容，萨默斯认为，世界银行应该鼓励更多的污染企业迁往欠发达国家。他主张向低收入国家倾倒大量有毒废料，完全不讲道德而只讲经济逻辑。西方生态马克思主义理论家福斯特指出，萨默斯的观点"反映了资本积累的逻辑"，他的作用是"为世界资本的积累创造适合条件"[4]。

事实上，借着全球化的潮流，许多原先存在于西方国家的污染企

---

[1]〔美〕莱斯特·R.布朗著，林自新、戢守志等译：《生态经济》，第 168 页。
[2]〔美〕约翰·贝拉米·福斯特著，耿建新、宋兴无译：《生态危机与资本主义》，第 3—4 页。
[3] 不过，马克思认为，由于生产时间长，从而导致资本周转期长，"使造林不适合私人经营，因而也不适合资本主义经营"。资本主义的发展"对森林的破坏从来就起很大的作用，对比之下，对森林的护养和生产，简直不起作用"（《马克思恩格斯全集》第 24 卷，第 272 页）。
[4]〔美〕约翰·贝拉米·福斯特著，耿建新、宋兴无译：《生态危机与资本主义》，第 53—61 页。

业都已搬迁至发展中国家。这一行为给发展中国家造成的环境问题，我们已深有感受，这里不再赘述。但是，我们还得指出，随着资本的全球化，污染也就不可避免地全球化了。

第四，鼓动和诱导消费，浪费性地消耗资源，并产生大量废弃物和污染物。资本主义破坏生态环境最遭人批评的事例莫过于"消费社会"（或"消费主义"）了。的确，资本主义的积累趋势对全球生态环境的破坏在消费社会得到了充分的体现。

"消费社会"并不只是就消费而言，消费是消费社会的突出现象，但这个现象的直接来源却是生产。马克思认为，消费是生产活动的一个内在要素。消费创造出新的生产的需要，创造出生产的动力。消费把需要再生产出来。[1]在资本主义的经济制度下，消费是资本主义积累过程中的重要一环，消费与生产的关系不可分割，通过扩大消费、加快消费的节奏或增加消费品的种类，进而维护和推动生产。

消费社会是资本主义生产发展到一定水平以后所出现的一种社会文化现象。我们现在身处消费社会，但消费社会的源头在19世纪晚期。随着资本主义生产的发展和扩张，尤其是19世纪和20世纪之交的科学管理与"福特主义"被广泛接受以后，产品大量地生产出来，丰富的商品需要有人去消费，否则，生产能力过剩，生产难以为继。与此同时，生产者和经营者又积极开发新产品或力图将以前由少数人享用的奢侈品推向大众。在这种情况下，建构新的市场，把大众"培养"成为消费者，就成了极为必要的事情。[2]于是，企业主和商人便

---

[1]《马克思恩格斯选集》第2卷，第93—97页。
[2]〔英〕迈克·费瑟斯通著、刘精明译：《消费文化与后现代主义》，译林出版社2000年版，第19页。

借助于经过巧妙安排和设计的广告和电影、电视等媒体，煽动和刺激人们的物欲，并用"时尚"来诱导人们的消费观念，鼓动人们追求时尚，不断将"时尚"大众化，[1] 以扩大时尚用品市场。丰裕社会的人们就这样被引导或诱导着去消费他们原本可能不需要或不想要的商品，即去消费在生活必需品以外的其他商品。所以，在消费社会，人们的消费欲望是被引诱出来的，消费需求也是被资产者们创造出来的，为资本积累服务。

从保护生态环境的角度来说，消费社会其实就是一个浪费社会。消费社会的消费是炫耀性的消费，是消费者有意炫耀自己的消费行为，是展示个人经济实力从而确定社会地位的一种手段，[2] 所消费的商品已经超越了一般的生活需要。尽管高档的用品和奢侈品的消费从来就有，但这种消费一直限于社会中的小部分人群。而在消费社会，很大一部分民众出于炫耀的目的而追求奢华商品的消费，非生活必需品竟然变成日常生活用品。因为炫耀性消费而造成的不必要的资源耗费，正是资本积累的一个结果。

加快消费的节奏是消费社会中与炫耀性消费相关的另一种浪费性消费。在原本意义上，商品的耐用性是确定商品价值的一个重要因素。大件的、价值较高的商品通常具有耐用性。耐用性与节约相关，商品的耐用性越强，浪费就越少。所以，"在一定的范围内，商品的耐用性

---

[1] 也有人说将奢侈品当成必需品。比尔·麦吉本等著：《消费的欲望·序》，中国社会科学出版社 2007 年版，第 5 页。
[2] 一些商品被称为"地位性商品"，获得这种商品的人好像进入了较上层的社会。可参见迈克·费瑟斯通：《消费文化与后现代主义》，第 26—29 页。

应当最大化，从而使资源消耗最小化"[1]。但是，在消费社会，商品的耐用性妨碍消费的节奏，加快产品更新换代才符合经济增长的要求。因此，有意规定商品的使用寿命和有计划地推出商品的新款式成为促进消费的重要方式。结果，前者使商品在规定的时间后成为废物；后者则不断使新款变旧款，从而使旧款折价而弃用。比如不断推出新的汽车型号的做法，一方面自然而然地降低了先前汽车的价值，加快老款车的淘汰进程；另一方面，推出新型号意在挑起新的购买欲望，以便卖出更多的汽车。[2] 在加快产品更新换代的过程中，更多的资源被消耗，更多的物品遭废弃。资本加速积累的步伐以经济增长的名义把生态环境踩在脚下。

第五，信贷消费把消费社会中的挥霍性消费推到极致。消费需要消费者具备一定的能力，即需要有足够的财力。消费信贷不仅为一般性的消费提供支持，也为消费者炫耀性的消费融资。美国是一个典型的借钱消费的国家，信贷消费不仅有文化传统，而且也是美国人引以为豪的生活方式。[3] 在过去的一二十年里，美国人的信贷消费几乎达到了肆无忌惮的程度，[4] 在1979年，美国的家庭债务达到个人收入的66.8%；1998年，这个比例上升至98%；到20世纪末，这个数字更是升至102%。[5] 这种疯狂的贷款消费最终导致今天

---

[1] 可参见〔美〕赫尔曼·E.戴利：《〈走向稳态经济〉论文集绪论》，载赫尔曼·E.戴利、肯尼思·N.汤森编，马杰等译：《珍惜地球》，商务印书馆2001年版，第38页。
[2] 〔美〕莱斯特·R.布朗著，林自新、戢守志等译：《生态经济》，第137—139页。
[3] 详情可参见〔美〕伦德尔·卡尔德著，严忠志译：《融资美国梦：消费信贷文化史》，上海人民出版社2007年版。
[4] 可参见〔美〕爱德华·勒特韦克在《为爱消费》中的论述，载比尔·麦吉本等著：《消费的欲望》，第2页。
[5] 〔美〕道格拉斯·多德著，熊婴、陶李译：《资本主义经济学批评史》，第241页。

的金融危机实在是不足为怪。同时，它对生态环境的影响也同样不可小视，因为这种生活方式等于透支了地球资源，也提前污染了生活环境。

资本主义生产的发展为消费社会的形成创造物质基础，而日益增长的消费的诱惑又驱动着资本主义。[1] 生产和消费互为条件、互相促进，资本在此基础上又形成新一轮的循环和积累。而真正的受害者是脆弱的地球生态环境。

结束语

把人类当前面临的全球生态环境问题放在一个比较长的时段上进行观察，我们发现，这是一个经过了长期累积、在工业化以后日趋严重、到全球化时代已无法回避的问题。在近代以来的每个历史阶段，全球性的生态环境问题都与资本主义有关。当然，对生态环境不利的因素还有很多，比如20世纪世界人口的爆炸性增长，甚至曾经发生过的苏联社会主义经济建设、中国"大跃进"式的社会主义建设，也对生态环境造成过严重的破坏。但是，放在全球生态环境的意义上来衡量，资本主义的经济体系才是真正具有世界性的经济体系，同时，它也是最强大的资源消耗机器和最主要的污染源。

讨论全球生态环境问题当然需要全球眼光。有些具体的生态环境问题看上去只发生于局部地区，实际上却是世界经济体系运转所致。甚至当今处在后工业化时代的西方国家拥有碧水蓝天、森林茂密的优

---

[1] 可参见威廉·格赖德在《消费者的世界》中的论述，〔美〕戴比尔·麦吉本等著：《消费的欲望》，第44页。

良环境,很大程度上也是以仍处在工业化进程中的广大发展中国家牺牲环境为代价的。知道了要用10亿件衬衣才能换回一架波音飞机的故事,我们就不难理解为什么中国的资源消耗那么多、环境质量那么差,而美国只要卖掉一架飞机就可以让每个美国人穿上几件质地优良的衬衣,用很少的资源付出换得良好的生态环境。所以,越是全球化时代,我们越是需要用全球的视角、在世界经济整体的范围内看待一地的环境为什么污染或另一地的环境为什么优良。

资本主义为积累而生产,必然使生态环境遭殃。资本具有无限积累的趋势,最终要与有限的地球物质资源,以及与地球对废物和污染物有限的吸纳能力产生矛盾。就此而言,资本主义不可能像以前那样长久地发展下去。

原载《学术研究》2009年第6期

能源帝国：化石燃料与1580年以来的地缘政治[1]

〔美〕约翰·R. 麦克尼尔/文　　格非/译

（约翰·R. 麦克尼尔（John R. McNeill），美国当代著名环境史学家，现任乔治敦大学历史系和外交学院双聘欣可·海马诺斯讲席教授；格非，北京大学历史系副教授）

化石燃料对现代地缘政治史，尤其是国际体系中的霸权或占主导地位的力量都具有重要意义。无论是17世纪的荷兰、19世纪的英国，还是20世纪的美国，它们在能源供应和消耗上的优势对其政治上的成功都发挥了重要作用。荷兰、英国和美国都拥有价格低廉的能源，这种能源优势转化成了经济优势，使之一方面能够建立起高效有竞争力的经济，另一方面有能力负担昂贵而先进的军事机器。就英国和美国而言，它们不但拥有丰富的煤炭和石油资源，而且这种低廉的能源优势还直接转化成了军事和地缘政治优势。

研究能源之于地缘政治的意义对于我们认识中国在历史上、在当前和未来50—100年在国际政治中发挥的作用是非常重要的。在宋朝，中国人创立了一种军事和工业复合体（Military-Industrial Complex）。按现代标准来衡量，这个复合体规模虽小，但却是世界历史上的第一个。这个复合体是建立在采煤和冶铁基础上的。煤采自中国西北。冶

---

[1] 本文是作者2006年4月在北京大学历史系"环境史系列讲座"上发表的演讲，英文记录稿经过了作者审定。

铁产量在 1080 年代达到年均 10 万吨以上，这在当时的世界历史上是非常高的，英国直到 18 世纪末发生了工业革命以后才超过它。煤铁的大量应用增强了宋朝的军力，对内有助于巩固统治，对外有能力安定北部边疆。当前，中国正在经历着地缘政治和经济上的复兴，但制约中国复兴的一个重要因素就是能源供应。这个问题如何演变，对中国将在未来的世界体系中赢得一个什么样的位置至关重要。

一、泥炭和荷兰的黄金时代（1580—1680 年代）

泥炭在一定程度上是由腐烂的植物变成的，其中最重要的是苔藓，学名叫"泥炭藓"，有时也称为"沼泽藓"。如果这种植物埋在地下并经历数百万年高压之后，就会变成煤炭；但如果时间不够，就是泥炭。大部分的泥炭都是在过去 6000 年形成的，湿冷的气候是泥炭形成和保存的必要条件。因此，世界上绝大部分的泥炭都蕴藏在高纬度和高海拔的地区，如加拿大、斯堪底那维亚和西伯利亚。虽然泥炭在世界上分布很广，但大都在不便接近的地方。不过，荷兰是个例外。

荷兰的泥炭资源虽然不像加拿大、俄国和瑞典那么储量丰富，但其供应地相当庞大。与世界其他地方如英国和斯堪的那维亚的泥炭通常都在海拔至少 50—150 米的地区不同，荷兰的泥炭绝大部分都处在海平面上下 1—2 米的位置。泥炭很重，除了水运之外，用其他方式运输费用极为昂贵。在这一方面，荷兰在全世界得天独厚。它的泥炭都是浅层的，挖出来后就可以装上小船或驳船，然后通过在乡间泥炭区挖出的运河，可以既方便又便宜地运到城里。泥炭生产是劳动密集型产业，挖采和晾干泥炭都需要大量劳动力。挖泥炭需要修建排水渠以排干沼泽，这改变了整个荷兰农村的景观。荷兰曾经储有 60 亿立方米的泥炭，但现在已经被挖光了。在爱尔兰，泥炭生产也达到了相当大的规模，但因为只能用马车来运输，所以比荷兰的要贵很多。

泥炭是化石能源，但从能量密度上来讲，比不上煤炭、石油和天然气。从单位能量的产出来看，最高的是石油和天然气，其次是煤炭，最低的是泥炭。每公斤泥炭所释放的能量只有煤炭的 1/6。泥炭燃烧不能提供冶金所需的高温，所以不能用泥炭来冶铁和炼钢。尽管如此，泥炭对荷兰经济的发展仍然发挥了重要作用。酿酒业和石灰烧制业是荷兰享受低廉能源优势最突出的两个产业。在 17 世纪，石灰是最基本的建筑材料，烧石灰是能源密集型产业。同时，荷兰也以酿造优质啤酒而闻名于世，酿酒业也是能源密集型产业。荷兰成本低廉的泥炭为这两个行业的发展打下了良好基础。在 17 世纪，制糖业也是能源非常密集的产业。尽管荷兰不生产蔗糖，荷兰殖民地在 1653 年（葡萄牙人把荷兰人从重要的蔗糖产地、巴西的东北部赶了出去）后几乎不生产蔗糖，但世界制糖业的中心在阿姆斯特丹。玻璃制造业、烧砖业和制盐业也都是能源密集型的，一般情况下它们使用薪材或木炭。这意味着凡是存在这些产业的地方的森林就会被毁灭，因为人们要从森林中打柴或烧木炭，随之而来的工业就会滥伐所有的森林。不过，在荷兰，这种类型的工业可以在城市立足，因为它有丰富而便宜的泥炭。所以，从 1560 年代开始，荷兰在经济发展中持续利用了自己的能源优势，直到 1680 年代泥炭资源开始枯竭。

从某些方面来看，荷兰经济是世界上第一个现代经济体。在 17—18 世纪，荷兰因为有泥炭，肯定是世界上能源最密集的经济体，也在很大程度上是世界上工业化程度最高的经济。荷兰也可能是世界上城市化程度最高的国家，也许日本在这方面和荷兰有一比。工业和城市化的发展有利于在荷兰创造一个新社会。这个社会与其他社会有很大不同，它是一个有更多城市、人口更为集中、更强调买卖习惯的市场导向的社会。在这个社会，商业习惯根深蒂固，这是其他地方无法比拟的。这就是为什么有人认为资本主义起源于16—17世纪的荷兰社会的原因。这个观点是否站得住脚，取决于如何定义"资本主义"这个词。但对我们研究能源与地缘政治的关系而言，它是否可靠并不重要。不管荷兰社会是否是资本主义社会，荷兰发展了繁荣的工业经济这一点是无可置疑的。

荷兰之所以需要工业经济是因为它遇到了严重的地缘政治和军事挑战。第一个挑战来自西班牙哈布斯堡王朝，它从1560年代起就想控制低地国家（现在的比利时和荷兰）。哈布斯堡家族是统治西班牙和奥地利的王朝，在16世纪获得了对拉丁美洲大部分地区和菲律宾的统治权。荷兰人从1568年开始起而反抗哈布斯堡王朝，直到1648年才获得成功。从哈布斯堡王朝统治下获得独立后，荷兰又遭到了英国和法国的侵略。在1650年代初，荷兰人发起了持续三年的反对英国人的战争。在1670和1690年代，荷兰人两次反抗法国的占领。虽然荷兰人并没有完全赢得这些反抗的胜利，但是他们一直在设法维持1648年赢得的来之不易的独立。与此同时，他们也想方设法要建立一个庞大的海外殖民帝国。在那个时代，打仗的费用越来越昂贵，因为世界军事正在发生被后世历史学家称为"军事革命"的变革。

泥炭不能直接用于军事，不能用它来驱动任何轮船或车辆，没有实际的军事用途，也不能直接降低军事费用。战争费用的大幅度提高主要来自军事革命中的两个关键因素城堡和大炮的发展。例如荷兰的布雷达城堡，高达几百米，周长一两公里。那时的军事工程结构复杂，军事技术也比较精良。大炮和加农炮的口径很大，制造这些军事器械的花费自然会很大。如果一个国家修建了坚固的城堡，那么敌国一定会想方设法更胜一筹，制造出更厉害的大炮。这种竞争使战争的费用进一步得到提高。军事革命的另一部分是建立大规模的"常备军"。常备军就是无论在战时还是在和平时期都保有的军队，因为军队必须坚持不断地训练。步兵战术要求士兵必须协调一致行动，士兵只有坚持常年操练才能形成习惯。一般情况下是几千士兵在一起操练。1700年之前，一场战争动辄就得动用数千士兵，还要保证军队能够正常运转。这些都提高了战争的开销。开发新战船也是军事革命的一部分。从16世纪起，海军开始建造吨位更大的战船，装备威力更大的大炮。战船的建造和维修都需要很多财力。另外，战船上还需要大量水手，他们也需要训练，以使其动作能整齐划一。这也同样需要付出昂贵的代价。所以，军事革命让战争比以往任何时候都要昂贵，这无论是在欧洲、奥斯曼帝国，还是在印度和中国都一样。当然，并非军事革命的每一个方面都在欧亚大陆的任何一个角落发生，例如奥斯曼帝国就没有采用建有大型炮台的战船。但是，从英国到日本的各个地区至少都发生了军事革命中的某几项变革。这些都抬高了备战和打仗的费用。军事变革实际上有利于荷兰，因为它有发达的经济，可以支撑不断提高的战争费用。战争毫无疑问是个巨大的负担，但比起其他国家，对荷兰只是一个小负担。因此，我认为，价格低廉的泥炭能源转化成了活跃的经济，繁荣的经济进一步转化成了有效的军事机器，这保障了荷兰能在比它大得多的国家的包围和侵略中生存下来。

泥炭还帮助荷兰人创建了自己的海外帝国。荷兰的殖民帝国面积并不大，展现在地图上却是一个全球性帝国。在17世纪，荷兰这个西北欧的小国居然能在北美、南美、非洲和亚洲建立自己的殖民据点，其中最重要的一个就是现在的印度尼西亚，这简直有点不可思议，因为创建和维持这样一个殖民帝国也很昂贵。也许有人会认为后来是殖民帝国支撑着荷兰的经济，但我认为，直到现在还没有人能清楚地断言，帝国到底是产生利润的还是烧钱的。不过，可以肯定的是，没有繁荣的经济就不可能创建帝国，而经济繁荣在很大程度上是因为利用了低廉的能源供应。

我在这里要强调的是，荷兰的繁荣不仅仅是建立在泥炭的基础上的，当然还有其他因素在发挥作用。我无意夸大泥炭的重要性。根据荷兰历史学家的计算，在17世纪中期，泥炭只占荷兰经济所需的能源的一半。荷兰的繁荣也得益于处在莱茵河口这样一个得天独厚的地理位置，以及荷兰实行的共和体制。我还想强调的是，一些海外殖民地并不是荷兰国家的，而是荷兰公司的殖民地。这些公司也可以称为准国家公司，因为它们都是由私人和政府共同投资和控制的。其中最重要的是荷兰东印度公司和荷兰西印度公司。它们从事海外贸易和殖民贸易，也有自己的军事武装，而且都与政府合作。我还想指出的是，荷兰帝国并不是真正的19世纪英帝国意义上的世界帝国，它只是一些海外据点和小型殖民地的集合。即使是在荷兰东印度（现在的印度尼西亚），直到19世纪，荷兰的存在范围也主要局限在爪哇岛上的巴达维亚。荷兰没有在世界上任何地方控制大片领土。所以，我无意夸大荷兰殖民帝国的重要性，也无意夸大泥炭对荷兰经济繁荣的重要意义，我只是提请大家注意泥炭、经济繁荣和建立帝国之间的联系。

二、煤炭和英帝国

煤炭也是由植物演变而来的。在合适的条件下，埋在地下的植物经过数百万年的压力就会形成煤炭。不像泥炭和石油，在世界许多地方都发现了煤炭。英国储有大量煤炭，虽然不像中国、美国和俄罗斯那么多，但也不少。英国有四大煤炭产地，分别是苏格兰低地、纽卡斯尔周围地区、中部地区和南威尔斯。与泥炭的采集相比，煤炭开采是非常危险和艰苦的。在 1800 年左右，工人打一个"钟形井"下去采煤。此后采煤技术虽有改进，但井下的劳动强度依然很大。最为悲惨的是，从 18 到 20 世纪，英国的矿井中大量使用了童工。

在英国的许多地区，煤炭基地相当靠近海边，尤其是纽卡斯尔周围地区和南威尔斯。这一点非常重要，它意味着煤炭可以非常方便地从产地运往任何一个海路和轮船可以到达的地方。在这一点上，英国和荷兰一样幸运。但中国就不同了，中国的煤炭产地远离海路，要把它运到大多数人口集中的地方费用高昂。在煤炭的地理分布上，中国是很不幸的。

煤炭对英国的冶铁业和经济发展都具有重要意义。17 世纪，英国的铁主要来自进口，大部分来自瑞典，小部分来自波罗的海地区，包括俄国。英国自己生产的铁很少，部分原因在于当时缺乏燃料。1650 年以前，英伦三岛只剩下很少的林地，残存的大部分林地离铁矿产地很远，不易接近。相反，瑞典和俄国仍有充足的森林（也有充足的铁矿石），因此它们在冶铁方面享有能源优势——假定木材和木炭仍是唯一适合冶铁的燃料的话。但是到 18 世纪末，英国变成了世界上最高效的铁生产国。从 1700 年到 1850 年，英国的铁生产增长了 20 多倍。

英国在1840年代建立了世界上最高效的冶金业。到1850年,英国自己出产了世界上一半的铁。英国生产的钢铁比世界其他地区生产的都要便宜和优质。英国不过是个小国家,为什么会发生如此巨大的变化呢?关键的原因在于英国高效利用了自己的煤炭。

英国的工匠在1709年后摸索出了如何在冶铁业中使用煤的技术。在此之前,煤不能用于生产优质铁,因为煤的杂质会使炼出来的铁变脆。技术进步解决了这个问题,这就给英国通过利用其巨大的煤炭资源来冶铁开辟了道路。在发明了实用的蒸汽机(1770—1780年代)后,煤炭也被用于其他生产目的。蒸汽机的应用使从地下深处的煤矿向外排水成为可能,这反过来大大扩展了可用煤的供应。到1820年代,蒸汽机被应用于轮船和机车,产生了蒸汽船和铁路。所有这些变化都依赖于煤所提供的能源。简言之,从1780年到1880年,英国利用自己的煤炭储备所提供的能源建立了世界上技术最先进、最有活力和最繁荣的经济。

像荷兰利用了泥炭一样,英国也因利用煤炭而发展起了更加繁荣的经济。但与荷兰的泥炭生产不同,英国的煤铁生产可以直接用于军事。煤炭这种低廉的能源优势以及与此相关的先进技术,让英国建立了强大的军事机器。从1850年代开始,英国建立了以蒸汽为动力的皇家海军。皇家海军是把英帝国黏合在一起的纽带。在帆船航行的时代,皇家海军很难建立起对敌国的海上优势,部分原因在于木材供应短缺。对英国来说,转向用煤驱动的铁船是非常幸运的发展,因为英国有丰富的铁矿和煤矿。煤还有助于英国制造出更为廉价和优质的枪。在19世纪,英国发展出了自己的军事和工业复合体。在冶金方面的优势让英国能比它的敌国以较低的成本生产出轻便的武器和大炮来武装军队。

因此，能源替代促成了英国海军的强大，使之能更容易地扩大和防御它的世界帝国。

要保卫庞大而遥远的帝国，英国必须在任何需要的地方建立稳定的煤炭供应基地。于是英国建立了一个所谓的"加煤站"网络。这些加煤站遍布全世界所有皇家海军的船只需要加煤的地方。起初，大部分加煤站的煤是由英国本土生产，然后运到位于南非、澳大利亚和加拿大的加煤站。后来，这些地区的煤炭生产迅速发展起来，产自孟加纳、澳大利亚、加拿大和南非的煤炭提供的动力支撑起了英帝国。英帝国在一定程度上是建立在煤的基础上的，在一定程度上为了创建加煤站，它也不得不扩大规模。煤和帝国之间是互惠的关系。

既然英国因为使用煤而迅速强大起来，那么为什么先前经济繁荣的荷兰不能迅速转向使用煤呢？其实，荷兰也转向了，但转得很慢而且没有效率。主要原因在于出现了"技术闭锁"。到17世纪末，荷兰发展起了高效的采掘、运输和燃烧泥炭的经济，是当时世界上最好的经济。但荷兰没有多少煤炭，这是妨碍荷兰转向使用煤的一个天然劣势。另一个劣势是荷兰已建立了完备的使用泥炭的制度和设施，它已经为此付出了大量人力、物力和财力，要转向使用煤炭将是非常昂贵的。从经济理性的角度来看，荷兰更愿意继续使用旧能源，幻想旧能源依然具有强大的竞争力。

当然，与荷兰一样，英国也不能长期独占这种优势。荷兰由于泥炭消耗殆尽和更加昂贵而丧失了自己的能源优势。对英国来说，它虽然并不短缺煤，但是仅仅几十年后，德国、美国，在某种程度上还有俄国都能利用煤这种动力优势，也相继启动了自己的工业化，并建立了自己的以煤为动力的军事机器，其中以德国的发展最为快速高效，后来者居上。所以，英国仅享有了大约50或70年的优势，到1890年代，美国已经成为了世界上最大的工业生产者。另外，虽然当时无人能够预言，但不久石油就替代了煤，成为在军事上和经济上都最有用的化石燃料。这种变化损害了英国在地缘政治上的霸权地位，并最终成全了美国。

三、石油和美国世纪

在美国于1890年代成为世界大国之前，石油对于美国经济而言并不重要。早在内战时期（1861—1865），美国就以煤电和水电为动力启动了它的工业化。到1900年，美国已是世界上最大的煤炭生产国。所以，在石油成为重要的能源之前，美国已经实现了工业化，也已在加勒比海地区和菲律宾建立了自己的海外帝国。但是，从大约1900年起，主要能源开始从煤炭变成了石油。1900年，煤炭占美国能源消耗的3/4，但石油的崛起迅速改变了这种状况。世界上许多地方都发现了石油，但世界石油生产的绝大部分来自15个大油田，尤其是超大的波斯湾油田，其次是西伯利亚油田。

20世纪初，美国实际上已经引领着世界的石油生产。从在世界石油生产中所占的份额来看，美国第一，俄国次之，委内瑞拉第三。从大约1900年到1947年，美国主导着世界石油生产。在石油生产领域，美国开发了大多数相关的技术。这些技术进步主要发生在德克萨斯州，因为世界上最具生产能力的油田就在该州的东南部。就石油生产来说，俄克拉河马和加利福尼亚在美国历史上也非常重要。加利福尼亚过去也产油，但现在已经所剩无几。从1970年代开始，阿拉斯加成为美国主要的石油产地。另外，无论是用油罐还是用管道，石油都很容易运输。于是，美国人就很容易地把石油从产地运到位于东北部和大湖区的工业核心地带。从地理位置上讲，美国并不特别幸运，因为其石油产地远离工业和人口中心。但这并不紧要，因为石油相对来说易于运输，也比较便宜，尤其是利用管道运输。

正是依靠石油，美国建设了自己的第二个全国运输体系。要想建立全国性的经济，就需要四通八达的运输基础设施。在 19 世纪初，美国建设了运河网，但它只覆盖了很小一部分国土。第一个全国性运输体系是铁路。但直到 1920 年代，它还是以木材和煤炭为动力的，此后不久就过渡到用柴油做燃料。第二个全国运输系统是公路以及小汽车和卡车。这个运输系统的建成无疑促进了美国经济的进一步发展。

在美国建立以石油为核心的运输基础设施体系的时候，它同时也建立了世界上第一个以汽车为中心的经济。1912 年，美国开始在装配线上大规模生产汽车，但真正成规模是在 1920 年代，因为只有在 1920 年代，汽车才便宜到一般家庭都可以拥有的程度。这对钢铁业、玻璃和橡胶业，以及一切与汽车和卡车有关的产业都具有非常重要的意义，也产生了非常深远的影响。可以说，1920 年代以后的美国工业化是建立在从德克萨斯到底特律的这条轴心线上的。大家知道，底特律是美国汽车工业的中心。所以，美国经济的轴心线是从石油工业的中心到汽车工业的中心。从 1920 年代到 1960 年代，这是美国经济成长的关键时期，而这一时期的成长显而易见是以廉价的石油为基础的。总之，美国经济在 20 世纪的繁荣，在很大程度上是建立在石油以及围绕石油建立起来的基础设施和运输体系基础上的。在这个意义上，我们可以说，美国的经济繁荣依靠的是石油提供的能源优势。

石油也可以直接应用于美国的军事发展，就像煤炭直接用于英国的军事一样。美国迅速利用了石油的潜在优势，创建了自己的新型军事机器。这种变化可以分为两个阶段。第一阶段就是打造以石油为动力的海军。对海军舰船来说，石油比煤拥有更多优势，因为单位重量的石油蕴藏的能量更多。它可以推动舰船在不用补给燃料的情况下扩大活动范围，同时还减少了船上必须携带的人员数量，因为石油可以用压力注入发动机，而煤需要人用铲子填进熔炉。实际上，虽然英国没有发现石油，但英国早在1912年就成为第一个吃螃蟹的国家，皇家海军率先在舰艇上使用了石油。不过，美国很快就赶了上来。第二阶段是美国在1942年建立了自己的军事和工业复合体。在1941年12月日本偷袭珍珠港时，美国的军事力量非常弱小，只占世界第十位。但在1942年，美国建成了巨大的军事机器，其核心是在加利福尼亚、西雅图、弗吉尼亚以及底特律等地建立了海军造船厂。底特律还制造了数以万计的卡车、坦克和飞机。在短短的几个月内，所有的汽车厂都摇身一变转产军事设备。这是一个非常了不起的成就，其核心是创建了一个完全以石油为燃料的军事机器和包括空中力量、海上力量和陆上的机动性等三方面内容的先进军事体系。显然，这是一个能源密集的军事体系，它让美国在第二次世界大战中变得高效而强大。

日本和德国难以做到这一点，因为它们都缺乏必不可少的石油。日本之所以选择在1941年袭击美国，一个原因是出于对1930年代的石油地缘政治的思考和判断。日本在中国陷入苦战的一个瓶颈就是，它没有足够的石油维持它的空军、坦克和海军的正常运转。其海军一部分是石油驱动，一部分是燃煤驱动，而空军则完全依赖石油燃料。日本的石油进口大部分来自加利福尼亚。所以，如果日本想实现在东亚建立帝国的梦想，就必须有稳定可靠的石油供应。日本在中国打仗越多，美国就反对得越厉害。为了反制日本的侵略，美国曾威胁要卡断日本的石油供应，而且在1940年和1941年也确实采取了行动。日本受此刺激要大赌一把，袭击荷兰东印度，以满足其石油需求。日本也很明白，如果要征服和占领荷兰东印度，就一定会和美国开战。于是，日本就先发制人，偷袭了美国。在整个第二次世界大战期间，同盟国享有极大的优势，独享来自美国的源源不断的石油供应，而轴心国自己缺乏石油，不得不设法征服其他石油产地。抢夺能源是"二战"之所以以那样的态势发展的一个很重要的原因。

1945年以后，石油仍然是工业化经济和现代军事发展的关键。美国仍然享有非常有利的地缘政治优势，因为它自己拥有强大的石油生产能力，也因为在1940年代后期美国与世界上最大的能源供应基地波斯湾的统治者达成了利用石油的共识。但是，这个优势是不能长久的。到了1960年代中期，情况发生了很大变化。美国变成了石油净进口国，起初主要从委内瑞拉进口，后来主要从波斯湾进口。与此同时，美国经济对石油更加依赖，美国军事依然完全依赖石油。对美国来说，石油不再是一个优势，而是变成了脆弱性的表现。如果国际石油贸易中断了，美国的军事机器就会完全瘫痪，民用经济也会承受非常严重的损失。例如，如果没有汽油，美国农民使用的农用机械就不能运转，农民就不能收获自己的庄稼。用美国总统乔治·W. 布什的话说："美国人对使用石油已经上瘾了。"其实，这种倾向早在大约1965年就已经开始了。

从1960年代中期开始，美国已发现自己处在一个非常脆弱的位置上，而这种脆弱性在一定程度上左右着美国对外政策的制订。这就是为什么美国要在它的外交政策中小心翼翼地维持一种平衡的原因。美国不但竭力不去冒犯那些强大的石油生产商,而且还要进一步确保自己在强大的石油生产商中拥有可靠的支持者。1950年代初,为了把伊朗变成美国的盟国,美国在伊朗扶植了一个亲美国的统治者。但在1975年伊朗革命后,美国不得不转向其他国家。其实美国早已介入了沙特王国,尤其是在1979年后,美国介入得更深,因为它别无选择。美国在1991年发动海湾战争的一个重要原因是,希望确保科威特和沙特能继续向世界市场顺利供应石油。这不但对美国,也对它的欧洲盟国和日本都是至关重要的,从这一点上也可以看出为什么这些国家愿意为战争提供人力和金钱支持。几年前发动伊拉克战争的一个原因(并非唯一原因)是,美国感觉沙特似乎不再可靠。如果美国能在伊拉克扶植一个可靠的盟友,那么从中东获得石油将是非常安全的。这些事例说明,美国的外交政策实际上受制于它现在的石油供应的脆弱性。

与美国相比,为什么英国不能及时转向使用石油呢?其实道理很简单,在英国也存在着与荷兰同样的逻辑。英国有许多煤矿,但直到1970年代以前,英国还没有发现石油。除了海军之外,英国经济转向使用石油的进程非常缓慢。第一个原因是,英国是个小国。它已经建立起令人满意的以铁路和沿海运输为代表的运输基础设施,可以把煤很便宜地从产地运到城市和工厂。这与美国或其他大国遇到的问题大不一样。在一个地域辽阔的大国,能源的效率在经济上是非常重要的,因为长距离运输需要使用的燃料具有很高的能量密度。第二个原因是,英国在煤矿上已经投入了大量资金,形成了技术闭锁。英国有几千个煤矿,它的钢铁业所使用的机械都是按照烧煤的方式设计的。到1890年代之前,英国已在基础设施上投入了数十亿英镑。如果要转向使用石油，就会面临两个难题，一是必须从其他国家弄来石油，二是必须改变它花费巨额资金建成的基础设施。所以，英国无论从技术上还是从经济上都闭锁在以煤为核心的体系中。第三个原因是，英国在社会领域也遭到闭锁。1900年，英国有100到200万的采煤工人，他们的工作和家庭收入都依赖煤矿和煤炭产业。他们不愿转向一个会让他们失业的新能源。从1900年或最晚从1920年代起，英国煤矿工人通过工会和工党在政治上变得很强大。于是，在英国从煤炭向石油转化过程中还存在一个社会和政治上的闭锁。直到1980年代初期，这个闭锁才被撒切尔夫人打破，因为她摧毁了英国社会存在的势力强大的工会。

在以石油为基础的经济和地缘政治发生问题的时候，美国为什么不能及时对能源进行更新换代呢？美国遇到了和英国同样的问题。美国对以石油为中心的经济投入很多，在石油基础设施上出现了技术闭锁，这就让美国很难转向下一个新的能源体（Energy Regime）。美国虽然没剩下多少石油资源，但直到现在仍然拥有世界上最好的石油技术，美国仍有动力要求把石油作为世界主要燃料来使用。现在美国确实需要转向使用新能源，需要改变把资金投向石油工业的模式，但是如果谁在这时提出这个建议，他不但在政治上得不到承认，还会丢掉政权。因此，这种转向现在肯定不会在美国发生。但从长远来看，如果美国追求的是自己的战略经济利益，就必须把投资从旧能源迅速转向新能源。

四、结语：展望未来

在未来的20或40年里，世界能源图谱将发生变化，化石燃料发挥的作用将会越来越小。一些无法预料的事情将会发生，或许是新技术，或许是新的燃料资源，或许是其他什么。不管下一个主要能源的形式是什么，它都会对地缘政治产生极大影响。尽管我们不能确切地预见新能源和新技术将会是什么，但我们还是可以作出一些预测：世界能源将会更加多样化，将会有许多种不同的燃料。任何国家如果想像荷兰、英国和美国那样在一个时期独享廉价的能源优势，那将是非常困难的事情。但是，假定有个国家梦想成真，那么它很可能不是因为在能源供应上占有优势，而是在创建新的能源体的技术上取得了优势。控制新技术将比控制燃料本身更为重要。未来的燃料可能是阳光和风力。没有人能够控制风和阳光，但有人能够首先发明新技术，能够用新技术把这些共有的资源转化为经济优势和军事优势。所以，能源对地缘政治不仅在过去很重要，在未来依然重要，但会表现为新的形式。

中国应该像美国转向石油和英国转向煤炭那样迅速转向新能源体，因为谁先转向就意味着谁将赢得经济和战略优势。中国应该区分长期战略和短期策略。就短期策略而言，中国经济如果还想像过去20年那样高速增长的话，就必须增加石油进口。国际石油市场是一个自由市场，如果中国能按世界石油价格付出，就能买到需要的石油。美国可能会对此颇有微词，但也毫无办法，因为它已不能控制今天的世界石油供应。中国的煤炭资源虽然丰富但含硫量高，易造成污染，所以中国应该从国外购买高质量的煤炭。但从长远战略来看，中国不应该像过去那样仍然投资石油，而应该从以下两个方面来努力：一是在新能源或替代性能源和新技术上加大投入。现在国际上对新能源技术投资最多的是日本、欧洲和加拿大，中国应该后来居上。二是建设一个非能源密集型经济，其关键在于把经济结构和财富基础从能源密集型转向知识密集型。我确信这个进程实际上已经开始了。另外还可以通过战略投资、在科技和教育方面的投资来加快推进知识或信息经济的发展。这不仅是中国必须走的道路，也是任何一个关注未来的国家都不得不走的道路。

原载《学术研究》2008 年第 6 期

瑙鲁资源环境危机成因再探讨

费 晟

(北京大学历史系博士研究生)

在全球频发的环境危机中,南太平洋岛国瑙鲁格外突出。这个22平方公里的珊瑚岛仅存20%的地区尚能住人,因为占陆地面积80%的磷酸盐矿区已经没有土壤覆盖。矿区凹面镜般的地表导致岛屿上空太阳热能聚集不散,妨碍积雨云的形成,造成当地气候异常干燥。如果想让森林在自然状态下恢复,那么即便只恢复到中等规模,也需要好几个世纪。[1] 瑙鲁自然环境恶化如斯,社会也面临崩溃:尽管自独立以来瑙鲁人的物质生活水平极高,但他们逐渐变成全球最短命的人群,其中1979年至1981年男性人均寿命仅为49岁,至2000年也不过58岁;[2] 自1950年代中期至今,瑙鲁所有的消费品都依赖进口。但近年来因磷酸盐储量耗竭,瑙鲁出口逆差激增,导致社会保障体系岌岌可危,政权频繁更迭。一叶文明之舟将因环境问题而倾覆,这不能因为

---

[1] Manner, Harley I., Thaman, Randolph R. and Hassall, David C., "Phosphate Mining Induced Vegetation Changes on Nauru Island", *Ecology*, vol. 65, no. 5 (Oct., 1984), p.1454.

[2] Taylor, Richard, "Mortality Patterns in the Modernized Pacific Island Nation of Nauru", *American Journal of Public Health*, vol. 75, no.2 (1985), pp.150-152.

它与我们相隔遥远而被忽视。

一、与瑙鲁资源环境问题相关的叙事

瑙鲁的环境破坏与开发磷酸盐有着直接的关系，这一点并非最近才为人所注意。1921年，美国《国家地理》报道说："开采完的矿场一派凄凉而苍白的景象，破碎的珊瑚、废弃的矿车、装矿石的篮子，还有那锈迹斑斑的美国煤油桶都胡乱丢弃在矿坑里。然而，即便在这样的荒废场景中，植被仍然开始生长，新生的露兜树和椰子树撑开了叶片。"[1] 此文主要是想激发欧美人对太平洋海岛浪漫风情的憧憬，所以即便注意到欧美文明对太平洋地区环境的破坏，也还把它当作浪漫风景的组成部分来看待。出现这种叙事笔调与当时欧美人将南太平洋海岛普遍想象成异域乐土有关。[2]

这种浪漫主义的叙事在1930年代中期发生了逆转。当时磷酸盐产业亟待扩大，欧美人对瑙鲁进行了全面普查。1936年起，有关瑙鲁的人类学田野调查报告连续出版。[3] 这些报告指出现瑙鲁土著生活原来并不浪漫，反倒显得原始、落后。与此同时，瑙鲁磷酸盐矿的发现者埃利斯也开始著书，强调磷酸盐产业将把瑙鲁领入现代文明社会。[4]

---

[1] Rhone, Rosamond Dobson, "Nauru, the Richest Island in the South Seas", *National Geographic*, vol.40, no.6（1921），p.572.

[2] 比如当时的画家塞尚就以描绘南太平洋风景而闻名，小说家罗伯特·史蒂文森也以此地为素材创作了著名探险小说《金银岛》。

[3] 即 Camilla H. Wedgwood, *Report on Research Work on Nauru Island*, *Central Pacific*, Oceania (1936a); Oceania 7（1936b）; Stephen, Ernest, *Notes on Nauru*, Oceania 7（1936）.

[4] 即 Albert Fuller, Ellis, *Ocean Island and Nauru: their Story*, Sydney: Angus and Robertson Ltd, 1935.

著名的《国际事务》杂志为该书鼓吹说："太平洋海岛往往被想象成一个天堂——过分浪漫,成为不满社会现实者幻想的对象。而这本书告诉大家,瑙鲁是一个与世隔绝、落后的部落社会。作者发现这个岛蕴藏着磷酸盐的故事才是真正浪漫传奇的。"[1] 这突出反映了当时白人的优越感与使命感——磷酸盐开采意味着工业化和进步,至于它对本土环境的破坏,无须多虑。

埃利斯的影响深远,他奠定了今后几十年中对瑙鲁环境破坏问题的叙事立场:或许这是不应该的,却是不可避免的。1968年1月31日瑙鲁独立后,内希·维维安妮出版了总结瑙鲁独立运动的著作,为研究这一地区现代化进程提供了详尽的个案分析。[2] 它反映了当时新兴民族国家建设的一种理念:要实现经济发展必须首先不惜代价争取民族独立。该书的意义重大,它肯定了新兴国家要求掌握本国资源、谋求经济增长的合法性,从学理上批判了"殖民有功论"的叙事。但是,由于现代环境运动尚未兴起,这本书几乎没有关注磷酸盐开采的环境后果。

独立后瑙鲁社会的景象似乎印证了当年埃利斯的预言和维维安妮的判断,磷酸盐产业把瑙鲁引入文明与富足。时隔55年后,《国家地理》重新造访瑙鲁,报道说每个瑙鲁人都不用缴税,政府免费为他们提供一切或只收取极低的费用。然而就在这类令人陶醉的叙述不断涌现时,自然科学家们却为环境问题敲响了警钟。植物学家萨曼等人组

---

[1] "Royal Institute of International Affairs", *International Affairs*, vol. 16, no. 1 (Jan.- Feb., 1937), p.152.
[2] 即 Nacy Viviani, *Nauru: Phosphate and Political Progress*, Canberra: Australian National University Press, 1970。

成的调查小组从 1970 年代末便开始对瑙鲁植物生态进行实地考察,并连续出版研究报告。这些报告揭示了严峻的现实:瑙鲁人未曾停歇地开采磷酸盐,却几乎没有试图恢复损失的植被与土壤。与此同时,公共卫生专家理查德·泰勒等人则分析了瑙鲁社群日益恶化的健康问题。[1] 在现实与这些文章的刺激下,社会科学界开始关注瑙鲁资源环境危机的成因,并分为外因论与内因论两派。前者以澳大利亚法学家魏拉曼垂为代表,认为瑙鲁从 1907 年至 1967 年间遭受的殖民统治(主要是委任及托管统治)是导致环境恶化的关键。[2] 这派观点承袭了维维安妮的反殖民主义立场,进一步指出殖民主义的罪恶还应包括破坏殖民地的环境。但这些强调外因的分析存在漏洞,因为瑙鲁环境急剧恶化发生在独立之后,且瑙鲁社会爆发的所谓"富贵病",也难说是殖民主义之过。由是出现了内因论,美国《读者文摘》杂志特约撰稿人描述说:"独立后的瑙鲁变成了一个无所不包的社会福利国家。……瑙鲁的衰败是'人性'贪婪所致,当刺激人们劳作的动力消失后,这种衰败就发生了。"[3] 这一分析把瑙鲁环境的恶化判定为内源性的,认为关键问题在于瑙鲁人的生活方式。

进入 21 世纪,出现了一种从资本主义全球市场体系角度分析危机的观点,强调瑙鲁资源环境危机的根源在于资本主义世界市场文化。

---

[1] 具有代表性的是 R. R. Thaman, and D. C. Hassall, "Plant Succession after Phosphate Mining on Nauru", *Australia Geographer* 17 (1985), 以及 Taylor, Richard, "Mortality Patterns in the Modernized Pacific Island Nation of Nauru", *Amrican Journal of Public Health*, vol. 75, no.2 (1985)。

[2] 1989 年,瑙鲁在国际法院起诉澳大利亚,要求后者赔偿环境损失,该书是应此而著。Christopher Weeramantry, *Nauru: Environmental Damage under International Trusteeship*, Melbourne: Oxford University Press, 1992。

[3] Van Atta, P. A., "Paradise Squandered", *Reader's Digest* (May 1997), p.88.

发生危机是因为资本主义经济本质上忽视可持续发展,而且大众消费文化扼杀了瑙鲁传统文化。[1] 本文在相当程度上认可这一观点。不过,这种分析并没有清晰展现当地文化与外来文化实际的互动结果,也没有彰显环境因素对文化变迁的影响。瑙鲁资源环境问题的急剧恶化在它独立之后才发生,也值得学界对其建国历程及发展政策加以分析。

二、"二战"前瑙鲁的殖民地经历与瑙鲁卷入世界市场

瑙鲁孤悬于巴布亚新几内亚岛与马绍尔群岛之间空旷的海面上,是海鸟跨赤道迁徙的主要歇脚点。日积月累,占岛面80%的中央高地堆积起全世界品位最高的矿化海鸟粪,即磷酸盐矿石。磷酸盐矿上生长起森林,但岛民很少涉足其中。岛屿气候受到厄尔尼诺和拉尼娜现象的交替影响,当厄尔尼诺现象发生时,岛上会持续数年的干旱,反之则雨水充盈。这种大自然造成的周期性灾荒使岛屿人口增长非常缓慢。[2] 瑙鲁本土社会至1930年代还处于母系氏族状态,这使得瑙鲁人的财富分配较为平均。瑙鲁人的居住地普遍种植着椰树,椰肉干和海鱼是岛民的主要食品。和许多热带原住民一样,他们生活中的大部分内容是休闲娱乐,并形成一种"快乐生活"的文化。

1798年年底,美国捕鲸船才"发现"了瑙鲁。由于岛上没有当时殖民者渴求的檀香木等物资,结果迟至1880年代它才变成德国的殖民地。而德国也是因为插足太平洋太晚,只能占有老牌帝国不感兴趣的

---

[1] 代表作是 Carl N. McDaniel, and John M. Gowdy, *Paradise for Sale: A Parable of Nature*, University of California Press, Berkeley, 2000。
[2] McDaniel, Carl N. and Gowdy, John M., *Paradise for Sale: A Parable of Nature*, p.19.

岛屿。不过德国政府无力出面统治，只能委派一个贸易公司代管。为了维持生存，这家公司"开了家很小的杂货店，用烟草、啤酒、阿拉斯加罐装马哈鱼、糖、大米以及饼干以换取椰肉干"[1]。椰肉干成为瑙鲁人卷入世界市场的最初纽带。不过，瑙鲁人工作积极性不高，因为他们不愿意将生产椰肉干变成商业行为。总之整个岛屿无论是自然环境还是社会文化，都因德国统治乏力而完好保存。

直至1907年英国开始的磷酸盐开采活动才打破了原有的自然环境。1896年，在很偶然的情况下，英国太平洋岛屿公司（总部设在悉尼）发现瑙鲁的中央高地蕴藏着大量高品位磷酸盐，它有心开采却苦于瑙鲁非己管辖。德国人对这一情况却了解不详，而且德政府与商团也无力支持瑙鲁资源开发，遂让英方如愿。但由于岛屿主权归属德国，英国公司不便征发瑙鲁人参与采掘工作。于是矿工基本从中国和太平洋其他岛屿引入，并要向德国及瑙鲁人支付特许补偿金。矿区的补给全部从海外直接输入，矿工们也不与当地人发生联系。所以尽管自然环境开始遭受有组织的毁坏，可瑙鲁人还是蜷居在自己的沿海社区里，基本维持着固有的文化和生活。

第一次世界大战虽未曾波及瑙鲁，但战后德国被迫放弃了包括瑙鲁在内的全部海外领土。国联只允许英国、澳大利亚、新西兰按照有关殖民地决议的"C"款对瑙鲁进行"委任统治"。[2]实际出面统治的是澳大利亚，它自诩其最大特点是"年轻与活力四射，愿意

---

[1] Rhone, Rosamond Dobson, "Nauru, the Richest Island in the South Seas", *National Geographic*, vol.40, no.6（1921）, pp.563-565.
[2] 此款对统治国有颇多限制：不能在统治地驻军、修建军事基地；不准运输、储存超过当地警察所需的军火以及弹药；国联成员国公民可以自由进出统治地。

全权担负促进本地人民利益的使命"[1]。这当属统治者为自己脸上贴金，但其在瑙鲁的统治的确不同于一般的老牌殖民国家：它派驻瑙鲁的统治机构从属行政官员极少，执政官一人集权，几乎不干预当地人的生活。[2]

"委任统治"的重点在于榨取瑙鲁的磷酸盐，磷酸盐公司对此掌握全权。1919年，英、澳、新就磷酸盐开发问题达成协议：磷酸盐公司直接承担瑙鲁统治当局的开销，继续向瑙鲁人支付补偿金；三国各派一名代表组成管理委员会；三国按配额以成本价购买磷酸盐，其他事宜承袭公司既有制度。这样，磷酸盐产业从管理到采掘，依旧都是外国人的事业。直到1930年代，500多名瑙鲁男性成年人中也只有不到50人为挣工资而劳动。[3] 不过，公司开采磷酸盐的方式是砍伐森林后挖去覆土进行露天采掘，采掘完后却不恢复景观，从而造成了《国家地理》杂志所描绘的环境破坏逐步蔓延的现象。

可以说，在"二战"之前，瑙鲁人先通过椰肉干，后来又通过磷酸盐产业与世界市场发生了联系。但瑙鲁人并没有就此深深卷入资本主义世界市场。这在相当程度上是因为瑙鲁的自然地理禀赋使它遭受了一种不甚严苛的殖民统治。然而好景不长，突如其来的太平洋战争改变了这一切。

---

[1] Currey, C. H., "The Aims and Aspirations of Australia", *News Bulletin* (Institute of Pacific Relations), (Sep., 1927), p.19.

[2] Ilsley, Lucretia L., "The Administration of Mandates by the British Dominions", *The American Political Science Review*, vol. 28, no. 2 (Apr. 1934), pp.289-291.

[3] McDaniel, Carl N. and Gowdy, John M., *Paradise for Sale: A Parable of Nature*, University of California Press, Berkeley, 2000, p.142.

三、"二战"后瑙鲁的文化变迁与民族独立运动的特点

对瑙鲁人而言，卷入太平洋战争是一件意外且无力抗拒的事情。1942年日军占领瑙鲁，为了将这里建造成一个军事堡垒，他们沿海岸线修建防御工事，造成珊瑚礁与鱼群迅速消失。1943年，日军又在居民区建起飞机场，招致盟军对瑙鲁进行地毯式轰炸，瑙鲁人赖以生存的椰林几乎全部化为灰烬。太平洋战争改变了瑙鲁人社区的生存环境，并促使瑙鲁人战后的生活大为改观。最根本性的变化是，由于靠椰林与鱼群都不足以为生，瑙鲁人的生活物资变得完全依赖进口，罐头鱼之类的商品成为瑙鲁人的生活必需品。此外，受战争影响，磷酸盐产业一度停顿，瑙鲁人不再收到补偿金，迫使他们不得不到矿区挣钱来购买商品。1948年，16岁以上男性中竟有88%已沦为雇用工人。是年，继续"托管"瑙鲁的澳大利亚当局指出："尽管瑙鲁人以前生活安逸，但现在他们已经被训练得适应环境变化了。"[1] 后来磷酸盐补偿金逐步恢复，瑙鲁人也适应了用补偿金购物，更不愿恢复传统劳作了。一份描绘1953年瑙鲁社会的记录说："他们越来越不愿意经营农业（采集椰果、捕鱼）。"[2] 尽管鱼群重新增多，但多数瑙鲁人还是爱吃罐头鱼。

虽然战后瑙鲁人变得直接依赖于世界市场，但其社会还是保留了许多习俗，其中之一是均财富的观念。瑙鲁人一出生就要到管理机构登记注册，归入母亲谱系，否则就不能成为瑙鲁人及享受福利。[3] 母

---

[1] Trusteeship Council Document, *International Organization*, vol. 3, no. 4, (Nov., 1949) p.690.
[2] *Ibid.*, vol. 8, no. 4 (Nov., 1954). pp.541-543.
[3] 可参见"Cultural of Nauru", http://www.everyculture.com/Ma-Ni/Nauru.html。

系氏族的分配方式决定了瑙鲁人一旦从磷酸盐中获得巨额收入，每个人都有能力维持当前已经养成的消费习惯。瑙鲁人的人生观也没有发生重大变化，瑙鲁人以全新的语言诠释了自己的"快乐文化"："明天会自己照看好自己！"正是"二战"导致的环境巨变，才促使瑙鲁人形成了一种依赖于世界市场的消费文化与固有的"快乐文化"相混合的新文化。

有两方面的原因促使瑙鲁人把磷酸盐仅仅看成一种经济财富。从瑙鲁内部社会看，战后物质生活水平的起伏让瑙鲁人感受到磷酸盐补偿金的重大意义。战后初期瑙鲁人直接参与磷酸盐生产活动，对磷酸盐作为一种经济财富也有了直观的认识。1948年，瑙鲁正式向联合国托管理事会申诉，要求对自己岛屿的财政掌握一定的控制权。从国际社会看，联合国托管理事会也促使瑙鲁人认识到磷酸盐产业是其经济主权的一部分。从1950年开始，联合国托管理事会历届会议都竭力敦促澳大利亚推进瑙鲁人的"进步事业"。在理事会引导下，1955年瑙鲁全民公投后成立了代议自治机构"地方政府委员会"。1953年，托管理事会要求磷酸盐公司公布收益，以便确定如何提升对瑙鲁人的补偿。1954年开始连续两年中，公司都表示愿意增加赔偿金，但拒绝公布收益详单。于是从1956年开始，理事会勒令澳大利亚代表回去向瑙鲁人传达："开采磷酸盐给瑙鲁带来了繁荣，但是瑙鲁人应该从中获得最大收益。"[1] "二战"前，瑙鲁人几乎从未主动要求增加补偿金，可到1960年代，磷酸盐已完全被定义为一笔民族的财富。自1962年开始，联合国邀请大酋长德罗伯特作为本土代表参加会议。他在1966年

---

[1] Trusteeship Council Document, *International Organization*, vol. 10, no. 1（Feb., 1956）, p.181.

托管理事会上明确宣布:"托管当局在不经过瑙鲁人民同意的情况下不能开采磷酸盐。他们得到补偿是理所应当的,而不是特许优待。""来自开采瑙鲁人民自然资源的收益,理应累积到瑙鲁人民身上。"[1]

作为战后亚非拉地区反殖民主义运动的一部分,瑙鲁人对收回资源主权的要求是无可厚非的,联合国的推动也是值得肯定的。但是,他们单纯强调磷酸盐资源的经济价值是不尊重现实的。因为一方面磷酸盐不是一种取之不尽的资源,另一方面磷酸盐产业也不仅仅带来经济后果。

四、瑙鲁独立建国及发展过程中的环境代价

托管理事会在 1950 年就已经发现,磷酸盐会在不到 70 年的时间里将会耗竭,届时瑙鲁人将何以为生?理事会起先建议瑙鲁人在未来可以重新生产椰肉干,发展商业捕鱼,学习农耕,但瑙鲁人对农业生产态度冷淡。在这种情况下,澳大利亚当局提出,移民别处是一劳永逸的解决办法。但印度代表认为,托管一个地方就是要促进当地人的福利,最终要人民背井离乡,违背了托管的意义。而要能留守,就得考虑恢复环境。后来,越来越多的非西方国家代表都指出瑙鲁人不应移民。1957 年,苏联代表正式提出,独立国家必须要有领土,瑙鲁人要独立,就不该移民,自然环境必须恢复。[2]

尽管如此,移民与恢复环境仍旧成为交替讨论的议题,瑙鲁本身

---

[1] Trusteeship Council Document, *International Organization*, vol. 20, no. 1 (Winter, 1966), p.158.
[2] *Ibid.*, vol. 11, no. 1 (Winter, 1957). p.142.

对此态度反复。经过近十年的考察，瑙鲁唯一可以接受的移民目的地是柯蒂斯岛。但澳大利亚表示因为该岛离澳大利亚本土就像曼哈顿离布鲁克林那么近，故只愿给瑙鲁人澳国公民权而不能让其独立，移民选项就此罢弃。苏联代表再次提出要恢复土壤，减缓采矿力度，澳大利亚代表则回答："前者和后者在实际上都是不可能的。"[1] 澳大利亚的强硬态度引起瑙鲁代表的愤慨。1966年底，在瑙鲁独立之前最后一次托管理事会大会上，德罗伯特被问到如果不可能通过回填土壤来恢复瑙鲁环境，瑙鲁人是否考虑移民的问题，他立刻回答说："委员会最好发现回填是可能的，即便成本很高。"[2] 虽然瑙鲁方面态度坚决，但最终结果是1968年1月瑙鲁独立宣言中未有只言片字提及岛屿自然环境恢复事宜。这看似与瑙鲁代表的态度有矛盾，其实并不意外。1966年瑙鲁就已决心必须在1968年1月31日之前独立。由于最大的问题在于磷酸盐公司的归属问题，故整个1967年，瑙鲁方面的精力全部集中在有关接管磷酸盐产业的谈判中。为了尽早接管磷酸盐公司这棵"摇钱树"，瑙鲁方面不惜牺牲讨论了十余年的恢复环境问题。

事实上，"直到1968年，2/3的顶层地区的自然条件仍处于采矿以前水平。90%的当地物种仍然存在，而这些生物本来可能恢复那1/3被破坏了的地区。运走矿石的船可以带回等量的土壤"[3]。但瑙鲁为了尽快独立，舍弃了恢复环境的最佳时机。独立后瑙鲁的国家发展政策与独立时经济利益优先的理念一脉相承，瑙鲁领导人奉行了一种所谓

---

[1] Trusteeship Council Document, *International Organization*, vol. 15, no. 4 (Autumn, 1961), p.702.

[2] *Ibid.*, vol. 20, no. 1 (Winter, 1966), p.161.

[3] McDaniel, Carl N. and Gowdy, John M., *Paradise for Sale: A Parable of Nature*, University of California Press, Berkeley, 2000, p.160.

"弱可持续性"（Weak Sustainability）的发展政策。这一理论派生于20世纪60年代涌现的新古典主义经济学。它接受其基本预设，特别是相信所有物品都可以互相替换，而市场体系将保证物品按比较价格的变化而流通。"只要自然资源卖到足够高的价钱，一个国家的环境哪怕近乎彻底毁灭，也还是符合新古典主义对经济可持续性的定义。"[1]

在这一理论下，瑙鲁开始掠夺性地开采磷酸盐。在收回磷酸盐产业的第一年，开采量就超过了德国殖民地时期产量的总和。独立初就成立的所谓"瑙鲁环境恢复基金"，在1970年代已累积到2.14亿美元，却几乎没有一分钱投入环境恢复。相反，瑙鲁却在澳大利亚、夏威夷大量投资修建豪华宾馆和高尔夫球场。这是因为，"在瑙鲁，似乎没有哪种具有环境可持续性的经济行为（带来的好处）能与创造并收取这么大一笔钱的利息相比"[2]。当年坚决要求恢复环境的德罗伯特总统，"忙于运作一个雄心勃勃的投资项目。……他忙于出国进行投资谈判，以至把飞机当成大轿车来使用"[3]。

而磷酸盐的开采沿袭旧法，每一点产出，都伴随着一连串的环境破坏。因为"开采程序包括移除植被、表层土壤以及被污染了的磷酸盐，以便让纯磷酸盐便于开采。树木和其他的植物废弃物被运到一个堆存处，然后焚毁，表层土壤与被污染的磷酸盐由矿业公司贮存，便于未来使用。可在采矿结束后，表层土壤与被污染的磷酸盐并没有被

---

[1] Gowdy, John M. and McDaniel, Carl N., "The Physical Destruction of Nauru: An Example of Weak Sustainability", *Land Economics*, vol. 75, no. 2 (May, 1999), p.333.

[2] *Ibid.*, pp.335-336.

[3] Holmes, Mike., "This Is the World's Richest Nation—All of It", *National Geographic* (Sept., 1976), p.344.

回填"[1]。所以仅仅20多年后，而不是联合国设想的70年后，磷酸盐就几乎被采空，中央高地的环境也被破坏殆尽。由于采矿带来了巨额收入，瑙鲁人"二战"后形成的混合文化得到了淋漓尽致的展现：瑙鲁的分配制度保证了绝大多数岛民都具有强劲的消费能力。1970年代，每个瑙鲁家庭至少拥有两辆汽车。1980年，7000瑙鲁人中只有2156人参加工作。由于一切物资都可以由世界市场提供，岛上人口迅速增长，很快就超过了本岛生态承载力。尽管岛上设立了垃圾处理场，可许多"荒废地"还是堆满了生活垃圾。与此相应，住宅区里残存的椰子树却无人料理。

从1990年代开始，世界金融市场危机不断，瑙鲁的投资遭遇重大挫折，加之磷酸盐供给力渐不支，瑙鲁的社会生活出现了文章开头所说的混乱局面。这实际上意味着瑙鲁"弱可持续发展"理论的破产。怎奈为时已晚，瑙鲁相对和谐的环境再也回不来了。

五、资本主义市场文化、新兴国家的发展与瑙鲁环境破坏问题

瑙鲁只用了100余年便给世人展示了一个社会从与自然友好相处，到掠夺性地开发自然资源，最终遭遇灭顶之灾的完整过程，这似乎为庞廷的《绿色世界史》追加了一个注脚[2]，值得我们深思。

首先，通过考察该地区的环境史，能更充分地展现某些历史问题

---

[1] Harley I. Manner, Randolph R. Thaman, and David C. Hassall, "Phosphate Mining Induced Vegetation Changes on Nauru Island", *Ecology*, vol. 65, no. 5 (Oct., 1984), pp.1456-1457.

[2] 克莱夫·庞廷：《绿色世界史：环境与伟大文明的衰落》，上海人民出版社2002年版。该书描述了许多因环境危机而灭亡的古老文明。

的复杂性：瑙鲁的地理位置与自然禀赋，很大程度上决定了它特殊的殖民地经历与资本主义世界市场运作下的命运。毋庸置疑，资本主义市场文化的扩张对本土生活具有巨大的改造力。不过它对地方性文化产生影响的过程未必是直接而迅速的，而其结果也可能不是简单的替代，它受到环境因素的制约。瑙鲁人的社会分配模式、"快乐生活"的文化传统具有很强的能动性与自我维持力。而在植入了资本主义大众消费文化之后，特别是在瑙鲁人掌握了充足的消费资金后，它才成为环境破坏的推动力。这种混合，正是在太平洋战争后瑙鲁环境巨变的现实中生成的，具有很大的不可逆性。瑙鲁环境破坏问题，与整个亚太区域近现代的命运有关，是一个累积的、多因素合力作用的结果。

其次，瑙鲁独立之后爆发的环境危机，主要是因为它在民族国家建设事业中牺牲了环境。瑙鲁民族主义运动在兴起过程中，排他性地追求独立，牺牲环境恢复议题，而在独立后新国家所奉行的经济增长至上理念，更是注定了瑙鲁环境的崩溃。"民族主义提供了一套新的伦理理念和社会观念，赋予经济增长以正面价值并将自然分散的社会能量集中于经济增长。"[1]瑙鲁人不是没有注意到资源开发带来的消极环境后果，但还是仅仅满足于它所带来的经济收益，无视其对环境的影响。瑙鲁个案一方面证明先污染后治理的思路行不通，另一方面也催人反省新兴民族国家的现代化理念。

最后，瑙鲁发展过程中缺乏环境意识不能仅仅由它自己负责。在殖民体系崩溃时，正是"宗主国"的威逼利诱使瑙鲁无暇顾及环境问题。联合国在瑙鲁追求政治独立的过程中发挥了积极作用，但它也促

---

[1] 〔美〕格林菲尔德：《资本主义精神——民族主义与经济增长》，上海人民出版社2004年版，第29页。

使瑙鲁形成这样一种观念：单纯强调自然资源的经济价值。此外，它在某种程度上也促使当时主流的发展理念输入瑙鲁。结果，无论是从瑙鲁独立后经济发展的政策，还是从社会生产生活的模式来看，它效仿的都是所谓的资本主义现代化强国。伴随殖民主义成长起来的资本主义世界市场，把欧美历史中不可持续发展的模式散播到新兴国家。从这个角度看，瑙鲁遭遇资源环境危机也是很无奈的。

原载《学术研究》2008年第6期

日本大气污染问题的演变及其教训
——对固定污染发生源治理的历史省察

〔日〕傅喆　〔日〕寺西俊一/文　傅喆/译

（傅喆，日本一桥大学大学院经济学研究科博士研究生；
寺西俊一，日本一桥大学大学院经济学研究科教授）

一、始于"二战"之前的日本大气污染
——四大矿山的"烟害"和煤尘、煤烟问题

20世纪60年代初，在日本出版的国语词典里还没有收入"公害"一词。[1]由此可见，在当时的日本，"公害"一词还几乎不为一般人所知。但是，此后不久，"公害"很快就成为全国上下几乎无人不晓的名词。

但是，公害问题的发生并非开始于60年代。进入明治时期以后，随着近代工业化的急速推进，日本发生了许多公害问题。这些问题急剧恶化，使日本国民饱受其害，在环境史上留下了苦涩的一页。[2]"二战"之前的足尾、别子、日立和小坂这四大矿山，在其开发之初，便出现了严重的矿毒和烟害问题，即当时已广为人知的"损害公众利益

---

[1]〔日〕庄司光、宫本宪一：《日本の公害》，岩波新书1975年版，第1页。
[2] 明治维新之前发生了具有前近代意义的公害问题。例如，矿山开发带来的含毒废水未经处理就流入河川，对农业和渔业产生了危害。可参考寺西俊一：《日本の公害問題·公害対策に関する若干の省察——アジアNIESへの教訓として》，小岛丽逸、藤崎成昭编：《開発と環境——東アジアの経験》，アジア経済研究所1993年版，第226—228页。

的危害"。这些公害问题（当时被称为"矿害"），虽然日趋激化、波及范围广、危害程度深，但因明治政府对矿山业实施保护政策而没有受到及时重视。相反，却把饱受公害之苦的农民掀起的抗议矿毒和烟害运动视为"对国家的背叛乃至敌对"行为，并进行残酷的政治打压。明治时期四大矿山的公害问题，可以说是在国家推动近代工业化过程中产生的历史性悲剧的象征。

在此后的大正时期和昭和初期，日本迎来了近代工业化过程中的一个"历史性转折点"。经过第一次世界大战的所谓"战争景气"，制造业中重化学工业的比例迅速提高（为了与第二次世界大战后的同类现象相区别，可称之为"第一次重化学工业化"）。同时，日本也开始由"农业社会"向"城市化社会"转型（为了与"二战"后的同类转型相区别，可称之为"第一次城市化"）。在这样的时代变化背景下，明治时期矿山业中发生的矿毒和烟害问题逐渐转化为制造业中产生的"工厂公害"问题。而这一时期，在日本化工业独立发展的背景下，产生了被称作"化学公害"的问题，这就揭开了战后日本化工业相继发生重大公害污染事件的序幕。[1]

该时期日本公害问题的主要特征是"城市公害"的发生，特别是当时被煤烟污染问题所困扰的大阪甚至被称为"烟之都"，市区里煤尘大量降落，造成了严重的大气污染，受害状况极其严重。据大阪市立卫生试验所的调查，[2] 从 1912 年到 1913 年，大阪旧城区一年降落的煤

---

[1] 关于这一时期的公害问题及其行政应对，可参考〔日〕小田康德：《近代日本の公害問題——史的形成過程の研究》（世界思想社 1983 年版）的详细论述。

[2] 可参考〔日〕藤原九十郎：《都市の煤塵と防止問題》，《大大阪》第 2 卷第 5 号，1936 年，第 20—29 页；小山仁示编：《戦前・昭和期大阪の公害問題資料》，ミネルヴァ書房 1973 年版，第 24—32 页。

尘量约为每平方英里452吨，1924年到1925年上升为约493吨，仅仅十余年的时间就增加了大约41吨。其降落的煤尘量，虽不及当时世界闻名的钢铁城市匹兹堡，却远胜于被剧烈的烟雾问题所困扰的伦敦。煤尘的大量降落致使城市居民到了夏季也不能开窗，贫民阶层生活环境更为恶劣，身体健康受到了严重损害。[1]

面对如此严重的煤烟危害，开始出现要求解决问题的呼声。1925年，"大阪城市协会"建立，以此为基础于1927年成立了"煤烟防止调查委员会"。以大阪府和大阪市的行政当局和工厂主、卫生与燃料部门的专家为中心的、官民一体的防止煤烟排放的运动开始了。不过，受害最深的居民们并未参与到这一运动中。因此，该运动变成了仅仅关注燃烧方法改良的运动，并逐渐呈现出萎缩的态势，[2] 在向战时经济快速过渡的过程中，最终改变了性质成为"产业合理化运动"的一环。需要说明的是，"烟之都"大阪的情况仅仅是战前日本城市大气污染问题的一个缩影，在首都圈的东京、[3] 横滨和川崎等也同样出现了严重的煤尘和煤烟问题。

"二战"失败使日本的采矿业陷入停顿，煤尘和煤烟问题一度得到缓和。但战后复兴期的到来又使其死灰复燃。例如，山口县宇部市的市

---

[1] 可参考〔日〕藤原九十郎：《都市の空中净化問題》，《都市問題》第15卷第1号，1932年，第59—84页。藤原在该论文中指出，作为经济损失，大阪市每个月用在清洗衣物方面的费用是奈良市的三倍。

[2] 当时人们认为，煤烟是在煤炭没有完全燃烧的情况下产生的。如果完全燃烧的话，煤烟就会减少，煤炭消费也会相应减少。因此，当时人们着力于如何使煤炭得到完全燃烧，改进燃烧方法和培养技术人员（即现在所谓的锅炉技工）。详情可参考小田康德，同前书，第6章，1983年。曾经担任大阪市立卫生试验所所长的藤原九十郎主张不但要促进煤炭完全燃烧，还提倡使用重油来防止产生煤烟。可参考藤原九十郎，同前书，第78页，1932年。

[3] 关于昭和时代初期东京的煤烟问题，可参考东京都公害研究所编：《公害と東京都》，東京都広報室1970年版，第140—147页。

议会在1949年审议了该市因燃烧劣质煤而造成的煤尘问题。据检测，从1950年到1951年，宇部市每个月的平均煤尘降落量为每平方公里55.86吨。当地的报纸报道说："宇部煤尘世界第一。"为了治理严重的煤尘，宇部市于1951年在全国率先成立了由企业、行政、学术等各界有识之士和市民组成的"宇部市煤尘对策委员会"，这就是所谓的"宇部模式"的母体。[1] 在"中原妇人会"的努力下，户畑市（现北九州市的户畑区）议会在1950年讨论了由日本发电（此后改为九州电力）中原发电所造成的煤尘问题，迫使该发电所装设集尘机。此外，在1952年至1953年的冬天，东京都心部和副都心部的高层建筑区的暖气锅炉排放黑烟，致使当地在白昼也"看不见太阳"。[2] 可以说战后东京的大气污染就起始于这种高楼暖气的黑烟问题。对此，东京都在1955年制定了"烟尘防止条例"。

综上所述，从战前到战后复兴期的日本大气污染主要表现为四大矿山的"烟害"问题和城市的煤尘、煤烟问题。

二、战后高度经济成长期的日本大气污染
——关于石油燃烧产生的硫氧化物（SO_X）问题

进入高度经济成长期后，日本大气污染的重心逐渐转向"白烟"（亚硫酸气体）问题。这也是发电和工业燃料在20世纪60年代以后从煤炭转向石油的一种反映。

---

[1] 庄司光和宫本宪一以宇部市的煤烟问题为例，认为通过企业的努力，在某种程度上可以防止煤烟的产生。参考庄司光和宫本宪一：《恐るべき公害》，岩波新书1964年版，第66—68页。宇部市在1997年度获得了联合国环境规划署（UNEP）颁发的"全球500强奖"。
[2] 东京都公害研究所编：《公害と东京都》，第255—256页。

表1 战后日本原油输入量的变化情况

年度	原油输入（kl）	输入增加率（%）	年度	原油输入（kl）	输入增加率（%）
1950	1541098	—	1962	44581233	18.42
1951	2844092	84.55	1963	59246473	32.90
1952	4432296	55.84	1964	72141715	21.77
1953	5747527	29.67	1965	83280400	15.44
1954	7440417	29.45	1966	98728387	18.55
1955	8553241	14.96	1967	120814949	22.37
1956	11437928	33.73	1968	140538608	16.33
1957	14832880	29.68	1969	166875495	18.74
1958	16311340	9.97	1970	195824831	17.35
1959	21620812	32.55	1971	221042588	12.88
1960	31115996	43.92	1972	238333831	7.82
1961	37646916	20.99	1973	286669912	20.28

资料来源：根据通商产业大臣官房调查统计部编《昭和四十八年石油统计年报》制作而成。

众所周知，20 世纪 60 年代以后全世界普遍出现了石油取代煤炭的趋势。而其背景在于石油的供给增大和价格降低。伊朗从 1951 年开始的石油开采权争端使该国石油开采量降至以前的 1/30。因此，依靠国际石油资本的科威特、沙特阿拉伯、伊拉克等地石油开采量迅速增加。1955 年伊朗的石油暴动结束后，石油产量恢复，大量石油涌入世界市场，导致国际石油价格跌落，石油必须按墨西哥湾统一价格（gulf price）

来定价的制度崩溃。加之,油轮大型化带来的运送成本大幅降低,原油价格持续下跌,加速了燃料从煤炭向石油的转换。在日本,1952年的原油输入量是443万千升,1960年达到3112万千升,1967年又激增至12081万千升(可参照表1)。另外,从煤炭向石油的转换还有一个重要的历史背景,即推动60年代以后日本经济高度发展的、以石油化学为中心的重化工业部门的迅速发展。因此,本节将简单回顾一下这种由重化工业部门的飞速发展而引发的大气污染问题的新的状况。

图1 战后日本一次能源供给的变化情况

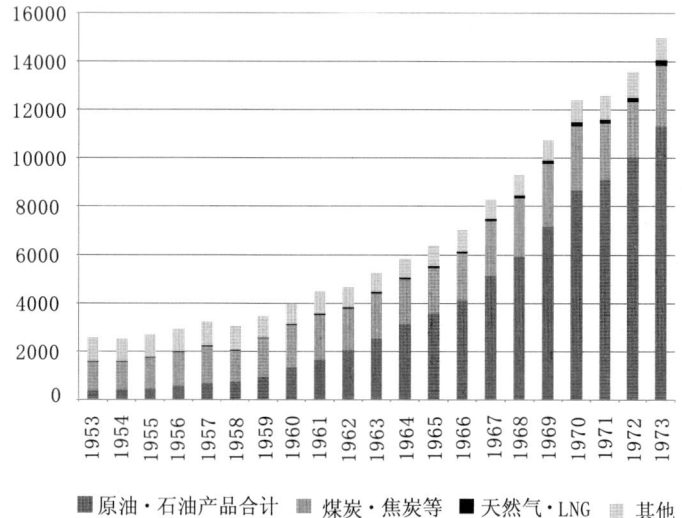

(单位:PJ)

资料来源:根据资源能源厅长官官房综合政策课《综合能源统计 平成十三年度版》制作而成。

图1呈现的是日本从1953年到1973年石油危机出现时一次能源

供应的变化情况。1962 年以前,"煤炭、焦炭等"类的供应量占能源供应总量的 40% 以上,但此后"原油、石油产品合计"类的供应量超过了"煤炭、焦炭等"类的供应量。而且与此相对应,日本大气污染的类型也发生相应变化,从四大矿山的烟害和煤炭燃烧造成的煤尘、煤烟等问题变为由石油燃烧造成的硫氧化物问题。

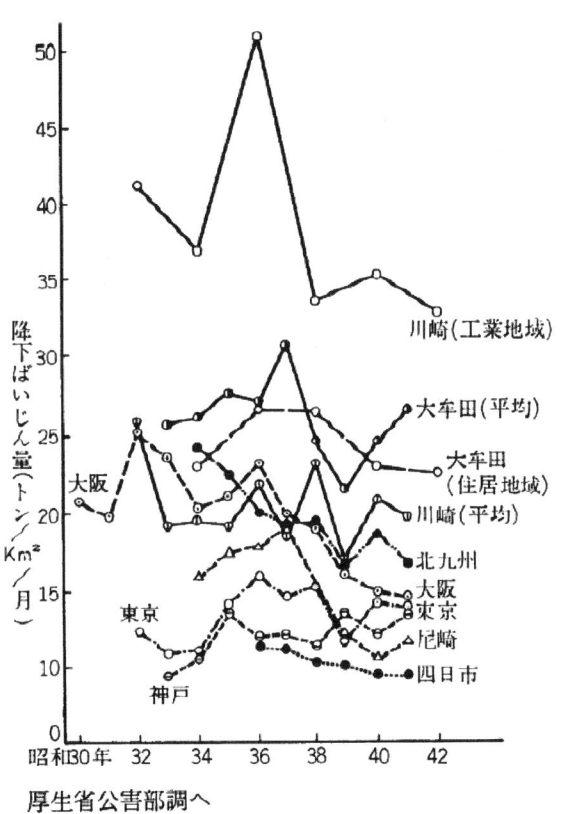

图 2 战后日本主要城市煤尘降落量的变化

资料来源:转引自《公害白皮书 昭和四十四年版》(大藏省印刷局,第 22 页)。

图 3　战后日本主要城市硫氧化物浓度（年平均值）的变化

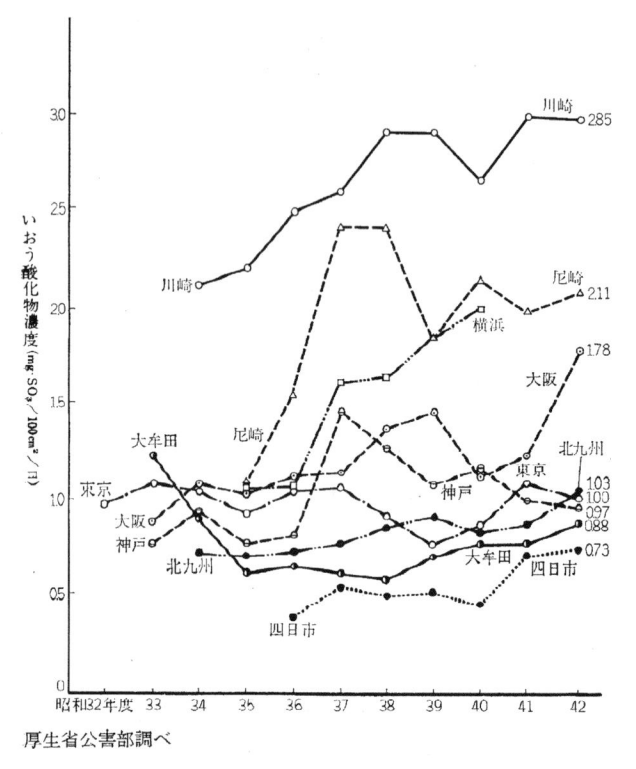

资料来源：转引自《公害白皮书　昭和四十四年版》(大藏省印刷局，第 23 页)。

从 50 年代后半期（昭和三十年代）到 60 年代后半期（昭和四十年代）日本主要城市煤尘降落量的变化可参看图 2。如图所示，尽管不同城市在达到高峰值时的时间和变化幅度有所不同，但出现了一个明显趋势，那就是煤尘降落量大概在 1961 年（昭和三十六年）—1962 年（昭和三十七年）的分界点后呈现出整体减少或者维持原有水平的状态。图 3 显示的是日本主要城市硫氧化物浓度（年平均值）

的变化。形成对照的是，1961—1962年以后硫氧化物的浓度开始急剧上升。

需要特别说明的是，高度经济成长期的大气污染并非只发生在原有的工业地带和城市。为适应从战后复兴开始的新经济发展需要，日本提出并大力推动了以既有的四大工业带（京滨工业带、中京工业带、阪神工业带、北九州工业带）为核心，以"太平洋条形地带构想"为基础的建设"新产业城市"的规划。在这个过程中，更为严重的环境污染问题，即主要由石化产业造成的"联合企业公害"发生了，最早出现的典型案例就是"四日市公害"[1]。

1955年，城市居民的哮喘病在四日市石化联合企业带流行开来。这种"四日市哮喘"被列为象征战后日本大气污染问题的四大公害病之一。四日市污染引发危害最早表现为1955年的"臭鱼"问题，[2]三重县为此专门设立了"伊势湾污水调查对策推进协议会"。经过1960年和1961年的调查发现，"臭鱼"问题是由诸如石油加工厂等石化系统的企业排放污水造成的。在1959年成立的第一联合企业（盐滨联合企业）的周边地区，噪音、煤尘、恶臭、刺鼻等问题接连发生。当地的三滨小学、盐滨中学和原四日市商业学校等都因恶臭而妨碍了上课，即便在夏日教室也不能开窗。1960年，四日市行政当局设立了"四日市市公害对策委员会"，委托三重县立大学医学系的

---

[1] 关于"四日市公害"的概况，可参考庄司光和宫本宪一，同前书，1964年；〔日〕都留重人编：《現代資本主義と公害》，岩波书店1968年版；小野英二：《原点·四日市公害10年の記録》，劲草书房1971年版；大气环境学会史料整理研究委员会：《日本の大気汚染の歴史Ⅰ·Ⅱ·Ⅲ》，ラテイス株式会社2000年版等。

[2] 〔日〕泽井余志郎编：《くさい魚とぜんそくの証文——公害四日市の記録文集》，はる书房1984年版。

吉田克己教授和名古屋大学医学系的水野宏助教授对大气污染问题进行调查。根据该项调查，该市煤尘降落量为月均每平方公里14吨左右（最严重的地方达到了每平方公里30吨），比当时的名古屋市和神户市还要严重。

燃油造成的硫氧化物排入大气，就会造成污染。受此污染影响最大的当属矶津地区。该地区每天的二氧化硫（SO_2）浓度为5.44mg/100cm³，远远超过了川崎市（3.69mg/100cm³）和名古屋市（1.43mg/100cm³）。[1] 从对三滨小学130名儿童的调查结果来看，八成以上的儿童发生了刺鼻、头痛、喉咙痛、眼痛和呕吐等身体异常症状。通过对发生此类身体异常的地区和污染物降落量的相关关系的调查研究，人们发现二氧化硫与过敏性疾病之间具有不容忽视的关联。另外，在第一联合企业（盐滨联合企业）投产运营后的第二年，盐滨和矶津地区的居民尤其是儿童和中老年人中，支气管哮喘等慢性肺梗塞的患病率就开始迅速增高。

这种状况不只局限于四日市联合企业带，在北九州工业带、大牟田工业带、水岛联合企业带、尼崎工业带、大阪西淀川工业带、中京联合企业带、京叶联合企业带、京滨联合企业带等日本几乎所有的重要工业带都发生了类似情况。从20世纪70年代后期至80年代以后，主要以这些工业带为对象的、要求进行损害赔偿和禁止污染源排放的一系列的"大气污染公害诉讼"登台了。

---

[1] 用品红甲醛水溶液法（Fuchsine formalin）计算的结果是0.87ppm，这一数字与人体所能感知的1ppm极为接近。可参考大气环境学会史料整理研究委员会，同前书，2000年，第727页。

三、针对固定污染源的大气污染对策及其评价
——以限制硫氧化物的举措为重点

硫氧化物是这一时期大气污染的主要污染物,日本政府出台了一些有针对性的措施。那么,具体是哪些措施?而今天该如何评价?本节将聚焦于此进行一历史省察。

表 2　1962 年以后日本重要城市二氧化硫浓度(年均值)的变化

(单位：ppm)

年度	东京都	横滨市	川崎市	大阪市	四日市
1962	0.053	—	—	—	—
1963	0.036	—	—	—	—
1964	0.038	0.033	—	—	0.057
1965	0.050	0.044	0.080	0.067	0.060
1966	0.051	0.050	0.077	0.073	0.046
1967	0.057	0.051	0.080	0.065	0.047
1968	0.057	0.043	0.063	0.064	0.034
1969	0.051	0.042	0.050	0.067	0.038

资料来源：由《公害白皮书》大藏省印刷局,昭和四十四年、四十五年、四十六年版制作而成。
说明：年均值是对各测定局测定数值进行单纯平均计算的结果。四日市的数值比其他城市略低是由于"年均值"这种计算方法引起的。正如"黑川调查团"在 1963 年提供的《四日市地区大气污染特别调查报告书》中指出的那样,四日市在地理、气候和城市构造等方面具有特殊性,高浓度污染虽然只在局部地区发生,但危害程度却非常大。

针对大气污染,日本早在 1962 年就制定了专门法规《关于限制煤

烟排放等问题的法规》(《煤烟限制法》)。[1] 在此法规中，"煤烟"（煤、其他粉尘和 SO_x）、硫化氢和氨等对人体有害的特定物质第一次成为法律限制的对象。该法规还根据每个核定的大气污染地区的不同情况和"煤烟发生设施"的不同种类制定出不同的排放标准，要求装置"煤烟发生设施"必须"事前申报"，都道府县知事（以及政令指定城市市长）可以勒令那些"煤烟"排放超标企业进行结构改革。不过，该法规设立的实际限制标准极为宽松。就二氧化硫的排放标准而言，宽松到了将硫黄含量达到 3%—3.5% 的 C 重油的燃烧气体不经处理就排放出来也足以达标的程度。这比 1934 年住友金属矿山为解决别子烟害问题而设立的标准还要宽松。因此，该法规对当时由硫氧化物排放造成的严重大气污染的治理基本上毫无效果可言。

表 2 显示的是东京、横滨、川崎、大阪、四日等城市在 1962 年至 1969 年的二氧化硫浓度（年平均值）的变化。从中可以看出，虽然 1962 年《煤烟限制法》开始实施，但此后的大气污染状况却丝毫没有改善。1968 年，《大气污染防止法》出台，翌年，日本首次制定出二氧化硫的环境标准值，即"每小时的年均值不得超过 0.05ppm"（从 WHO 公布的影响人类健康的安全值来看，这也是极为宽松的）。在经济高速发展的 60 年代后半期，日本几乎所有的重要城市都不能达标。

1967 年，日本制定了《公害对策基本法（旧）》，1968 年修订了《大气污染防止法》，[2]《煤烟限制法》随之作废。在新修订的《大气

---

[1] 这个《煤烟限制法》曾在厚生省于 1955 年提出的《生活环境污染防止基准法案》中出现，但是由于通产省的反对，其立法工作暂时中断。可参考大气环境学会史料整理研究委员会，同前书，2000 年，第 32 页。
[2] 除了《大气污染防止法》之外，还同时制定了《限制噪音法》。

污染防止法》中，原来针对各个"煤烟发生设施"的排放浓度分别予以限制的"个别限制"方式被所谓的"K值限制"[1]方式所取代。"K值限制"是根据"煤烟发生设施"的排放口（即烟囱）的高度来决定排放许可量的方法。每个"煤烟发生设施"每小时的硫氧化物排放许可量可以按以下公式来计算[2]：$Q = K \times 10^{-3} He^2$。在此公式中，Q为硫氧化物的排放许可量，K为根据地域差别确定的常数值，He是修正后的排放口（有效烟囱）高度（烟囱的实际高度＋烟雾上升高度）。根据政令，K值在不同的地区被设定为不同的数值。[3]通过降低这个数值可以强化限制的程度。

为何要采用这种"K值限制"方法呢？因为，如果仍坚持原有的办法，即使每个"煤烟发生设施"的排放浓度都达到限制标准，但如果"煤烟发生设施"过度集中，就会在局部地区造成高浓度污染，而四日市联合企业带就是这种在局部地区出现高浓度污染的典型。因此，当时的考虑是要减轻日趋严重的大气污染所带来的危害，就不仅要限制各个"煤烟发生设施"的排放浓度，更重要的是根据地形和风向等地理和气候条件限制大气污染物的"着地浓度"。

但是，当时并未考虑怎样减少污染物的总量，而实际采用的是存在很大弊端的"稀释扩散"理论。这种"稀释扩散"理论的弊端在于，

---

[1] 出现在1968年的《大气污染防止法》的第4条中，后又出现在1970年《大气污染防止法》修正后的第3条中。
[2] 详情可参考《防止大气污染概要》（www.env.go.jp/air/osen/law/t-kise-1.html，查阅日：2009年1月20日）。
[3] 以1996年为例，根据K值，日本全国被划分为121个区域，在3.0至17.5的范围内，每个区域都设定了相应的K值。东京特别区、横滨、川崎、名古屋、四日市、大阪、堺市、神户、尼崎的K值被设定为3.0，青森、盛冈等20个区域的K值被设定为14.5。

"有效烟囱"的高度在"K值限制"方式中具有决定意义。也就是说,即使相当严格地设定K值,但只要增加了"有效烟囱"的高度,更大的污染物排放量也会被容许。实际上,"K值限制"方法被采用后,重化工业联合企业带在受到相对严格的K值限定的同时,开始加大向"高烟囱化"的投资(可参照表4),造成高达100米甚至200米的高大烟囱林立的特异景象。这种增加烟囱高度的做法,不仅使根据区域限定K值的方法失去意义,更重要的是,造成了硫氧化物在更大范围污染大气的严重后果。其实,在当时的欧洲和北美地区,已经出现了硫氧化物高空排放造成酸雨危害扩大的问题。因此,只要当时对此稍微留意,就会清楚"高烟囱化"的局限性及其导致的消极后果。

当时采取限制主要大气污染物——硫氧化物排放的措施,不管是对单个"煤烟发生设施"的排放浓度进行限制,还是其后的"K值限制",基本上都停留在"浓度限制"这一层面,具有很大的局限性。对此,一些针对如何减少硫氧化物排放总量的方案开始出现。其一为"原料和燃料低硫化",意在减少所用原料或者燃料中的硫黄成分,也被称为"入口对策"。其二为"排烟脱硫",旨在向大气排放时除去硫氧化物,也被称为"出口对策"。其三是"促进能源节约和向污染低的产业结构转型",这是更具根本性的措施。

首先,在落实"原料和燃料低硫化"方案时,日本采取了如下具体措施:1.进口原油低硫化;2.火力发电厂使用低硫重油;3.推广使用重油脱硫技术等。关于措施1,继1969年出台了二氧化硫的相关环境标准后,"综合能源调查会"的"低硫化对策部会"(当时为通商产业大臣的咨询机构)还对供应低硫燃料的方案进行审议并提出报告。表3中呈现的是从1965年至1980年日本输入原油中硫黄平均含量的变化。

表3　日本输入原油中硫黄平均含量的变化

年度	输入量（千kl）精制用	输入量（千kl）非精制用	平均硫黄含有率（%）精制用	平均硫黄含有率（%）非精制用	硫黄量合计（千t）
1965	85117	2510	2.04	2.15	1545
1970	195213	9647	1.58	1.28	2768
1971	211143	13236	1.55	1.04	2943
1972	228016	18864	1.49	0.77	3057
1973	264263	24346	1.43	0.47	3360
1974	251072	24815	1.48	0.31	3273
1975	238878	23907	1.47	0.20	3072
1976	252080	23746	1.45	0.18	3191
1977	251618	25859	1.48	0.14	3245
1978	244947	25174	1.55	0.13	3305
1979	254824	22319	1.55	0.13	3434
1980	231087	18112	1.53	0.12	3070

资料来源：根据《内外石油资料》（1977、1984年版，石油联盟）制作而成。

从表3中可以发现，1970年以后输入的原油具有"低硫化"特点，特别是"非精制用"（即燃料用）原油在1974—1975年之后迅速"低硫化"。日本在1974年再次对《大气污染防止法》进行根本性修订（之前在1970年和1972年也进行了重要修订），在全世界首次采用了对硫氧化物进行"总量限制"。"总量限制"指的是，依照环境标准值计算出指定区域容许排放的污染物总量，通过强化对个体排放源的限制使该区域的排放总量低于计算出的容许排放总量。对那些通过实施以前的污染防止方式（"个别限制"和"K 值限制"）但硫氧化物排放仍不能达标的区域，在国家标准出来后，由其都道府县知事（以及政令制订城市的市长）按法律规定计算出该区域容许排放总量，并制定执行把排放总量减少到容许总量之下的具体计划。1974 年后，指定需要进行"总量限制"的区域逐渐扩大到全国范围。这一措施在日本实现硫氧化物大幅减少的过程中发挥了重要作用。

措施 2 的实施始于 1964 年横滨市与电源开发股份公司签订的《公害防止协定》。[1] 根据这一协定，电源开发股份公司向横滨市承诺在矶子煤炭火力发电站改用低硫重油作为补充燃料。这一措施对暂时、局部降低污染浓度极为有效，也为其他地方自治体所采用。

在措施 3 方面，第一个重油直接脱硫装置于 1967 年 9 月在千叶制油所装设并投入运行，翌年又开发了间接脱硫装置。1969 年 1 月，在四日市联合企业带设厂的大协石油建成了新型重油脱硫装置，从硫黄含量达 3% 的原油中大量制造出含硫量为 1.7% 的低硫重油（生产能力为 2260 吨/天）。随后重油脱硫装置迅速普及到全国（参看表 4）。重油中的含硫量由 1966 年前的 2.60%，降到 1970 年的 1.93%，1973 年进一步降至 1.43%。

其次，"排烟脱硫"方案的实施是从 1970 年开始正式进行设备投资的。[2] 从表 4 中可以看到从 1970 年至 1980 年日本为防止硫氧化物排放而进行的公害防止装置的生产额情况。其中，1974 年排烟脱硫装置

---

[1] 关于该协定的具体内容，可参考大气环境学会史料整理研究委员会，同前书，2000 年，第 694—695 页。

[2] 可参考大气环境学会史料整理研究委员会，同前书，2000 年，第 671 页。"石灰—石膏排气脱硫技术"在日本排烟脱硫的装置中被普遍采用。可参考同书第 470 页。

的生产额一举提高到前一年度的4倍。[1] 由此可见，采用"总量限制"方法的《大气污染防止法》1974年修订版在日本大气污染治理中具有划时代意义。

表4 与硫氧化物相关的防止公害装置的生产额

（单位：百万日元）

年度	重油脱硫	排烟脱硫	高层烟囱
1970	9892	3634	18131
1971	16010	8247	29505
1972	24436	14923	9126
1973	38099	37757	9536
1974	29282	146713	7886
1975	79676	95204	6651
1976	47562	98044	10355
1977	5419	45003	3813
1978	954	20807	5552
1979	1089	11593	4981
1980	9759	26428	6215

资料来源：根据《昭和六十三年度关于防止公害装置的实际生产成绩（1）》（日本生产机械工业会）制作而成。

最后，"促进能源节约和向污染低的产业结构转型"方案在大气污染治理中具有非常重要的意义。70年代的世界经济遭到两次石油危机

---

[1] 可参考〔日〕伊藤康：《環境規制と技術進步——1960年代以降の硫黄酸化物対策に関する日本の経験》，《一橋研究》第17卷第1号（通卷95号），1992年，第47—69页。该论文详细论述了进行脱硫装置开发的背景。

的重创,日本经济受伤尤甚,不得不急切地寻找对策。如上所述,根据1974年的《大气污染防止法》的修正而实行的"总量限制"方案,正是与这种寻求石油危机对策的时代相重合。在这种条件下,与其说是"公害对策"不如说是"节能政策"在70年代后期受到了更多重视,成为优先考虑的问题。日本政府在1975年度推出了对节能投资项目的大幅特别优惠减税制度(特别补偿制度等),此后又多次对其适用范围进行扩充。另一方面,尽管有这样的优惠政策,大量消费石油的重化工业还是沦为了"结构性萧条行业"。80年代以后,日本产业结构本身的转型也开始加速。当时出台的针对石油危机的举措在降低日本经济对石油依赖的同时,也很幸运地对大幅减少石油燃烧产生的硫氧化物排放量起到了积极作用。

以上略述的三项举措分别对减少硫氧化物排放量起到了不同程度

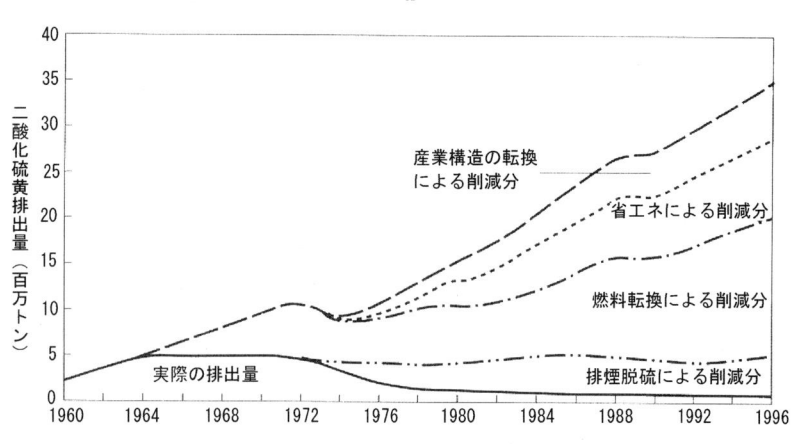

图4 造成硫氧化物(SO$_x$)排放减少的原因分析

资料来源:日本大气污染经验检讨委员会编《日本的大气污染经验》(公害健康损害补偿预防协会,1997年)。

的作用。森田恒幸（国立环境研究所）曾经对"日本大气污染的经验"作过深入分析，参见图4。

图4显示，日本硫氧化物的实际排放总量在60年代中期达到了顶峰（约500万吨），以1973年秋的第一次石油危机和1974年采用"总量限制"为分界线，此后开始呈现出迅速下降的趋势。到70年代，降低至约100万吨，80年代继续下降，到90年代以后降至约50万吨，只有高峰期的1/10。对减少硫氧化物贡献最大的是"更换燃料"（相当于前述的"原料和燃料低硫化"）（约为43%），其次是"节省能源"（约为24%），再次是"产业结构转型"（约为20%）（这两种相当于前

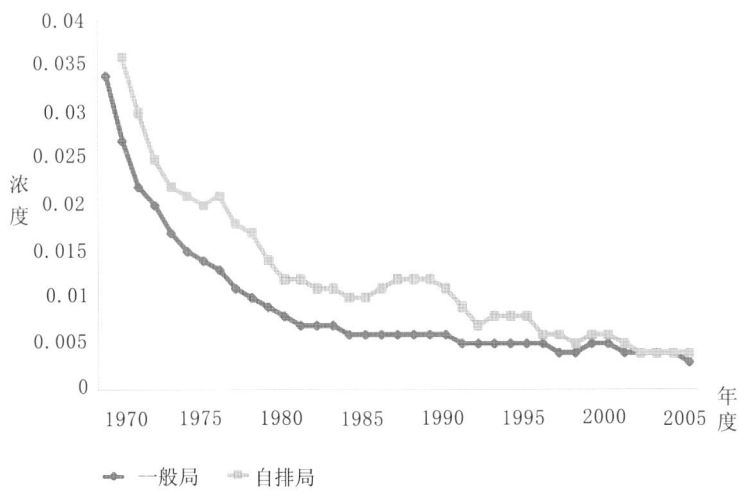

图5 全国二氧化硫（SO_X）浓度（年平均值）的变化情况

资料来源：根据环境省《平成十八年度关于大气污染》（2007年）制作而成。
说明：所谓一般局（一般环境大气测定局）是指，对一般环境下大气污染状况进行日常性监测的测定局；所谓自排局（汽车尾气测定局）是指，对因汽车行驶等造成的大气污染状况进行日常性监测的测定局。

述的"促进节约能源和向污染低的产业结构转型"),最后是"排烟脱硫"(约为12%)。这虽然只是一个估算结果,但也可以认为,关于日本在70年代后如何实现大幅度减少硫氧化物排放这一问题,它给出了一个准确的分析。

从以上分析可以得到如下的启示:"排烟脱硫"是一种"管道末端处理型"(end of pipe)的治理方法,虽然在设备上投入了巨额资金,但实际效果比预期的要小得多。相反,作为根本性的举措,采用"清洁能源"(cleaner energy)和"清洁生产"(cleaner production)以及"清洁产业"(cleaner industry)的方式就显得尤为重要。

总之,通过采取上述举措,日本从70年代后半期开始,硫氧化物排放引起的大气污染得到了明显改善。图5反映了日本从1970年至2005年全国二氧化硫浓度的变化情况。

四、对硫氧化物排放的限制及其相关政策
——结合几个重要的政治经济背景进行讨论

战后日本面对高度经济成长期的严重大气污染问题采取了一系列限制措施,但是,这些政策的执行并非一帆风顺,遇到了来自政治经济等方面的多种阻力和抵制。

在日本高度经济发展时期,特别是20世纪60年代后半期到70年代初期,席卷全国的、以反对公害为宗旨的市民运动和支持这一运动的社会舆论以及对此进行积极推动、公正报道的新闻界都发挥了重要的作用,这是限制污染物排放取得成果的最重要政治经济背景。说到这一点,就不得不谈到一个典型事例。因遭到当地居民从

1963年到1964年的坚决抵制,跨越三岛市、沼津市、清水町三地的石化联合企业带建设计划最终被放弃。[1] 这一事件对60年代后半期席卷全国的抵制公害运动产生了很大影响。当时的日本政府也不得不给予足够重视,并于1964年设立了公害对策联络处,1965年在国会设立了"产业公害对策特别委员会",1967年制定了《公害对策基本法》。但是,此《公害对策基本法》在实施公害对策的同时,加入了以经济发展和企业利益优先为基础的"与经济相协调"的条目,公害不但没有得到遏制,反而愈加严重。公害反对运动和相关的舆论不但没有沉寂下来,反而在全国各地愈演愈烈。1970年12月,日本召开了"临时国会"(当时被称为"公害国会"),修改了《公害对策基本法》,删除了"与经济相协调"的条目,还集中审议并通过了有关公害问题的14部法案。在这一过程中,日本新闻界(全国新闻和地方新闻)发挥了很大作用。因此,限制硫氧化物排放以及相关政策的出台,可以认为是反对公害的市民运动和社会舆论相结合的结果。

第二个重要的政治经济背景是,具有革新性的地方自治体(当时被称为"革新自治体")借反对公害的市民运动和社会舆论高涨之势在60年代后半期到70年代前期相继登上历史舞台,对日本大气污染防治发挥了重要作用。

"革新自治体"的出现与1950年发足的、蜷川虎三知事领导下的京都府府政革新有所不同,它发端于飞鸟田一雄在1963年出任横滨市市长。飞鸟田市长领导的横滨市政府在1964年与电源开发股份公司签

---

[1] 〔日〕宫本宪一编:《沼津住民運動の步み》,日本放送出版协会1979年版;宫本宪一:《環境経済学》,岩波书店1989年版。

署了《公害防止协定》，这在日本是第一个。在治理污染中发挥"地方自治体主导权"方面，横滨市扮演了公害行政先锋的角色。1967年出任东京都知事的美浓部亮吉领导的东京都政、1971年出任大阪府知事的黑田了一领导的大阪府政与同年出任川崎市市长的伊藤三郎领导的川崎市政等都成了"革新自治体"的代表。在环境政策的制定和推行方面，这些"革新自治体"先于中央政府，通过了地方自治体层面的条例和纲要等，推出了独自的公害对策。特别是1969年制定的《东京都防止公害条例》，体现了就算从今天的角度来看也是极为先进的理念和措施。发挥"地方自治体主导权"是战后日本公害行政演进史中的一大特色，它充分发挥了地方自治制度在推进公害对策和环境保护方面所具有的积极意义和作用。

第三个不容忽视的政治经济背景是，从60年代后半期开始提起了一系列公害诉讼，到70年代初期原告方纷纷获得胜诉。这些判决在公害防止史上具有划时代意义。

战后日本出现过"四大公害裁判"，分别是1967年6月新潟水俣病第一次诉讼、1967年9月四日市公害第一次诉讼、1968年3月痛痛病第一次诉讼和1969年6月熊本水俣病第一次诉讼。在这些公害诉讼的审理和判决过程中，逐步确定了一些非常重要的法律原则，在日本，这些法律原则具有非常重要的政治经济意义。例如，就大气污染的危害而言，通过1972年7月四日市的公害判决，以流行病学知识为基础，确认在硫氧化物污染与身体健康损害之间存在因果关系；根据"关联共同性"的原则，作为被告的联合企业带中的企业群体（复数的固定污染源）被判具有"共同违法行为"；预测污染物对居民健康的危害被视为企业必须高度重视和履行的义务，如果忽视这些义务就等同于过失行为，就会被法庭判定必须进行损害赔偿。另外，虽然没有受到直接指控，但是当时的中央政府和地方自治体在制定地区发展政策的过程中，提出了建设重化工企业联合带的计划并予以推动，地区开发政策在规划布局方面存有的重大过失问题就不可避免地被提出来。在四日市公害审判的影响下，《大气污染防止法》在1972年被部分修正，增列了一些新规定。例如，只要污染带来的危害超过一定容忍限度的既成事实得到确认，即使它没有被认定有过失行为，也会被追究责任，并被要求进行损害赔偿。这一点在大气污染防止史上具有非常重要的意义。

第四个重要的政治经济背景是，日本建立了在国际上独具特色的、在公害审判中提出并得到实施的、对公害受害者进行救济和补偿的制度。

就由硫氧化物引起的大气污染造成的危害而言，饱受公害之苦的四日市从60年代初期就推出了具体的救济和补偿办法。该市于1965年接受了四日市医师会的提案，开始实施向公害健康受害者提供医疗补助费的制度。1969年，日本制定了《关于救济公害健康受害者的特别措施法》(《救济法》)，规定要对大气污染引起的支气管哮喘、慢性支气管炎等患者的医疗费中须由个人支付的部分（如国民健康保险等医疗保险中应由患者本人承担的部分）实施补偿。[1] 至于赔偿费的来源，该法规定，相关的事务费用由国家和地方自治体负担，医疗费、医疗津贴、护理津贴由企业界负担一半，另一半则由国家和地方自治体来负担。在这种情况下，企业界的费用负担只是基于"社会性的责

---

[1] 除医疗费中自己负担的部分以外，医疗津贴（住院以及定期检查的津贴）、护理津贴也会被支付。

任和义务",并没有与民事责任结合起来。[1]受到前述公害诉讼判决的影响,1973年,日本进一步制定了《与公害健康损害补偿等相关的法律》(《公健法》),并于1974年9月开始实施。《公健法》规定,在大气污染危害的第一类指定区域(严重受大气污染影响而疾病多发的地区,但1988年3月被全部取消),"损害补偿费"(包括:疗养补贴或疗养费、身体障碍补偿费、遗族补偿费、遗族补助费、儿童补偿津贴、医疗津贴、由葬礼和祭奠等费用构成的"补偿性补贴")通过"课征金体制"筹措财源,即根据硫氧化物的排放量征收相对应的"污染负荷量课征金"。此征收体制到底有什么意义和效果呢?或者反言之,有什么问题和局限性呢?可以说,有必要尝试重新对此进行历史性和理论性的验证。但无论如何,《公健法》和其他有日本特色的损害补偿制度的制定与实施,在降低硫氧化物排放过程中发挥了重要作用。

总之,日本通过限制硫氧化物排放来治理大气污染是有其深刻的政治和经济背景。关于这些政治经济背景还望他日有机会作更进一步的论述。

原载《学术研究》2010年第6期

---

[1] 桥本道夫认为:"这种制度仅仅是社会保障制度的补充,它既没有提及污染发生源企业的责任问题,也没有就因果关系确定法律原则。"可参考桥本道夫:《私史环境行政》,朝日新闻社1988年版,第155页。